1일이면 합격! 끝내주는!

화물운송종사 자격시험문제

화물운송분야 서적 판매1위!

대한민국 국가대표 브랜드

최고의 적중률!! 최고의 합격률!!
크라운출판사
화물운송종사 자격시험 서적사업부
http://www.crownbook.co.kr

국가자격 시험문제 전문출판
에듀크라운
국가자격시험문제 전문출판

차례

화물운송종사 자격시험 및 교육계획 안내

화물자동차운수사업법 제8조 및 같은 법 시행규칙 제18조의3 규정에 따라 2026년도 화물운송종사 자격시험 시행계획을 다음과 같이 안내하여 드립니다.

화물운송종사 자격시험

2026년도 화물운송종사 자격시험 시행일정

컴퓨터(CBT) 방식 자격시험(공휴일 · 토요일 제외)

○ 자격시험 접수
- 인터넷 : TS국가자격시험 홈페이지(https://lic.kotsa.or.kr/tsportal/main.do)
- 방문 : 응시하고자 하는 시험장
- 인터넷 · 방문 접수 시작일 : 연간 시험일정 확인

○ 자격시험 장소(주차시설 없으므로 대중교통 이용 필수)
- 시험당일 준비물 : 운전면허증(모바일 운전면허증 제외)
- CBT(컴퓨터를 활용한 필기시험)운영

자격 시험 종목	시험 등록	시험 시간	상시 CBT 필기시험일(공휴일 · 토요일 제외)	
			전용 CBT 상설 시험장 (서울 구로, 수원, 인천, 대전, 대구, 부산, 광주, 전주, 울산, 창원, 춘천, 화성)	기타 CBT 시험장 (서울 성산, 서울 노원, 서울 송파, 의정부, 청주, 제주, 상주, 홍성)
화물 운송 종사 자격	시작 20분전	80분	매일 4회 (오전 2회 · 오후 2회)	매주 화요일, 목요일 오후 각 2회

응시자격(시험접수 마감일 기준)

○ 운전면허 : 운전면허소지자(제2종 보통 이상)

○ 연령 : 만 20세 이상일 것

○ 운전경력기준 : 사업용자동차 운전경력 1년 이상 또는 자가용자동차 운전경력 2년 이상(운전면허 보유 기간 기준이며 취소 및 정지기간은 제외됨)

○ 운전적성정밀검사 : 신규검사기준에 적합한 사람(시험 실시일 기준)

자격을 취득할 수 없는 자(시험자격 결격사유자)

○ 화물자동차운수사업법 제9조의 결격사유에 해당되는 사람

1. 화물자동차운수사업법을 위반하여 징역 이상의 실형을 선고받고 그 집행이 끝나거나(집행이 끝난 것으로 보는 경우를 포함한다) 집행이 면제된 날부터 2년이 지나지 아니한 자
2. 화물자동차운수사업법을 위반하여 징역 이상의 형의 집행유예를 선고받고 그 유예기간 중에 있는 자
3. 화물자동차운수사업법제23조제1항(제7호는 제외한다)의 규정에 따라 화물운송종사자격이 취소된 날부터 2년이 지나지 아니한 자
4. 자격시험일 전 5년간 아래 사항의 어느 하나에 해당하여 운전면허가 취소된 사람
   - 음주운전 또는 음주측정 불응 등
   - 과로, 질병 또는 약물 섭취 후 운전
   - 무면허 운전으로 벌금형 이상의 형 선고 등
   - 운전 중 대형 교통사고 발생(3명 이상 사망 또는 20명 이상 사상자)
5. 자격시험일 전 3년간 아래 사항의 어느 하나에 해당하여 운전면허가 취소된 사람
   - 공동위험행위
   - 난폭운전

〈참고〉 법제23조제1항
제1호(제9조제1호에서 준용하는 제4조 각호의 어느 하나에 해당하게 된 경우)
제2호(거짓, 그 밖의 부정한 방법으로 화물운송종사자격취득자)
제3호(국토교통부장관의 업무개시명령을 위반하여 취소된 자)
제4호(화물운송 중 고의 또는 과실로 인한 교통사고 야기로 사망 또는 중상 이상의 자가 있어 취소된 경우)
제5호(화물운송종사자격증을 다른 사람에게 빌려주어 취소된 경우)
제6호(화물운송종사자격증의 효력이 정지 중에 운전업무에 종사한 경우)
제8호(택시 요금미터기의 장착 등 국토교통부령으로 정하는 택시 유사표시 행위)
제9호(화물자동차 교통사고와 관련하여 거짓이나 그 밖의 부정한 방법으로 보험금을 청구하여 금고 이상의 형을 선고받고 그 형이 확정된 경우)

자격시험응시절차 및 수수료

신규 운전적성 정밀검사 수검 ⇨ 응시원서 접수 11,500원 ⇨ 합격자교육 1일(8시간) 11,500원 ⇨ 자격증 발급 10,000원

시험과목

교시 (시험시간)	시험 과목명	출제문항수 (총 80문항)	비 고
1교시	교통 및 화물자동차 운수사업 관련 법규	25	출제문제의 수는 상이할 수 있음
	화물취급요령	15	
2교시	안전운행	25	
	운송서비스	15	

※ 100점을 기준으로 60점 이상을 얻어야 함(4과목 총80문제, 문항당 1.25점)

합격자 결정 및 발표

○ 합격자 결정 : 총점의 60% 이상(총 80문항 중 48문항 이상)을 얻은 자

○ 합격자 발표 : TS국가자격시험 홈페이지(https://lic.kotsa.or.kr/tsportal/main.do)

필기시험 합격자 교육(필기시험에 합격한 사람)

○ 교육방법 : TS국가자격시험 홈페이지(https://lic.kotsa.or.kr/tsportal/main.do)에서 온라인 교육 신청

○ 교육시간 및 과목(1일 8시간) : 교통안전에 관한 사항 등 8개 과목

○ 준비물 : 교육 수수료 11,500원

자격증 발급 신청 및 교부

○ 발급신청(교육신청일 기준)
- 필기시험 합격자 교육 8시간 이수 후 발급신청

○ 인터넷 : TS국가자격시험 홈페이지(https://lic.kotsa.or.kr/tsportal/main.do)(공휴일 · 토요일 제외)

○ 방문 : 한국교통안전공단 전국 14개 시험장 및 8개 검사소 방문 · 교부 장소
- 8개 검사소 : 세종, 홍성, 포항, 안동, 목포, 강릉, 충주, 진주

○ 준비물 : 운전면허증, 자격증 교부 수수료(10,000원 / 인터넷의 경우 우편료 포함하여 온라인 결제)

응시자격미달 및 결격사유 해당자처리

○ 응시원서에 기재된 운전경력 등에 근거하여 관계기관에 사실여부 일괄조회

○ 조회결과 응시자격 미달 또는 결격사유 해당자는 시험에 응시할 수 없으며, 만약 시험에 응시한 경우라도 불합격 처리 또는 합격을 취소함

기타사항

- ㅇ 응시자는 시험장 위치 및 교통편의를 사전에 확인하여야 하며, 시험당일 시험시작 20분전까지 해당 시험실의 지정된 좌석에 착석하여 시험관리관의 지시에 따라야 하며, 시험개시 후에는 시험실에 입실할 수 없습니다.
- ㅇ 부정행위를 한 수험자에 대한 조치:당해 시험을 무효처리, 응시자격 2년 제한 등의 조치등을 받게 됩니다.
- ㅇ 부당하게 자격을 취득한 경우:자격취소 등의 처분이 부과됩니다.
- ㅇ 시험장에는 차량출입이 불가한 경우가 많으니 가급적 대중교통을 이용하여 주시기 바랍니다.

※ 기타 자세한 사항은 TS국가자격시험 홈페이지(https://lic.kotsa.or.kr/tsportal/main.do)를 참조하시거나, 고객 콜센터(1577-0990) 또는 해당지사(원서교부 및 접수처)로 문의하시기 바랍니다.

MEMO

화물운송종사 자격시험 핵심요약정리

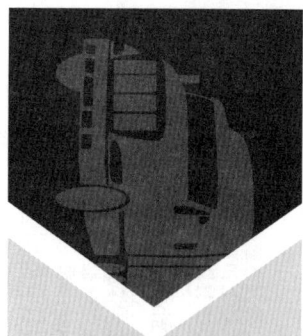

1. 교통 및 화물자동차 운수사업 관련 법규

1 도로교통법령 핵심요약정리

01 **긴급자동차** ➡ 소방차, 구급차, 혈액공급차량, 그밖에 대통령령으로 정하는 자동차를 말한다.

02 **자동차전용도로** ➡ 자동차만 다닐 수 있도록 설치된 도로를 말한다(예 서울의 올림픽대로, 부산의 동부간선도로 등).

03 **고속도로** ➡ 자동차의 고속운행에만 사용하기 위하여 지정된 도로를 말한다(경부, 중부(제2중부), 서해안, 논산~천안고속도로 등).

04 **차도** ➡ 연석선(차도와 보도를 구분하는 돌 등으로 이어진 선을 말함) 안전표지 또는 그와 비슷한 인공구조물을 이용하여 경계(境界)를 표시하여 모든 차가 통행할 수 있도록 설치된 도로의 부분을 말한다

05 **차로** ➡ 차마가 한 줄로 도로의 정하여진 부분을 통행하도록 차선(車線)으로 구분한 차도의 부분을 말한다.

06 **길가장자리구역** ➡ 보도와 차도가 구분되지 아니한 도로에서 보행자의 안전을 확보하기 위하여 안전표지 등으로 경계를 표시한 도로의 가장자리 부분을 말한다.

07 **보도(　　)** ➡ 연석선, 안전표지나 그와 비슷한 인공구조물로 경계를 표시하여 보행자(유모차, 보행보조용 의자차, 노약자용 보행기 등 행정안전부령으로 정하는 기구 · 장치를 이용하여 통행하는 사람 및 실외 이동 로봇을 포함)가 통행할 수 있도록 한 도로 부분을 말한다.

08 **횡단보도** ➡ 보행자가 도로를 횡단할 수 있도록 안전표지로 표시한 도로의 부분을 말한다.

09 **교차로** ➡ 십자로, T자로나 그 밖에 둘 이상의 도로(보도와 차도가 구분된 도로에서 차도)가 교차하는 부분을 말한다.

09-2 **회전교차로** ➡ 교차로 중 차마가 원형의 교통섬(차마의 안전하고 원활한 교통처리나 보행자 도로 횡단의 안전을 확보하기 위하여 교차로 또는 차도의 분기점 등에 설치하는 섬 모양의 시설을 말한다)을 중심으로 반시계방향으로 통행하도록 한 원형의 도로를 말한다.

10 **신호기** ➡ 도로교통에서 문자 · 기호 또는 등화(燈火)를 사용하여 진행 · 정지 · 방향전환 · 주의 등의 신호를 표시하기 위하여 사람이나 전기의 힘으로 조작되는 장치를 말한다(제외 : 경보등, 차단기).

11 **안전표지** ➡ 교통안전에 필요한 주의, 규제, 지시 등을 표시하는 표지판이나 도로바닥에 표시하는 기호 · 문자 또는 선 등을 말한다.

12 **운전** ➡ 도로('보행자의 보호' 조항 그리고 '주취 운전 금지 · 과로 운전 금지 · 사고 발생 시의 조치' 및 이 조항들의 위반 시 받는 '벌칙' 조항들의 경우에는 도로 외의 곳 포함)에서 차마 또는 노면전차를 그 본래의 사용 방법에 따라 사용하는 것(조종 또는 자율주행시스템을 사용하는 것을 포함)을 말한다.

※ 자율주행시스템 : 「자율주행자동차 상용화 촉진 및 지원에 관한 법률」에 따른 자율주행시스템을 말한다. 이 경우 그 종류는 완전 자율주행시스템, 부분 자율주행시스템 등 행정안전부령으로 정하는 바에 따라 세분할 수 있다.

13 **일시정지** ➡ 차 또는 노면전차의 운전자가 그 차 또는 노면전차의 바퀴를 일시적으로 완전히 정지시키는 것을 말한다.

14 **보행자전용도로** ➡ 보행자만 다닐 수 있도록 안전표지나 그와 비슷한 인공구조물로 표시한 도로를 말한다.

14의2 **보행자우선도로** ➡ 차도와 보도가 분리되지 아니한 도로에서 보행자 안전과 편의를 보장하기 위하여 보행자 통행이 차마 통행에 우선하도록 지정된 도로를 말한다.

※ 시 · 도 경찰청장이나 경찰서장은 보행자 우선 도로에서 보행자를 보호하기 위하여 필요하다고 인정하는 경우에는 차마의 통행 속도를 시속 20km 이내로 제한 가능(법 제28조의2)

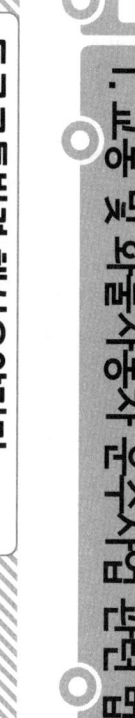

15 **중앙선** ➡ 차마의 통행 방향을 명확하게 구분하기 위하여 도로에 황색실선이나 점선 등의 안전표지로 표시한 선 또는 중앙분리대, 울타리 등으로 설치한 시설물을 말한다(편도 2차로 이상 : 복선으로).

> **해설** 가변차로가 설치된 경우의 중앙선이라 함은 ➡ 신호기가 지시하는 진행방향의 가장 왼쪽(좌측)의 황색점선을 말한다.

16 **도로** ➡ 「도로법」에 의한 도로, 「유료도로법」에 의한 유료도로, 「농어촌도로정비법」에 따른 농어촌 도로, 그 밖에 현실적으로 불특정 다수의 사람 또는 차마가 통행할 수 있도록 공개된 장소로서 안전하고 원활한 교통을 확보할 필요가 있는 장소를 말한다.

> **해설** ① 「도로법」에 따른 도로 ➡ 일반교통에 공용되는 도로로서 고속국도, 일반국도, 지방도, 특별시도(광역시도), 시도, 군도, 구도로 그 노선이 지정 또는 인정된 도로를 말한다.
> [해설] 학교 운동장, 유료주차장 내, 운전학원 실습장, 해수욕장 모래길 등은 출입이 제한된 장소로서 도로가 아니다.
> ② 「유료도로법」에 따른 도로 ➡ 통행료(사용료)를 받는 도로를 말한다.
> ③ 「농어촌도로정비법」에 따른 농어촌 도로 ➡ ㉠ 면도, ㉡ 이도, ㉢ 농도
> ④ 그 밖의 현실적으로 불특정 다수의 사람이나, 차마의 통행을 위한 공개된 장소(도로)

17 **자동차의 정의와 종류**

① 자동차 : 철길이나 가설된 선을 이용하지 아니하고 원동기를 사용하여 운전되는 차(견인되는 자동차 포함)를 말한다.

② 종류 : 승용자동차, 승합자동차, 화물자동차, 특수자동차, 이륜자동차(원동기장치자전거제외), 「건설기계관리법」 제26조 제1항 단서의 규정에 의한 건설기계를 말한다.

17-1 **노면전차**

「도시철도법」에 따른 노면전차로서 도로에서 궤도를 이용해 운행되는 차

17-2 **자율주행자동차**

「자동차관리법」에 따른 자율주행자동차로서 자율주행시스템을 갖추고 있는 자동차

18 **신호등의 신호 순서**

① 4색 등화 : 녹색-황색-적색 및 녹색화살표-적색 및 황색-적색

② 3색 등화 : 녹색-황색-적색

19 **차량신호등**

① 녹색등화(원형등화)

㉠ 차마는 직진 또는 우회전을 할 수 있다.

㉡ 비보호 좌회전 표지 또는 비보호 좌회전 표시가 있는 곳에서는 좌회전할 수 있다.

② 황색등화(원형등화)

㉠ 차마는 정지선이 있거나 횡단보도가 있을 때에는 그 직전이나 교차로의 직전에 정지하여야 하며, 이미 교차로에 차마의 일부라도 진입한 경우에는 신속히 교차로 밖으로 진행하여야 한다.

㉡ 차마는 우회전을 할 수 있고, 우회전하는 경우에는 보행자의 횡단을 방해하지 못한다.

③ 적색등화(원형등화)

㉠ 차마는 정지선, 횡단보도 및 교차로의 직전에서 정지해야 한다.

㉡ 차마는 우회전하려는 경우 정지선, 횡단보도 및 교차로의 직전에서 정지한 후 신호에 따라 진행하는 다른 차마의 교통을 방해하지 않고 우회전할 수 있다.

㉢ ㉡에도 불구하고 차마는 우회전 삼색등이 적색의 등화인 경우 우회전할 수 없다.

20 등화의 점멸

① 적색 등화의 점멸(차량신호등 원형등화) : 차마는 정지선이나 횡단보도가 있는 때에는 그 직전이나, 교차로의 직전에 일시정지한 후 다른 교통에 주의하면서 진행할 수 있다.

② 황색등화의 점멸(차량신호등 원형등화) : 차마는 다른 교통 또는 안전표지의 표시에 주의하면서 진행할 수 있다.

21 적색등화(자전거 주행 신호등)

① 자전거 등은 정지선, 횡단보도 및 교차로의 직전에서 정지해야 한다.

② 자전거 등은 우회전하려는 경우 정지선, 횡단보도 및 교차로의 직전에서 정지한 후 신호에 따라 진행하는 다른 차마의 교통을 방해하지 않고 우회전할 수 있다.

③ ②에도 불구하고 자전거 등은 우회전 삼색등이 적색의 등화인 경우 우회전할 수 없다.

22 교통안전표지의 종류 ➡ 교통안전표지란 주의, 규제, 지시 등을 표시하는 표지판이나 도로바닥에 표시하는 문자, 기호, 선 등의 노면표시를 말하며 이외에 4가지가 있다.(규칙 제8조)

해설 ① 주의표지 : 도로상태가 위험하거나 도로 또는 그 부근에 위험물이 있는 경우 필요한 안전조치를 할 수 있도록 이를 도로 사용자에게 알리는 표지
② 규제표지 : 도로의 교통의 안전을 위하여 각종 제한, 금지 등의 규제를 하는 경우에 이를 도로 사용자에게 알리는 표지
③ 지시표지 : 도로의 통행방법, 통행구분 등 도로교통의 안전을 위하여 필요한 지시를 하는 경우에 도로 사용자가 이를 따르도록 알리는 표지
④ 보조표지 : 주의표지, 규제표지, 또는 지시표지의 주 기능을 보충하여 도로 사용자에게 알리는 표지
⑤ 노면표시 : 도로교통의 안전을 위하여 각종 주의, 규제, 지시 등의 내용을 노면에 기호 · 문자 또는 선으로 도로 사용자에게 알리는 표시

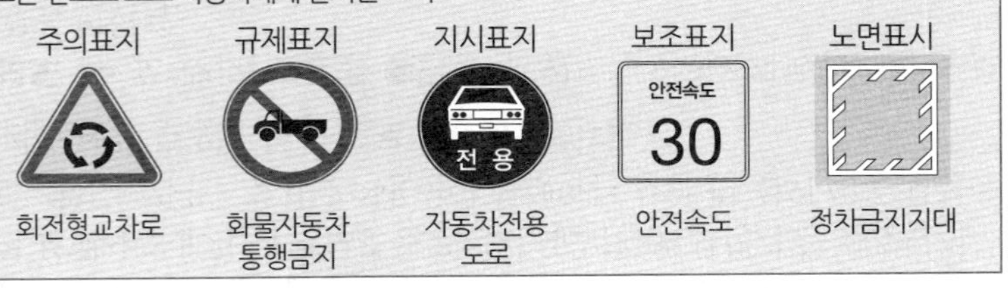

23 노면표시 중 점선의 의미 ➡ 허용(실선은 제한, 복선은 의미의 강조를 뜻한다)

24 노면표시의 기본 색상의 의미(규칙 별표6)

① 노란색 : 중앙선표시, 주차금지표시, 정차 · 주차금지표시, 정차금지 지대표시, 보호 구역 기점 · 종점 표시의 테두리와 어린이보호구역 횡단보도 및 안전지대 중 양방향 교통을 분리하는 표시

② 파란색 : 전용차로표시 및 노면전차전용로표시

③ 빨간색 : 소방시설 주변 정차 · 주차금지표시 및 보호구역(어린이 · 노인 · 장애인) 또는 주거지역 안에 설치하는 속도제한표시의 테두리선

④ 분홍색, 연한녹색 또는 녹색 : 노면색깔유도선표시

⑤ 흰색 : 그 밖의 표시(동일 방향의 교통류 분리 및 경계표시)

※ 차의 신호 : 모든 차의 운전자는 좌회전 · 우회전 · 횡단 · 유턴 · 서행 · 정지 또는 후진을 하거나 같은 방향으로 진행하면서 진로를 바꾸려고 하는 경우와 회전교차로에 진입하거나 회전교차로에서 진출하는 경우에는 손이나 방향지시기 또는 등화로써 그 행위가 끝날 때까지 신호를 하여야 한다.(법 제38조제1항)

25 일반도로(고속도로 외의 도로)에서 차로에 따른 통행 차의 기준(규칙 별표9)

도로	차로 구분	통행할 수 있는 차종
고속도로 외의 도로	왼쪽 차로	• 승용자동차 및 경형 · 소형 · 중형 승합자동차
	오른쪽 차로	• 대형 승합자동차, 화물자동차, 특수자동차, 법 제2조제18호 나목에 따른 건설기계, 이륜자동차, 원동기장치자전거

26 고속도로에서 차로에 따른 통행차의 기준(규칙 별표9)

도로		차로 구분	통행할 수 있는 차종
고속도로	편도 2차로	1차로	• 앞지르기를 하려는 모든 자동차. 다만, 차량통행량 증가 등 도로상황으로 인하여 부득이하게 시속 80킬로미터 미만으로 통행할 수밖에 없는 경우에는 앞지르기를 하는 경우가 아니라도 통행할 수 있다.
		2차로	• 모든 자동차
	편도 3차로 이상	1차로	• 앞지르기를 하려는 승용자동차 및 앞지르기를 하려는 경형 · 중형 승합자동차. 다만, 차량통행량 증가 등 도로사황으로 인하여 부득이하게 시속 80킬로미터 미만으로 통행할 수밖에 없는 경우에는 앞지르기를 하는 경우가 아니더라도 통행할 수 있다.
		왼쪽 차로	• 승용자동차 및 경형 · 소형 · 중형 승합자동차
		오른쪽 차로	• 대형 승합자동차, 화물자동차, 특수자동차, 법 제2조제18호 나목에 따른 건설기계

※ 비고(25, 26번 공통)

1. 위 표에서 사용하는 용어의 뜻은 다음 각 목과 같다.
   가. "왼쪽 차로"란 다음에 해당하는 차로를 말한다.
      1) 고속도로 외의 도로의 경우 : 차로를 반으로 나누어 1차로에 가까운부분의 차로. 다만, 차로수가 홀수인 경우 가운데 차로는 제외한다.
      2) 고속도로의 경우 : 1차로를 제외한 차로를 반으로 나누어 그 중 1차로에 가까운 부분의 차로. 다만, 1차로를 제외한 차로의 수가 홀수인 경우 그 중 가운데 차로는 제외한다.
   나. "오른쪽 차로"란 다음에 해당하는 차로를 말한다.
      1) 고속도로 외의 도로의 경우 : 왼쪽 차로를 제외한 나머지 차로
      2) 고속도로의 경우 : 1차로와 왼쪽 차로를 제외한 나머지 차로
2. 모든 차는 위 표에서 지정된 차로보다 오른쪽에 있는 차로로 통행할 수 있다.
3. 앞지르기를 할 때에는 위 표에서 지정된 차로의 왼쪽 바로 옆 차로로 통행할 수 있다.
4. 도로의 진출입 부분에서 진출입하는 때와 정차 또는 주차한 후 출발할 때의 상당한 거리 동안은 이 표에서 정하는 기준에 따르지 아니할 수 있다.
5. 이 표 중 승합자동차의 차종 구분은 「자동차관리법 시행규칙」 별표 1에 따른다.
6. 다음 각 목의 차마는 도로의 가장 오른쪽에 있는 차로로 통행하여야 한다.
   가. 자전거　　나. 우마
   다. 법 제2조제18호 나목에 따른 건설기계 이외의 건설기계
   라. 다음의 위험물 등을 운반하는 자동차
      1) 지정수량 이상의 위험물
      2) 화약류
      3) 유독물질
      4) 지정폐기물과 의료폐기물
      5) 고압가스
      6) 액화석유가스
      7) 방사성물질 또는 그에 따라 오염된 물질
      8) 제조 등의 금지 유해물질과 허가대상 유해물질
      9) 농약의 원제
   마. 그 밖에 사람 또는 가축의 힘이나 그 밖의 동력으로 도로에서 운행되는 것
7. 좌회전 차로가 2차로 이상 설치된 교차로에서 좌회전하려는 차는 그 설치된 좌회전 차로 내에서 위 표 중 고속도로 외의 도로에서의 차로 구분에 따라 좌회전하여야 한다.

27 차마의 우측통행 원칙 ➡ 차마의 운전자는 도로(보도와 차도가 구분된 도로에서는 차도통행)의 중앙(중앙선이 설치되어 있는 경우에는 그 중앙선)으로부터 우측부분(차도)을 통행해야 한다.(법 제13조제3항)

해설 도로 외의 곳으로 출입할 때에는 보도를 횡단하여 통행할 수 있다.

28 차마의 운전자가 도로의 중앙이나 좌측 부분을 통행할 수 있는 경우(법 제13조제4항)

① 도로가 일방통행인 경우

② 도로의 파손, 도로공사나 그 밖의 장애 등으로 도로 우측 부분을 통행할 수 없는 경우

③ 도로의 우측 부분 폭이 6m가 되지 아니한 도로에서 다른 차를 앞지르려 하는 경우(좌측 부분을 확인할 수 있는 경우, 반대 방향의 교통을 방해할 우려가 없는 경우, 안전표지 등으로 앞지르기를 금지하거나 제한하지 않는 경우에 통행할 수 있다)

④ 도로 우측부분의 폭이 차마의 통행에 충분하지 아니한 경우

⑤ 가파른 비탈길의 구부러진 곳에서 교통의 위험을 방지하기 위하여 시 · 도경찰청장이 필요하다고 인정하여 구간 및 통행방법을 지정하고 있는 경우에 그 지정에 따라 통행한 경우

29 화물자동차의 운행상의 안전기준(높이)(영 제22조) ➡ 지상으로부터 4m

해설 ① 도로구조의 보전과 통행의 안전에 지장이 없다고 인정하여 고시한 도로 노선의 경우에는 4.2m임
② 소형 3륜자동차 : 지상으로부터 2.5m(이륜자동차 : 2m)
③ 화물자동차의 적재중량은 구조 및 성능에 따라 적재중량의 110% 이내일 것
④ 화물자동차의 적재용량 길이 : 자동차 길이의 1/10의 길이를 더한 길이(이륜자동차는 길이 또는 적재장치길이에 30cm 더한 길이)
⑤ 화물차의 적재용량 너비 : 자동차의 후사경으로 후방을 확인할 수 있는 범위(후사경의 높이보다 화물을 낮게 적재한 경우에는 그 화물을, 후사경의 높이보다 화물을 높게 적재한 경우에는 뒤쪽을 확인할 수 있는 범위)의 너비

30 승차 또는 적재의 방법과 제한(법 제39조)

① 모든 차의 운전자는 승차인원, 적재중량 및 적재 용량초과 운전금지(출발지 관할 경찰서장의 허가를 받은 경우에는 예외)

② 모든 차 또는 노면전차의 운전자는 운전 중 타고 있는 사람 또는 타고 내리는 사람이 떨어지지 아니하도록 하기 위하여 문을 정확히 여닫는 등 필요한 조치를 하여야 한다.

③ 모든 차의 운전자는 운전 중 실은 화물이 떨어지지 아니도록 덮개를 씌우거나 묶는 등 확실하게 고정될 수 있도록 필요한 조치를 하여야 한다.

④ 모든 차의 운전자는 영유아나 동물을 안고 운전장치를 조작하거나 운전석 주위에 물건을 싣는 등 안전에 지장을 줄 우려가 있는 상태로 운전하여서는 아니된다.

⑤ 경찰서장이 적재초과 등을 허가할 수 있는 경우

㉠ 전신, 전화, 전기공사, 수도공사, 제설작업 그 밖의 공익을 위한 공사 또는 작업을 위하여 부득이 화물자동차의 승차정원을 넘어서 운행하고자 하는 경우

㉡ 분할할 수 없어 화물자동차의 적재중량 및 적재용량에 따른 기준을 적용할 수 없는 화물을 수송하는 경우

31 안전기준을 넘는 화물의 적재허가를 받은 사람은 ➡ 그 길이 또는 폭의 양 끝에 너비 30cm, 길이 50cm 이상의 빨간 헝겊으로 된 표지를 달아야 하고, 다만, 밤에 운행하는 경우에는 반사체로 된 표지를 달아야 한다.(규칙 제26조)

32 일반도로에서의 속도(규칙 제19조제1항제1호)

주거지역 · 상업지역 및 공업지역 내의 도로	50km/h 이내
지정한 노선 또는 구간 및 편도 1차로의 도로	60km/h 이내
편도 2차로 이상의 도로	80km/h 이내

33 고속도로에서의 속도(규칙 제19조제1항제3호)

편도 2차로 이상 고속도로	승용자동차, 승합자동차, 화물자동차(적재중량 1.5톤 이하)	최고 매시100km 최저 매시 50km
	화물자동차(적재중량 1.5톤 초과) 위험물 운반자동차 및 건설기계, 특수자동차	최고 매시 80km 최저 매시 50km
중부(제2중부포함) 서해안, 논산~천안간 편도 2차로 이상 고속도로 등(경찰청장 고시로 지정된 노선과 구간)	승용자동차, 승합자동차 화물자동차(적재중량 1.5톤 이하)	최고 매시 110km 최저 매시 50km
	화물자동차(적재중량 1.5톤 초과) 위험물 운반자동차 및 건설기계, 특수자동차	최고 매시 90km 최저 매시 50km
편도 1차로 고속도로	모든 자동차	최고 매시 80km 최저 매시 50km

34 자동차 전용도로에서의 속도(규칙 제19조제1항제2호)

최고속도 : 매시 90km	최저속도 : 매시 30km

35 악천후 시 감속운행 속도(비, 안개, 눈 등)(규칙 제19조제2항)

도로의 상태	감속운행 속도
1. 비가 내려 노면이 젖어 있는 경우 2. 눈이 20mm 미만 쌓인 경우	최고속도의 $\frac{20}{100}$을 줄인 속도
1. 폭우, 폭설, 안개 등으로 가시거리가 100m 이내인 경우 2. 노면이 얼어붙은 경우(살짝 얼은 경우 포함) 3. 눈이 20mm 이상이 쌓인 경우	최고속도의 $\frac{50}{100}$을 줄인 속도

해설 편도 1차로 일반도로에 눈 · 비가 오고 있을 때 감속속도는 얼마인가?
편도 1차로 일반도로의 법정운행속도가 60km/h이고, 눈 · 비가 내릴 때에는 법정속도의 100분의 20을 감속운행하여야 하므로

• $60 \times \frac{20}{100} = 12$km, 즉 60km - 12km=48km

정답 : 48km/h로 운행

36 서행 ➡ 운전자가 차 또는 노면전차를 즉시 정지시킬 수 있는 정도의 느린 속도로 진행하는 것을 의미

해설 서행할 곳(위험을 예상한 상황적 대비) ① 교통정리를 하고 있지 아니한 교차로 ② 도로가 구부러진 부근 ③ 비탈길의 고갯마루 부근 ④ 가파른 비탈길의 내리막

37 정지 ➡ 자동차가 완전히 멈추는 상태

38 일시정지 ➡ 차 또는 노면전차의 운전자가 그 차 또는 노면전차의 바퀴를 일시적으로 완전히 정지시키는 것을 말한다.

해설 이행해야 할 장소 : ① 보도를 횡단하기 직전 ② 철길 건널목 앞에서 ③ 보행자가 횡단보도 통행시 횡단보도 앞 정지선에서 ④ 교통이 빈번한 교차로 직전 ⑤ 앞을 보지 못하는 자가 도로 통행 또는 장애인보조견을 동반하는 등의 조치를 하고 도로를 횡단하는 때 ⑥ 지체장애인, 노인이 도로(지하도나 육교이용불가) 횡단시 ⑦ 적색등화가 점멸하는 곳이나 그 직전 ⑧ 교차로 또는 그 부근에서 긴급자동차가 접근할 때 ⑨ 어린이가 보호자없이 도로를 횡단하는 때, 도로에 앉아있거나, 서 있거나 놀이를 하고 있는 때, 어린이에 대한 교통사고 위험이 있는 것을 발견 시

39 교통정리가 없는 교차로에서의 양보운전(법 제26조)

① 교통정리를 하고 있지 아니하는 교차로에 들어가려고 하는 차의 운전자는 이미 교차로에 들어가 있는 다른 차가 있을 때에는 그 차에 진로를 양보하여야 한다.

② 동시에 교차로에 진입할 때의 양보운전

㉮ 도로의 폭이 좁은 도로에서 진입하려고 하는 경우에는 도로의 폭이 넓은 도로로부터 진입하는 차에 진로를 양보

㉯ 우측도로에서 진입하는 차에 진로를 양보

㉰ 좌회전하려고 하는 경우에는 직진하거나 우회전하려는 차에 진로를 양보

③ 선진입 적용은 속도에 비례하여 먼저 교차로에 진입한 경우이므로 단순히 교차로 진입거리가 길다하여 선진입을 확정하는 것이 아니라 일시정지 및 서행여부, 교차로에서의 양보운전 여부 등을 확인한 후 통행우선권을 결정하게 된다.

※ 회전 교차로 통행 방법(법 제25조의2)

① 모든 차의 운전자는 회전 교차로에서는 반시계 방향으로 통행하여야 한다.

② 모든 차의 운전자는 회전 교차로에 진입하려는 경우에는 서행하거나 일시 정지하여야 하며, 이미 진행하고 있는 다른 차가 있는 때에는 그 차에 진로를 양보하여야 한다.

③ ① 및 ②에 따라 회전 교차로 통행을 위하여 손이나 방향 지시기 또는 등화로써 신호를 하는 차가 있는 경우 그 뒤차의 운전자는 신호를 한 앞차의 진행을 방해하여서는 아니 된다.

40 긴급자동차의 우선과 특례(긴급하고 부득이한 경우 운행시에만 적용)

① 도로의 중앙이나 좌측부분 통행, ② 정지하여야 하는 경우에도 정지하지 아니하고 통행, ③ 자동차등의 속도(긴급자동차에 대하여 속도를 제한하는 경우에는 속도제한 규정을 적용), ④ 앞지르기 금지의 시기 및 장소, ⑤ 끼어들기의 금지에 관한 규정은 적용하지 아니한다. ⑥ 긴급자동차 운전자는 해당 자동차를 그 본래의 긴급한 용도로 운행하지 아니하는 경우에는 경광등이나 사이렌을 작동하여서는 아니 된다. 다만, 범죄 및 화재 예방 등을 위한 순찰 · 훈련 등을 실시하는 경우에는 그러하지 아니한다.

41 긴급자동차 접근시의 피양 방법(법 제29조제4항, 제5항)

① 교차로 또는 그 부근 : 차마와 노면전 차의 운전자는 교차로를 피하여 도로의 우측 가장자리에 일시정지하여야 한다(일방통행도로에서 피양 : 우측가장자리로 피하는 것이 통행에 지장을 주는 경우는 좌측가장 자리로 피하여 정지).

② 교차로 또는 그 부근 외의 곳 : 모든 차와 노면전차의 운전자는 위 ①항에 따른 곳 외의 곳에서 긴급자동차가 접근하는 경우에는 긴급자동차가 우선통행할 수 있도록 진로를 양보하여야 한다.

42 정비불량 자동차 운전금지 ➡ 모든 차의 사용자, 정비책임자, 운전자는 장치가 정비되지 아니한 정비불량차를 운전을 하도록 시키거나 운전을 하여서는 아니 된다.

43 운송사업용 자동차 또는 화물자동차의 운전자 금지행위(법 제50조제5항)

① 운행기록계가 설치되지 아니한 차(고장 등으로 사용할 수 없는 차 포함)를 운전하는 행위 또는 승차를 거부하는 행위

② 운행기록계를 원래의 목적대로 사용하지 아니하고 운전하는 행위

44 정비불량 자동차를 정지시켜 점검할 수 있는 사람 ➡ 경찰공무원

45 자동차 정비불량 상태 정도(경미할 때) ➡ 운전자가 응급조치하게 한 후 도로 또는 교통상황을 고려하여 구간, 통행로와 위험방지를 위한 필요한 조건을 정한 후에 운전을 계속하게 할 수 있다.

46 자동차를 점검하여 정비상태가 매우 불량시 차의 사용을 정지시킬 수 있는 기간 ➡ 그 기간은 10일의 범위이다(자동차등록증 보관).

47 1종 대형면허로 운전할 수 있는 차량(규칙 제53조, 별표18)

① 승용자동차
② 승합자동차
③ 화물자동차
④ 건설기계
 ㉠ 덤프트럭, 아스팔트살포기, 노상안정기
 ㉡ 콘크리트믹서트럭, 콘크리트펌프, 천공기(트럭 적재식)
 ㉢ 콘크리트믹서트레일러, 아스팔트콘크리트재생기
 ㉣ 도로보수트럭, 3톤 미만의 지게차
⑤ 특수자동차[대형견인차, 소형견인차 및 구난차(구난차등)는 제외]
⑥ 원동기장치자전거

48 제1종 보통면허로 운전할 수 있는 차량(규칙 제53조, 별표18)

① 승용자동차
② 승차정원 15명 이하의 승합자동차
③ 적재중량 12톤 미만의 화물자동차
④ 건설기계(도로를 운행하는 3톤 미만의 지게차로 한정)
⑤ 총중량 10톤 미만의 특수자동차(구난차등은 제외)
⑥ 원동기장치자전거

49 제1종 특수면허로 운전할 수 있는 차량(규칙 제53조, 별표18)

① 대형견인차
 ㉠ 견인형 특수자동차
 ㉡ 제2종 보통면허로 운전할 수 있는 차량
② 소형견인차
 ㉠ 총중량 3.5톤 이하의 견인형 특수자동차
 ㉡ 제2종 보통면허로 운전할 수 있는 차량
③ 구난차
 ㉠ 구난형 특수자동차
 ㉡ 제2종 보통면허로 운전할 수 있는 차량

50 제2종 보통면허로 운전할 수 있는 자동차(규칙 제53조, 별표18)

① 승용자동차
② 승차정원 10명 이하의 승합자동차
③ 적재중량 4톤 이하의 화물자동차
④ 총중량 3.5톤 이하의 특수자동차(구난차등은 제외)
⑤ 원동기장치자전거

51 일정기간 운전면허를 받을 수 없는 사람(결격자)(법 제82조제2항)

※벌금 이상의 형이 확정된 경우

운전면허를 받을 수 없는 사람	결격기간
1. 무면허 운전 금지 또는 결격 기간 중 운전 금지를 위반하여 자동차 등을 운전한 뒤 취소된 경우	위반한 날부터 1년
2. 운전면허 효력 정지 기간 중 운전금지를 위반하여 취소된 경우	취소된 날부터 1년
3. 위의 1, 2항을 위반한 후 원동기장치 자전거 면허를 받으려는 경우	각 6개월
4. 위의 1, 2항을 위반하고 공동 위험행위를 위반한 경우	위반한 날부터 1년
5. 위의 1, 2, 3, 4항을 위반하여 교통사고로 사람을 사상한 후 사고 조치 또는 신고를 하지 아니한 경우	위반한 날부터 5년
6. 무면허 운전 또는 결격 사유 시 운전을 3회 이상 위반하여 자동차 등을 운전한 경우	위반한 날부터 2년
7. 다음 각 목의 경우에는 운전면허가 취소된 날(무면허 운전 또는 결격 사유 시 운전이 포함되는 경우 : 위반한 날) ① 음주, 과로, 공동 위험 행위(무면허 운전. 결격 사유 시 운전을 함께 위반한 경우 포함)로 사람을 사상한 후 또는 교통사고 야기 후 사고 조치 및 신고를 하지 아니한 경우 ② 음주운전(무면허 운전 또는 결격기간 중 운전한 경우 포함)을 위반하여 운전을 하다가 사람을 사망에 이르게 한 경우	취소된 날부터 5년(무면허 운전 또는 결격 사유 시 운전이 포함되는 경우 : 위반한 날부터 5년)
8. 무면허 운전, 음주운전, 과로운전, 공동 위험 행위 운전 외 규정에 따른 사유가 아닌 다른 사유로 사람을 사상한 후 사고 조치 및 신고를 하지 아니한 경우	취소된 날부터 4년
9. 음주운전, 경찰 공무원의 음주측정을 위반(무면허 운전 또는 결격 기간 중 운전을 함께 위반한 경우 포함)하여 운전하다가 2회 이상 교통사고를 일으킨 경우	취소된 날부터 3년(무면허 운전 또는 결격 사유 시 운전이 포함되는 경우 : 위반한 날부터 3년)
10. 자동차를 이용하여 범죄 행위를 하거나, 다른 사람의 자동차를 훔치거나 빼앗은 사람이 무면허 운전 금지를 위반하여 그 자동차를 운전한 경우	위반한 날부터 3년
11. 다음 각 목의 경우에는 운전면허가 취소된 날(무면허 운전 또는 결격 기간 중 운전을 함께 위반한 경우 : 위반한 날)부터 계산한다. ① 음주운전 · 음주측정을 2회 이상(무면허운전 또는 결격 기간 중 운전한 경우도 포함) 위반한 경우 ② 음주운전 · 음주측정을 위반(무면허 운전 또는 결격 기간 중 운전한 경우도 포함)하여 운전을 하다가 교통사고를 일으킨 경우 ③ 공동 위험 행위 금지를 2회 이상 위반(무면허 운전 또는 결격 기간 중 운전한 경우도 포함)한 경우 ④ 운전면허를 받을 수 없는 사람이 운전면허를 받거나 운전면허 효력 정지 기간 중 운전면허증 또는 운전면허증을 갈음하는 증명서를 발급받은 사실이 드러난 경우 ⑤ 다른 사람의 자동차 등을 훔치거나 빼앗은 경우 ⑥ 다른 사람이 부정하게 운전면허를 받도록 하기 위하여 운전면허 시험에 대신 응시한 경우	취소된 날부터 2년(무면허 운전 또는 결격 사유 시 운전이 포함되는 경우 : 위반한 날부터 2년)
12. ① 1에서 11항까지의 규정에 따른 경우가 아닌 다른 사유로 운전면허가 취소된 경우	취소된 날부터 1년(원동기 자동차 면허를 받으려는 경우 : 6개월)
② 공동 위험 행위 금지 위반으로 취소된 경우	취소된 날부터 1년
③ 다만, 적성검사를 받지 아니하여 운전면허가 취소된 사람 또는 제1종 운전면허를 받은 사람이 불합격되어 다시 제2종 운전면허를 받으려는 경우는 제외한다.	기간 제한 없음
13. 운전면허효력 정지 처분을 받고 있는 경우	그 정지 처분 기간
14. 국제운전면허증 또는 상호인정외국면허증으로 운전하는 운전자가 운전금지 처분을 받은 경우	그 금지기간

※ 참고 : 운전면허 응시연령 ⇒ ① 원동기장치자전거 : 만 16세 이상 ② 1종 또는 2종 보통면허 : 만 18세 이상 ③ 1종 대형 또는 특수면허 : 만 19세 이상과 운전경력 1년 이상(이륜차 경력 제외)

52 교통사고결과에 따른 벌점 기준(규칙 별표28)

① 사망 1명마다(90점) : 사고 발생시부터 72시간 이내에 사망한 때
② 중상 1명마다(15점) : 3주 이상의 의사진단이 있는 사고
③ 경상 1명마다(5점) : 5일 이상~3주 미만의 의사진단이 있는 사고
④ 부상신고 1명마다(2점) : 5일 미만의 의사진단이 있는 사고

53 범칙행위 및 범칙금액표(운전자)(영 제93조제1항, 별표8)

범 칙 행 위	차종별 범칙금액(만원)	
	승합자동차 등	승용자동차 등
• 속도위반(60km/h 초과) • 어린이통학버스 운전자의 의무 위반(좌석안전띠를 매도록 하지 않은 경우는 제외한다) • 인적사항 제공의무 위반(주 · 정차된 차만 손괴한 것이 분명한 경우에 한정)	13	12
• 속도위반(40km/h 초과 60km/h 이하) • 승객의 차 안 소란행위 방치 운전 • 어린이통학버스 특별보호 위반	10	9
• 소방관련시설 안전표지가 설치된 곳에서의 정차 · 주차금지위반	9	8
• 신호 · 지시위반 • 중앙선 침범, 통행구분 위반 • 속도 위반(20km/h 초과 40km/h 이하) • 철길 건널목 통과 방법, 앞지르기 방법, 회전 교차로 통행 방법 위반 • 앞지르기 금지 시기 · 장소 위반 • 운전 중 휴대 전화 사용, 횡단 · 유턴 · 후진 위반 • 고속도로 · 자동차 전용도로 갓길 통행 • 고속도로 버스전용차로 · 다인승 전용차로 통행위반 • 운전 중 운전자가 볼 수 있는 위치에 영상표시 • 운전 중 영상표시장치 조작 • 운행기록계 미설치자동차 운전금지 등의 위반 • 횡단보도 보행자 횡단 방해(신호 또는 지시에 따라 도로를 횡단하는 보행자의 통행 방해와 어린이 보호구역에서의 일시정지 위반 포함) • 보행자전용도로 통행 위반(보행자전용도로 통행방법 위반을 포함) • 승차 인원 초과, 승객 또는 승하차자 추락 방지조치 위반 • 어린이 · 앞을 보지 못하는 사람 등의 보호 위반 • 긴급자동차에 대한 양보 · 일시정지 위반 • 긴급한 용도나 그 밖에 허용된 사항 외에 경광등이나 사이렌 사용	7	6
• 일반도로전용차로 통행위반 • 노면전차 전용로 통행 위반 • 보행자 통행방해 또는 보호 불이행, 적재제한위반 · 적재물 추락 방지위반 또는 영유아나 동물을 안고 운전하는 행위, 도로에서 시비 · 다툼 등 차마의 통행방해행위 • 화물적재함 승객 탑승 운행행위 • 자율주행자동차 운전자의 준수 사항 위반 • 고속도로 지정차로 통행위반 • 고속도로 · 자동차전용도로 고장 등의 경우 조치 불이행, 고속도로 · 자동차전용도로 정차 · 주차금지 위반	5	4

• 통행금지 · 제한 위반 • 고속도로 · 자동차전용도로 안전거리 미확보 • 앞지르기의 방해 금지 위반 • 교차로 통행방법 위반 • 회전교차로 진입 · 진행 방법 위반 • 교차로에서의 양보운전 위반 • 정차 · 주차 위반에 대한 조치 불응 • 안전운전의무 위반 • 급발진, 급가속, 엔진 공회전 또는 반복적 · 연속적인 경음기 울림으로 인한 소음 발생 행위 • 고속도로 · 자동차전용도로 횡단 · 유턴 · 후진 위반 • 정차 · 주차 금지 위반, 주차 금지 위반, 정차 · 주차방법 위반(경사진 곳 포함) • 고속도로 진입 위반 • 개인형 이동장치 인명보호 장구 미착용	5	4
• 차로 통행 준수 의무 위반, 지정 차로 통행위반 · 차로 너비보다 넓은 차 통행금지 위반(진로변경금지 장소에서의 진로변경을 포함) • 속도위반 20km/h 이하 • 끼어들기 금지 위반 • 서행의무, 일시정지 위반 • 좌석안전띠 미착용 • 운전석 이탈시 안전확보 불이행 • 혼잡 완화조치 위반 • 진로 변경방법 위반 • 급제동 금지 위반 • 방향전환 · 진로변경 및 회전 교차로 진입 · 진출 시 신호 불이행 • 동승자 등의 안전을 위한 조치 위반 • 시 · 도경찰청 지정 · 공고 사항 위반 • 이륜자동차 · 원동기장치자전거(개인형 이동 장치 제외)인명 보호 장구 미착용 • 등화점등 불이행 · 발광장치 미착용(자전거 운전자는 제외) • 어린이통학버스와 비슷한 도색 · 표지 금지 위반	3	
• 최저속도 위반 • 등화점등 · 조작불이행(안개가 끼거나 비 또는 눈이 올 때는 제외) • 불법부착장치차 운전(교통단속용 장비기능방해 장치를 한 차의 운전은 제외) • 운전이 금지된 위험한 자전거 등의 운전 • 일반도로 안전거리 미확보 • 사업용 승합자동차 또는 노면전차의 승차거부 • 택시의 합승(장기 주차 · 정차하여 승객을 유치하는 경우로 한정) · 승차거부 · 부당요금징수행위	2	2
• 돌 · 유리병 · 쇳조각이나 그 밖에 도로에 있는 사람이나 차마를 손상시킬 우려가 있는 물건을 던지거나 발사하는 행위 • 도로를 통행하고 있는 차마에서 밖으로 물건을 던지는 행위	모든 차마 : 5	
• 특별한 교통안전 교육 미이수 가. 과거에 5년 이내에 음주운전 금지규정을 1회 이상 위반하였던 사람으로서 다시 음주운전 금지규정을 위반하여 운전면허 효력정지처분을 받게 되거나 받은 사람이 그 처분기간이 만료되기 전에 특별 교통안전교육을 받지 아니한 경우 나. 가목 외의 경우	차종 구분 없음 : 15 10	
• 경찰관의 실효된 면허증 회수에 대한 거부 또는 방해	차종 구분 없음 : 3	

※ 승합자동차 등 : 승합자동차, 4톤 초과 화물자동차, 특수자동차 및 건설기계
※ 승용자동차 등 : 승용자동차 및 4톤 이하 화물자동차

54 취소처분 개별기준(규칙 제91조제1항, 별표28)

위반사항	내용
교통사고를 일으키고 구호조치를 하지 아니한 때	교통사고로 사람을 죽게 하거나 다치게 하고, 구호조치를 하지 아니한 때
술에 취한 상태에서 운전한 때	• 술에 취한 상태의 기준(혈중알코올농도 0.03퍼센트 이상)을 넘어서 운전을 하다가 교통사고로 사람을 죽게 하거나 다치게 한 때 • 술에 만취한 상태(혈중알코올농도 0.08퍼센트 이상)에서 운전한 때 • 술에 취한 상태의 기준을 넘어 운전하거나 술에 취한 상태의 측정에 불응한 사람이 다시 술에 취한 상태(혈중알코올농도 0.03퍼센트 이상)에서 운전한 때
술에 취한 상태의 측정에 불응한 때	술에 취한 상태에서 운전하거나 술에 취한 상태에서 운전하였다고 인정할 만한 상당한 이유가 있음에도 불구하고 경찰공무원의 측정요구에 불응한 때
음주 측정 방해 행위를 한 경우	술에 취한 상태에 있다고 인정할 만한 상당한 이유가 있는 사람이 자동차 등을 운전한 후 음주측정 방해 행위를 한 경우
운전면허증을 부정하게 사용할 목적으로 다른 사람에게 운전면허증을 대여한 경우	• 면허증 소지자가 부정하게 사용할 목적으로 다른 사람에게 면허증을 빌려준 경우 • 면허 취득자가 부정하게 사용할 목적으로 다른 사람의 면허증을 빌려서 사용한 경우
결격사유에 해당	정신질환자 또는 뇌전증환자, 앞을 보지 못하는 사람, 듣지 못하는 사람, 양 팔의 팔꿈치 관절 이상을 잃거나 양팔을 전혀 쓸 수 없는 사람, 다리 · 머리 · 척추 그 밖의 신체장애로 인해 앉아 있을 수 없는 사람, 마약 · 대마 · 향정신성 의약품 또는 알코올 중독자(법 제82조제2호~제5호)
약물을 사용한 상태에서 자동차 등을 운전한 때	• 약물의 투약 · 흡연 · 섭취 · 주사 등으로 정상적인 운전을 하지 못할 염려가 있는 상태에서 자동차 등을 운전한 때 • 약물의 영향으로 인하여 정상적으로 운전하지 못할 우려가 있다고 인정할 만한 이유가 있음에도 불구하고 경찰 공무원의 측정에 응하지 아니한 때 (26.4.2.시행)
공동위험행위	공동위험행위로 구속된 때
난폭운전	난폭운전으로 구속된 때
속도위반	최고속도보다 100km/h를 초과한 속도로 3회 이상 운전한 때
정기적성검사 불합격 또는 정기적성검사 기간 1년 경과	정기적성검사에 불합격하거나 적성검사 기간 만료일 다음 날부터 적성검사를 받지 아니하고 1년을 초과한 때
수시적성검사 불합격 또는 수시적성검사 기간 경과	수시적성검사에 불합격하거나 수시적성검사 기간을 초과한 때
운전면허 행정처분 기간 중 운전행위	운전면허 행정처분 기간 중에 운전한 때
허위 또는 부정한 수단으로 운전면허를 받은 경우	• 허위 · 부정한 수단으로 운전면허를 받은 때 • 법 제82조에 따른 결격사유에 해당하여 운전면허를 받을 자격이 없는 사람이 운전면허를 받은 때 • 운전면허 효력의 정지기간 중에 면허증 또는 운전면허증에 갈음하는 증명서를 교부받은 사실이 드러난 때
등록 또는 임시운행허가를 받지 아니한 자동차를 운전한 때	「자동차관리법」에 따라 등록되지 아니하거나 임시운행 허가를 받지 아니한 자동차(이륜자동차를 제외한다)를 운전한 때
자동차 등을 이용하여 「형법」상 특수상해 등을 행한 때(보복운전)	자동차 등을 이용하여 「형법」상 특수상해, 특수협박, 특수손괴를 행하여 구속된 때
자동차 등을 이용하여 범죄행위를 한 때	• 국가보안법을 위반한 범죄에 이용된 때 • 형법을 위반한 다음 범죄에 이용된 때 –살인, 시체유기, 방화 –강도, 강간, 강제추행 –약취 · 유인 · 감금 –상습절도(절취한 물건을 운반한 경우에 한한다) –교통방해(단체에 소속되거나 다수인에 포함되어 교통을 방해한 경우에 한한다)
다른 사람의 자동차 등을 훔치거나 빼앗은 때	운전면허를 가진 사람이 자동차 등을 훔치거나 빼앗아 이를 운전한 때
다른 사람을 위하여 운전면허시험에 응시한 때	운전면허를 가진 사람이 다른 사람을 부정하게 합격시키기 위하여 운전면허시험에 응시한 때
운전자가 단속 경찰공무원 등에 대한 폭행	단속하는 경찰공무원 등 및 시 · 군 · 구 공무원을 폭행하여 형사입건된 때
연습면허 취소 사유가 있었던 경우	제1종 보통 및 제2종 보통면허를 받기 이전에 연습면허의 취소사유가 있었던 때(연습면허에 대한 취소절차 진행 중 제1종 보통 및 제2종 보통면허를 받은 경우를 포함)

55 정지처분 개별기준(규칙 제91조제1항, 별표28)

위반사항	벌점
• 속도위반(100km/h 초과) • 술에 취한 상태의 기준을 넘어서 운전한 때(혈중 알코올 농도 0.03퍼센트 이상 0.08퍼센트 미만) • 자동차 등을 이용하여 형법상 특수 상해 등(보복 운전)을 하여 입건된 때	100
• 속도위반(80km/h 초과 100km/h 이하)	80
• 속도위반(60km/h 초과 80km/h 이하)	60
• 정차 · 주차 위반에 대한 조치 불응(단체에 소속되거나 다수인에 포함되어 경찰공무원의 3회 이상의 이동 명령에 따르지 아니하고 교통을 방해한 경우에 한함) • 공동 위험 행위 또는 난폭 운전으로 형사 입건된 때 • 안전 운전 의무 위반(단체에 소속되거나 다수인에 포함되어 경찰 공무원의 3회 이상의 안전 운전 지시에 따르지 아니하고 타인에게 위험과 장해를 주는 속도나 방법으로 운전한 경우에 한함) • 승객의 차내 소란 행위 방치 운전 • 출석 기간 또는 범칙금 납부 기간 만료일부터 60일이 경과될 때까지 즉결 심판을 받지 아니한 때	40
• 통행 구분 위반(중앙선 침범에 한함) • 속도위반(40km/h 초과 60km/h 이하) • 철길 건널목 통과 방법 위반 • 회전 교차로 통행 방법 위반(통행 방향 위반에 한정) • 어린이 통학 버스 특별 보호 위반 • 어린이 통학 버스 운전자의 의무 위반(좌석 안전띠를 매도록 하지 아니한 운전자는 제외) • 고속도로 · 자동차 전용 도로 갓길 통행 • 고속도로 버스 전용 차로 · 다인승 전용 차로 통행 위반 • 운전면허증 등의 제시 의무 위반 또는 운전자 신원 확인을 위한 경찰 공무원의 질문에 불응	30
• 신호 · 지시 위반 • 속도위반(20km/h 초과 40km/h 이하) • 속도위반(어린이 보호 구역 안에서 오전 8시부터 오후 8시까지 사이에 제한 속도를 20km/h 이내에서 초과한 경우에 한정) • 앞지르기 금지 시기 · 장소 위반 • 적재 제한 위반 또는 적재물 추락 방지 위반 • 운전 중 휴대용 전화 사용 • 운전 중 운전자가 볼 수 있는 위치에 영상 표시 • 운전 중 영상 표시 장치 조작 • 운행 기록계 미설치 자동차 운전금지 등의 위반	15

• 통행 구분 위반(보도 침범, 보도 횡단 방법 위반) • 차로 통행 준수 의무 위반, 지정 차로 통행 위반(진로 변경 금지 장소에서의 진로 변경 포함) • 일반 도로 전용 차로 통행 위반 • 안전거리 미확보(진로 변경 방법 위반 포함) • 앞지르기 방법 위반 • 보행자 보호 불이행(정지선 위반 포함) • 승객 또는 승하차자 추락 방지 조치 위반 • 안전 운전 의무 위반 • 노상 시비 · 다툼 등으로 차마의 통행 방해 행위 • 자율주행자동차 운전자의 준수사항 위반 • 돌 · 유리병 · 쇳조각이나 그 밖에 도로에 있는 사람이나 차마를 손상시킬 우려가 있는 물건을 던지거나 발사하는 행위 • 도로를 통행하고 있는 차마에서 밖으로 물건을 던지는 행위	10

56 어린이보호구역 및 노인 · 장애인보호구역에서의 과태료 부과기준(영 별표 7)

위반행위 및 행위자	차종별 과태료금액(만원)	
	승합자동차등	승용자동차등
• 신호 또는 지시를 따르지 않은 차의 고용주등	14	13
• 제한속도를 준수하지 않은 차의 고용주등 – 60km/h 초과 – 40km/h 초과 60km/h 이하 – 20km/h 초과 40km/h 이하 – 20km/h 이하	 17 14 11 7	 16 13 10 7
• 정차 또는 주차를 위반한 차의 고용주등 – 어린이보호구역에서 위반한 경우 – 노인 · 장애인보호구역에서 위반한 경우	 13(14) 9(10)	 12(13) 8(9)

※ 승합자동차 등 : 승합자동차, 4톤 초과 화물자동차, 특수자동차 및 건설기계
※ 승용자동차 등 : 승용자동차 및 4톤 이하 화물자동차
※ 과태료 금액에서 괄호 안의 것은 같은 장소에서 2시간 이상 정차 또는 주차 위반을 하는 경우에 적용한다.

57 어린이보호구역 및 노인 · 장애인보호구역에서의 범칙행위 및 범칙금액(영 제93조제2항, 별표10)

범 칙 행 위	차종별 범칙금액(만원)	
	승합자동차등	승용자동차등
• 신호, 지시위반 · 횡단보도 보행자 횡단방해	13	12
• 속도위반 – 60km/h 초과 – 40km/h 초과 60km/h 이하 – 20km/h 초과 40km/h 이하 – 20km/h 이하	 16 13 10 6	 15 12 9 6
• 통행금지 · 제한위반 • 보행자통행 방해 또는 보호 불이행	9	8
• 정차 · 주차금지위반 • 주차금지위반 • 정차 · 주차방법위반 • 정차 · 주차위반에 대한 조치 불응 – 어린이보호구역에서 위반한 경우 – 노인 · 장애인보호구역에서 위반한 경우	 13 9	 12 8

※ 승합자동차 등 : 승합자동차, 4톤 초과 화물자동차, 특수자동차 및 건설기계
※ 승용자동차 등 : 승용자동차 및 4톤 이하 화물자동차
※ 속도위반 60km를 초과한 운전자가 통고처분을 불이행한 사람에 대한 가산금을 더할 경우 범칙금의 최대 부과금액은 20만원으로 한다.

58 다른 법률에 따라 관계 행정 기관의 장이 행정 처분 요청 시의 운전면허 행정 처분 기준(규칙 별표28)

「양육비 이행 확보 및 지원에 관한 법률」에 따라 여성 가족부 장관이 운전면허 정지 처분을 요청하는 경우	100일

2 교통사고처리특례법 핵심요약정리

01 특례의 배제(공소제기할 수 있음)(법 제3조) ➡ 예외단서 12개 항목
① 신호, 지시 위반사고
② 중앙선 침범(고속도로나 자동차 전용도로에서 횡단, 유턴, 후진 포함) 위반 사고
③ 20km/h 초과 속도위반 과속사고
④ 앞지르기 방법, 금지시기, 금지장소 또는 끼어들기 금지 위반 사고
⑤ 철길 건널목 통과방법 위반사고
⑥ 보행자 보호의무 위반 사고
⑦ 무면허 운전 사고
⑧ 주취운전 · 약물복용 운전 사고
⑨ 보도침범 · 보도횡단방법 위반 사고
⑩ 승객추락방지의무 위반 사고
⑪ 어린이보호구역 내 안전운전의무 위반으로 어린이의 신체를 상해에 이르게 한 사고
⑫ 자동차의 화물이 떨어지지 아니하도록 필요한 조치를 위반한 사고

02 무기 또는 5년 이상의 징역 ➡ 피해자를 사망에 이르게 하고 도주하거나, 도주 후에 피해자가 사망한 경우(특정범죄 가중처벌 등에 관한 법률 제5조의3제1항)

03 사형, 무기 또는 5년 이상 유기징역 ➡ 사고 운전자가 피해자를 사고장소로부터 옮겨 유기한 후 피해자를 사망에 이르게 하고 도주하거나 도주 후 피해자가 사망한 경우(특정범죄 가중처벌 등에 관한 법률 제5조의3제2항제1호)

04 3년 이상의 유기징역 ➡ 피해자를 상해에 이르게 하고 사고 장소로부터 옮겨 유기하고 도주한 경우(특정범죄 가중처벌 등에 관한 법률 제5조의3제2항제2호)

05 도주사고 적용 사례
① 사상 사실을 인식하고도 가버린 경우
② 피해자를 방치한 채 사고현장을 이탈 · 도주한 경우
③ 사고현장에 있었어도 사고사실을 은폐하기 위해 거짓진술 · 신고한 경우
④ 부상피해자에 대한 적극적인 구호조치 없이 가버린 경우
⑤ 피해자가 이미 사망했다고 하더라도 사체 안치 후송 등 조치 없이 가버린 경우
⑥ 피해자를 병원까지만 후송하고 계속치료 받을 수 있는 조치 없이 도주한 경우
⑦ 운전자를 바꿔치기 하여 신고한 경우

06 황색주의 신호 기본 시간 ➡ 3초(교차로의 크기에 따라 4~6초까지 연장운영도 한다)

> **해설** ① 선, 후 신호 진행차량간 사고를 예방하기 위한 제도적 장치이다(3초 여유).
> ② 6초 이상 황색신호가 연장되는 교차로에서는 운전자들이 황색신호가 끝나기 전에 출발하는 경향이 있다.

07 신호기의 적용범위
① 원칙 : 해당교차로나 횡단보도에만 적용
② 다음과 같은 경우에는 확대 적용될 수 있음
㉠ 신호기의 직접영향 지역
㉡ 신호기의 지주 위치 내의 지역
㉢ 대향차선에 유턴허용 지역 : 신호기적용 유턴 허용지점으로까지 확대 적용
㉣ 대향차량이나 피해자가 신호기의 내용을 의식, 신호상황에 따라 진행 중인 경우

08 신호 · 지시위반사고의 "운전자 과실" 성립요건
① 고의적 과실 ② 부주의에 의한 과실(불가항력적, 만부득이한 과실이었거나 위반이 교통상 적절한 행위였다면 운전자 과실로 처리되지 않음)

09 「교통사고처리 특례법」상 중앙선침범이 적용되지 않는 사례
① 불가항력적 중앙선 침범 사고 ➡ ㉠ 뒤차의 추돌로 앞차가 밀리면서 중앙선을 침범한 사고 ㉡ 횡단보도에서의 추돌사고(보행자 보호의무 위반적용) ㉢ 내리막길 주행 중 브레이크 파열 등 정비불량으로 중앙선을 침범한 사고
② 사고피양 등 만부득이한 중앙선침범 사고(안전운전불이행적용) ➡ ㉠ 앞차의 정지를 보고 추돌을 피하려다 중앙선을 침범한 사고 ㉡ 보행자를 피양하다가 중앙선을 침범한 사고 ㉢ 빙판길에서 미끄러지면서 중앙선을 침범한 사고
③ 중앙선침범이 성립되지 않는 사고 ➡ ㉠ 중앙선이 없는 도로나 교차로의 중앙부분을 넘어서 난 사고 ㉡ 중앙선의 도색이 마모되었을 경우 중앙부분을 넘어서 난 사고 ㉢ 운전부주의로 핸들을 과대조작하여 반대편 도로의 갓길을 충돌한 자피사고 ㉣ 학교, 군부대, 아파트 등 단지내의 사설 중앙선 침범 사고 ㉤ 눈이나 흙더미에 덮여 중앙선이 보이지 않아 중앙부분을 넘어서 난 사고 등

10 과속의 개념 ➡ ① 일반적인 과속 : 「도로교통법」에 규정된 법정속도와 지정속도를 초과한 경우 ② 「교통사고처리특례법」 상의 과속 : 규정된 법정속도와 지정속도에서 20km/h 초과된 경우를 말한다.

> **해설** 경찰에서 사용중인 속도 추정 방법 : ① 운전자의 진술 ② 스피드 건 ③ 타고 그래프(운행 기록계) ④ 제동 흔적 등

11 과속사고(20km/h 초과)의 성립요건 중 피해자적 요건은 ➡ 과속차량(20km/h 초과)에 충돌되어 인적피해를 입은 경우이다.

> **해설** 예외사항 ➡ ① 제한속도 20km/h 이하 과속 차량에 충돌되어 인적피해를 입은 경우 ② 제한속도 20km/h 초과 차량에 충돌되어 대물피해만 입은 경우

12 제한속도를 20km/h 초과하여 과속 운행 중 사고를 야기하였을 때 "운전자 과실"에 해당하는 경우

① 고속도로(자동차 전용도로)의 제한속도에서 20km/h 초과한 경우
② 일반도로 제한속도 60km/h(80km/h)에서 20km/h 초과한 경우
③ 속도제한 표지판 설치구간에서 제한속도 20km/h 초과한 경우
④ 비가 내려 노면에 습기가 있거나, 눈이 20mm 미만 쌓인 때, 최고속도의 20/100을 줄인 속도에서 20㎞/h를 초과한 경우
⑤ 폭우, 폭설, 안개 등으로 가시거리가 100m 이내이거나, 노면의 결빙, 눈이 20㎜ 이상 쌓인 때, 최고속도의 50/100을 줄인 속도에서 20㎞/h를 초과한 경우
⑥ 총중량 2,000㎏에 미달하는 자동차를 3배 이상의 자동차로 견인하는 때 30㎞/h에서 20㎞/h를 초과한 경우
⑦ 이륜자동차가 견인하는 때 25㎞/h에서 20㎞/h를 초과한 경우

13 앞지르기 금지 · 방법위반 사고의 성립요건 중 운전자 과실의 내용은

① 앞지르기 금지위반 : ㉠ 앞차의 좌회전시 앞지르기 ㉡ 위험방지를 위한 정지, 서행시 앞지르기 ㉢ 앞지르기 금지장소에서의 앞지르기 ㉣ 병진시 앞지르기 ㉤ 실선의 중앙선 침범 앞지르기
② 앞지르기 방법 위반 : ㉠ 우측 앞지르기 ㉡ 2개 차로 사이로 앞지르기

> **해설** ① 장소적 요건(금지장소) ➡ ㉠ 교차로, ㉡ 터널 안, ㉢ 다리 위 ㉣ 도로의 구부러진곳, 비탈길의 고갯마루 부근 또는 가파른 비탈길의 내리막 등 안전표지로 지정한 곳
> ② 운전자의 과실이 아닌 경우 : 불가항력, 만부득이한 경우에 앞지르기 하던 중 사고

14 철길 건널목 통과방법 위반사고 성립요건 중 "운전자의 과실"에 해당하는 사항 ➡ ① 철길 건널목 직전 일시정지 불이행 ② 안전 미확인 통행 중 사고 ③ 고장 시 승객 대피, 차량이동 조치 불이행

> **해설** 예외사항 : ① 장소적 요건 : 역구내 철길 건널목의 경우 ② 피해자적 요건 : 대물 피해만 입은 경우 ③ 운전자의 과실 : 철길 건널목 신호기, 경보기 고장시의 사고
> ※ 신호기 등이 표시하는 신호에 따르는 때에는 일시정지 아니하고 통과해도 된다.

15 횡단보도에서 이륜차(자전거, 오토바이)사고 발생 시 결과 조치 관계

① 이륜차를 타고 횡단보도 통행 중 사고
- 결과 : 이륜차를 보행자로 볼 수 없고, 제차로 간주
- 조치 : 안전운전 불이행 적용

② 이륜차를 끌고 횡단보도 보행 중 사고
- 결과 : 보행자로 간주
- 조치 : 보행자 보호의무 위반을 적용하여 처리

③ 이륜차를 타고 가다 멈추고 한 발은 페달에, 한 발을 노면에 딛고 서 있던 중 사고
- 결과 : 보행자로 간주
- 조치 : 보행자 보호의무 위반을 적용하여 처리

16 횡단보도 보행자 보호의무 위반사고 성립요건 중 "운전자 과실"의 내용

① 횡단보도를 건너는 보행자를 충돌한 경우
② 횡단보도 전에 정지한 차량을 추돌하여 앞차가 밀려나가 보행자를 충돌한 경우
③ 보행신호(녹색등화)에 횡단보도 진입하여 건너던 중 주의신호(녹색등화의 점멸) 또는 정지신호(적색등화)가 되어 마저 건너고 있는 보행자와 충돌한 사고

> **해설** 운전자의 과실 예외사항 : ① 보행자가 횡단보도를 정지신호(적색등화)에 건너던 중 사고 ② 보행자가 횡단보도를 건너던 중 신호 변경되어 중앙선에 서 있던 중 사고 ③ 보행자가 주의 신호(녹색등화의 점멸)에 뒤늦게 횡단보도에 진입하여 건너던 중 정지신호(적색등화)로 변경 된 후 사고

17 무면허 운전에 해당되는 경우

① 면허를 취득하지 않고 운전 ② 유효기간이 지난 면허증으로 운전
③ 면허 취소처분을 받은 자가 운전 ④ 면허 정지기간 중에 운전
⑤ 면허종별 외 차량을 운전 ⑥ 시험합격 후 면허증 교부 전에 운전
⑦ 위험물 운반 화물차가 적재중량 3톤을 초과함에도 제1종 보통운전면허로 운전
⑧ 건설기계(덤프트럭 등)를 1종 보통 운전면허로 운전
⑨ 면허 있는 자가 도로에서 무면허자에게 운전연습을 시키던 중 사고를 야기한 경우
⑩ 군인(군속인 자)이 군면허만 취득소지하고 일반차량을 운전한 경우
⑪ 국제운전면허(상호인정외국면허증 포함)를 소지하지 않고 운전한 경우

18 음주(주취) 운전에 해당되는 사례(알코올 농도 0.03% 이상)

① 불특정 다수인이 이용하는 도로 및 공개되지 않는 통행로에서의 음주운전 행위도 처벌 대상이 되며, 구체적인 장소는 다음과 같다.
 ㉠ 도로
 ㉡ 불특정 다수의 사람 또는 차마의 통행을 위하여 공개된 장소
 ㉢ 공개되지 않는 통행로(공장, 관공서, 학교, 사기업 등 정문 안쪽 통행로)와 같이 문, 차단기에 의해 도로와 차단되고 관리되는 장소의 통행로
② 술을 마시고 주차장 또는 주차선 안에서 운전하여도 처벌 대상이 된다.

> **해설** **음주운전(주취운전)에 대한 벌칙(도로교통법 제148조의2)**
> ① 주취운전 또는 주취측정 불응 2회 이상 위반한 경우(10년 내)
> 1. 주취측정 불응 : 1년 이상 6년 이하의 징역이나 500만 원 이상 3천만 원 이하의 벌금
> 2. 주취운전 혈중알코올농도 0.2% 이상 : 2년 이상 6년 이하의 징역이나 1천만 원 이상 3천만 원 이하의 벌금
> 3. 주취운전 혈중알코올농도 0.03% 이상 0.2% 미만 : 1년 이상 5년 이하의 징역이나 500만 원 이상 2천만 원 이하의 벌금
> ② 주취측정에 불응한 경우 : 1년 이상 5년 이하의 징역이나 500만 원 이상 2천만 원 이하의 벌금
> ③ 주취운전을 한 경우
> 1. 혈중알코올농도 0.2% 이상 : 2년 이상 5년 이하의 징역이나 1천만 원 이상 2천만 원 이하의 벌금
> 2. 혈중알코올농도 0.08% 이상 0.2% 미만 : 1년 이상 2년 이하의 징역이나 500만 원 이상 1천만 원 이하의 벌금
> 3. 혈중알코올농도 0.03% 이상 0.08% 미만 : 1년 이하의 징역이나 500만 원 이하의 벌금
> ④ 과로, 질병 또는 약물(마약류)의 영향으로 정상적으로 운전하지 못할 우려가 있는 상태에서 자동차등 또는 노면전차를 운전한 경우와 경찰공무원의 약물측정을 위반하여 벌금 이상의 형을 선고 받고 그 형이 확정된 날부터 10년 내에 다시 과로·질병 또는 약물(마약류) 운전 및 약물측정위반을 한 사람
> 1. 과로·질병 또는 약물(마약류) 운전을 위반한 사람은 2년 이상 6년 이하의 징역이나 1천만 원 이상 3천만원 이하의 벌금에 처한다.
> 2. 경찰공무원의 약물측정을 위반한 사람은 1년 이상 6년 이하의 징역이나 500만원 이상 3천만원 이하의 벌금에 처한다.
> ⑤ 과로·질병 또는 약물(마약류)의 영향으로 인하여 정상적으로 운전하지 못할 우려가 있는 상태에서 자동차등 또는 노면 전차를 운전하는 사람 : 5년 이하의 징역이나 2천만원 이하의 벌금에 처한다.
> ⑥ 약물의 영향으로 인하여 정상적으로 운전하지 못할 우려가 있는 상태에 있다고 인정할만한 상당한 이유가 있는 사람으로서 경찰공무원의 약물측정에 응하지 아니한 사람 : 5년 이하의 징역이나 2천만원 이하의 벌금에 처한다.

〈참고〉 제4항 · 제5항 · 제6항은 25년 4월 2일 시행한다.

19 음주 운전 사고의 성립 요건

① 장소적 요건 ➡ ㉠ 도로나 그밖에 현실적으로 불특정 다수의 사람 또는 차마의 통행을 위하여 공개된 장소로서 안전하고 원활한 교통을 확보할 필요가 있는 장소 ㉡ 공장, 관공서, 학교, 사기업 등의 정문 안쪽 통행로와 같이 문, 차단기에 의해 도로와 차단되고 별도로 관리되는 장소 ㉢ 주차장 또는 주차선 안
② 운전자의 과실 ➡ ㉠ 음주 한계수치가 0.03% 이상인 상태로 자동차를 운전하여 일정거리를 운행한 때 ㉡ 음주측정에 불응한 경우

20 승객추락 방지의무(개문발차사고)위반의 성립 요건

① 자동차적 요건 : 승용, 승합, 화물자동차, 건설기계 등 자동차에만 적용한다(이륜차, 자전거 등은 예외사항이다).
② 피해자적 요건 : 탑승객이 승 · 하차 중 개문상태로 발차하여 승객이 추락하여 인적피해를 입은 경우
③ 운전자의 과실 : 차의 문이 열려있는 상태로 출발한 행위(정차 중 피해자의 과실로 인한 사고, 차량의 뒤 적재함에서 추락한 사고는 예외사항이다)

21 승객추락 방지의무 위반사고 사례

① 운전자가 출발하기 전 그 차의 문을 제대로 닫지 않고 출발함으로써 탑승객이 추락, 부상을 당하였을 경우
② 택시의 경우 승, 하차시 출입문 개폐는 승객 자신이 하게 되어 있으므로 승객 탑승 후 출입문을 닫기 전에 출발하여 승객이 지면으로 추락한 경우
③ 개문발차로 인한 승객의 낙상사고가 발생한 경우

22 어린이 보호의무 위반사고의 성립요건

① 장소적 요건 : 어린이 보호구역으로 지정된 장소
② 피해자적 요건 : 어린이가 상해를 입은 경우
③ 운전자의 과실 : 어린이에게 상해를 입힌 경우

3 화물자동차 운수사업법령 핵심요약정리

01 「화물자동차 운수사업법」의 목적(법 제1조)

① 화물자동차 운수사업의 효율적 관리
② 화물의 원활한 운송
③ 공공복리 증진

02 화물자동차의 규모별 종류 및 세부기준(자동차관리법 규칙 별표1)

구분	종류		세부기준
화물자동차	경형	초소형	배기량이 250cc(전기 자동차의 경우 최고 정격 출력이 15kw) 이하이고, 길이 3.6m, 너비 1.5m, 높이 2.0m 이하인 것
		일반형	배기량이 1,000cc 미만이고, 길이 3.6m, 너비 1.6m, 높이 2.0m 이하인 것
	소형		최대적재량이 1톤 이하이고, 총중량이 3.5톤 이하인 것
	중형		최대적재량이 1톤 초과 5톤 미만이거나 총중량이 3.5톤 초과 10톤 미만인 것
	대형		최대적재량이 5톤 이상이거나, 총중량이 10톤 이상인 것
특수자동차	경형		배기량이 1,000cc 미만, 길이 3.6미터, 너비 1.6미터, 높이 2.0미터 이하인 것
	소형		총중량이 3.5톤 이하인 것
	중형		총중량이 3.5톤 초과 10톤 미만인 것
	대형		총중량이 10톤 이상인 것

03 화물자동차의 유형별 세부기준 중(자동차관리법 규칙 별표1)

구분	종류	세부기준
화물자동차	일반형	보통의 화물운송용인 것
	덤프형	적재함을 원동기의 힘으로 기울여 적재물을 중력에 의하여 쉽게 미끄러뜨리는 구조의 화물운송용인 것
	밴형	지붕구조의 덮개가 있는 화물운송용인 것
	특수용도형	특정한 용도를 위해 특수한 구조나, 기구를 장치한 것으로서 위 어느 형에도 속하지 아니하는 화물 운송용인 것

04 화물자동차의 유형별 세부기준 중 특수자동차의 유형(자동차관리법 규칙 별표1)

구분	종류	세부기준
특수자동차	견인형	피견인차의 견인을 전용으로 하는 구조인 것
	구난형	고장·사고 등으로 운행이 곤란한 자동차를 구난·견인 할 수 있는 구조인 것
	특수용도형	위 어느 형(견인형, 구난형)에도 속하지 아니하는 특수용도용인 것

> **해설** 밴형 화물자동차의 충족 요건(「화물자동차운수사업법」상)(규칙 제3조)
> ① 물품적재장치의 바닥면적이 승차장치의 바닥면적보다 넓을 것
> ② 승차정원이 3인 이하일 것
> ※ 예외
> ㉠ 호송경비업무 허가를 받은 경비업자의 호송용 차량
> ㉡ 6인승 밴형 화물자동차(2001.11.30 이전 등록한 차만)

05 화물자동차 운수사업 ➡ ① 화물자동차 운송사업 ② 화물자동차 운송주선사업 ③ 화물자동차 운송가맹사업을 말한다.(법 제2조제2호)

06 화물자동차 운송사업 ➡ 다른 사람의 요구에 응하여 화물자동차를 사용하여 화물을 유상으로 운송하는 사업을 말한다.(법 제2조제3호)

07 영업소 ➡ 주사무소 외의 장소에서 ① 화물자동차 운송사업의 허가를 받은 자 또는 화물자동차 운송 가맹사업자가 화물자동차를 배치하여 그 지역의 화물을 운송하는 사업 ② 화물자동차 운송주선사업의 허가를 받은 자가 화물 운송을 주선하는 사업을 영위하는 곳을 말한다.(법 제2조제7의2)

08 운수종사자 ➡ 화물자동차의 운전자, 화물의 운송 또는 운송주선에 관한 사무를 취급하는 사무원 및 이를 보조하는 보조원, 그 밖에 화물자동차 운수사업에 종사하는 자를 말한다.(법 제2조제8호)

09 화물자동차휴게소 ➡ 화물자동차의 운전자가 화물의 운송 중 휴식을 취하거나 화물의 하역(荷役)을 위하여 대기할 수 있도록 「도로법」에 따른 도로 등 화물의 운송경로나 「물류시설의 개발 및 운영에 관한 법률」에 따른 물류시설 등 물류거점에 휴게시설과 차량의 주차·정비·주유(注油) 등 화물운송에 필요한 기능을 제공하기 위하여 건설하는 시설물을 말한다.(법 제2조제10호)

10 화물자동차 운송사업의 종류(법 제3조제1항)

① 일반화물자동차 운송사업 : 20대 이상의 범위에서 20대 이상의 화물자동차를 사용하여 화물을 운송하는 사업
② 개인화물자동차 운송사업 : 화물자동차 1대를 사용하여 화물을 운송하는 사업

11 화물자동차 운송사업의 허가권자(법 제3조) ➡ 국토교통부장관

※ 운송사업자는 화물자동차 운송사업의 허가받은 날부터 5년마다 허가기준에 관한 사항을 국토교통부장관에게 신고하여야 한다.

> **해설** 화물자동차 운송사업 허가 결격자(법 제4조)
> ① 피성년후견인 또는 피한정후견인
> ② 파산선고를 받고 복권되지 아니한 자
> ③ 「화물자동차 운수사업법」 위반으로 징역 이상의 실형을 선고 받고, 그 집행이 끝나거나 또는 집행이 면제된 날부터 2년이 지나지 아니한 자
> ④ 「화물자동차 운수사업법」을 위반하여 징역 이상의 형의 집행유예선고를 받고 그 유예기간 중에 있는 자
> ⑤ 다음 각 호의 사항으로 허가가 취소된 후 2년이 지나지 아니한 자
> ㉠ 허가를 받은 후 6개월 간의 운송실적이 정하는 기준에 미달한 경우
> ㉡ 허가 기준을 충족하지 못하게 된 경우
> ㉢ 5년마다 허가기준에 관한 사항을 신고하지 아니하였거나 거짓으로 신고한 경우 등
> ⑥ 다음 각 호의 사항으로 허가가 취소된 후 5년이 지나지 아니한 자
> ㉠ 부정한 방법으로 허가를 받은 경우
> ㉡ 부정한 방법으로 변경허가를 받거나 변경허가를 받지 아니하고 허가사항을 변경한 경우

12 운임 및 요금과 운송약관의 신고 ➡ 운송사업자는 운임 및 요금과 운송약관을 미리 정하여 국토교통부장관에게 신고하여야 한다. 변경하려는 때에도 또한 같다. (법 제5조, 제6조)

※ 신고대상자 : ① 구난형 특수자동차를 사용하여 고장차량·사고차량 등을 운송하는 운송사업자 또는 화물자동차를 직접 소유한 운송가맹사업자
② 밴형 화물자동차를 사용하여 화주와 화물을 함께 운송하는 운송사업자 및 화물자동차를 직접 소유한 운송가맹사업자

> **해설** 운임 및 요금의 신고에 필요한 사항(규칙 제15조제1항, 제2항)
> ① 운임 및 요금신고서
> ② 원가계산서(원가계산기관이나 공인회계사가 작성한 것)
> ③ 운임 및 요금표[구난형(救難型) 특수자동차를 사용하여 고장차량·사고차량 등을 운송하는 운송사업의 경우에는 구난 작업에 사용하는 장비 등의 사용료를 포함한다]
> ④ 운임 및 요금의 신, 구 대비표(변경신고인 경우에만 해당)

13 국토교통부장관의 분쟁조정권 ➡ 화물의 멸실, 훼손, 인도지연(적재물사고)으로 손해배상에 관하여 화주가 분쟁조정신청서를 제출하면 분쟁을 조정할 수 있다.(화물 인도기한 3개월이 지나면 화물의 멸실로 본다)(법 제7조제1항~제3항)

14 분쟁조정 위탁 기관 ➡ 「소비자기본법」에 따른 한국소비자원(상법 제135조 적용) 혹은 같은 법에 따라 등록된 소비자 단체에 위탁할 수 있다.(법 제7조제6항)

15 적재물배상 보험등의 의무가입자(법 제35조, 규칙 제41조의13)

① 최대 적재량이 5톤 이상이거나, 총중량이 10톤 이상인 화물자동차 중 일반형·밴형 및 특수용도형 화물자동차와 견인형 특수자동차를 소유하고 있는 운송사업자. 다만, 다음의 각 호에 해당하는 화물자동차는 제외
㉠ 건축폐기물, 쓰레기 등 경제적 가치가 없는 화물을 운송하는 차량으로서 고시하는 화물자동차
㉡ 배출가스 저감장치를 부착함에 따라 총중량 10톤 이상이 된 화물자동차 중 최대적재량이 5톤 미만인 화물자동차
㉢ 특수용도형 화물자동차 중 「자동차관리법」에 따른 피견인자동차
② 국토교통부령으로 정하는 화물(이사화물)을 취급하는 운송주선사업자
③ 운송가맹사업자

> **해설** 「보험업법」에 따른 보험회사는 적재물배상보험등에 가입하여야 하는 자가 가입하고자 할 때 "영"이 정한 사유 외에는 체결을 거부할 수 없다(사고당 각각 2천만원 이상(이사화물 운송주선업자 : 500만원)의 금액을 지급할 수 있는 보험).(영 제9조의7)

16 책임보험계약등의 계약 종료일의 통지 등(규칙 제41조의15)

① 보험회사등은 자기와 책임보험계약을 체결하고 있는 보험등 의무가입자에게 그 계약종료일 30일 전과 10일 전에 각각 통지하여야 한다.
② 통지에는 계약기간이 종료된 후 적재물배상보험등에 가입하지 아니하는 경우 500만원 이하의 과태료가 부과된다는 사실에 관한 안내가 포함되어야 한다.
③ 보험회사등은 자기와 체결하고 있는 의무가입자가 그 계약이 끝난 후 새로운 계약을 체결하지 아니하면 그 사실을 지체없이 국토교통부장관에게 알려야 한다.(법 제38조제2항)

17 과태료 부과 기준(영 제16조, 별표5)

위반행위	과태료 금액
1. 허가 사항 변경 신고를 하지 않은 경우	50만원
2. 운임 및 요금에 관한 신고를 하지 않은 경우	50만원
3. 국토 교통부 장관이 공표한 화물 자동차 안전 운임보다 적은 운임을 지급한 경우	500만원
4. 화물 운송 종사 자격증을 받지 않고 화물 자동차 운수 사업의 운전 업무에 종사한 경우	50만원
5. 거짓이나 그 밖의 부정한 방법으로 화물 운송 종사 자격을 취득한 경우	50만원
6. 운전자 채용 기록의 자료를 제공하지 않거나 거짓으로 제공한 경우	50만원
7. 운송 사업자가 준수 사항을 위반한 경우(적재된 화물이 떨어지지 아니하도록 덮개 · 포장 · 고정 장치 등 필요한 조치를 하지 아니하여 사람을 상해(傷害) 또는 사망에 이르게 하여 형벌을 받은 자는 제외) ① 적재된 화물이 떨어지지 아니하도록 덮개 · 포장 · 고정 장치 등 필요한 조치에 대한 준수 사항을 위반한 경우 ② ①외의 준수 사항을 위반한 경우	 200만원 50만원
8. 운수 종사자가 준수 사항을 위반한 경우(적재된 화물이 떨어지지 아니하도록 덮개 · 포장 · 고정 장치 등 필요한 조치를 하지 아니하여 사람을 상해(傷害) 또는 사망에 이르게 하여 형벌을 받은 자는 제외) ① 적재된 화물이 떨어지지 아니하도록 덮개 · 포장 · 고정 장치 등 필요한 조치 및 전기 · 전자 장치(최고 속도 제한 장치에 한정)를 무단으로 해체하거나 조작하는 행위에 대한 준수 사항을 위반한 경우 ② ①외의 준수 사항을 위반한 경우	 200만원 50만원
9. 운행 중인 화물 자동차에 대한 조사를 거부 · 방해 또는 기피한 경우	300만원
10. 개선 명령(운송 약관 변경, 화물의 안전 운송을 위한 조치, 적재물 배상 보험 등 가입, 자동차 손해 배상 보장 가입 등)을 이행하지 않은 경우(자동차 등록 번호판이 훼손 또는 분실된 경우와 사용 본거지를 다른 시 · 도로 변경하는 경우에 따른 개선 명령은 제외)	300만원
11. 양도 · 양수, 합병 또는 상속의 신고를 하지 않은 경우	100만원
12. 휴업 · 폐업 신고를 하지 않은 경우	100만원
13. 자동차 등록증 또는 자동차 등록 번호판을 반납하지 않은 경우	300만원
14. 운송 가맹 사업자에게 명한 개선 명령을 이행하지 않은 경우	300만원
15. 적재물 배상 보험 등에 가입하지 않은 경우 ① 운송 사업자 : 미가입 화물 자동차 1대당 ㉠ 가입하지 않은 기간이 10일 이내인 경우 ㉡ 가입하지 않은 기간이 10일을 초과한 경우	1만5천원(1만5천원에 11일째부터 기산하여 1일당 5천원을 가산한 금액. 다만, 과태료의 총액은 자동차 1대당 50만원을 초과하지 못함)
② 운송 주선 사업자 ㉠ 가입하지 않은 기간이 10일 이내인 경우 ㉡ 가입하지 않은 기간이 10일을 초과한 경우	3만원(3만원에 11일째부터 기산하여 1일당 1만 원을 가산한 금액. 다만, 과태료의 총액은 100만원을 초과하지 못함)
③ 운송 가맹 사업자 ㉠ 가입하지 않은 기간이 10일 이내인 경우 ㉡ 가입하지 않은 기간이 10일을 초과한 경우	15만원(15만원에 11일째부터 기산하여 1일당 5만 원을 가산한 금액. 다만, 과태료의 총액은 자동차 1대당 500만원을 초과하지 못함)
16. 보험 회사 등이 적재물 배상 보험 등 계약의 체결 의무를 위반하여 책임 보험 계약 등의 체결을 거부한 경우	50만원
17. 보험 회사 등이 자기와 책임 보험 계약 등을 체결하고 있는 보험 등 의무 가입자에게 그 계약 종료일 30일 전까지 그 계약이 끝난다는 사실을 알리지 않거나, 혹은 자기와 책임 보험 계약 등을 체결한 보험 등 의무 가입자가 그 계약이 끝난 후 새로운 계약을 체결하지 아니했을 때 그 사실을 지체 없이 국토 교통부 장관에게 알리지 않은 경우	30만원
18. 운송 사업자가 위 · 수탁 계약의 체결을 명목으로 부당한 금전 지급을 요구한 경우	300만원
19. 보조금 또는 융자금을 보조받거나 융자받은 목적 외의 용도로 사용한 경우	200만원
20. 공제 조합 업무의 개선 명령을 따르지 않은 경우	100만원
21. 공제 조합 임직원에 대한 징계 · 해임의 요구에 따르지 않거나 시정 명령을 따르지 않은 경우	300만원
22. 협회 및 연합회에 대해 필요한 조치 명령을 이행하지 않거나 조사 또는 검사를 거부 · 방해 또는 기피한 경우	100만원
23. 자가용 화물 자동차의 사용을 신고하지 않은 경우	50만원
24. 운수 종사자가 관련 교육을 받지 않은 경우	50만원
25. 운수 사업자나 화물 자동차의 소유자 또는 사용자에 대해 실시한 검사를 거부 · 방해 또는 기피한 경우	100만원

18 과징금 부과 기준(규칙 제30조, 별표3)

위반내용	처분내용		
	화물 자동차 운송사업		화물 자동차 운송 가맹 사업
	일반	개인	
1. 최대 적재량 1.5톤 초과의 화물 자동차가 차고지와 지방 자치 단체의 조례로 정하는 시설 및 장소가 아닌 곳에서 밤샘 주차한 경우	20	10	20
2. 최대 적재량 1.5톤 이하의 화물 자동차가 주차장, 차고지 또는 지방 자치 단체의 조례로 정하는 시설 및 장소가 아닌 곳에서 밤샘 주차한 경우	20	5	20
3. 신고한 운임 및 요금 또는 화주와 합의된 운임 및 요금이 아닌 부당한 운임 및 요금을 받은 경우	40	20	40
4. 화주로부터 부당한 운임 및 요금의 환급을 요구받고 환급하지 않은 경우	60	30	60
5. 신고한 운송 약관 또는 운송 가맹 약관을 준수하지 않은 경우	60	30	60
6. 사업용 화물 자동차의 바깥쪽에 일반인이 알아보기 쉽도록 해당 운송 사업자의 명칭(개인 화물 자동차 운송 사업자인 경우에는 그 화물 자동차 운송 사업의 종류를 말함)을 표시하지 않은 경우	10	5	10
7. 화물 자동차 운전자의 취업 현황 및 퇴직 현황을 보고하지 않거나 거짓으로 보고한 경우	20	10	10
8. 화물 자동차 운전자에게 차 안에 화물 운송 종사 자격 증명을 게시하지 않고 운행하게 한 경우	10	5	10
9. 화물 자동차 운전자에게 운행 기록계가 설치된 운송 사업용 화물 자동차를 해당 장치 또는 기기가 정상적으로 작동되지 않는 상태에서 운행하도록 한 경우	20	10	20
10. 개인 화물 자동차 운송 사업자가 자기 명의로 운송 계약을 체결한 화물에 대하여 다른 운송 사업자에게 수수료나 그 밖의 대가를 받고 그 운송을 위탁하거나 대행하게 하는 등 화물 운송 질서를 문란하게 하는 행위를 한 경우	180	90	-
11. 운수 종사자에게 휴게 시간을 보장하지 않은 경우	180	60	180
12. 밴형 화물 자동차를 사용해 화주와 화물을 함께 운송하는 운송 사업자가 일정한 장소에 오랜 시간 정차하여 화주를 호객하는 행위를 하거나 소속 운수 종사자로 하여금 같은 행위를 지시한 경우	60	30	30
12의 2. 화물 자동차 운전자에게 화물의 종류 · 중량 및 부피 등 화물에 관한 정보를 거짓으로 통보한 경우	60	-	-
12의 3. 화물 자동차 운전자(법제11조의 2에 따라 화물운송을 위탁받은 사람은 제외한다)에게 「도로법」 제 77조 또는 「도로교통법」 제 39조에 따른 기준을 위반하는 화물의 운송을 요구한 경우	60	-	-
12의 4. 「자동차 관리법」 제 34조 제1항에 따른 승인을 받지 않고 튜닝한 화물자동차를 운행한 경우	120	120	-

※ 화물 운송 주선 사업자 : 신고한 운송 주선 약관을 준수하지 않은 경우, 허가증에 기재되지 않은 상호를 사용하다가 적발된 경우, 견적서 또는 계약서를 발급하지 않은 경우(화주가 원하지 않을 경우 제외), 사고 확인서를 발급하지 않은 경우(사업자가 고의 또는 과실이 없음을 증명하지 못하는 경우로 한정) 과징금은 각 20만원이 부과된다.

19 화물자동차운수사업의 운전업무 종사자격 결격사유(법 제9조)

※ 본 문제집 화물운송종사자격시험 안내 3쪽 "자격을 취득할 수 없는 자(시험자격 결격사유자)" 참조

20 화물운송 종사자격의 취소 등의 효력정지 처분기준(규칙 제33조의2, 별표3의2)

위반행위	처분기준
1. 「화물자동차 운수사업법」을 위반하여 징역 이상의 실형을 선고받고 그 집행이 끝나거나, 집행이 면제된 날부터 2년이 지나지 아니한 자 2. 「화물자동차 운수사업법」을 위반하여 징역 이상의 형의 집행유예를 선고받고 그 유예기간 중에 있는 자 3. 거짓이나 그 밖의 부정한 방법으로 화물운송 종사자격을 취득한 경우 4. 화물운송 종사자격증을 다른 사람에게 빌려준 경우 5. 화물운송 종사자격 정지기간에 화물자동차 운수사업의 운전 업무에 종사한 경우 6. 화물자동차를 운전할 수 있는 「도로교통법」에 따른 운전면허가 취소된 경우 7. 「도로교통법」을 위반하여 화물자동차를 운전할 수 있는 운전면허가 정지된 경우 8. 화물자동차 교통사고와 관련하여 거짓이나 그 밖의 부정한 방법으로 보험금을 청구하여 금고 이상의 형을 선고받고 그 형이 확정된 경우 9. 화물운송 중에 고의로 교통사고를 일으켜 사람을 사망하게 하거나 다치게 한 경우	자격 취소

10. 국토교통부장관의 업무개시 명령을 정당한 사유 없이 거부한 경우	1차 : 자격 정지 30일 2차 : 자격 취소
11. 화물운송 중에 과실로 교통사고를 일으켜 다음 각 목의 구분에 따라 사람을 사망하게 하거나 다치게 한 경우 1) 사망자 2명 이상 2) 사망자 1명 및 중상자 3명 이상 3) 사망자 1명 또는 중상자 6명 이상	 자격 취소 자격 정지 90일 자격 정지 60일
12. 부당한 운임 또는 요금을 요구하거나 받는 행위 13. 택시 요금미터기의 장착 등 택시 유사표시행위 14. 「자동차관리법」을 위반하여 전기 · 전자장치(최고속도 제한장치)를 무단으로 해체하거나 조작하는 행위	1차 : 자격 정지 60일 2차 : 자격 취소

비고
1. 위 표의 9.와 11.에 따른 사망자 또는 중상자는 다음과 같이 구분한다.
   가. 사망자 : 교통사고가 주된 원인이 되어 교통사고가 발생한 후 30일 이내에 사망한 경우
   나. 중상자 : 교통사고로 인하여 의사의 진단 결과 3주 이상의 치료가 필요한 경우
2. 위반행위의 횟수에 따른 행정처분 기준은 최근 3년간 같은 위반행위로 자격정지 처분을 받은 경우에 적용한다. 이 경우 위반행위에 대하여 행정처분을 한 날과 그 처분 후 다시 같은 위반행위로 적발된 날을 각각 기준으로 하여 위반횟수를 계산한다.
3. 천재지변이나 그 밖의 불가항력의 사유로 발생한 위반행위는 위 표의 처분대상에서 제외한다.

21 화물자동차 운수종사자의 준수사항(법 제12조, 규칙 제22조)

① 다음의 행위를 해서는 안 된다.
- ㉠ 정당한 사유 없이 화물을 중도에서 내리게 하는 행위
- ㉡ 정당한 사유 없이 화물의 운송을 거부하는 행위
- ㉢ 부당한 운임 또는 요금을 요구하거나 받는 행위
- ㉣ 고장 및 사고차량 등 화물의 운송과 관련하여 자동차관리사업자와 부정한 금품을 주고받는 행위
- ㉤ 일정한 장소에 오랜 시간 정차하여 화주를 호객하는 행위
- ㉥ 문을 완전히 닫지 아니한 상태에서 자동차를 출발시키거나 운행하는 행위
- ㉦ 택시 요금미터기의 장착 등 국토 교통부령으로 정하는 택시 유사 표시 행위
- ㉧ 적재된 화물이 떨어지지 않도록 국토 교통부령으로 정하는 기준 및 방법에 따라 덮개 · 포장 · 고정 장치 등 필요한 조치를 하지 않고 화물 자동차를 운행하는 행위
- ㉨ 자동차의 무단 해체 및 조작 금지 법령을 위반하여 전기 · 전자 장치(최고 속도 제한 장치에 한정)를 무단으로 해체하거나 조작하는 행위

② 위의 준수사항 외에 국토 교통부령으로 정하는 사항
- ㉠ 운행하기 전에 일상 점검 및 확인을 할 것
- ㉡ 구난형 특수 자동차를 사용하여 고장 · 사고 차량을 운송하는 운수종사자의 경우 고장 · 사고 차량 소유자 또는 운전자의 의사에 반하여 구난하지 아니할 것. 다만, 다음 각 목의 어느 하나에 해당하는 경우는 제외한다.
  - ㉮ 고장 · 사고 차량 소유자 또는 운전자가 사망 · 중상 등으로 의사를 표현할 수 없는 경우
  - ㉯ 교통의 원활한 흐름 또는 안전 등을 위하여 경찰 공무원이 차량의 이동을 명한 경우
- ㉢ 구난형 특수 자동차를 사용하여 고장 · 사고 차량을 운송하는 운수종사자는 차량의 소유자 또는 운전자로부터 최종 목적지까지의 총 운임 · 요금에 대하여 구난 동의를 받은 후 운송을 시작할 것. 다만, 다음 각 목에 따른 특별한 사정이 있는 경우에는 다음 각 목에서 정하는 기준에 따른다.
  - ㉮ 고장 · 사고 차량이 주 · 정차 금지 구역에 있는 경우, 운송을 시작하기 전에 주 · 정차 가능 구역까지의 운임 · 요금에 대해 차량의 소유자 또는 운전자에게 구두 또는 서면으로 통지한 후, 주 · 정차 가능 구역에서 그에 따른 운임 · 요금을 포함한 최종 목적지까지의 총 운임 · 요금에 대한 구난 동의를 받을 것
  - ㉯ 고장 · 사고 차량의 소유자 또는 운전자의 사망 · 중상 등 부득이한 사유가 있는 경우에는 구난 동의 및 통지 생략 가능
- ㉣ 휴게 시간 없이 2시간 연속 운전한 후에는 15분 이상의 휴게시간을 가질 것. 다만, 천재지변 등 비상사태로 인하여 수송력 공급을 긴급히 증가할 필요가 있는 경우 등에는 1시간까지 연장 운행을 할 수 있으며 운행 후 30분 이상의 휴게 시간을 가져야 한다.
- ㉤ 운전 중 휴대용 전화를 사용하거나 영상 표시 장치를 시청 · 조작 등을 하지 말 것

21-1 운행 중인 화물자동차에 대한 조사 등(법 제12조의2제1항,제2항)

① 국토교통부장관은 공공의 안전 유지 및 교통사고의 예방을 위하여 필요하다고 인정되는 경우에는 다음의 사항을 확인하기 위하여 관계 공무원, 자동차 안전 단속원 또는 운행 제한 단속원(이하 "관계 공무원 등")에게 운행 중인 화물자동차를 조사하게 할 수 있다.
- ㉠ 덮개 · 포장 · 고정 장치 등 필요한 조치를 하지 아니하였는지 여부
- ㉡ 전기 · 전자 장치(최고 속도 제한 장치에 한정)를 무단으로 해체하거나 조작하였는지 여부

② 운행 중인 화물자동차를 소유한 운송사업자 또는 해당 차량을 운전하는 운수종사자는 정당한 사유 없이 조사를 거부 · 방해 또는 기피하여서는 아니 된다.

22 화물자동차 운송사업자나 운수종사자에 대한 업무개시 명령(법 제14조)

① 국토교통부 장관은 운송사업자나 그 운수종사자가 정당한 사유없이 집단으로 화물운송을 거부하여 화물운송에 커다란 지장을 준다고 인정할 만한 상당한 사유가 있으면, 그 운송사업자 또는 운송종사자에게 업무개시를 명할 수 있다.

② 국토교통부 장관은 "①"항에 따라 운송사업자 또는 운수종사자에게 업무개시를 명하려면 국무회의의 심의를 거쳐야 한다.

③ 국토교통부 장관은 "①"항에 따라 업무개시를 명한 때에는 구체적 이유 및 향후대책을 국회 소관 상임위원회에 보고하여야 한다.

④ 운송사업자 또는 운수종사자는 정당한 사유없이 "①"항에 따른 업무개시명령을 거부할 수 없다.

※ 운송사업자 또는 운수종사자가 정당한 사유없이 업무개시명령을 거부한 경우 벌칙 : 3년 이하의 징역 또는 3천만원 이하의 벌금

23 국토교통부장관은 운송사업자가 「화물자동차운수사업법」의 위반으로 사업정지처분을 받을 경우 화물자동차운송사업의 이용자에게 불편을 주거나 공익을 해칠 우려가 있을 때 과징금을 부과 · 징수할 수 있다.(법 제21조, 영 제8조의2)

① 과징금 : 2천만 원 이하 부과

② 과징금의 용도 : 화물터미널, 공동차고지 건설 및 확충, 경영개선이나 정보제공사업 등 화물자동차 운수사업의 발전을 위하여 필요한 사업에 사용

③ 화물자동차 운수사업의 발전을 위하여 필요한 사업 : ㉠ 공영차고지의 설치 · 운영사업 ㉡ 시 · 도지사가 설치 · 운영하는 운수종사자 교육시설에 대한 비용보조사업 ㉢ 사업자 단체가 실시하는 교육훈련사업

24 화물자동차 운전 중 중대한 교통사고 등의 범위(영 제6조)

(※사상의 정도 : 중상 이상)

① 사고야기 후 피해자 유기 및 도주에 해당하는 사유

② 화물자동차의 정비불량

③ 화물자동차 전복, 추락(운수종사자에게 책임 있는 경우만 해당)

④ 교통사고가 발생하여 다음의 교통사고 지수 또는 교통사고 건수에 이르게 된 때
- ㉮ 5대 이상의 차량을 소유한 운송사업자 : 해당 연도의 교통사고지수가 3 이상인 경우(교통사고지수 = $\frac{\text{교통사고 건수}}{\text{화물자동차의 대수}} \times 10$)
- ㉯ 5대 미만의 차량을 소유한 운송사업자 : 해당 사고 이전 최근 1년 동안에 발생한 교통사고가 2건 이상인 경우

25 화물자동차운송 주선사업의 허가권자 ➡ 국토교통부장관(허가사항을 변경할 때도 국토교통부장관에게 신고)

※ 운송 가맹 사업 허가를 받은 자는 허가 받지 않는다.

26 운송주선사업자의 준수사항(규칙 제38조의 3)

① 신고한 운송주선약관을 준수할 것

② 적재물배상보험 등에 가입한 상태에서 운송주선사업을 영위할 것

③ 자가용 화물자동차의 소유자 또는 사용자에게 화물운송을 주선하지 아니할 것

④ 허가증에 기재된 상호만 사용할 것

⑤ 이사화물운송주선사업자의 경우 화물운송을 시작하기 전에 견적서 또는 계약서(전자문서를 포함한다)를 화주에게 발급할 것. 다만, 화주가 견적서 또는 계약서의 발급을 원하지 아니하는 경우는 제외한다.

⑥ 이사화물운송주선사업자는 화주가 요청하는 경우에 포장 및 운송 등 이

사 과정에서 화물의 멸실, 훼손 또는 연착에 대한 사고확인서를 발급할 것(화물의 멸실, 훼손 또는 연착에 대하여 사업자가 고의 또는 과실이 없음을 증명하지 못한 경우로 한정한다)

27 화물자동차운송가맹사업의 허가권자(법 제29조) ➡ 국토교통부장관에게 허가를 받아야 한다.

> **해설** 허가사항 변경 시 : 국토교통부장관의 변경허가를 받아야 하며, 경미한 사항 변경 시에도 국토교통부장관에게 신고하여야 한다.

28 화물자동차운송가맹사업의 허가기준(규칙 제41조의7, 별표5)

① 허가기준 대수 : 50대 이상(화물운송가맹점 소유 화물자동차 대수 포함하되, 8개 이상의 시 · 도에 각각 5대 이상 분포되어야 함)
② 사무실 및 영업소 : 영업에 필요한 면적
③ 최저보유 차고면적 : 화물자동차 1대당 화물자동차 길이×너비=면적(화물자동차를 직접 소유하는 경우에만 해당한다)
④ 화물자동차의 종류 : 시행규칙 제3조의 화물자동차
㉮ 일반형, 덤프형, 밴형 및 특수용도형 화물자동차와 견인형, 구난형 및 특수용도형 특수자동차
㉯ 밴형 화물자동차의 충족하는 구조
㉠ 물품적재장치의 바닥 면적이 승차장치의 바닥 면적보다 넓을 것
㉡ 승차정원이 3인 이하일 것(예외 : 경비업자의 호송용차량, 2001. 11.30 이전 등록한 6인승 밴형 화물자동차)
⑤ 그 밖의 운송시설 : 화물운송전산망을 갖출 것(화물운송전산망은 운송가맹사업자와 운송가맹점이 그 전산망을 통하여 물량배정 여부, 공차위치 등을 확인할 수 있어야 하며, 운임 지급 등의 결재시스템이 구축되어야 한다)
※ 운송사업자가 화물자동차 운송가맹사업 허가를 신청하는 경우 운송사업자의 지위에서 보유하고 있던 화물자동차 운송사업용 화물자동차는 화물자동차 운송가맹사업의 허가기준 대수로 겸용할 수 없다.
⑥ 운송가맹사업자는 주사무소 외의 장소에서 상주하여 영업하려면 국토교통부령으로 정하는 바에 따라 국토교통부장관의 허가를 받아 영업소를 설치하여야 한다.(법 제29조제5항)

29 운전적성 정밀검사의 기준대상(규칙 제18조의2)

① 신규검사 : 화물운송종사자격증을 취득하려는 자, 다만 자격시험 실시일 또는 교통안전체험교육 시작일을 기준으로 최근 3년 이내에 신규검사의 적합판정을 받은 사람은 제외한다.
② 자격유지검사(維持檢査)
㉮ 여객자동차 운송사업용 자동차 또는 화물자동차 운송사업용 자동차의 운전업무에 종사하다가 퇴직한 사람으로서 신규검사 또는 자격유지검사를 받은 날로부터 3년이 지난 후 재취업하려는 사람(다만, 재취업일까지 무사고로 운전한 자는 제외)
㉯ 신규검사 또는 자격유지검사의 적합판정을 받은 사람으로서 해당 검사를 받은 날부터 3년 이내에 취업하지 아니한 사람. 다만, 해당검사를 받은 날부터 취업일까지 무사고로 운전한 사람은 제외한다.
③ 특별검사
㉮ 교통사고로 사망 또는 5주 이상의 치료가 필요한 상해를 입힌 사람
㉯ 과거 1년간 "운전면허 행정처분 기준"에 따라 산출된 누산점수가 81점 이상인 사람

30 화물운송종사자격증명의 게시(규칙 제18조의10) ➡ 화물자동차 밖에서 쉽게 볼 수 있도록 운전석 앞 창의 오른쪽 위에 항상 게시하고 운행

31 화물운송종사자격증 반납(규칙 제18조의10) ➡ 다음의 사유에 해당하는 때에는 관할관청에 반납하고, 관할관청은 협회에 이를 통보하여야 한다.

① 사업의 양도 신고를 하는 경우
② 화물운송종사자격이 취소 또는 효력이 정지된 경우

32 화물운송사업자 단체 중 협회 설립 허가권자 ➡ 국토교통부장관의 "인가(認可)"를 받아 화물 자동차 운송 사업, 화물 자동차 운송 주선 사업 및 화물 자동차 운송 가맹 사업의 종류별 또는 시 · 도별로 협회를 설립할 수 있다.(법 제48조)

33 연합회의 공제사업의 허가권자 ➡ 국토교통부장관(법 제51조)

34 공제조합사업의 내용(법 제51조의6)

① 조합원의 사업용 자동차의 사고로 생긴 배상책임 및 적재물배상에 대한 공제
② 조합원이 사업용 자동차를 소유 · 사용 또는 관리하는 동안 발생한 사고로 그 자동차에 생긴 손해에 대한 공제
③ 운수종사자가 조합원의 사업용 자동차를 소유 · 사용 또는 관리하는 동안에 발생한 사고로 입은 자기신체의 손해에 대한 공제
④ 공제조합에 고용된 자의 업무상 재해로 인한 손실을 보상하기 위한 공제
⑤ 공동이용시설의 설치, 운영 및 관리 그 밖에 조합원의 편의 및 복지 증진을 위한 사업
⑥ 화물자동차 운수사업의 경영개선을 위한 조사 · 연구사업

35 자가용 화물자동차 사용 신고 대상 화물자동차(법 제55조, 영 제12조)

① 국토교통부령 「자동차관리법 시행규칙 별표1」으로 정하는 특수자동차
② 특수자동차를 제외한 화물자동차로서 최대 적재량이 2.5톤 이상인 화물자동차

> **해설** ① 자가용 화물자동차의 신고는 시 · 도지사에게 한다.
> ② 자가용 화물자동차에 신고확인증을 갖추어 두고 운행해야 한다.

36 자가용 화물자동차의 유상 운송 허가사유(규칙 제49조)

① 천재지변이나 이에 준하는 비상사태로 인하여 수송력 공급을 긴급히 증가시킬 필요가 있는 경우
② 사업용 화물자동차 · 철도 등 화물운송수단의 운행이 불가능하여 이를 일시적으로 대체하기 위한 수송력공급이 긴급히 필요한 경우
③ 영농조합법인이 그 사업을 위하여 화물자동차를 직접 소유 · 운영하는 경우

37 자가용 화물자동차 사용의 제한 또는 금지(제한 또는 금지의 기간 : 6개월 이내)(법 제56조의2)

① 자가용 화물자동차를 사용하여 화물자동차 운송사업을 경영한 경우
② 자가용 화물자동차 유상운송 허가사유에 해당되는 경우이지만 허가를 받지 아니하고 자가용 화물자동차를 유상으로 운송에 제공하거나 임대한 경우

38 5년 이하의 징역 또는 2천만 원 이하의 벌금(법 제66조)

① 덮개 · 포장 · 고정 장치 등 필요한 조치를 하지 아니하여 사람을 상해(傷害) 또는 사망에 이르게 한 운송사업자
② 덮개 · 포장 · 고정 장치 등 필요한 조치를 하지 아니하고 화물자동차를 운행하여 사람을 상해(傷害) 또는 사망에 이르게 한 운수종사자

39 3년 이하의 징역 또는 3천만 원 이하의 벌금(법 제66조의2)

① 정당한 사유 없이 업무개시 명령을 거부한 자
② 거짓이나 부정한 방법으로 유류 보조금 또는 수소 전기 자동차의 수소 보조금을 교부받은 자
③ 다음 중 어느 하나에 해당하는 행위에 가담하였거나 이를 공모한 주유업자 등
㉠ 주유업자 등으로부터 세금 계산서를 거짓으로 발급받아 보조금을 지급받은 경우
㉡ 주유업자 등으로부터 유류 또는 수소의 구매를 가장하거나 실제 구매 금액을 초과하여 유류 구매 카드로 거래를 하거나 이를 대행하게 하여 보조금을 지급받은 경우
㉢ 화물자동차 운수사업이 아닌 다른 목적에 사용한 유류분 또는 수소 구매분에 대하여 보조금을 지급받은 경우
㉣ 다른 운송사업자등이 구입한 유류 또는 수소 사용량을 자기가 사용한 것으로 위장하여 보조금을 지급받은 경우
㉤ 그 밖에 유류 보조금 또는 수소 전기 자동차의 수소 보조금 재정 지원에 관한 사항을 위반하여 거짓이나 부정한 방법으로 보조금을 지급받은 경우

40 2년 이하의 징역 또는 2천만 원이하의 벌금(법 제67조)

① 허가를 받지 아니하거나 거짓이나 그 밖의 부정한 방법으로 허가를 받고 화물 자동차 운송 사업을 경영한 자
② 고장 및 사고 차량 등 화물의 운송과 관련하여 자동차 관리 사업자와 부정한 금품을 주고받은 운송 사업자 또는 운수 종사자

③ 자동차 등록 번호판을 훼손 · 분실 · 또는 차량의 사용 본거지를 다른 시 · 도로 변경하는 경우, 그에 따른 개선 명령을 이행하지 아니한 자
④ 운송 사업의 양도와 양수에 대한 허가 없이 사업을 양도한 자
⑤ 화물 자동차 운송 주선 사업의 허가를 받지 아니하거나 거짓이나 그 밖의 부정한 방법으로 허가를 받고 화물 자동차 운송 주선 사업을 경영한 자
⑥ 운송 주선 사업자의 명의 이용 금지 의무를 위반한 자
⑦ 화물 자동차 운송 가맹 사업의 허가를 받지 아니하거나 거짓이나 그 밖의 부정한 방법으로 허가를 받고 화물 자동차 운송 가맹 사업을 경영한 자
⑧ 화물 운송 실적 관리 시스템의 정보를 변경, 삭제하거나 그 밖의 방법으로 이용할 수 없게 한 자 또는 권한 없이 정보를 검색, 복제하거나 그 밖의 방법으로 이용한 자
⑨ 직무와 관련하여 알게 된 화물 운송 실적 관리 자료를 다른 사람에게 제공 또는 누설하거나 그 목적 외의 용도로 사용한 자
⑩ 자가용 화물 자동차를 유상으로 화물 운송용으로 제공하거나 임대한 자

41 1년 이하의 징역 또는 1천만 원 이하의 벌금(법 제68조)
① 다른 사람에게 자신의 화물 운송 종사 자격증을 빌려 준 사람
② 다른 사람의 화물 운송 종사 자격증을 빌린 사람
③ ①과 ②의 행위를 알선한 사람

4 자동차관리법령 핵심요약정리

01 「자동차관리법」목적(법 제1조) ➡ ① 자동차를 효율적으로 관리 ② 자동차의 성능 및 안전을 확보 ③ 공공복리를 증진

02 「자동차관리법」의 적용이 제외되는 자동차(영 제2조)
① 「건설기계 관리법」에 따른 건설기계(노상안정기등)
② 「농업기계화 촉진법」에 따른 농업기계(농업용 트랙터)
③ 「군수품 관리법」에 따른 차량(군용차)
④ 궤도 또는 공중선에 의하여 운행되는 차량(열차, 케이블카)
⑤ 「의료기기법」에 따른 의료기기

03 자동차의 차령기산일(영 제3조)
① 제작연도에 등록된 자동차 : 최초의 신규등록일
② 제작연도에 등록되지 아니한 자동차 : 제작연도의 말일

04 자동차의 구분기준 ➡ ① 자동차의 크기, 구조 ② 원동기의 종류 ③ 총배기량 또는 정격출력

05 화물자동차(법 제3조제1항제3호, 규칙 별표1)
① 화물을 운송하기에 적합한 화물적재공간을 갖춘 자동차
② 화물적재공간의 총적재화물의 무게가 운전자를 제외한 승객이 승차공간에 모두 탑승했을 때의 승객의 무게보다 많은 자동차
③ 화물을 운송하기에 적합하게 바닥 면적이 최소 $2m^2$ 이상 (소형 · 경형화물자동차로서 이동용 음식판매 용도인 경우에는 $0.5m^2$ 이상, 그 밖에 초소형화물차 및 특수용도형의 경형화물자동차는 $1m^2$ 이상)인 화물적재공간을 갖춘 자동차로서 다음의 각 호에 해당하는 차를 말한다.
㉮ 승차공간과 화물적재공간이 분리되어 있는 자동차로서 화물적재공간의 윗부분이 개방된 구조의 자동차
㉯ 유류, 가스 등을 운반하기 위한 적재함을 설치한 자동차 및 화물을 싣고 내리는 문을 갖춘 적재함이 설치된 자동차
㉰ 승차공간과 화물적재공간이 동일 차실 내에 있으면서 화물의 이동을 방지하기 위해 칸막이벽을 설치한 자동차로서 화물적재 공간의 바닥면적이 승차공간의 바닥면적(운전석이 있는 열의 바닥면적을 포함)보다 넓은 자동차
㉱ 화물을 운송하는 기능을 갖추고 자체적하 기타 작업을 수행할 수 있는 설비를 함께 갖춘 자동차

06 자동차 등록 ➡ 자동차(이륜자동차는 제외)는 자동차등록원부에 등록한 후가 아니면 이를 운행할 수 없다. 다만 임시운행허가를 받아 허가기간 내에 운행하는 경우에는 예외로 한다.(법 제5조)

07 자동차 등록번호판(법 제10조)
① 시 · 도지사는 자동차 등록번호판을 붙이고, 봉인을 하여야 한다. 다만 자동차 소유자 또는 자동차 소유자에 갈음하여 등록을 신청하는 경우에는 이를 직접 부착 · 봉인하게 할 수 있다.(벌칙 : 과태료 50만 원)
② 자동차등록번호판의 부착 또는 봉인을 하지 아니한 자동차는 운행하지 못한다. 다만 임시운행허가번호판을 붙인 때는 예외이다.
③ 누구든지 자동차 등록번호판을 가리거나 알아보기 곤란하게 하여서는 아니 되며 그러한 자동차를 운행하여서는 안 된다.
※ 번호판을 가리거나 알아보기 곤란하게 하거나, 그러한 자동차를 운행한 경우 과태료 : 1차 50만 원, 2차 150만 원, 3차 250만 원(영 별표2 제2호 사목)
※ 고의로 번호판을 가리거나 알아보기 곤란하게 한 자는 1년 이하의 징역 또는 1천만 원 이하의 벌금(법 제81조제1의2)
④ 누구든지 등록번호판 영치업무를 방해할 목적으로 등록번호판의 부착 및 봉인 이외의 방법으로 등록번호판을 부착하거나 봉인하여서는 아니 되며, 그러한 자동차를 운행하여서도 아니 된다.

08 변경등록 ➡ 자동차 소유자는 자동차 등록원부의 기재사항에 변경(이전등록 및 말소등록에 해당되는 경우는 제외)이 있을 때에는 시 · 도지사에게 변경등록(30일 이내)을 신청하여야 한다. 단, 경미한 것은 예외로 한다.(법 제11조)
※ 변경등록 신청을 하지 않은 경우 과태료(영 별표2 제2호 아목)
① 신청기간만료일부터 90일 이내인 때 : 과태료 2만원
② 신청기간만료일부터 90일 초과 174일 이내인 때 : 2만원에 91일 째부터 계산하여 3일 초과 시마다 1만원 추가
③ 지연기간이 175일 이상인 때 30만원

09 이전등록(법 제12조)
① 등록된 자동차를 양수받는 자는 시 · 도지사에게 자동차소유권의 이전등록을 신청하여야 한다.
② 자동차를 양수한 자가 다시 제3자에게 양도하려는 경우에는 양도 전에 자기명의로 이전등록을 하여야 한다.
③ 자동차를 양수한 자가 이전등록을 신청하지 아니한 경우에는 그 양수인에 갈음하여 양도자(이전등록을 신청할 당시 자동차등록원부에 기재된 소유자)가 신청할 수 있다.
④ 이전등록을 신청받은 시 · 도지사는 등록을 수리하여야 한다.

10 말소등록 ➡ 자동차 소유자(재산관리인 및 상속인을 포함)는 등록된 자동차가 다음 각호의 어느 하나에 해당하는 경우에는 자동차등록증 · 등록번호판 및 봉인을 반납하고 시 · 도지사에게 말소등록을 신청하여야 한다(사유발생일로부터 1개월 이내 신청).(법 제13조)
① 자동차해체 재활용업을 등록한 자에게 폐차요청을 한 경우
② 자동차제작 · 판매자 등에게 반품한 경우
③ 「여객자동차운수사업법」에 따른 차령이 초과된 경우
④ 「여객자동차운수사업법」 및 「화물자동차운수사업법」에 따른 면허 · 등록 · 인가 또는 신고가 실효되거나 취소된 경우
⑤ 천재지변 · 교통사고 또는 화재로 자동차 본래의 기능을 회복할 수 없게 되거나 멸실이 된 경우
⑥ 자동차를 수출하는 경우
⑦ 압류등록을 마친 후 환가가치가 없는 경우
⑧ 자동차를 교육 · 연구의 목적으로 사용하는 경우
※ 소유주가 말소등록을 신청하지 않았을 경우 과태료(영 별표2 제2호 자목)
① 신청 지연기간이 10일 이내인 때 : 과태료 5만원
② 신청 지연기간이 10일 초과 54일 이내인 때 : 5만원에 11일 째부터 계산하여 1일마다 1만원 추가
③ 지연기간이 55일 이상인 때 50만원

11 시 · 도지사가 직권으로 말소등록을 할 수 있는 경우(법 제13조제3항)
① 말소등록을 신청하여야 할 자가 신청하지 아니한 경우
② 자동차의 차대(차체)가 등록원부상의 차대와 다른 경우
③ 자동차 운행 정지 명령에도 불구하고 해당 자동차를 계속 운행하는 경우
④ 자동차 강제 처리 조항에 따라 자동차를 폐차한 경우(법 제26조제1항)
㉠ 자동차를 일정장소에 고정시켜 운행 외의 용도로 사용하는 행위
㉡ 자동차를 도로에 계속 방치하는 행위, 정당한 사유 없이 자동차를 타인의 토지에 계속 방치하는 행위
⑤ 속임수, 그밖의 부정한 방법으로 등록된 경우
⑥ 자동차 의무 보험 가입 명령을 이행하지 아니한 지 1년 이상 경과한 경우

12 자동차 등록증의 비치 등 ➡ 자동차 소유자는 자동차등록증이 없어지거나 알아보기 곤란하게 된 경우에는 재발급 신청을 하여야 한다.(법 제18조)

13 임시운행(임시운행허가기간과 임시운행허가사유)(법 제27조)

① 허가기간 : 10일 이내(영 제7조제2항)
㉮ 신규등록신청을 하기 위하여 운행하려는 경우
㉯ 자동차 차대번호 또는 원동기 형식의 표기를 지우거나 또는 그 표기를 받기 위하여 운행하려는 경우
㉰ 신규검사나 임시검사를 받기 위하여 운행하려는 경우
㉱ 자동차를 제작 · 조립 · 수입 또는 판매하는 자가 판매사업장 · 하치장 또는 전시장에 보관 · 전시 또는 판매한 자동차를 환수하기 위하여 운행하려는 경우
㉲ 자동차운전학원 및 자동차운전전문학원을 설립 · 운영하는 자가 검사를 받기 위하여 기능교육용 자동차를 운행하려는 경우

② 허가기간 : 20일 이내
㉮ 수출하기 위하여 말소등록한 자동차를 점검 · 정비하거나 선적하기 위하여 운행하려는 경우

③ 허가기간 : 40일 이내
㉮ 자동차자기인증에 필요한 시험 또는 확인을 받기 위하여 자동차를 운행하려는 경우
㉯ 자동차를 제작 · 조립 또는 수입하는 자가 자동차에 특수한 설비를 설치하기 위하여 다른 제작 또는 조립장소로 자동차를 운행하려는 경우

④ 2년 (㉲의 경우 5년)의 범위에서 해당 시험 · 연구에 소요되는 기간 : 자가 시험 · 연구의 목적으로 자동차를 운행하려는 경우
㉮ 자동차의 제작 · 시험 · 검사시설 등록을 한 자
㉯ 자동차의 성능시험을 대행할 수 있도록 지정된 자
㉰ 자동차 연구개발 목적의 기업부설연구소를 보유한 자
㉱ 해외자동차업체나 국내에서 자동차를 제작 또는 조립하는 자와 계약을 체결하여 부품개발 등의 개발업무를 수행하는 자
㉲ 전기자동차 등 친환경 · 첨단미래형 자동차의 개발보급을 위하여 필요하다고 국토교통부 장관이 인정하는 자

⑤ 허가기간 : 5년
㉮ 자율 주행 자동차를 시험 · 연구 목적으로 운행하려는 경우

⑥ 임시운행사유 : 운행정지 중인 화물자동차 소유자는 일정한 차령이 경과한 경우 자동차 검사, 자동차 종합검사를 받고자 하는 때에는 임시운행을 할 수 있다.

⑦ 운행 정지 중인 자동차의 임시 운행(규칙 제28조)
㉮ 자동차안전기준에 부적합하거나 안전운행에 지장이 있는 자동차
㉯ 승인을 받지 아니하고 튜닝한 자동차
㉰ 자동차 정기검사 또는 자동차종합검사를 받지 아니한 자동차
㉱ 「화물차운수사업법」상의 사업정지처분을 받아 운행정지 중인 자동차
㉲ 자동차세 납부의무를 이행하지 아니하여 자동차등록증의 회수나 자동차등록 번호판이 영치된 자동차
㉳ 압류로 인하여 운행정지 중인 자동차
㉴ 중대한 교통사고가 발생하여 사업용 자동차가 운행정지 중인 경우
㉵ 자동차 정기검사, 자동차 종합검사를 받지 않아 등록번호판이 영치된 자동차
㉶ 의무보험에 가입되지 아니하여 자동차의 등록번호판이 영치된 자동차
㉷ 질서위반행위로 부과받은 과태료를 납부하지 아니하여 등록번호판이 영치된 자동차

14 자동차의 튜닝(법 제34조)

① 자동차 소유자가 국토교통부령으로 정하는 항목에 대하여 튜닝하려는 경우에는 시장 · 군수 · 구청장의 승인을 얻어야 한다.
② 시장 · 군수 · 구청장은 튜닝 승인에 관한 권한을 한국교통안전공단에 위탁한다.

15 자동차의 튜닝이 승인되지 않는 경우(규칙 제55조제2항)

① 총중량이 증가되는 튜닝
② 승차정원 또는 최대적재량의 증가를 가져오는 승차장치 또는 물품적재장치의 튜닝(최대적재량을 감소시켰던 자동차를 원상회복하는 경우와 동일한 형식으로 자기인증되어 제원이 통보된 최대적재량의 범위 안에서 최대적재량을 증가시키는 경우는 제외)
③ 자동차의 종류가 변경되는 튜닝
④ 튜닝 전보다 성능 또는 안전도가 저하될 우려가 있는 경우

16 튜닝검사 신청서류 ➡ ① 자동차등록증 ② 튜닝 승인서 ③ 튜닝 전 · 후의 주요제원 대비표 ④ 튜닝 전 · 후의 자동차 외관도(외관이 변경된 경우에 한함) ⑤ 튜닝하려는 구조 · 장치의 설계도(규칙 제78조)

17 자동차 검사의 구분(법 제43조)

① **신규검사** : 신규등록을 하려는 경우 실시하는 검사
② **정기검사** : 신규등록 후 일정기간마다 정기적으로 실시하는 검사
③ **튜닝검사** : 자동차를 튜닝한 경우에 실시하는 검사
④ **임시검사** : 「자동차관리법」 또는 같은 법에 따른 명령이나 자동차 소유자의 신청을 받아 비정기적으로 실시하는 검사

※ 자동차 검사는 한국교통안전공단이 대행하고 있으며, 정기검사는 지정 정비사업자가 대행할 수 있음

18 자동차정기검사의 유효기간(규칙 제74조 제1항 별표15의2)

구분			검사 유효기간
비사업용	승용자동차		2년(최초 검사 유효기간 4년)
	경형 · 소형 화물자동차	차령 4년 이하	2년
		차령 4년 초과	1년
사업용	승용자동차 및 경형 · 소형 화물자동차		1년(최초 검사 유효기간 2년)
	대형 화물자동차	차령 2년 이하	1년
		차령 2년 초과	6개월
경형 · 소형 승합자동차		차령 4년 이하	2년
		차령 4년 초과	1년
중형 · 대형 승합자동차		차령 8년 이하	1년(최초 검사 유효기간 2년)
		차령 8년 초과	6개월
그 밖의 자동차		차령 5년 이하	1년
		차령 5년 초과	6개월

19 자동차 종합검사 ➡ 「대기환경보전법」에 따른 운행차 배출가스 정밀검사 시행지역에 등록한 자동차 소유자 및 「수도권 대기환경개선에 관한 특별법」에 따른 특정경유자동차 소유자는 정기검사와 배출가스 정밀검사 또는 특정경유자동차 배출가스 검사를 통합하여 국토교통부장관과 환경부장관이 공동으로 다음 각 호에 대하여 실시하는 자동차종합검사를 받아야 한다. 종합검사를 받은 경우에는 정기검사, 정밀검사, 특정경유자동차검사를 받은 것으로 본다.(법 제43조의2)

① 공통분야 : 자동차의 동일성 확인 및 배출가스 관련 장치 등의 작동상태 확인을 관능검사 및 기능검사
② 자동차 안전검사 분야
③ 자동차 배출가스 정밀검사 분야

20 자동차종합검사의 대상과 유효기간(자동차 종합 검사의 시행 등에 관한 규칙 별표1)

검사대상		적용 차령	유효기간
승용자동차	비사업용	차령 4년 초과	2년
	사업용	차령 2년 초과	1년
경형 · 소형의 승합 및 화물자동차	비사업용	차령 3년 초과	1년
	사업용	차령 4년 초과	1년
사업용 대형 화물자동차		차령 2년 초과	6개월
사업용 대형 승합자동차		차령 2년 초과	차령 8년까지는 1년, 이후부터는 6개월
중형의 승합자동차	비사업용	차령 3년 초과	차령 8년까지는 1년, 이후부터는 6개월
	사업용	차령 2년 초과	차령 8년까지는 1년, 이후부터는 6개월
그 밖의 자동차	비사업용	차령 3년 초과	차령 5년까지는 1년, 이후부터는 6개월
	사업용	차령 2년 초과	차령 5년까지는 1년, 이후부터는 6개월

※ 검사 유효기간이 6개월인 자동차의 경우 종합검사 중 자동차 배출가스 정밀검사 분야의 검사는 1년마다 받는다.

21 검사 유효기간의 계산 방법과 자동차종합검사기간 등(자동차 종합 검사의 시행 등에 관한 규칙 제10조)

① **신규등록 자동차** : 신규등록일부터 계산

② **종합검사 기간 내에 신청하여 적합판정을 받은 자동차** : 유효기간 마지막 날의 다음 날부터 계산(다만, 전 또는 후에 신청하여 적합판정을 받은 자동차는 받은 날의 다음 날부터 계산)

③ **재검사결과 적합판정을 받은 자동차** : 자동차종합검사 결과표, 자동차기능종합진단서를 받은 날의 다음날부터 계산

④ **종합검사기간** : 검사유효기간의 마지막 날(연장이나 유예된 경우에는 그 연장이나 유예된 기간도 마지막 날)전후 각각 31일 이내로 한다.

⑤ **변경등록을 한 날 부터 62일 이내 자동차 종합검사 수검대상차** : 자동차 소유권 변동 또는 사용본거지 변동 등의 사유로 자동차 종합 검사의 대상이 된 자동차 중 정기검사 기간 중에 있거나 정기검사 기간이 지난 자동차

22 재검사 ➡ 종합검사 실시 결과 부적합 판정을 받은 자동차의 소유자가 재검사수검의 경우 기간 내에 자동차등록증과 종합검사 결과표, 자동차기능종합진단서를 제출하고 해당자동차를 제시한다.(자동차 종합 검사의 시행 등에 관한 규칙 제7조)

① **종합검사기간 내에 종합검사를 신청한 경우** : 부적합 판정을 받은 날부터 종합검사기간 만료 후 10일 이내

② **종합검사기간 전 또는 후에 종합검사를 신청한 경우** : 부적합 판정을 받은 날부터 10일 이내

23 자동차종합검사기간이 지난 자에 대한 독촉(자동차 종합 검사의 시행 등에 관한 규칙 제9조)

자동차종합검사기간이 지난 자에 대한 독촉은 아래 ①, ②, ③사항과 같이 그 기간이 끝난 다음 날부터 10일 이내와 20일 이내에 다음 사항을 우편 또는 휴대 전화 문자로 각각 통지하여 독촉한다.

① 종합검사기간이 지난 사실

② 종합검사의 유예가 가능한 사유와 그 신청 방법

③ 종합검사를 받지 아니하는 경우에 부과되는 과태료의 금액과 근거법규

※ 정기 또는 종합검사를 받지 않았을 때 과태료(자동차관리법 시행령 별표 2)

① 검사 지연기간이 30일 이내인 경우 : 4만 원

② 검사 지연기간이 30일 초과 114일 이내 : 4만 원에 31일째부터 계산하여 3일 초과시마다 2만 원을 더한 금액

③ 지연기간이 115일 이상인 경우 : 60만 원

해설 ① 자동차정기검사의 기간은 검사유효기간만료일 전후 각각 31일 이내 수검

② 과태료 부과 : 기간만료일부터 계산하여 부과(검사유효기간만료일과 기간만료일과는 다른 의미이며, 과태료 부과는 기간만료일부터 계산됨)

③ 자동차정기검사 유효기간 만료일과 배출가스 정밀검사유효기간만료일이 다른 경우의 자동차 검사 : 자동차 종합검사가 시행된 후 처음으로 도래되는 자동차 정기검사 유효기간 만료일에 종합검사를 받아야 한다.

5 도로법령 핵심요약정리

01 목적(법 제1조) ➡ ① 도로망의 계획수립, 도로 노선의 지정, 도로공사의 시행과 도로의 시설 기준, 도로의 관리 · 보전 및 비용 부담 등에 관한 사항을 규정 ② 국민이 안전하고 편리하게 이용할 수 있는 도로의 건설 ③ 공공복리의 향상

02 도로(법 제2조) ➡ 차도, 보도(步道), 자전거도로, 측도(側道), 터널, 교량, 육교 등 대통령령으로 정하는 시설로 고속국도, 일반국도, 특별시도(特別市道) · 광역시도(廣域市道), 지방도, 시도(市道), 군도(郡道), 구도(區道)를 말하며, 도로의 부속물을 포함한다. ※ 등급은 열거순위에 의함

03 도로 부속물의 정의 ➡ 도로관리청이 도로의 편리한 이용과 안전 및 원활한 도로교통의 확보, 그 밖에 도로의 관리를 위하여 설치하는 시설 또는 공작물이다. ① 주차장, 버스정류시설, 휴게시설 등 도로이용 지원 시설 ② 시선유도표지, 중앙분리대, 과속방지시설 등 도로안전시설 ③ 통행료 징수시설, 도로관제시설, 도로관리사업소 등 도로관리시설 ④ 도로표지 및 교통량 측정시설 등 교통관리시설 ⑤ 낙석방지시설, 제설시설, 식수대 등 도로에서의 재해 예방 및 구조 활동, 도로 환경의 개선 · 유지 등을 위한 도로부대시설.

04 도로의 종류와 의미(법 제10조) ➡ 도로의 종류와 그 등급은 열거 순위에 의한다.

① **고속국도(高速國道)** : 국토교통부장관이 도로교통망의 중요한 축을 이루며 주요 도시를 연결하는 도로로서 자동차 전용의 고속운행에 사용되는 도로 노선을 정하여 지정 · 고시한 도로

② **일반국도(一般國道)** : 국토교통부장관이 주요 도시, 지정항만, 주요공항, 국가산업단지 또는 관광지 등을 연결하여 고속국도와 함께 국가간선도로망을 이루는 도로 노선을 정하여 지정 · 고시한 도로

③ **특별시도(特別市道) · 광역시도(廣域市道)** : 특별시, 광역시의 관할구역에 있는 주요 도로망을 형성하는 도로, 특별시 · 광역시의 주요 지역과 인근 도시 · 항만 · 산업단지 · 물류시설 등을 연결하는 도로 및 그 밖의 특별시 또는 광역시의 기능 유지를 위하여 특히 중요한 도로로서 특별시장 또는 광역시장이 노선을 정하여 지정 · 고시한 도로

05 도로에 관한 금지행위 ➡ 누구든지 정당한 사유 없이 도로에 대하여 다음 각 호의 해당 행위를 하여서는 아니된다.(법 제75조)

① 도로를 파손하는 행위

② 도로에 토석(土石), 입목 · 죽(竹) 등 장애물을 쌓아놓는 행위

③ 그 밖에 도로의 구조나 교통에 지장을 주는 행위

※ 벌칙 : 정당한 사유 없이 도로(고속국도는 제외)를 파손하여 교통을 방해하거나 교통에 위험을 발생하게 한 자 : 10년 이하의 징역이나 1억원 이하의 벌금(법 제113조제1항)

06 차량의 운행제한 ➡ 도로구조를 보존하고, 차량운행으로 인한 위험 방지를 위하여 필요하면 차량운행을 제한할 수 있다(법 제77조).

운행 제한 벌칙(법 제115조, 제117조)

구분		정의	벌칙
과적		축 하중 10톤 초과 총 중량 40톤 초과	500만 원 이하 과태료
제원 초과		폭 2.5m 초과 높이 4.0m 초과 길이 16.7m 초과	
단속원 요구 불응		차량승차 불응 관계서류 제출 불응 의심차량 재측정 불응	1년 이하의 징역 또는 1천만 원 이하 벌금
적재량 측정 방해 행위	축 조작	차축 조작, 공기압 조절	
	측정차로 위반	적재량 측정장비 미설치 차로 진입	
	측정속도 초과	측정차로 통행속도 10km/h 초과	
3대 명령 위반		회차, 분리운송, 운행정지 명령 불복	2년 이하 징역 또는 2천만 원 이하 벌금

07 자동차전용도로의 지정(법 제48조)

① 도로관리청은 교통이 현저히 증가하여 차량의 능률적인 운행에 지장이 있는 경우(고속국도는 제외) 또는 도로의 일정한 구간에서 원활한 교통소통을 위하여 필요하면 자동차 전용도로 또는 전용구역으로 지정할 수 있다.

② 이 경우 그 지정하려는 도로에 둘 이상의 도로관리청이 있으면 관계되는 도로관리청이 공동으로 지정하여야 한다.

해설 **※ 자동차전용도로를 지정할 때 관계기관의 의견청취**

① 도로관리청이 국토교통부장관인 경우 → 경찰청장

② 특별시장 · 광역시장 · 도지사 또는 특별자치도지사인 경우 → 관할지방경찰청장

③ 특별자치시장 · 시장 · 군수 또는 구청장인 경우 → 관할 경찰서장

08 자동차전용도로의 통행제한과 벌칙(법 제49조)

① 자동차전용도로에서는 차량만을 사용해서 통행하거나 출입하여야 한다.

② 도로관리청은 자동차전용도로의 입구나 그 밖에 필요한 장소에 "①"의 내용과 자동차전용도로의 통행을 금지하거나 제한하는 대상 등을 구체적으로 밝힌 도로 표지를 설치하여야 한다.

※ 벌칙 : 차량을 사용하지 아니하고 자동차전용도로를 통행하거나 출입한 자 : 1년 이하의 징역이나 1천만원 이하의 벌금(법 제115조제2호)

6 대기환경보전법령 핵심요약정리

01 **「대기환경보전법」의 목적** ➡ ① 모든 국민이 건강하고 쾌적한 환경에서 생활 ② 대기환경의 적정하고 지속가능하게 관리 및 보전 ③ 대기오염으로 인한 국민건강 및 환경상의 위해를 예방(법 제1조)

02 **대기오염물질** ➡ 대기오염의 원인이 되는 가스, 입자상 물질로서 환경부령으로 정하는 것을 말한다.

03 **가스** ➡ 물질이 연소 · 합성 · 분해될 때에 발생하거나 물리적 성질로 인하여 발생하는 기체상물질을 말한다.

04 **입자상물질(粒子狀物質)** ➡ 물질이 파쇄 · 선별 · 퇴적 · 이적(移積)될 때 그 밖에 기계적으로 처리되거나 연소 · 합성 · 분해될 때에 발생하는 고체상 또는 액체상의 미세한 물질을 말한다.

05 **매연** ➡ 연소할 때에 생기는 유리(遊離)탄소가 주가 되는 미세한 입자상 물질을 말한다.

06 **검댕** ➡ 연소할 때에 생기는 유리탄소가 응결하여 입자의 지름이 1미크론 이상이 되는 입자상물질을 말한다.

07 **배출가스 저감장치** ➡ 자동차 또는 건설 기계에서 배출되는 대기오염 물질을 줄이기 위해 자동차 또는 건설 기계에 부착 또는 교체하는 장치로서 환경부령으로 정하는 저감효율에 적합한 장치를 말한다.

08 **먼지** ➡ 대기중에 떠다니거나 흩날려 내려오는 입자상 물질을 말한다.

09 **온실가스** ➡ 적외선 복사열을 흡수하거나 다시 방출하여 온실효과를 유발하는 대기 중의 가스상태 물질로서 이산화탄소, 메탄, 아산화질소, 수소불화탄소, 과불화탄소, 육불화황을 말한다.

10 **공회전제한장치** ➡ 자동차에서 배출되는 대기오염물질을 줄이고 연료를 절약하기 위하여 자동차에 부착하는 장치로서 환경부령으로 정하는 기준에 적합한 장치

11 **저공해 자동차의 운행 등(법 제58조)** ➡ 시 · 도지사 또는 시장 · 군수는 관할 지역의 대기질 개선 또는 기후 · 생태계 변화 유발 물질 배출 감소를 위해 필요하다고 인정하면 그 지역에서 운행하는 자동차 및 건설 기계 중 차령과 대기 오염 물질 또는 기후 · 생태계 변화 유발 물질 배출 정도 등에 관해 환경부령으로 정하는 요건을 충족하는 자동차 및 건설 기계의 소유자에게 그 시 · 도 또는 시 · 군의 조례에 따라 그 자동차 및 건설 기계에 대해 다음 중 어느 하나에 해당하는 조치를 하도록 명령하거나 조기에 폐차할 것을 권고할 수 있다. ① 저공해 자동차 또는 저공해 건설 기계로의 전환 또는 개조 ② 배출 가스 저감 장치의 부착 또는 교체 및 배출 가스 관련 부품의 교체 ③ 저공해 엔진(혼소 엔진을 포함)으로의 개조 또는 교체

※ 개조 또는 교체명령을 이행하지 아니한 자 : 300만원 이하의 과태료(법 제94조)

12 **공회전의 제한(법 제59조, 규칙 제79조의10)**

① 시 · 도지사는 조례가 정하는 바에 따라 터미널, 차고지, 주차장 등의 장소에서 자동차의 원동기를 가동한 상태로 주차하거나 정차하는 행위를 제한 할 수 있는데 이에 위반한 자

※ 벌칙(법 제94조) : 자동차 원동기 가동제한을 위반한 자동차의 운전자 : 1차 위반 과태료 5만원, 2차 위반 과태료 5만원, 3차 이상 위반 과태료 5만원

② 시 · 도지사는 대중교통용 자동차 등 환경부령으로 정하는 자동차에 대하여 시 · 도 조례에 따라 공회전을 제한하는 장치의 부착을 명령할 수 있다.

※ 대상차량 : 1. 시내버스운송사업에 사용되는 자동차
2. 일반택시운송사업에 사용되는 자동차
3. 화물자동차운송사업에 사용되는 최대적재량 1톤 이하인 밴형 화물자동차로서 택배용으로 사용되는 자동차

13 **운행차의 수시점검(법 제61조)** ➡ ① 환경부장관, 특별시장, 광역시장 또는 특별자치시장 · 특별자치도지사 · 시장 · 군수 · 구청장(자치구의 구청장)은 운행자의 배출가스가 자동차의 운행차 배출허용기준에 맞는지를 확인하기 위하여 도로나 주차장 등에서 운행차를 점검할 수 있다. ② 자동차운행자는 수시점검에 협조하여야 하며 이에 응하지 아니하거나 기피 또는 방해하여서는 안된다.

※ 벌칙 : 운행차의 점검에 따르지 아니하거나 기피, 방해한 자 200만원 이하의 과태료

14 **운행차의 수시점검방법과 면제차 등(규칙 제83조, 제84조)**

① **운행차의 수시점검방법** : 환경부장관, 특별시장 · 광역시장 · 특별자치시장 · 특별자치도지사 또는 시장 · 군수 · 구청장은 점검대상 자동차를 선정한 후 배출가스를 점검하여야 한다. 다만 원활한 차량소통 및 승객의 편의 등을 위하여 필요한 때에는 운행 중인 상태에서 원격측정기 또는 비디오카메라를 사용하여 점검할 수 있다.

② **운행차의 수시점검 면제** : 환경 부장관, 특별시장 · 광역시장 · 특별자치시장 · 특별자치도지사 또는 시장 · 군수 · 구청장은 다음의 자동차에 대하여 수시점검을 면제할 수 있다.

㉮ 환경부장관이 정하는 저공해자동차
㉯ 「도로교통법」에 따른 긴급자동차
㉰ 군용 및 경호업무용 등 국가의 특수한 공용 목적으로 사용되는 자동차

2. 화물취급요령

1 개요 핵심요약정리

01 **적정한 적재량을 초과한 과적을 한 때의 자동차에 대한 영향**

① 엔진, 차량자체 및 운행하는 도로 등에 악영향을 미친다.
② 자동차의 핸들조작 · 제동장치 조작 · 속도조절 등을 어렵게 한다.
③ 무거운 중량의 화물을 적재한 차량은 경사진 도로에서 서행하며 주의 운행을 해야 한다. 내리막길에서는 브레이크 파열, 적재물 쏠림 등의 위험이 있다.

02 **운전자 책임(확인사항)** ➡ ① 화물의 검사 ② 과적의 식별 ③ 적재 화물의 균형 유지 ④ 화물을 안전하게 묶고 덮는 것 ⑤ 적재 화물의 상태를 파악(휴식 때, 2시간 연속 운행 후, 200km 운행 후 등)

03 **화물적재방법** ➡ ① 적재함 가운데부터 좌 · 우로 적재한다. ② 앞쪽이나 뒤쪽으로 무게 중심이 치우치지 않도록 한다. ③ 적재함 아래쪽에 상대적으로 위쪽에 무거운 화물적재 금지 ④ 화물이 차량 밖으로 떨어지지 않도록 앞 · 뒤 · 좌 · 우로 차단 또는 화물의 이동(쏠림)방지상 윗부분에서 아래 바닥까지 팽팽히 고정시킨다.

04 **일반화물이 아닌 색다른 화물을 실어나르는 차량을 운행할 때 유의 사항**

① **드라이 벌크 탱크(Dry bulk tanks) 차량** : 일반적으로 무게중심이 높고, 적재물이 쏠리기 쉬우므로 커브길이나 급회전할 때 주의해야 한다.
② **냉동차량** : 냉동설비 등으로 인해 무게중심이 높기 때문에 급회전할 때 특별한 주의 및 서행운전이 필요하다.
③ **소나 돼지와 같은 가축 또는 살아있는 동물을 운반하는 차량** : 무게중심이 이동하면 전복될 우려가 있으므로 커브길 등에서 특별히 주의하여 운전해야 한다.

2 운송장 작성과 화물포장 핵심요약정리

01 **운송장의 기능** ➡ ① 계약서 기능 ② 화물인수증 기능 ③ 운송요금 영수증 기능 ④ 정보처리 기본 자료 ⑤ 배달에 대한 증빙(배송에 대한 증거서류 기능) ⑥ 수입금 관리 자료 ⑦ 행선지 분류정보 제공(작업지시서 기능)

02 **운송장의 형태** ➡ ① 기본형 운송장(포켓타입=송하인용, 전산처리용, 수입관리용, 배달표용, 수하인용 ② 보조운송장 ③ 스티커형 운송장(전자문서교환 시스템 구축시 이용, 배달표형 스티커 운송장, 바코드 절취형 스티커 운송장)

03 **송하인 기재 사항** ➡ ① 송하인의 주소, 성명(또는 상호) 및 전화번호 ② 수하인의 주소, 성명, 전화번호(거주지 또는 핸드폰번호) ③ 물품의 품명,

수량, 가격 ④ 특약사항 약관설명 확인필 자필 서명 ⑤ 파손품 및 냉동, 부패성 물품의 경우 : 면책확인서(별도 양식) 자필 서명

04 집하 담당자 기재 사항 ➡ ① 접수일자, 발송점, 도착점, 배달예정일 ② 운송료 ③ 집하자 성명, 전화번호 ④ 수하인용 송장상의 좌측하단에 총수량 및 도착점 코드

05 포장의 개념 ➡ 물품의 수송, 보관, 취급, 사용 등에 있어서 그것의 가치 및 상태를 보호하기 위하여 적절한 재료 또는 용기 등을 물품에 사용하는 기술 또는 그 상태를 말한다.

① **개장(個裝)** : 물품 개개의 포장. 물품의 상품가치를 높이기 위해 또는 물품개개를 보호하기 위해 적절한 재료, 용기 등으로 물품을 포장하는 방법 및 포장한 상태, 낱개포장(단위포장)이라 한다.

② **내장(內裝)** : 포장 화물 내부의 포장. 물품에 대한 수분, 습기, 광열, 충격 등을 고려하여 적절한 재료, 용기 등으로 물품을 포장하는 방법 및 포장한 상태, 속포장(내부포장)이라 한다.

③ **외장(外裝)** : 포장화물 외부의 포장. 물품 또는 포장 물품을 상자, 포대, 나무통 및 금속관 등의 용기에 넣거나, 용기를 사용하지 않고 결속하여 기호, 화물을 표시 등을 하는 방법 및 포장한 상태, 겉포장(외부포장)이라 한다.

06 포장의 기능 ➡ ① 보호성 ② 표시성 ③ 상품성 ④ 편리성 ⑤ 효율성 ⑥ 판매촉진성 6개 기능이 있다.

07 포장의 분류

① **상업포장(소비자포장, 판매포장)** : 소매를 주로 하는 상거래에 상품의 일부로써 상품을 정리하여 취급하기 위해 시행하는 것으로 상품의 가치를 높이기 위한 포장이다.
기능 : 판매촉진기능, 진열판매의 편리성, 작업의 효율성 도모

② **공업포장(수송포장)** : 물품의 수송, 보관을 주목적으로 하는 포장으로 물품을 상자, 자루, 나무통, 금속 등에 넣어 수송, 보관, 하역, 과정 등에서 물품이 변질되는 것을 방지하는 포장이다.
기능 : 수송, 하역의 편리성이 중요시

③ **포장재료의 특성에 따른 분류**

㉠ **유연포장** : 포장된 물품 또는 단위포장물이 포장재료나 용기의 유연성 때문에 본질적인 형태는 변화되지 않으나, 일반적으로 외모가 변화될 수 있는 포장이다. 종이, 플라스틱 필름, 알루미늄포일(알루미늄박), 면포 등의 유연성이 풍부한 재료(셀로판)로 하는 포장으로 필름, 엷은 종이, 셀로판 등으로 포장하는 경우 부드럽게 구부리기 쉬운 포장 형태를 말한다.

㉡ **강성포장** : 포장된 물품 또는 단위포장물이 포장재료나 용기의 경직성으로 형태가 변화되지 않고 고정되어 있는 포장이다. 유연포장과 대비되는 포장으로서 유리제 및 플라스틱제의 병이나 통, 목제 및 금속제의 상자나 통 등 강성을 가진 포장을 말한다.

㉢ **반강성포장** : 강성을 가진 포장 중에서 약간의 유연성을 갖는 골판지 상자, 플라스틱 보틀 등에 의한 포장으로 유연포장과 강성포장과의 중간적인 포장을 말한다.

④ 포장의 방법(기법)에 따른 분류

㉠ **방수포장** : 포장내부에 물의 침범을 방지

㉡ **방습포장** : 비료, 시멘트, 의약품, 건조식품, 식료품, 고수분식품, 금속제품, 정밀기기(전자제품 등) 등의 팽윤, 조해, 응고 등을 방지

㉢ **방청포장** : 녹의 발생을 예방

㉣ **완충포장** : 충격을 방지

㉤ **진공포장** : 물품의 변질을 방지

㉥ **압축포장** : 상품을 압축시킴

㉦ **수축포장** : 1개의 물품 또는 여러 개를 합하여 수축 필름으로 덮고 가열 수축시켜 고정 유지하는 포장

08 특별품목에 대한 포장시 유의사항

① 휴대폰 및 노트북 등 고가품의 경우 내용물이 파악되지 않도록 별도의 박스로 이중 포장한다.

② 꿀 등을 담은 병제품의 경우, 가능한 플라스틱병으로 대체하거나, 병이 움직이지 않도록 포장재를 보강하여 낱개로 포장한 뒤 박스로 포장하여 집하한다. 부득이 병으로 집하하는 경우 면책확인서를 받는다.

③ 식품류(김치, 특산물, 농수산물 등)의 경우, 스티로폼으로 포장하는 것을 원칙으로 하되, 스티로폼이 없을 경우 비닐로 내용물이 손상되지 않도록 포장한 후 두꺼운 골판지 박스 등으로 포장하여 집하한다.

④ 깨지기 쉬운 물품 등의 경우 플라스틱 용기로 대체하여 충격 완화포장을 한다. 도자기, 유리병 등 일부 물품은 원칙적으로 집하금지 품목에 해당된다.

⑤ 옥매트 등 매트 제품의 경우 내용물의 겉포장 상태가 천 종류로 되어있어 타화물에 의한 훼손으로 내용물의 오손우려가 있으므로 고객에게 양해를 구하여 내용물을 보호할 수 있는 비닐포장을 하도록 한다.

09 일반화물의 화물취급 표지 (한국산업표준 KS T ISO 780)의 의미

① 취급 표지의 표시

㉠ 취급 표지는 포장에 직접 스텐실 인쇄하거나 라벨을 이용하여 부착하는 방법 중 적절한 것을 사용하여 표시한다.

㉡ 페인트로 그리거나 인쇄 또는 다른 여러가지 방법으로 이 표준에 정의되어 있는 표지를 사용하는 것을 장려하며 국경 등의 경계에 구애받을 필요는 없다.

② 취급 표지의 색상

㉠ 표지의 색은 기본적으로 검은색을 사용한다.

㉡ 포장의 색이 검은색 표지가 잘 보이지 않는 색이라면 흰색과 같이 적절한 대조를 이룰 수 있는 색을 부분 배경으로 사용한다.

㉢ 위험물 표지와 혼동을 가져올 수 있는 색의 사용은 피해야한다.

㉣ 적색, 주황색, 황색 등의 사용은 이들 색의 사용이 규정화되어 있는 지역 및 국가 외에서는 사용을 피하는 것이 좋다.

③ 취급 표지의 크기

㉠ 일반적인 목적으로 사용하는 취급 표지의 전체 높이는 100mm, 150mm, 200mm의 세 종류가 있다.

㉡ 포장의 크기나 모양에 따라 표지의 크기는 조정할 수 있다.

④ 취급 표지의 수와 위치

㉠ 하나의 포장 화물에 사용되는 동일한 취급 표지의 수는 그 포장 화물의 크기나 모양에 따라 다르다.

- "깨지기 쉬움, 취급 주의" 표지는 4개의 수직면에 모두 표시해야 하며 위치는 각 변의 왼쪽 윗부분이다.
- "위 쌓기" 표지는 "깨지기 쉬움, 취급 주의" 표지와 같은 위치에 표시하여야 하며 이 두 표지가 모두 필요한 경우 "위" 표지를 모서리에 가깝게 표시한다.
- "무게 중심 위치" 표지는 가능한 한 여섯 면 모두에 표시하는 것이 좋지만 그렇지 않은 경우 최소한 무게 중심의 실제 위치와 관련 있는 4개의 측면에 표시한다.
- "조임쇠 취급 표시" 표지는 클램프를 이용하여 취급할 화물에 사용한다. 이 표지는 마주보고 있는 2개의 면에 표시하여 클램프 트럭 운전자가 화물에 접근할 때 표지를 인지할 수 있도록 운전자의 시각 범위 내에 두어야 한다. 또한 클램프가 직접 닿는 면에는 표시해서는 안 된다.
- "거는 위치" 표지는 최소 2개의 마주보는 면에 표시되어야 한다.

㉡ 수송 포장 화물을 단위 적재 화물화하였을 경우는 취급 표지는 잘 보일 수 있는 곳에 적절히 표시하여야 한다.

㉢ 표지의 정확한 적용을 위해 주의를 기울여야 하며 잘못된 적용은 부정확한 해석을 초래할 수 있다. "무게 중심 위치" 표지와 "거는 위치" 표지는 그 의미가 정확하고 완벽한 전달을 위해 각 화물의 적절한 위치에 표시되어야 한다.

㉣ 표지 "적재 단수 제한"에서의 n은 위에 쌓을 수 있는 최대한의 포장 화물 수를 말한다.

호 칭	표 지	내 용	비 고
무게 중심 위치		취급되는 최소 단위 화물의 무게 중심을 표시	적용예 : 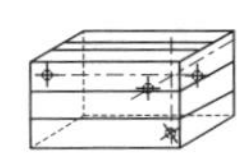
굴림 방지		굴려서는 안 되는 화물을 표시	
손수레 사용 금지		손수레를 끼우면 안 되는 면 표시	

지게차 취급 금지		지게차를 사용한 취급 금지	
조임쇠 취급 제한		이 표지가 있는 면의 양쪽에는 클램프를 사용하면 안 된다는 표시	
적재 금지		포장의 위에 다른 화물을 쌓으면 안 된다는 표시	

3 화물의 상 · 하차

01 위험물, 유해물 취급을 할 때에는 반드시 보호구(보호구의 자체결함은 없는지 또는 사용방법은 알고 있는지 확인한다)를 착용하고, 안전모는 턱끈을 매어 착용한다.

02 취급할 화물의 품목별, 포장별, 비포장별(산물, 분탄, 유해물) 등에 따른 취급 방법 및 작업순서를 사전 검토한다.

03 창고 내에서 화물을 옮길 때에는 다음과 같은 사항에 주의해야 한다.
① 작업안전통로를 충분히 확보한 후 화물을 적재한다.
② 운반통로에 있는 맨홀이나 홈에 주의해야 한다.
③ 창고의 통로 등에는 장애물이 없도록 한다.
④ 운반통로에 안전하지 않은 곳이 없도록 조치한다.
⑤ 바닥에 물건 등이 놓여 있으면 즉시 치우도록 한다.
⑥ 바닥에 기름기나 물기는 즉시 제거하여 미끄럼 사고를 예방한다.

04 화물더미에서 작업할 때에는 다음과 같은 사항에 주의해야 한다.
① 화물더미에서 오르내릴 때에는 화물의 쏠림이 발생하지 않도록 조심해야 한다.
② 화물더미의 화물을 출하할 때에는 화물더미 위에서부터 순차적으로 층계를 지으면서 헐어낸다.
③ 화물더미의 중간에서 화물을 뽑아내거나 직선으로 깊이 파내는 작업을 하지 않는다.
④ 화물더미의 상층과 하층에서 동시에 작업을 하지 않는다.

05 화물을 연속적으로 이동시키기 위해 컨베이어(conveyor)를 사용할 때에는 다음과 같은 사항에 주의해야 한다.
① 컨베이어 위로는 절대 올라가서는 안 된다.
② 상차 작업자와 컨베이어를 운전하는 작업자는 상호간에 신호를 긴밀히 해야 한다.

06 화물을 운반할 때에는 다음과 같은 사항에 주의해야 한다.
① 운반하는 물건이 시야를 가리지 않도록 한다.
② 뒷걸음질로 화물을 운반해서는 안된다.
③ 원기둥형을 굴릴 때에는 앞으로 밀어 굴리고 뒤로 끌어서는 안된다.

07 발판을 활용한 작업을 할 때에는 다음과 같은 사항에 주의해야 한다.
① 발판을 이용하여 오르내릴 때에는 2명 이상이 동시에 통행하지 않는다.
② 발판의 넓이와 길이는 작업에 적합한 것이며 자체에 결함이 없는지 확인한다.
③ 발판은 움직이지 않도록 목마 위에 설치하거나 발판 상 · 하 부위에 고정조치를 철저히 하도록 한다.

08 하역방법
① 상자로 된 화물은 취급표지에 따라 다루어야 한다.
② 부피가 큰 것을 쌓을 때는 무거운 것은 밑에 가벼운 것은 위에 쌓는다. 화물 종류별로 표시된 쌓는 단수 이상으로 적재하지 않는다.
③ 작은 화물 위에 큰 화물을 놓지 말아야 한다.
④ 화물을 적재할 때에는 소화기, 소화전, 배전함 등의 설비사용에 장애를 주지 않도록 해야 한다.
⑤ 바닥으로부터의 높이가 2미터 이상되는 화물더미(포대, 가마니 등으로 포장된 화물이 쌓여있는 것)과 인접 화물더미 사이의 간격은 화물더미의 밑부분을 기준으로 10센티미터 이상으로 하여야 한다.
⑥ 제재목을 적치할 때는 건너지르는 대목을 3개소에 놓아야 한다.
⑦ 물건을 적재할 때 주변으로 넘어질 것을 대비하여 위험한 요소는 사전 제거한다.
⑧ 같은 종류 및 동일규격끼리 적재해야 한다.

09 적재함 적재방법
① 무거운 화물을 적재함 뒤쪽에 실으면 앞바퀴가 들려 조향이 마음대로 되지 않아 위험하다.
② 무거운 화물을 적재함 앞쪽에 실으면 조향이 무겁고, 제동할 때에 뒷바퀴가 먼저 제동되어 좌 · 우로 틀어지는 경우가 발생한다.
③ 화물을 적재할 때에는 최대한 무게가 골고루 분산될 수 있도록 하고, 무거운 화물은 적재함의 중간부분에 무게가 집중될 수 있도록 적재한다.
④ 가축은 화물칸에서 이리저리 움직여 차량이 흔들릴 수 있어, 차량 운전에 문제를 발생시킬 수 있으므로 가축이 화물칸에 완전히 차지 않을 경우에는 가축을 한데 몰아 움직임을 제한하는 임시 칸막이를 사용한다.
⑤ 차량에 물건을 적재할 때에는 적재중량을 초과하지 않도록 한다.
⑥ 적재함보다 긴 물건을 적재할 때에는 적재함 밖으로 나온 부위에 위험 표시를 하여 둔다.
⑦ 적재할 때에는 제품의 무게를 반드시 고려해야 한다(병제품, 앰플 등).
⑧ 컨테이너는 트레일러에 단단히 고정되어야 한다.
⑨ 트랙터 차량의 캡과 적재물의 간격 ➡ 120cm 이상으로 유지해야 한다.
※ 경사 주행시 캡과 적재물의 충돌로 인하여 차량파손 및 인체상의 상해가 발생할 수 있다.

10 물품을 들어올릴 때의 자세 및 방법
① 몸의 균형을 유지하기 위해서 발은 어깨 넓이만큼 벌리고 물품으로 향한다.
② 물품과 몸의 거리는 물품의 크기에 따라 다르나 물품을 수직으로 들어올릴 수 있는 위치에 몸을 준비한다.
③ 물품을 들 때는 허리를 똑바로 펴야 한다.
④ 다리와 어깨의 근육에 힘을 넣고 팔꿈치를 바로 펴서 서서히 물품을 들어올린다.
⑤ 허리의 힘으로 드는 것이 아니고 무릎을 굽혀 펴는 힘으로 물품을 든다.

11 단독으로 화물을 운반하고자 할 때 인력운반중량 권장기준
① 일시작업(시간당 2회 이하) ⇒ 성인남자(25~30kg)
성인여자(15~20kg)
② 계속작업(시간당 3회 이상) ⇒ 성인남자(10~15kg)
성인여자(5~10kg)

12 운반할 때는 들었다 놓았다 하지 말고 직선거리로 운반한다.

13 긴 물건을 어깨에 메고 운반할 때에는 앞부분의 끝을 운반자 신장보다 약간 높게 하여 모서리 등에 충돌하지 않도록 한다.

14 물품을 어깨에 메고 운반할 때
① 물품을 어깨에 멜 때에는 어깨를 낮추고 몸을 약간 기울인다.
② 호흡을 맞추어 어깨로 받아 화물 중심과 몸 중심을 맞춘다.
③ 진행방향의 안전을 확인하면서 운반한다.
④ 물품을 어깨에 메거나 받아들 때 한 쪽으로 쏠리거나 꼬이더라도 충돌하지 않도록 공간을 확보하고 작업을 한다.

15 수작업 운반기준
① 두뇌작업이 필요한 작업 - 분류, 판독, 검사
② 얼마동안 시간간격을 두고 되풀이되는 소량취급 작업
③ 취급물품의 형상, 성질, 크기 등이 일정하지 않은 작업
④ 취급물품이 경량물(輕量物)인 작업

16 기계작업 운반기준
① 단순하고 반복적인 작업 - 분류, 판독, 검사
② 표준화되어 있어 지속적이고, 운반량이 많은 작업
③ 취급물품의 형상, 성질, 크기 등이 일정한 작업
④ 취급물품이 중량물(重量物)인 작업

17 고압가스의 취급
① 고압가스를 적재하여 운반하는 차량 ➡ 차량의 고장, 교통사정 또는 운반책임자, 운전자의 휴식 등 부득이한 경우를 제외하고는 장시간 정

차하지 않으며, 운반책임자와 운전자가 동시에 차량에서 이탈하지 아니 할 것
② 200km 이상의 거리를 운행하는 경우 ➡ 중간에 충분한 휴식을 취한 후 운전할 것
③ 고압가스를 적재하고 노면이 나쁜 도로를 운행하는 경우 ➡ 가능한 한 운행하지 말 것. 부득이하게 노면이 나쁜 도로를 운행할 때에는 운행 개시 전에 충전용기의 적재상황을 재검사하여 이상이 없는가를 확인하고 노면이 나쁜 도로를 운행한 후에는 일시정지하여 적재 상황, 용기밸브, 로프 등의 풀림 등이 없는가를 확인할 것

18 컨테이너의 취급
① 위험물의 수납방법 및 주의사항
㉠ 위험물의 수납에 앞서 위험물의 성질, 성상, 취급방법, 방제대책을 충분히 조사하는 동시에 해당 위험물의 적부방법 및 주의사항을 지킬 것
㉡ 품명이 틀린 위험물 또는 위험물과 위험물 이외의 화물이 상호작용하여 발열 및 가스를 발생시키고, 부식작용이 일어나거나 기타 물리적 화학작용이 일어날 염려가 있을 때에는, 동일 컨테이너에 수납해서는 아니 된다.
㉢ 수납되는 위험물 용기의 포장 및 표찰이 완전한가를 충분히 점검하여 파손되었거나 불완전한 것은 수납을 금지할 것
② 컨테이너에 수납되어 있는 위험물 표시 ➡ ① 위험물의 분류명, 표찰 및 컨테이너 번호를 외측부 가장 잘 보이는 곳에 표시한다.
③ 적재방법 ➡ ① 위험물이 수납되어 있는 컨테이너가 이동하는 동안에 전도, 손상, 찌그러지는 현상 등이 생기지 않도록 적재한다. ② 컨테이너를 적재 후 반드시 콘(잠금 장치)을 잠근다.

19 위험물 탱크로리 취급시의 확인 · 점검
① 탱크로리에 커플링(coupling)은 잘 연결되었는가 확인한다.
② 인화성 물질 취급시 소화기를 준비하고, 흡연자가 없는가 확인한다.
③ 주위 정리정돈 상태를 점검하고 주위에 위험표지를 설치한다.

20 주유취급소의 위험물 취급기준
① 자동차 등에 주유할 때 ➡ 고정주유설비를 사용하여 직접 주유하며, 이때 원동기를 정지시킨다.
② 유분리 장치에 고인 유류의 조치 ➡ 넘치지 아니하도록 수시로 퍼내어야 한다.

21 독극물 취급시 주의사항
① 독극물을 취급하거나 운반할 때는 소정의 안전한 용기, 도구, 운반구 및 운반차를 이용한다. 취급불명의 독극물은 함부로 다루지 않는다.
② 독극물이 들어있는 용기가 쓰러지거나, 미끄러지거나, 튀지 않도록 철저하게 고정한다. 독극물의 물리적, 화학적 특성을 알고 방호수단을 대비한다.
③ 독극물 저장소, 드럼통, 용기, 배관 등은 내용물을 알 수 있도록 확실하게 표시한다. 독극물의 도난 및 오용방지를 위해 보관을 철저히 한다.

22 상 · 하차 작업시 확인사항
① 받침목, 지주, 로프 등 필요한 보조용구는 준비되어 있는가?
② 차량에 구름막이는 되어 있는가?
③ 던지기 및 굴려내리기를 하고 있지 않는가?
④ 적재화물의 높이, 길이, 폭 등의 제한은 지키고 있는가?
⑤ 적재량을 초과하지 않았는가?
⑥ 작업 신호에 따라 작업이 잘 행하여지고 있는가?

4 적재물 결박 · 덮개 설치 핵심요약정리

01 파렛트(pallet) 화물의 붕괴 방지요령
① 밴드걸기 방식 : 나무상자를 파렛트에 쌓는 경우의 붕괴 방지에 사용하는 방법으로 수평 또는 수직 밴드걸기방식이 있다. 밴드가 걸리지 않은 부분은 화물이 튀어나온다는 결점이 있다. 각목대기 수평 밴드걸기 방식도 있으나 결점은 쌓은 화물의 압력이나 진동 · 충격으로 밴드가 느슨해진다는 것이다.
② 주연어프 방식
③ 슬립멈추기 시트 삽입 방식
④ 풀붙이기 접착방식
⑤ 수평 밴드걸기 풀붙이기 방식
⑥ 슈링크 방식
⑦ 스트레치 방식
⑧ 박스테두리 방식

02 주연어프 방식 ➡ 파렛트(pallet)의 가장자리 주연(周緣)를 높게 하여 포장화물을 안쪽으로 기울여서 화물이 갈라지는 것을 방지하는 방법으로서 부대화물 따위에는 효과가 있다. 주연어프방식만으로 화물이 갈라지는 것을 방지하기는 어려우나, 다른 방법과 병용함으로써 안전을 확보하는 것이 효율적이다.

03 슈링크 방식 ➡ 열수축성 플라스틱 필름을 파렛트 화물에 씌우고, 슈링크 터널을 통과시킬 때 가열하여 필름을 수축시켜서 파렛트와 밀착시키는 방식으로서, 장점은 물이나 먼지도 막아내기 때문에 우천시의 하역이나 야적 보관도 가능하게 된다. 단점으로는 통기성이 없고, 고열(120~130℃)의 터널을 통과하므로 상품에 따라서는 이용할 수가 없고, 또 비용이 많이든다는 단점이 있다.

04 차량에 특수장치를 설치하는 방법 ➡ ① 화물붕괴 방지와 짐을 싣고 부리는 작업성을 생각하여 차량에 특수한 장치를 설치하는 방법이 있다. ② 파렛트 화물의 높이가 일정하다면 적재함의 천장이나 측벽에서 파렛트 화물이 붕괴되지 않도록 누르는 장치를 설치한다. ③ 청량음료 전용차와 같이 적재공간이 화물치수에 맞추어 작은 칸으로 구분되는 장치를 한다.

05 하역 시의 충격에서 가장 큰 것은 ➡ 수하역 시의 낙하 충격이다.

06 낙하충격이 화물에 미친 영향도 ➡ ① 낙하높이 ② 낙하면의 상태 ③ 낙하상황과 포장의 방법에 따라 상이하다.

07 일반적으로 수하역의 경우에 낙하의 높이 ➡ ① 견하역 : 100cm 이상 ② 요하역 : 10cm 정도 ③ 파렛트쌓기의 수하역 : 40cm 정도

08 수송 중의 충격 및 진동
① 수송 중의 충격 : 트랙터와 트레일러를 연결할 때 발생하는 "수평충격"이 있고 이것은 낙하충격에 비하면 적은 편이다.
② 화물은 "수평충격"과 함께 수송 중에는 항상 진동을 받고 있다.
③ 트럭수송에서 비포장도로 등 포장상태가 나쁜 길을 달리는 경우에는 상하진동이 발생하게 되므로 화물을 고정시켜 진동으로부터 화물을 보호한다.

09 보관 및 수송 중의 압축하중 ➡ 보관 중이거나 수송 중인 포장화물은 밑에 쌓은 화물이 압축하중을 받는다. 통상 적재 화물의 높이는 창고는 4m, 트럭 · 화차는 2m이나, 주행 중에는 상하진동때문에 2배 정도 압축하중을 더 받게 된다.

5 운행요령 핵심요약정리

01 일반사항
① 내리막길을 운전할 때에는 기어를 중립에 두지 않는다. 주차할 때는 엔진을 끄고, 주차브레이크 장치로 완전제동한다.
② 트레일러를 운행할 때에는 트랙터와의 연결부분을 점검하고 확인한다.
③ 크레인의 인양중량을 초과하는 작업을 허용해서는 안 된다.

02 운행에 따른 일반적인 주의사항
① 비포장도로나 위험한 도로에서는 반드시 서행하며, 일반도로 또는 고속도로 등에서는 항상 규정속도로 운행한다.
② 화물을 편중되게 적재하지 않으며, 정량초과 적재를 절대로 하지 않는다.
③ 교통법규를 항상 준수하며 타인에게 양보할 수 있는 여유를 갖는다.
④ 가능한 한 경사진 곳에 주차하지 않고, 후진시 반드시 뒤를 확인한다.
⑤ 운전은 절대 서두르지 말고, 침착하게 해야 한다.

03 트랙터(Tractor) 운행에 따른 주의사항
① 중량물 및 활대품을 수송하는 경우에는 바인더잭(Binder Jack)으로 화물 결박을 철저히 하고, 운행할 때에는 수시로 결박 상태를 확인한다(화물의 균등한 적재가 이루어지도록 한다).
② 고속으로 운행 중 급제동은 잭나이프 현상 등의 위험을 초래하므로 조심한다.

③ 트랙터는 일반적으로 트레일러와 연결되어 운행하여 일반차량에 비해 회전반경 및 점유 면적이 크므로 사전 도로정찰, 화물의 제원, 장비의 제원을 정확히 파악한다.
④ 장거리 운행할 때에는 최소한 2시간 주행마다 10분 이상 휴식하면서 타이어 및 화물결박 상태를 확인한다.

04 컨테이너 상차 등에 따른 주의사항
① 상차전 확인사항
㉠ 배차부서로부터 배차지시를 받는다.
㉡ 배차부서에서 보세 면장번호와 컨테이너 라인(Line)을 통보 받는다.
㉢ 배차부서로부터 화주, 공장 위치, 공장 전화번호, 담당자 이름 등을 통보받는다.
㉣ 다른 라인(Line)의 컨테이너를 상차할 때 라인종류, 상차장소, 담당자 이름, 직책, 전화번호 등을 배차부서로부터 통보받는다.
② 컨테이너 상차 등에 따른 주의사항 중 상차할 때의 확인사항 ➡ 손해(Damage)여부와 봉인번호(Seal No.)를 체크해야 하고 그 결과를 배차부서에 통보한다.
③ 컨테이너 상차 등에 따른 주의사항 중 상차 후의 확인사항 ➡ 면장상의 중량과 실중량에는 차이가 있을 수 있으므로 운전자 본인이 실중량이 더 무겁다고 판단되면 관련부서로 연락하여 운송여부를 통보 받는다.
④ 도착이 지연될 때의 조치 보고사항 ➡ 30분 이상 지연될 때에는 반드시 배차부서에 출발시간, 도착지연이유, 현재위치, 예상도착시간 등을 연락해야 한다.

05 고속도로 운행제한 차량 ➡ 축하중 10톤 초과, 총중량 40톤 초과, 길이 16.7m(적재물 포함) 초과, 폭 2.5m 초과(적재물 포함), 높이 4.0m(적재물 포함, 도로 구조의 보전과 통행 안전에 지장이 없다고 도로관리청이 인정하여 고시한 도로는 4.2m)

> **해설** **적재불량으로 운행이 제한되는 차량**
> ① 화물적재가 편중되어 전도우려가 있는 차량 ② 모래, 흙, 골재류 쓰레기 등을 운반하면서 덮개를 미설치하거나 없는 차량 ③ 스페어 타이어 고정상태가 불량한 차량 ④ 덮개를 씌우지 않았거나 묶지 않아 결속상태가 불량한 차량 ⑤ 적재함 청소상태가 불량한 차량 ⑥ 액체 적재물 방류 또는 유출 차량 ⑦사고 차량을 견인하면서 파손품의 낙하가 우려가 있는 차량 ⑧ 기타 적재불량으로 인하여 적재물 낙하 우려가 있는 차량

※ ① 저속 : 정상운행속도가 50km/h 미만 차량 ② 이상기후일 때(적설량 10cm 이상 또는 영하 20℃이하) 연결 화물차량(풀카고, 트레일러 등)

06 고속도로 순찰대의 차량 호송 대상 ➡ ① 적재물 포함 차폭 3.6m, 길이 20m 초과차량으로 호송 필요한 경우 ② 주행속도가 50km/h 미만 차량 ③ 구조물 통과 하중 계산서를 필요로 하는 중량제한차량

> **해설** "자동점멸신호등"의 부착등의 조치를 함으로써 호송을 대신할 수 있음.

07 과적 차량 단속「도로법」근거와 위반행위 벌칙(법 제115조, 제117조)
※ 본 문제집 20쪽 "6 차량의 운행제한" 참조
※ 화주, 화물자동차 운송사업자, 화물자동차 운송주선 사업자 등의 지시 또는 요구에 따라서 운행제한을 위반한 운전자가 그 사실을 신고하여 화주 등에게 과태료를 부과한 경우 운전자에게는 과태료를 부과하지 않음

08 과적의 폐해 및 방지방법
1) 과적의 폐해
가. 과적차량의 안전운행 취약 특성
① 윤하중 증가에 따른 타이어 파손 및 타이어 내구 수명 감소로 사고위험성 증가. 적재중량보다 20%를 초과한 과적 차량의 경우 타이어 내구수명은 30% 감소, 50% 초과의 경우 내구 수명은 무려 60% 감소. 과적에 의해 차량이 무거워지면 제도거리가 길어져 사고의 위험성이 증가한다.
② 충돌 시의 충격력은 차량의 중량과 속도에 비례하여 증가한다.
나. 과적차량이 도로에 미치는 영향
① 도로포장은 기후 및 환경적인 요인에 의한 파손, 포장재료의 성질과 부주의에 손상 그리고 반복적인 통과 및 과정차량의 운행에 따른 손상들이 복합적으로 영향을 끼치며, 이중 과적에 의한 축하중은 도로포장 손상에 직접적으로 가장 큰 영향을 미치는 원인이다.
② 도로법 운행제안기준인 축하중 10톤을 기준으로 보았을 때, 축하중이 10% 미만 증가하여도 도로파손에 미치는 영향은 무려 50%가 상승한다.
③ 축하중이 증가할수록 포장의 수명은 급격하게 감소한다.
④ 총 중량의 증가는 교량의 손상도를 높이는 주요 원인으로 총중량 50톤의 과적차량의 손상도는 도로법 운행제한기준인 40톤에 비하여 무려 17배나 증가하는 것으로 나타난다.

과적 차량 통행이 도로포장에 미치는 영향

축하중	도로포장에 미치는 영향	파손비율
10톤	승용차 7만대 통행과 같은 도로파손	1.0배
11톤	승용차 11만대 통행과 같은 도로파손	1.5배
13톤	승용차 21만대 통행과 같은 도로파손	3.0배
15톤	승용차 39만대 통행과 같은 도로파손	5.5배

09 과적재의 주요원인
① 운전자는 과적재하고 싶지 않지만 화주의 요청으로 어쩔 수 없이 하는 경우
② 과적재를 하지 않으면 수입에 영향을 주므로 어쩔 수 없이 하는 경우
③ 과적재는 교통사고나 교통공해 등을 유발하여 자신이나 타인의 생활을 위협하는 요인으로 작용한다.

6 화물의 인수 · 인계요령 핵심요약정리

01 화물의 인수요령
① 집하 자제품목 및 집하 금지품목(화약류 및 인화물질 등 위험물)의 경우는 그 취지를 알리고 양해를 구한 후 정중히 거절한다.
② 제주도 및 도서지역인 경우 그 지역에 적용되는 부대비용(항공료, 도선료)을 수하인에게 징수할 수 있음을 반드시 알려주고 양해를 구한 후 인수한다. 도서지역의 운임 및 도선료는 선불로 처리한다.

> **해설** 만약 항공료가 착불일 경우 기타란에 항공료 착불이라고 기재하고 합계란은 공란으로 비워둔다.

③ 운송인의 책임 ➡ 물품을 인수하고 운송장을 교부한 시점부터 발생한다.
④ 화물은 취급가능 화물규격 및 중량, 취급불가 화물품목 등을 확인하고, 화물의 안전수송과 타화물의 보호를 위하여 포장 상태 및 화물의 상태를 확인한 후 접수여부를 결정한다.
⑤ 전화로 발송할 물품을 접수 받을 때 집하가능한 일자와 고객의 배송 요구일자를 확인한 후 배송가능한 경우에 고객과 약속하고, 약속 불이행으로 불만이 발생되지 않도록 한다.
⑥ 거래처 및 집하지점의 반품요청시, 반품요청일 익일로부터 빠른 시일 내에 처리한다.

02 화물의 적재요령
① 긴급을 요하는 화물(부패성 식품 등)은 우선순위로 배송될 수 있도록 쉽게 꺼낼 수 있게 적재한다.
② 취급주의 스티커 부착 화물을 적재함 별도공간에 위치하도록 하고, 중량화물은 적재함 하단에 적재하여 타 화물이 훼손되지 않도록 주의한다.

03 화물의 인계요령
① 수하인의 주소 및 수하인이 맞는지 확인한 후 인계한다.
② 지점에 도착된 물품에 대해서는 당일 배송을 원칙으로 한다.
③ 인수된 물품 중 부패성물품과 긴급을 요하는 물품은 ➡ 우선적으로 배송을 하여 손해배상 요구가 발생하지 않도록 한다.
④ 영업소(취급소)의 택배물품을 배송할 때의 자세 ➡ 배송자는 물품뿐만 아니라 고객의 마음까지 배달한다는 자세로 성심껏 배송하여야 한다.
⑤ 물품을 고객에게 인계할 때 물품의 이상 유무를 확인시키고, 인수증에 정자로 인수자 서명을 받아 향후 발생할 수 있는 손해 배상을 예방하도록 한다. 인수자 서명이 없을 경우 수하인이 물품인수를 부인하면 그 책임이 배송지점에 전가된다.
⑥ 방문시간에 수하인이 없는 경우 조치 방법 ➡ 부재중 방문표를 활용하여 방문 근거를 남기되, 우편함에 넣거나 문틈으로 밀어 넣어 타인이 볼 수 없도록 조치한다.
⑦ 물품배송 중 도난방지를 위하여 근거리 배송이라도 차에서 떠날 때의 조치 ➡ 반드시 잠금장치를 사용하여 도난사고를 미연에 방지한다.

⑧ 당일 배송하지 못한 물품에 대한 조치 ➡ 익일 영업시간까지 물품이 안전하게 보관될 수 있는 장소에 물품을 보관해야 한다.

※ 귀중품 · 고가품의 인계 ➡ 수하인에게 직접 전달하도록 해야 한다.

04 인수증 관리요령(인수 근거 요청시~1년 이내 입증자료 제시)

① 인수증 기재요령 ➡ 반드시 인수자 확인란에 수령인이 누구인지 인수자가 자필로 바르게 적도록 한다.

② 수령인 구분 ➡ 본인, 동거인, 관리인, 지정인, 기타 등으로 구분하여 확인한다.

③ 수령인이 물품의 수하인과 다른 경우의 기재요령 ➡ 반드시 수하인과의 관계를 기재하여야 한다(동거인, 관리인, 지정인 등).

④ 인수증상에 인수자 서명을 운전자가 임의 기재한 경우의 효과 ➡ 무효로 간주되며 문제가 발생하면 배송완료로 인정받을 수 없다.

05 고객 유의사항

① 고객 유의사항의 필요성 ➡ ㉠ 택배는 소화물운송으로 무한책임이 아닌 과실책임에 한정하여 변상할 필요성 ㉡ 내용검사가 부적당한 수탁물에 대한 송하인의 책임을 명확히 설명할 필요성 ㉢ 운송인이 통보받지 못한 위험부분까지 책임지는 부담 해소

② 고객 유의사항 확인요구 물품 ➡ ㉠ 중고 가전제품 및 A/S용 물품 ㉡ 기계류 장비 등 중량 고가물로 40kg 초과물품 ㉢ 포장 부실물품 및 무포장 물품 ㉣ 파손 우려 물품 및 내용검사가 부적당하다고 판단되는 부적합 물품

06 화물사고의 유형과 원인, 방지요령

사고유형	원 인	대 책
파손 사고	• 집하할 때 화물의 포장상태 미확인한 경우 • 화물을 함부로 던지거나 발로 차거나 끄는 경우 • 화물 적재할 때 무분별한 적재로 압착되는 경우 • 차량에 상하차할 때 벨트 등에서 떨어져 파손되는 경우	• 집하할 때 고객에게 내용물에 관한 정보를 충분히 듣고 포장상태 확인 • 가까운 거리 또는 가벼운 화물이라도 절대 함부로 취급하지 않는다. • 충격에 약한 화물은 보강포장 및 특기사항을 표기해 둔다. • 사고위험이 있는 물품은 안전박스에 적재하거나 별도적재 관리한다.
분실 사고	• 대량화물을 취급할 때 수량 미확인 및 송장이 2개 부착된 화물을 집하한 경우 • 집배송을 위해 차량을 이석 하였을 때 차량 내 화물이 도난당한 경우 • 화물을 인계할 때 인수자 확인(서명 등)부실한 경우	• 집하할 때 화물수량 및 운송장 부착여부 확인 등 분실원인 제거 • 차량에서 벗어날 때 시건장치 확인 철저(지점 및 사무소 등 방범시설 확인) • 인계할 때 인수자 확인은 반드시 인수자가 직접 서명하도록 할 것
내용물 부족 사고	• 마대화물(쌀, 고춧가루, 잡곡 등)등 박스가 아닌 화물의 포장이 파손된 경우 • 포장이 부실한 화물에 대한 절취 행위(과일, 가전제품 등)	• 대량거래처의 부실포장 화물에 대한 포장개선 업무요청 • 부실포장 화물 집하할 때 내용물상세 확인 및 포장 시행
지연배달 사고	• 사전에 배송연락 미실시로 제3자가 수취한 후 전달이 늦어지는 경우 • 당일 배송되지 않는 화물에 대한 관리가 미흡한 경우 • 제3자에게 전달한 후 원래 수령인에게 받은 사람을 미통지한 경우 • 집하부주의, 터미널 오분류로 터미널 오착 및 잔류되는 경우	• 사전에 배송 연락 후 배송 계획 수립으로 되는 효율적 배송시행 • 미배송되는 화물 명단 작성과 조치사항 확인으로 최대한의 사고예방 조치 • 터미널 잔류화물 운송을 위해 가용차량 사용 조치 • 부재중 방문표의 사용으로 방문사실을 고객에게 알려 고객과의 분쟁을 예방한다.

07 사고 발생시 영업사원의 역할

① 영업사원은 회사를 대표하여 사고처리를 위한 고객과의 최접점의 위치에 있다.

② 영업사원의 초기 고객응대가 사고처리의 향방을 좌우한다는 인식을 가지고 고객을 응대하여야 한다.

③ 영업사원은 고객을 접할 때 최대한 정중한 자세와 냉철한 판단력을 가지고 사고를 수습해야 한다.

④ 영업사원의 모든 조치가 회사 전체를 대표하는 행위이므로 고객의 서비스 만족 성향을 좌우한다는 신념으로 적극적인 업무자세가 필요하다.

7 화물자동차의 종류 핵심요약정리

01 자동차관리법령상 화물자동차 유형별 세부기준(규칙 제2조, 별표1)

① 화물자동차(일반형, 덤프형, 밴형, 특수용도형)

㉠ 일반형 : 보통의 화물운송용인 것

㉡ 덤프형 : 적재함을 원동기의 힘으로 기울여 적재물을 중력에 의하여 쉽게 미끄러뜨리는 구조의 화물운송용인 것

㉢ 밴형 : 지붕구조의 덮개가 있는 화물운송용인 것

㉣ 특수용도형 : 특정한 용도를 위하여 특수한 구조로 하거나 기구를 장치한 것으로서 위 어느 형에도 속하지 아니하는 화물운송용인 것

② 특수자동차(견인형, 구난형, 특수용도형)

㉠ 견인형 : 피견인차의 견인을 전용으로 하는 구조인 것

㉡ 구난형 : 고장 · 사고 등으로 운행이 곤란한 자동차를 구난 · 견인할 수 있는 구조인 것

㉢ 특수용도형 : 위 어느 형에도 속하지 아니하는 특수용도용인 것

02 산업현장의 일반적인 화물자동차의 종류

① 보닛 트럭(cab-behind-engine truck) : 원동기부의 덮개가 운전실의 앞쪽에 나와 있는 트럭

② 캡 오버 엔진 트럭(cab-over-engine truck) : 원동기의 전부 또는 대부분이 운전실의 아래쪽에 있는 트럭

③ 밴(van) : 상자형 화물실을 갖추고 있는 트럭(지붕 없는 것도 포함)

④ 픽업(pick up) : 화물실 지붕이 없고, 옆판이 운전대와 일체로 되어 있는 소형 트럭

⑤ 특수자동차(special vehicle) : 특수용도자동차, 특수장비차

㉠ 특수용도자동차(특용차) : 특별한 목적을 위하여 보디(차체)를 특수한 것으로 하고, 특수한 기구를 갖추고 있는 특수자동차(예 : 선전자동차, 구급차, 우편차, 냉장차 등)

㉡ 특수장비차(특장차) : 특별한 기계를 갖추고 그것을 자동차의 원동기로 구동할 수 있도록 되어있는 특수자동차(별도의 적재원동기로 구동할 수도 있음) 예 : 탱크차, 덤프차, 믹서자동차, 위생자동차, 소방차, 레커차, 냉동차, 트럭크레인, 크레인 붙이트럭 등

> **해설** ① 특수차 : 트레일러(보통트럭 제외), 전용특장차, 합리화특장차
> ② 특수용도차 : 트레일러, 전용특장차
> ③ 합리화 특장차 : 특수장비차가 주로 해당됨

⑥ 냉장차(insulated vehicle) : 특수용도자동차(냉동차 : 특별장비차)

⑦ 탱크차(tank truck, tank lorry truck) : 특수장비자동차(액체수송)

⑧ 덤프차(tipper, dump truck, dumper) : 특수장비자동차(리어덤프)

⑨ 믹서자동차(truck mixer, agitator) : 특수장비자동차

⑩ 레커차 : 특수장비자동차

⑪ 트럭 크레인(truck crane) : 레커차를 제외한 특수장비자동차

⑫ 크레인 붙이 트럭 : 특수장비자동차

⑬ 트레일러 견인자동차(trailer-towing vehicle) : 주로 풀 트레일러를 견인하도록 설계된 자동차

⑭ 세미 트레일러 견인자동차(semi-trailer-towing vehicle)

⑮ 폴 트레일러 견인자동차(pole trailer-towing vehicle)

03 트레일러의 종류 ➡ 풀(Full) 트레일러, 세미(semi) 트레일러, 폴(pole) 트레일러, (돌리(Dolly) : 세미트레일러와 조합 풀 트레일러로 하기 위한 견인구를 갖춘 대차임)

① 풀 트레일러(Full trailer) ➡ 풀 트레일러란 트랙터와 트레일러가 완전히 분리되어 있고, 트랙터 자체도 적재함을 가지고 있으며 총하중을 트레일러만으로 지탱되도록 설계되어 선단에 견인구 즉, 트랙터를 갖춘 트레일러이다(풀 트레일러급 17톤).

② 세미 트레일러(Semi-trailer) ➡ 세미 트레일러용 트랙터에 연결하여, 총하중의 일부분이 견인하는 자동차에 의해서 지탱되도록 설계된 트레일러로서 가동 중의 트레일러 중에서는 가장 많고 일반적인 것이다(트레일러 탈착 용이, 공간을 적게 차지해서 후진하는 운전 용이).

> **해설** ㉠ 잡화수송 : 밴형 세미트레일러 ㉡ 중량물수송 : 중량용 세미트레일러 또는 중저상식 트레일러가 사용된다.

③ **폴 트레일러**(Pole trailer) ➡ 기둥, 통나무 등 장척의 적하물 자체가 트랙터와 트레일러의 연결부분을 구성하는 구조의 트레일러로서 파이프나 H형강 등 장척물의 수송을 목적으로 한다.

④ **돌리**(Dolly) ➡ 세미 트레일러와 조합해서 풀(Full) 트레일러로 하기 위한 견인구를 갖춘 대차를 말한다.

04 트랙터와 트레일러 구분

① 트랙터(견인차) : 자동차의 동력 부분을 지칭한다.

② 트레일러(적하부분) : 피 견인차로 구분한다.

05 트레일러의 장점사항

① 대량 · 신속을 위한 차량

② 대형화 · 경량화 화물적재의 효율성과 안정성

③ 타운송수단과 협동 일관수송(복합운송)이 가능한 구조를 구비한 장점이 있다.

06 트레일러의 장점

장 점	용 도
트랙터의 효율적 이용	트랙터와 트레일러의 분리가 가능하다. 적하 및 하역을 위해 체류 중에도 트랙터 부분을 사용할 수 있어 회전률을 높일 수 있다.
효과적인 적재량	• 자동차의 차량 총중량은 20톤으로 제한되어 있음 • 화물자동차 및 특수자동차(트랙터와 트레일러가 연결된 경우 포함)의 경우 차량총중량은 40톤이다.
탄력적인 작업	트레일러를 별도로 분리하여 화물을 적재 또는 하역할 수 있다.
트랙터와 운전자의 효율적 운영	트랙터 1대로 복수의 트레일러 운영할 수 있으므로, 트랙터와 운전사의 이용효율을 높일 수 있다.
일시보관 기능의 실현	트레일러 부분에 일시적으로 화물을 보관할 수 있으며, 여유있는 하역작업을 할 수 있다.
중계지점에서의 탄력적인 이용	중계지점을 중심으로 각각의 트랙터가 기점에서 중계점까지 왕복 운송함으로써 차량 운용의 효율을 높일 수 있다.

07 트레일러의 구조형상에 따른 종류

종 류	구 조	용 도
평상식	전장의 프레임 상면이 평면의 하대를 가진 트레일러이다.	일반화물 및 강재 등의 수송에 적합하다.
저상식	적재할 때 전고가 낮은 하대를 가진 트레일러이다.	불도저, 기중기 등 건설장비의 운반에 적합하다.
중저상식	프레임 중앙 하대부가 오목하게 낮은 트레일러이다.	대형 핫 코일, 중량 블록화물 등 중량화물 운반에 편리하다.
스케레탈 트레일러	컨테이너 운송을 위해 제작된 것으로 전 · 후단에 고정장치가 부착된 트레일러이다.	컨테이너 운송전용. 20피트(feet) 또는 40피트(feet)용 등의 여러 종류가 있다.
밴 트레일러	하대부분에 밴형의 보데가 장치된 트레일러이다.	일반잡화, 냉동화물 등 운반용으로 사용된다.
오픈탑 트레일러	밴형 트레일러의 일종으로 천장에 개구부가 있어 채광이 들어가도록 한 트레일러이다.	고척화물 운반용이다.
특수용도 트레일러	① 덤프 트레일러 ② 탱크 트레일러 ③ 자동차 운반 트레일러 등이 있다.	

08 연결차량 : 1대의 모터비이클에 1대 또는 그 이상의 트레일러를 결합시킨 것을 말하는데 통상 **트레일러 트럭**이라고 불리기도 한다.

※ **대표적인 연결차량** : ① 풀(full)트레일러 연결차량 ② 세미(semi)트레일러 연결차량 ③ 폴(pole) 트레일러 연결차량

① **단차**(rigid vehicle) ➡ 연결 상태가 아닌 자동차 및 트레일러를 지칭하는 말로 연결차량에 대응하여 사용하는 용어이다.

② **풀 트레일러 연결차량**(road train) ➡ 1대의 트럭, 특별차 또는 풀 트레일러용 트랙터와 1대 또는 그 이상의 독립된 풀 트레일러를 결합한 조합으로 연결된 차량이다. 차량 자체중량과 화물의 전중량을 자기의 전후 차축만으로 흡수할 수 있는 구조를 가진 트레일러가 붙어 있는 트럭으로서 트랙터와 트레일러가 완전 분리되어 있고, 트랙터 자체도 body를 가지고 있다.

> **해설** **풀(Full) 트레일러의 이점(利點)**
> ㉠ 보통 트럭에 비하여 적재량을 늘릴 수 있다.
> ㉡ 트랙터와 운전자의 효율적 운용을 도모할 수 있다.
> ㉢ 트랙터와 트레일러에 각기 다른 발송지별 또는 품목별 화물을 수송할 수 있게 되어 있다.

③ **세미 트레일러 연결차량**(articulated road train) : 1대의 세미 트레일러 트랙터와 1대의 세미 트레일러로 이루는 조합이다.

㉠ 잡화수송 : 밴형 세미 트레일러 사용

㉡ 중량물수송 : 중량형(중저상식) 세미 트레일러 등 사용

④ **더블 트레일러 연결차량**(double road train) : 1대의 세미 트레일러용 트랙터와 1대의 세미 트레일러 및 1대의 풀 트레일러로 이루는 조합으로서 세미 트레일러 및(또는) 풀 트레일러는 특수하거나 그렇지 않아도 된다.

⑤ **폴(pole) 트레일러 연결차량** : 1대의 폴 트레일러용 트랙터와 1대의 폴 트레일러로 이루어진 조합이다(용도 : 대형파이프, 교각, 대형목재 등 장척화물을 운반하는데 사용한다).

09 적재함 구조에 의한 화물자동차의 종류 ➡ 카고트럭, 전용특장차(덤프트럭 등), 합리화특장차(시스템 차량 등)로 구분

① **카고 트럭** ➡ 하대에 간단히 접는 형식의 문짝을 단 차량으로서 일반적으로 트럭 또는 카고 트럭이라고 부른다.

> **해설** ㉠ 차종 : 소형 1톤 미만에서 대형 12톤 이상까지 수가 많다.
> ㉡ 하대구성 : 귀틀(세로귀틀, 가로귀틀)이라고 불리는 받침부분과 화물을 얹는, 바닥부분, 짐 무너짐을 방지하는 문짝 3개 부분으로 이루어진다.

② **전용 특장차** ➡ 차량의 적재함을 특수한 화물에 적합하도록 구조를 갖추거나 특수한 작업이 가능하도록 기계장치를 부착한 차량을 말한다.

> **해설** ㉠ "전용 특장차"의 종류 ➡ 덤프트럭, 믹서차량, 분립체수송차, 액체 수송차, 냉동차, 기타 특정화물수송차(승용차 수송차, 목재(chip) 운반차, 컨테이너 수송차, 프레하브전용차, 보트운반차, 가축 · 말 운반차, 지육 운반차, 병 운반차, 파렛트전용차, 행거차)등이 있다(적재 화물에 맞는 특정 적재함을 갖추고 있는 차).
> ㉡ 콜드체인(cold chain) ➡ 신선식품을 냉동, 냉장 저온상태에서 생산자로부터 소비자의 손에까지 전달하는 구조를 말한다.

③ **합리화 특장차** ➡ 화물을 싣거나 부릴 때에 발생하는 하역을 합리화하는 설비기기를 차량 자체에 장비하고 있는 차를 말한다. 합리화란 노동력의 절감, 신속한 적재와 하차, 화물의 품질유지, 기계화에 의한 하역 비용 절감 방법 중 하나 이상을 목적으로 두는 것이다. 그 합리화의 중심에는 "적재 하차의 합리화"가 있다.

> **해설** **합리화 특장차의 분류(4종)**
> ㉠ 실내하역기기 장비차 : 적재함 바닥면에 롤러컨베이어, 로더용레일, 파렛트 이동용의 파렛트슬라이더 또는 컨베이어 등을 장치하여 적재함 하역의 합리화를 도모한 차이다.
> ㉡ 측방 개폐차 : 화물에 시트를 치거나, 로프를 거는 작업을 합리화하고, 동시에 포크리프트에 의해 짐부리기를 간이화할 목적으로 개발된 것이다(스태빌라이저 차는 수송 중의 화물 무너짐을 방지함).
> ㉢ 쌓기 · 부리기 합리화차 : 리프트게이트, 크레인 등을 장비하고 쌓기 · 부리기 작업의 합리화를 위한 차량(크레인부착트럭)
> ㉣ 시스템 차량 : 트레일러 방식의 소형트럭을 가리키며, CB(Changeable body)차 또는 탈착 보디차를 말한다. 보디의 탈착 방식으로는 기계식, 유압식, 차의 유압장치를 사용하는 것이 있다.

8 화물운송의 책임한계 핵심요약정리

01 인수거절 이사화물 대상 ➡ ① 현금, 유가증권, 귀금속, 예금통장, 신용카드, 인감 등 고객이 휴대할 수 있는 귀중품 ② 위험물, 불결한 물품, 다른 화물에 손해를 끼칠 우려가 있는 물건 ③ 동식물, 미술품, 골동품 등 운송에 특수한 관리를 요하는 물건 ④ 일반이사화물의 종류, 무게, 부피, 운송거리 등에 적합하도록 포장할 것을 사업자가 요청하였으나 고객이 이를 거절한 물건

02 인수가 거절되는 화물인 경우에도 인수할 수 있는 경우 ➡ 사업자와 고객이 그 운송을 위해 특별한 조건에 합의한 경우는 인수 할 수 있다.

03 계약해제

① 고객의 책임이 있는 사유로 계약해제 경우 사업자에게 손해배상 지급(고객이 → 사업자에게 손해배상을 지불할 경우)
㉠ 약정된 이사화물 인수일 1일전 해제를 통지한 경우 → 계약금
㉡ 약정된 이사화물 인수일 당일 해제를 통지한 경우 → 계약금 배액

② 사업자의 책임이 있는 사유로 계약해제 경우 고객에게 손해배상 지급(사업자가 → 고객에게 손해배상을 지불할 경우)
㉠ 약정된 이사화물의 인수일 2일전까지 해제를 통지한 경우 → 계약금 배액
㉡ 약정된 이사화물의 인수일 1일전까지 해제를 통지한 경우 → 계약금 4배액
㉢ 약정된 이사화물의 인수일 당일에 해제를 통지한 경우 → 계약금 6배액
㉣ 약정된 이사화물의 인수일 당일에도 해제를 통지하지 않은 경우 → 계약금 10배액

③ 사업자의 귀책사유로 이사화물 인수가 약정된 일시로부터 2시간 이상 지연된 경우 고객에게 조치 방법 ➡ ① 고객은 계약 해제 ② 이미 지급한 계약금 반환 및 계약금 6배액 손해배상을 청구한다.

04 손해배상

① 사업자는 자기 또는 사용인 기타 운송을 위해 사용한 자가 이사화물의 포장, 운송, 보관, 정리 등에 있어 이사화물의 멸실, 훼손, 연착되었을 때 당사자가 주의를 게을리 하지 않았음을 증명하지 못하는 한 고객에게 손해를 배상할 책임을 지는 경우
㉠ 연착되지 않은 경우 = 전부 또는 일부 멸실된 경우 → 약정된 인도일과 도착장소에서의 이사화물 가액을 기준 산정한 손해액 지급
㉡ 연착되지 않은 경우 = 훼손된 경우 → 수선 가능한 경우는 수선해주고, 수선 불가능의 경우 ①의 규정에 의함
㉢ 연착된 경우 = 멸실 및 훼손되지 않는 경우
→ 연착시간 수×계약금×1/2지급(계약금의 10배액 한도에서 지급, 연착시간 1시간 미만은 삽입하지 않음)
㉣ 연착된 경우 = 일부 멸실된 경우 → ① 이사화물 가액기준 산정한 손해액 지급 ② 연착시간 수×계약금×1/2의 지급
㉤ 연착된 경우 = 훼손된 경우 : 수선이 가능한 경우
→ 수선해 줌 또는 연착시간×계약금×1/2 지급
㉥ 연착된 경우 = 훼손된 경우 : 수선이 불가능한 경우
→ ① 이사화물의 가액기준으로 산정한 손해액 지급

05 고객의 손해배상

① 고객의 귀책사유로 사업자에게 손해배상 지급
㉠ 고객의 책임 있는 사유로 이사화물의 인수가 지체된 경우
→ (지체시간수 × 계약금 × 1/2)을 지급(계약금 배액한도내, 지체시간 1시간 미만은 불산입)
㉡ 고객의 귀책사유로 이사화물 인수가 약정된 일시로부터 2시간 이상 지체된 경우 → ㉠ 사업자는 계약해제하고 계약금의 배액을 손해배상으로 청구할 수 있다.

06 책임의 특별소멸 사유와 시효 손해배상

① 이사화물의 일부 멸실 또는 훼손 경우 → 이사화물을 인도 받은 날부터 30일 이내 사업자에게 통지하지 아니하면 소멸한다.
② 이사화물의 멸실, 훼손 또는 연착의 경우 → 이사화물을 인도 받은 날부터 1년 경과하면 소멸한다.
③ 이사화물이 전부 멸실된 경우 → 약정된 인도일부터 1년을 기산한다.
④ 위의 ①, ②의 경우, 사업자나 그 사용인이 일부 멸실, 훼손, 또는 연착의 경우 그 사실을 알면서 숨기고 이사화물 인도의 경우 → ①의 30일 ②의 1년의 기간이 적용되지 않는다. 이 경우 사업자의 손해배상 책임은 이사화물을 인도 받은 날부터 5년간 존속한다.

07 이사화물 운송 중 멸실 · 훼손 · 연착된 경우, 고객이 "사고증명서"를 요청했을 때 그 "발행기간"은 ➡ 그 멸실, 훼손 또는 연착된 날로부터 1년에 한하여 발행한다.

08 택배 표준약관의 규정

① 운송물의 인도일 ➲
㉠ 일반지역 : 2일
㉡ 도서, 산간지역 : 3일(특정시간을 지정 집하할 때는 당해 특정시간까지 운송물을 인도)

② 화물수하인 부재 시 조치할 사항 ➲
운송물을 인도하고자 하는 일시, 사업자의 명칭, 문의할 전화번호, 기타(방문시간, 화물명 등) 필요사항을 기재하여 서면(부재중 방문표)으로 통지한 후 사업소에 운송물을 보관한다.

③ 사업자가 고객에게 손해배상할 경우(운송물의 가액을 기재한 경우임)
㉠ 전부 또는 일부 멸실된 때 ➡ 운송장에 기재된 운송물의 가액을 기준으로 산정한 손해액 지급
㉡ 훼손된 때 ➲
- 수선이 가능한 경우 : 실수선 비용(A/S 비용) 지급
- 수선이 불가능한 경우 : 운송장에 기재된 운송물의 가액을 기준으로 산정한 손해액 지급

㉢ 연착되고 일부 멸실 및 훼손되지 않은 때
- 일반적인 경우 ➡ 인도예정일 초과일수×운송장 기재 운임액×50% = 금액의 지급(기재 운임액의 200% 한도로 지급)
- 특정 일시에 사용할 운송물의 경우 ➡ 운송장 기재 운임액의 200%의 지급

㉣ 연착되고 일부 멸실 또는 훼손된 때
- 연착되고 일부 멸실된 경우 ➡ 운송장에 기재된 운송물의 가액을 기준으로 산정한 손해액 지급
- 연착되고 훼손된 경우
  - 수선이 가능한 경우 : 실수선 비용(A/S 비용) 지급
  - 수선이 불가능한 경우 : 운송장에 기재한 운송물의 가액을 기준 산정한 손해액 지급

09 사업자가 고객에게 손해배상할 경우(운송물의 가액을 기재하지 않은 경우) ➡ 손해배상액의 한도액은 50만원으로 하되 운송물의 가액에 따라 할증요금을 지급하는 경우의 손해배상 한도액은 각 운송가액 구간별 운송물의 최고가액으로 한다.

① 전부 멸실된 때 ➡ 인도예정일의 인도예정장소에서의 운송물 가액을 기준으로 산정한 손해액의 지급
② 일부 멸실된 때 ➡ 인도일의 인도장소에서의 운송물 가액을 기준으로 산정한 손해액의 지급
③ 훼손된 때 ➡ ㉠ 수선이 가능한 경우 : 실수선 비용(A/S 비용) 지급 ㉡ 수선이 불가능한 경우 : 인도일의 인도장소에서의 운송물 가액을 기준으로 산정한 손해액의 지급
④ 연착되고 일부 멸실 및 훼손되지 않은 때 ➡ ㉠ 일반적인 경우 : 인도예정일 초과일수 × 운송장 기재운임액 × 50% 금액의 지급액(운송장 기재운임액의 200% 한도로 지급) ㉡ 특정일시에 사용할 운송물의 경우 : 운송장 기재운임액의 200% 지급
⑤ 연착되고 일부 멸실 또는 훼손된 때
㉠ 연착되고 일부 멸실된 경우 : 인도예정일의 인도장소에서 운송가액을 기준으로 산정한 손해액 지급
㉡ 연착되고 훼손된 경우 ➲
- 수선이 가능한 경우 : 실수선 비용(A/S 비용) 지급
- 수선이 불가능한 경우 : 인도예정일의 인도장소에서의 운송물가액을 기준으로 산정한 손해액의 지급

10 운송물 책임의 특별소멸 사유와 시효(일반운송화물의 경우)

① 운송물의 일부 멸실 또는 훼손에 대한 사업자의 손해배상 책임기간 ➡ 수하인이 운송물을 수령한 날로부터 14일 이내에 사업자에 통지하지 않으면 소멸된다.
② 운송물의 일부 멸실, 훼손 또는 연착에 대한 사업자의 손해배상 책임기간 ➡ 수하인이 운송물을 수령한 날로부터 1년이 경과하면 소멸한다.
③ 운송물이 전부 멸실된 경우 ➡ 그 인도예정일로부터 1년을 기산한다.
④ 위의 ①~③의 경우 사업자 또는 그 사용인이 그 사실을 알면서 숨기고 운송물을 인도한 경우 ➡ ①의 기간 14일 이내 ②의 기간 1년이 적용되지 아니하고, 사업자의 손해배상 책임은 운송물을 수령한 날로부터 5년간 존속한다.

3 안전운행

1 교통사고의 요인 핵심요약정리

01 교통사고의 3대(4대)요인으로

인적요인(운전자·보행자)		① 개념 : 신체·생리·적성·습관·태도요인을 포함 ② 운전자 또는 보행자의 신체적·생리적 조건 ③ 위험의 인지와 회피에 대한 판단, 심리적 조건 등에 관한 것 ④ 운전자의 적성과 자질, 운전습관, 내적 태도 등에 관한 것
차량요인(자동차)		차량구조장치, 부속품 또는 적하(積荷) 등
도로·환경요인	도로요인(도로/신호기)	① 구분 : 도로구조, 안전시설 등에 관한 것 ② 도로구조 : 도로의 선형, 노면, 차로수, 노폭, 구배 등에 관한 것 ③ 안전시설 : 신호기, 노면표시, 방호책 등 도로의 안전시설에 관한 것을 포함하는 개념이다.
도로·환경요인	환경요인	① 자연환경은 기상, 일광 등 자연조건에 관한 것 ② 교통환경은 차량교통량, 운행차 구성, 보행자 교통량 등 교통상황에 관한 것 ③ 사회환경은 일반국민·운전자·보행자 등의 교통도덕, 정부의 교통정책, 교통단속과 형사처벌 등에 관한 것 ④ 구조환경은 교통여건변화, 차량점검, 정비관리자와 운전자의 책임한계 등

2 운전자 요인과 안전운행 핵심요약정리

01 운전행위는 인지 - 판단 - 조작의 반복 과정

① 인지 → 자동차 운전자는 교통상황을 알아차리고
② 판단 → 어떻게 자동차를 움직여 운전할 것인가 결정하고
③ 조작 → 그 결정에 따라 자동차를 움직이는 행위

> **해설** 교통사고는 이 세 가지 과정의 어느 특정한 과정 또는 둘 이상의 연속된 과정의 결함에서 비롯된다.

02 운전자 요인에 의한 교통사고 중 결함이 가장 많은 순위
인지과정 결함사고(절반 이상) – 판단과정 결함 – 조작과정 결함

03 인간의 뇌는 ➡ 약 100~120억 개의 "뉴런"이란 전문화된 세포로 구성되어 있다.

04 운전과 관련되는 시각의 특성 중 대표적인 것
① 운전에 필요한 정보는 대부분을 시각을 통하여 획득한다.
② 속도가 빨라질수록 시력은 떨어(저하)진다.
③ 속도가 빨라질수록 시야의 범위가 좁아진다.
④ 속도가 빨라질수록 전방주시점은 멀어진다.

05 정지시력이란 ➡ 아주 밝은 상태에서 1/3인치(0.85㎝)크기의 글자를 20피트(6.10m)거리에서 읽을 수 있는 사람의 시력을 말하고, 정상시력은 20/20으로 나타난다. 즉, 5m 거리에서 "란돌트 고리시표"(직경 7.5mm 굵기, 틈의 폭이 각각 1.5mm)의 끊어진 틈을 식별할 수 있는 시력을 말하며, 이 경우의 정상시력은 1.0으로 나타낸다(10m 거리에서 15mm 크기 글자를 읽을 수 있더라도 정상시력은 1.0이다. 만약 5m 떨어진 거리에서 크기 15mm 문자를 판독 할 수 있다면 이 경우 시력은 0.5가 된다).

06 동체시력 ➡ 움직이는 물체(자동차나 사람) 또는 움직이면서(운전하면서) 다른 자동차나 사람 등 물체를 보는 시력을 말한다.

07 동체시력의 특성
① 물체의 이동속도가 빠를수록 상대적으로 저하된다.
② 정지시력 1.2인 사람이 시속 50km로 운전하면서 고정된 대상물을 볼 때의 시력은 0.7 이하로(시속 90km이라면 시력이 0.5 이하로) 떨어진다.
③ 동체시력은 장시간 운전에 의한 피로상태에서도 저하된다.
④ 동체시력은 연령이 높을수록 더욱 저하된다.

08 야간시력의 저하 ➡ 해질 무렵이 가장 운전하기 힘든 시간이다. 전조등을 비추어도 주변의 밝기와 비슷하기 때문에 다른 자동차나 보행자를 보기가 어렵기 때문이다.

09 야간시력과 주시대상(사람이 입고 있는 옷 색깔의 영향)
① 무엇인가 있다는 것을 인지하기 쉬운 색깔 → 흰색, 엷은 황색의 순이며, 흑색이 가장 어렵다.
② 무엇인가가 사람이라는 것을 확인하기 쉬운 옷 색깔 → 적색, 백색 순이며, 흑색이 가장 어렵다.
③ 사람이 움직이는 방향을 알아 맞추는데 가장 쉬운 옷 색깔 → 적색이며, 흑색이 가장 어렵다.
④ 흑색의 경우 → 신체의 노출정도에 따라 영향을 받는데 노출정도가 심할수록 빨리 확인할 수 있다.

10 암순응 ➡ 일광 또는 조명이 밝은 조건(명순응 : 어두운 조건에서 밝은 조건)에서 어두운 조건으로 변할 때(밝은 도로에서 어두운 터널로 진입주행) 사람의 눈이 그 상황에 적응하여 시력을 회복하는 것을 말하는데 완전한 암순응에는 30분 혹은 그 이상 걸리며 이것은 빛의 강도에 좌우된다(터널은 5~10초 정도). 또한 명순응(어두운 터널을 벗어나 밝은 도로로 주행)에 걸리는 시간은 암순응보다 빨라 수초 내지 1분에 불과하다.

11 심시력 ➡ 전방에 있는 대상물까지의 거리를 목측하는 것을 "심경각"이라고 하며, 그 기능을 "심시력"이라고 한다.
※ 심시력의 결함은 입체공간 측정의 결함으로 이어져 교통사고를 초래할 수 있다.

12 정상적인 시력을 가진 사람의 시야범위 ➡ 180°~200°이다.

13 시축(　　)에서 벗어나는 시각(　　)에 따라 시력이 저하되는 정도
① 시축에서 시각 약 3° 벗어나면 약 80% 저하
② 시축에서 시각 약 6° 벗어나면 약 90% 저하
③ 시축에서 시각 약 12° 벗어나면 약 99% 저하

14 속도와 시야에 대하여 ➡ 정상시력을 가진 운전자의 정지 시 시야범위는 180~200°이지만
① 시속 40km로 운전 중인 시야 범위 → 약 100°
② 시속 70km로 운전 중인 시야 범위 → 약 65°
③ 시속 100km로 운전 중인 시야 범위 → 약 40°
※ 속도와 시야 ➡ 시야의 범위는 자동차 속도에 반비례하여 좁아진다.

15 교통사고의 요인 ➡ ① 간접적 요인 ② 중간적 요인 ③ 직접적 요인
① 간접적 요인 : 교통사고 발생을 용이하게 한 상태를 만든 조건
㉠ 운전자에 대한 홍보활동, 훈련의 결여
㉡ 운행 전 점검습관 결여
㉢ 안전운전 교육태만, 안전지식 결여
㉣ 무리한 운행계획
㉤ 직장이나 가정에서의 인간관계 불량
② 중간적 요인 : 중간적 요인만으로 교통사고와 직결되지는 않는다. 직접적 요인 또는 간접적 요인과 복합적으로 작용하여 교통사고가 발생한다.
㉠ 운전자의 지능　㉡ 운전자 성격
㉢ 운전자 심신기능　㉣ 불량한 운전태도
㉤ 음주·과로
③ 직접적 요인 : 직접적 요인은 사고와 직접 관계있는 것
㉠ 사고 직전 과속과 같은 법규위반
㉡ 위험인지의 지연
㉢ 운전조작의 잘못, 잘못된 위기 대처

16 사고의 심리적 요인에서 착각의 구분 ➡ 착각의 정도는 사람에 따라 다소 차이가 있지만 착각은 사람이 태어날 때부터 지닌 감각에 속한다.
① 크기의 착각 : 어두운 곳에서는 가로폭보다 세로폭을 보다 넓은 것으로 판단한다.
② 원근의 착각 : 작은 것은 멀리 있는 것 같이, 덜 밝은 것은 멀리 있는 것으로 느껴진다.
③ 경사의 착각
㉠ 작은 경사는 실제보다 작게, 큰 경사는 실제보다 크게 보인다.
㉡ 오름경사는 실제보다 크게, 내림경사는 실제보다 작게 보인다.

④ 속도의 착각
　㉠ 주시점이 가까운 좁은 시야에서는 빠르게 느껴진다.
　㉡ 비교 대상이 먼 곳에 있을 때는 느리게 느껴진다.
　㉢ 상대 가속도감(반대방향), 상대 감속도감(동일방향)을 느낀다.
⑤ 상반의 착각
　㉠ 주행 중 급정거시 반대방향으로 움직이는 것처럼 보인다.
　㉡ 큰 물건들 가운데 있는 작은 물건은, 작은 것들 가운데 있는 같은 물건보다 작아 보인다.
　㉢ 한쪽 방향의 곡선을 보고 반대방향의 곡선을 보았을 경우, 실제보다 더 구부러져 있는 것처럼 보인다.

17 운전피로의 3가지 요인 구성
① 생활요인 : 수면, 생활환경 등
② 운전작업 중의 요인 : 차내환경, 차외환경, 운행조건 등
③ 운전자요인 : 신체조건, 경험조건, 연령조건, 성별조건, 성격, 질병 등

18 피로와 운전착오(운전기능에 미치는 영향의 정도)
① 운전작업의 착오 → 운전업무 개시 후, 또는 종료 시에 많아진다.
② 운전시간 경과에 따라 피로가 증가해 작업 타이밍의 불균형을 초래한다.
③ 운전착오 → 심야에서 새벽 사이에 많이 발생한다.
④ 운전피로에 정서적 부조나 신체적 부조가 가중되면 → 조잡하고 난폭하며 방만한 운전을 하게 된다.
⑤ 피로가 쌓이면 → 졸음 상태가 되어 차내, 차외의 정보를 효과적으로 입수하지 못한다.
※ ① 정보수용기구(감각 · 지각) ② 정보처리기구(판단, 기억 등) ③ 정보효과기구(운동기관)

19 보행 중 교통사고 실태
① 우리나라 보행 중 교통사고 사망자 구성비는 미국, 프랑스, 일본 등에 비해 높은 것으로 나타난다.
② 차대 사람의 사고가 가장 많은 보행유형 : 횡단보도 횡단, 횡단보도 부근 횡단, 육교 부근 횡단 등
③ 연령층별로는 어린이와 노약자가 높은 비중을 차지한다.

20 보행자 교통사고의 요인
교통상황 정보를 제대로 인지하지 못한 경우가 가장 많으며, 다음으로 판단착오, 동작착오의 순서로 많다.

21 음주운전 교통사고의 특징
① 주차 중인 자동차와 같은 정지물체 등에 충돌할 가능성이 높다.
② 고정물체(전신주, 가로시설물, 가로수 등)와 충돌할 가능성이 높다.
③ 대향차 전조등에 의한 현혹 현상으로 교통사고 위험이 증가된다.
④ 음주운전에 의한 교통사고가 발생하면 치사율이 높다.
⑤ 차량 단독 사고(도로이탈사고 포함)의 가능성이 높다.

22 음주의 개인차로서 체내 알코올 농도의 남녀 정점도달의 시간
① 여자의 경우 : 음주 30분 후
② 남자의 경우 : 음주 60분 후

23 체내 알코올 농도와 제거 소요시간(일본의 성인 남자 기준)

알코올 농도	0.05%	0.1%	0.2%	0.5%
알코올 제거 소요 시간	7시간	10시간	19시간	30시간

24 고령자 교통안전 장애요인
① 고령자의 시각능력 : ㉠ 시력자체의 저하 ㉡ 대비능력의 저하 ㉢ 원(遠), 근(近) 구별능력의 약화 ㉣ 시야감소 현상 등
② 고령자의 청각능력 : ㉠ 청각기능의 상실 또는 약화 현상 ㉡ 주파수 높이의 판별 저하 ㉢ 목소리 구별의 감수성 저하
③ 고령자의 사고 · 신경능력 : 복잡한 교통상황에서 필요한 빠른 신경활동과 정보판단 처리능력이 저하, 노화에 따른 근육운동의 저하
④ 고령보행자의 보행행동 특성 : ㉠ 고착화된 자기경직성 ㉡ 이면도로 등에서 도로의 노면표시가 없으면 도로중앙부를 걷는 경향, 보행궤적이 흔들리고, 보행 중에 사선횡단을 하기도 함 ㉢ 보행시 상점이나 포스터를 보며 걷는 경향

25 어린이의 일반적 특성과 행동능력(출생~청소년기까지 4단계)

감각적 운동단계 (2세 미만)	전 조작단계 (2세~7세)	구체적 조작단계 (7세~12세)	형식적 조작단계 (12세 이상)
• 자신과 외부세계를 구별하는 능력이 매우 미약하다. • 교통상황에 대처할 능력도 전혀 없다. • 전적으로 보호자에게 의존하는 단계이다.	• 2가지 이상을 동시에 생각하고 행동할 능력이 매우 미약하다. • 직접 존재하는 것에 대해서만 사고한다. • 사고도 고지식하여 자기중심적이어서 한 가지 사물에만 집착한다.	• 교통상황을 충분하게 인식하며 • 추상적 교통규칙을 이해할 수준에 도달 • 이 시기에 잘 지도하고 습관화시켜 현재와 미래의 올바른 교통사회인 육성 • 추상적 사고의 폭이 넓어지고 개념의 발달과 그 사용이 증가	• 대개 초등학교 6학년 이상에 해당한다. • 논리적 사고가 발달하고 다소 부족하지만 성인수준에 근접해 가는 수준을 갖춘다. • 보행자로서 교통에 참여할 수 있다.

26 어린이 교통사고의 특징
① 어릴수록 그리고 학년이 낮을수록 교통사고를 많이 당한다.
② 중학생 이하 어린이 교통사고 사상자는 중학생에 비해 취학전 아동, 초등학교 저학년(1~3학년)에 집중되어 있다.
③ 보행 중(차대 사람) 교통사고를 당하여 사망하는 비율이 가장 높다.
④ 시간대별 어린이 보행 사상자는 오후 4시에서 오후 6시 사이에 가장 많다.
⑤ 보행 중 사상자는 집이나 학교 근처 등 어린이 통행이 잦은 곳에서 가장 많이 발생되고 있다. 보행안전을 확보해야 하는 등 사고예방대책을 세워야 한다.

27 운행기록장치 정의
① 자동차의 속도, 위치, 방위각, 가속도, 주행거리 및 교통사고 상황 등을 기록하는 자동차의 부속장치 중 하나인 전자식 장치를 말한다.
② 여객자동차 운송사업자는 운행 차량에 운행기록장치를 장착하여야 하며, 버스의 경우 의무장착하도록 하고 있다.
③ 전자식 운행기록장치(Digital Tachograph)
　㉠ 장착 시 수평상태로 유지되도록 하며, 수평상태의 유지가 불가능할 경우 그에 따른 보정값을 만들어 수평상태와 동일한 운행기록을 표출할 수 있게 하여야 한다.
　㉡ 구조 : 운행기록 관련신호 발생 센서, 신호 변환 증폭장치, 타이머, 연산장치, 표시장치, 기억장치, 전송장치, 분석 및 출력을 하는 외부기기로 구성됨

28 운행기록의 보관 및 제출 방법 ➡ 운행기록장치 장착의무자는 「교통안전법」에 따라 운행기록장치에 기록된 운행기록을 6개월동안 보관하여야 하며, 운송사업자는 교통행정기관 또는 한국교통안전공단이 교통안전점검, 교통안전진단 또는 교통안전관리규정의 심사 시 운행기록의 보관 및 관리 상태에 대한 확인을 요구할 경우 이에 응하여야 한다.
운송사업자는 차량의 운행기록이 누락 혹은 훼손되지 않도록 배열순서에 맞추어 운행기록장치 또는 저장장치(개인용 컴퓨터, 서버, CD, 휴대용 플래시메모리 저장장치 등)에 보관하여야 하며, 다음의 사항을 고려하여 운행기록을 점검하고 관리하여야 한다.
① 운행기록의 보관, 폐기, 관리 등의 적절성
② 운행기록 입력자료 저장여부 확인 및 출력점검(무선통신 등으로 자동 전송하는 경우를 포함)
③ 운행기록장치의 작동불량 및 고장 등에 대한 차량운행 전 일상점검
운송사업자가 공단에 운행기록을 제출하고자 하는 경우에는 저장장치에 저장하여 인터넷을 이용하거나 무선통신을 이용하여 운행기록분석시스템으로 전송하여야 한다. 한국교통안전공단은 운송사업자가 제출한 운행기록 자료를 운행기록분석시스템에 보관 · 관리하여야 하며, 1초 단위의 운행기록 자료는 6개월간 저장하여야 한다.

29 운행기록분석시스템 개요 ➡ 운행기록장치를 통해 자동차의 순간속도, 분당엔진회전수(RPM), 브레이크 신호, GPS, 방위각, 가속도 등의 운행기록 자료를 분석하여 운전자의 과속, 급감속 등 운전자의 위험행동 등을 과학적으로 분석하는 시스템이다. 이 분석 결과를 운전자와 운수회사에 제공함으

로써 운전행태의 개선을 유도, 교통사고를 예방할 목적으로 구축되었다.

30 운행기록분석시스템 분석항목 ➡ 운행기록분석시스템에서는 차량의 운행기록으로부터 다음의 항목을 분석하여 제공한다.

① 자동차의 운행경로에 대한 궤적의 표기
② 운전자별 · 시간대별 운행속도 및 주행거리의 비교
③ 진로변경 횟수와 사고위험도 측정, 과속 · 급가속 · 급감속 · 급출발 · 급정지 등 위험운전 행동 분석
④ 그 밖에 자동차의 운행 및 사고발생 상황의 확인

31 운행기록분석결과의 활용 ➡ 교통행정기관이나 한국교통안전공단, 운송사업자는 운행기록의 분석결과를 다음과 같은 교통안전 관련 업무에 한정하여 활용할 수 있다.

① 자동차의 운행관리
② 운전자에 대한 교육 · 훈련
③ 운전자의 운전습관 교정
④ 운송사업자의 교통안전관리 개선
⑤ 교통수단 및 운행체계의 개선
⑥ 교통행정기관의 운행계통 및 운행경로 개선
⑦ 그 밖에 사업용 자동차의 교통사고 예방을 위한 교통안전정책의 수립

32 위험운전 행동기준과 정의 ➡ 운행기록분석시스템에서는 위험운전 행동의 기준을 사고유발과 직접관련 있는 5가지 유형으로 분류하고 있으며, 11가지의 구체적인 행위에 대한 기준을 제시하고 있다.

위험운전행동		정의	화물차 기준
과속 유형	과속	도로제한속도보다 20km/h 초과 운행한 경우	도로제한속도보다 20km/h 초과 운행한 경우
	장기과속	도로제한속도보다 20km/h 초과해서 3분 이상 운행한 경우	도로제한속도보다 20km/h 초과해서 3분이상 운행한 경우
급가속 유형	급가속	초당 11km/h 이상 가속 운행한 경우	6.0km/h 이상 속도에서 초당 5.0km/h 이상 가속 운행한 경우
	급출발	정지상태에서 출발하여 초당 11km/h 이상 가속 운행한 경우	0.5km/h 이하에서 출발하여 초당 6km/h 이상 가속 운행하는 경우
급감속 유형	급감속	초당 7.5km/h 이상 감속 운행한 경우	초당 8km/h 이상 감속 운행하고 속도가 6.0km/h 이상인 경우
	급정지	초당 7.5km/h 이상 감속하여 속도가 "0"이 된 경우	초당 8km/h 이상 감속하여 0.5km/h 이하가 된 경우
급차로변경 유형 (초당회전각)	급진로변경 (15~30°)	속도가 30km/h 이상에서 진행방향이 좌/우측(15~30°)으로 차로를 변경하며 가감속(초당 -5km/h~+5km/h)하는 경우	속도가 30km/h 이상에서 진행방향이 좌/우측 6°sec 이상으로 차로변경하고, 5초 동안 누적각도가 ±2°/sec 이하, 가감속이 초당 ±2km/h 이하인 경우
	급앞지르기 (30~60°)	초당 11km/h 이상 가속하면서 진행방향이 좌/우측(30~60°)으로 차로를 변경하며 앞지르기 한 경우	속도가 30km/h 이상에서 진행방향이 좌/우측 6°/sec 이상으로 차로변경하고, 5초 동안 누적각도가 ±2°/sec 이하, 가속이 초당 3km/h 이상인 경우
급회전유형 (누전회전각)	급좌우회전 (60~120°)	속도가 15km/h 이상이고, 2초 안에 좌측(60~120° 범위)으로 급회전한 경우	속도가 20km/h 이상이고, 4초 안에 좌/우측(누적회전각이 60~120° 범위)으로 급회전한 경우
	급U턴 (160~180°)	속도가 15km/h 이상이고, 3초 안에 좌측(160~180° 범위)으로 급U턴한 경우	속도가 15km/h 이상이고, 8초 안에 좌/우측(160~180° 범위)으로 운행한 경우

※ 연속운전 운행시간이 4시간 이상 운행, 10분 이하 휴식일 경우 11대 위험운전행동에 포함되지 않음

33 위험운전 행태별 사고유형 및 안전운전 요령 ➡ 운전자가 자동차의 가속장치와 제동장치, 조향장치 등을 과도하고 급격하게 작동하는 경우 사고를 유발할 수 있으므로 차량 운행 시 운전자의 주의가 필요하다.

위험운전행동별 발생가능성이 높은 사고유형과 사고를 예방하기 위한 안전운전 요령을 요약해보면 다음과 같다.

위험운전행동		사고유형 및 안전운전 요령
과속 유형	과속	• 과속은 돌발 상황에 대처가 어려우며, 화물자동차는 차체중량이 무겁기 때문에 과속 시 사망사고와 같은 대형사고로 이어질 수 있기 때문에 항상 규정속도를 준수하여 주행한다. • 야간에는 주간보다 시야가 좁아지며, 과속을 하게 될 경우 시야를 더욱 좁아지게 만드는 경향이 있으므로, 야간 주행 시 전조등 불빛이 비치는 곳만 보지 말고 항상 좌우를 잘 살피고 과속을 금지
	장기 과속	• 화물자동차는 장기과속의 위험에 항상 노출되어 있어 운전자의 속도 감각과 거리감 저하를 가져올 수 있다. • 야간의 경우 운전자의 시야가 좁아지는 만큼 장기과속으로 인한 사고 위험이 커지므로 항상 규정 속도를 준수하여 운행한다.
급가속 유형	급가속	• 화물자동차의 무리한 급가속 행동은 차량고장의 원인이 되며, 다른 차량에 위협감을 줄 수 있으므로 하지 말아야 한다. • 요금소를 통과 후 대형 화물자동차의 급가속 행위는 추돌사고의 원인이 되므로 주의하여야 한다. • 화물자동차의 경우 차체가 높아 멀리 볼 수 있으나, 바로 앞 상황을 정확히 인지하지 못하고 급감속을 하는 경향이 있다. • 화물자동차는 차체가 크기 때문에 다른 차량의 시야를 가려 급감속할 경우 다른 차량에 돌발 상황을 야기한다. • 화물자동차의 경우 적재물이 많고, 중량이 많이 나가 대형사고의 위험이 있기 때문에 급감속하는 행동을 금지토록 유의한다.
	급좌 회전	• 차체가 높고 중량이 많이 나가는 화물자동차의 급좌회전은 전도 및 전복사고를 야기할 수 있으며, 적재물이 쏟아지는 경우 2차 사고를 유발할 수 있다. • 비신호 교차로에서 회전시 차체가 크기 때문에 통행우선권을 갖는다고 생각하여 부주의하게 회전하는 경우가 있다. • 좌회전 시 저속으로 회전을 해야 하며, 좌회전 후 중앙선을 침범하지 않도록 항상 주의해야 한다. 특히, 급좌회전, 꼬리 물기 등을 삼가하고, 저속으로 회전하는 습관이 필요하다.
급회전 유형	급우 회전	• 화물자동차의 급우회전은 다른 차량과의 충돌 뿐 아니라 도로를 횡단하고 있는 횡단보도상의 보행자나 이륜차, 자전거와 사고를 유발할 수 있다. • 속도를 줄이지 않고 회전을 하는 경우 전도, 전복위험이 크고 보행자 사고를 유발하므로 교차로 접근 시 충분히 감속하고 보행자에 주의하여 우회전해야 한다. • 우회전 시 저속으로 회전을 해야 하며, 다른 차선과 보도를 침범하지 않도록 주의한다.
	급U턴	• 화물자동차의 경우 차체가 길어 속도가 느리므로 급U턴이 잘 발생하진 않지만, U턴 시에는 진행방향과 대향방향에서 오는 과속차량과의 충돌사고 위험성이 있다. • 차체가 길기 때문에 U턴 시 대향차로의 많은 공간이 요구되므로 대향차로 상의 과속차량에 유의해야 한다.
급진로 변경 유형	급앞 지르기	• 속도가 느린 상태에서 옆 차로로 진행하기 위해 진로변경을 시도하는 경우 급 앞지르기가 발생하기 쉽다. 이 경우 진로변경 차로 상에서도 공간이 발생하여 후행차량도 급하게 진행하고자 하는 운전심리가 있어 진로변경 중 측면 접촉사고가 발생될 수 있다. • 진로를 변경하고자 하는 차로의 전방뿐만 아니라 후방의 교통상황도 충분하게 고려하고 반영하는 운전 습관이 중요하다.
급진로 변경 유형	급진로 변경	• 화물자동차는 차체가 높고 중량이 많이 나가기 때문에 급진로변경은 차량의 전도 및 전복을 야기할 수 있다. • 화물자동차는 가속능력이 떨어지고 차폭이 승용차의 1.3배에 달하며, 적재물로 인해 후방 시야확보의 한계가 있으므로, 급진로변경은 다른 차량에 큰 위협이 된다. • 진로변경을 하고자 하는 경우 방향지시등을 켜고 차로를 천천히 변경하여 옆 차로에 뒤따르는 차량이 진로변경을 인지할 수 있도록 해야 하며, 차로의 전방뿐만아니라 후방의 교통상황도 충분하게 고려한다.

3 자동차 요인과 안전운행 핵심요약정리

01 자동차의 주요 장치 ➡ ① 제동장치 ② 주행장치 ③ 조향장치

02 제동장치 ➡ 주행하는 자동차를 감속 또는 정지시킴과 동시에 주차 상태를 유지하는 장치로써 ㉠ 주차(수동)브레이크 ㉡ 풋(발) 브레이크 ㉢ 엔진 브레이크 ㉣ ABS 브레이크 등이 있다.

> **해설** ABS(Anti-Lock Brake system)기능 ➡ 빙판이나 빗길 미끄러운 노면상이나 통상의 주행에서 제동시에 바퀴를 록(lock) 시키지 않음으로써 브레이크가 작동하는 동안에도 핸들의 조종이 용이하도록 하는 제동장치이다.

03 주행장치(휠과 타이어가 있음) ➡ 동력 → 바퀴전달 → 노면 위를 달림

① 휠(Wheel)의 기능 : ㉮ 타이어와 함께 차량의 중량을 지지한다. ㉯ 구동력과 제동력을 지면에 전달하는 역할을 함. ㉰ 휠은 무게가 가볍고, 노면충격과 측력에 견딜 수 있는 강성이 있어야 한다.

② 타이어 중요한 역할 : ㉮ 휠의 림에 끼워져서 일체로 회전한다. ㉯ 자동차가 달리거나 멈추는 것을 원활히 한다. ㉰ 자동차의 중량을 떠받쳐 준

다. ㉱ 지면으로부터 충격을 흡수해 승차감을 좋게 한다. ㉲ 자동차의 진행방향을 전환시킨다.

04 조향장치(핸들) ➡ 주행 중 안정성이 좋고 핸들조작이 용이하도록 앞바퀴 정렬(토우인, 캠버, 캐스터)이 잘 되어 있어야 한다.

① 토우인(Toe-in) : 앞바퀴를 위에서 보았을 때 앞쪽이 뒤쪽보다 좁은 상태
- 타이어 마모 방지, 타이어가 바깥쪽으로 벌어지는 것 방지, 캠버에 의해 토아웃 방지, 주행저항 및 구동력의 반력으로 토아웃되는 것을 방지, 바퀴를 원활히 회전시켜 핸들 조작이 용이하게 함

② 캠버(Camber) : 자동차를 앞에서 보았을 때 위쪽이 아래보다 약간 바깥쪽으로 기울어져 있는데 이것을 (+)캠버라고 한다.
- 앞바퀴가 하중을 받을 때 아래로 벌어지는 것을 방지, 수직방향 하중에의해 앞차축이 휘는 것을 방지, 핸들조작을 가볍게 함

③ 캐스터(Caster) : 자동차를 옆에서 보았을 때 차축과 연결되는 킹핀의 중심선이 약간 뒤로 기울어져 있는 상태
- 앞바퀴에 직진성(방향성) 부여, 차의 롤링을 방지, 핸들의 복원성을 좋게 하기 위해 필요함

> **해설** 앞바퀴 정렬이 불량하면, 핸들이 어느 정도 속도에 이르렀을 때 극단적으로 흔들리는 전조현상이 일어난다.

05 완충(현가)장치 ➡ ① 차량의 무게 지탱 ② 차체가 직접 차축에 얹히지 않도록 유지 ③ 도로 충격 흡수 ④ 운전자와 화물에 더욱 유연한 승차를 제공하는 장치

06 완충(현가)장치의 유형

① 판 스프링(Leaf spring) : 주로 화물자동차에 사용
② 코일스프링(Coil spring) : 주로 승용자동차에 사용
③ 비틀림 막대 스프링(Torsion bar spring) : 차체의 수평유지
④ 공기스프링(Air bag spring) : 주로 버스와 같은 대형차량에 사용
⑤ 충격흡수장치(Shock absorber) : 반동량을 감소

> **해설** 현가장치의 결함은 차량의 통제력을 저하시킬 수 있으므로 항상 양호한 상태로 유지되어야 한다.
> ※ 속업소버의 기능
> ① 노면에서 발생한 스프링의 진동을 흡수 ② 승차감을 향상 ③ 스프링의 피로를 감소 ④ 타이어와 노면의 접착성을 향상시켜 커브길이나 빗길에 차가 튀거나 미끄러지는 현상을 방지

07 원심력 ➡ 원의 중심으로부터 벗어나려는 힘을 말한다.

※ 원심력은 속도의 제곱에 비례하여 커진다. 원심력은 속도가 빠를수록, 커브가 작을수록, 중량이 무거울수록 커진다.

① 커브에 진입하기 전에 속도를 줄여 노면에 대한 타이어의 접지력(grip)이 원심력을 안전하게 극복할 수 있도록 하여야 한다.
② 커브가 예각을 이룰수록 원심력은 커지므로, 안전하게 회전하려면 이러한 커브에서 보다 감속하여야 한다.
③ 타이어의 접지력은 노면의 모양과 상태에 의존한다. 노면이 젖어 있거나 얼어 있으면 타이어의 접지력은 감소한다.

08 스탠딩 웨이브(Standing wave)현상 ➡ 타이어 공기압이 부족한 상태에서 시속 150km 전 · 후로 고속주행할 때 노면 접지면에서 떨어지는 타이어의 일부분이 변형되어 물결모양으로 나타나는 현상인데, 이 현상이 계속되면 타이어가 과열되고, 트레드부가 변형되어 타이어는 파열된다. 속도를 낮추고, 타이어 공기압을 높여 예방한다.

09 수막현상(Hydroplaning) ➡ 자동차가 물이 고인 노면을 고속 주행 시, 타이어의 홈(그루브) 사이에 있는 배수 기능이 저하되어, 물의 저항에 의해 노면으로부터 떠올라 물위를 미끄러지듯이 되는 현상이다. 수막현상을 예방하기 위해서는 ① 고속으로 주행하지 않는다. ② 마모된 타이어(트레드가 1.6mm 이하)를 사용하지 않는다. ③ 공기압을 조금 높게 한다. ④ 배수효과가 좋은 타이어를 사용한다.

※ 수막현상이 발생하는 최저의 물 깊이 : 2.5mm~10mm
※ 수막현상이 발생하는 임계속도 : 타이어가 완전히 떠오를 때의 속도

10 페이드(Fade)현상 ➡ 비탈길을 내려갈 경우 브레이크를 반복사용하면, 마찰열이 라이닝에 축적되어, 브레이크 제동력이 저하되는 현상이다.

11 베이퍼록(Vapour lock)현상 ➡ 액체를 사용하는 계통에서 브레이크 반복사용으로 열에 의하여 액체가 증기(베이퍼)로 되어 어떤 부분(파이프 내)에 갇혀 계통의 기능이 상실되는 현상을 말한다.

12 자동차 차체의 여러 가지 진동(현가장치 관련 현상)

① 바운싱(Bouncing) : 상하 진동(차체가 Z축 방향과 평행운동)
② 피칭(Pitching) : 앞뒤 진동(차체가 Y축 중심으로 회전운동)
③ 롤링(Rolling) : 좌우 진동(차체가 X축 중심으로 회전운동)
④ 요잉(Yawing) : 차체 후부 진동(차체가 Z축 중심으로 회전운동)

13 노즈 다운(Nose down) ➡ 자동차를 제동할 때 차체는 관성에 의해 이동하려는 성질 때문에 차의 앞 범퍼 부분이 내려가는 현상으로서 다이브(Dive)현상이라고도 한다.

14 노즈 업(Nose up) ➡ 자동차가 출발할 때 차체가 정지하고 있기 때문에 앞 범퍼 부분이 들리는 현상으로서 스쿼트(Squat)현상이라고도 한다.

15 언더 스티어링 ➡ 앞바퀴의 사이드 슬립 각도가 뒷바퀴의 사이드 슬립 각도보다 클 때의 선회특성을 말한다.

※ 아스팔트 포장도로를 장시간 고속주행할 경우에는 옆방향의 바람에 대한 영향이 적은 "언더스티어링"이 유리하다.

16 내륜차 ➡ 핸들을 우측으로 돌려 바퀴가 동심원을 그릴 때, 앞바퀴의 안쪽과 뒷바퀴의 안쪽과의 회전반경 차이를 말함(전진시 주의)

17 외륜차 ➡ 핸들을 우측으로 돌려 바퀴가 동심원을 그릴 때 바깥쪽 앞바퀴와 바깥쪽 뒷바퀴의 회전반경 차이를 말함(후진시 주의)

※ 대형차일수록 내륜차와 외륜차의 차이는 크다.

18 타이어 마모에 영향을 주는 요소에 대한 설명

① 공기압 ② 하중 ③ 속도 ④ 커브 ⑤ 브레이크 ⑥ 노면

19 정지거리 ➡ 공주거리와 제동거리를 합한 거리이다.

20 공주거리와 공주시간 ➡ 운전자가 자동차를 정지시켜야 할 상황임을 지각하고, 브레이크페달로 발을 옮겨, 브레이크가 작동을 시작하는 순간까지의 시간을 "공주시간"이라 하며 이때까지 자동차가 진행한 거리를 "공주거리"라 한다.

21 제동거리와 제동시간 ➡ 운전자가 브레이크에 발을 올려 브레이크가 막 작동을 시작하는 순간부터 자동차가 완전히 정지할 때까지의 시간을 "제동시간"이라 하며 이때까지 자동차가 진행한 거리를 "제동거리"라 한다.

22 정지거리와 정지시간 ➡ 운전자가 위험을 인지하고, 자동차를 정지시키려고 시작하는 순간부터, 자동차가 완전히 정지할 때까지의 시간을 "정지시간"이라 한다. 이때까지 자동차가 진행한 거리를 "정지거리"라 한다.

※ 정지거리 = 공주거리 + 제동거리

23 정지시간 ➡ 공주시간과 제동시간을 합한 시간을 말한다.

24 자동차 원동기의 점검사항 ➡ ① 시동이 쉽고 잡음 유무 ② 배기가스의 색 청결 유무, 유독가스 및 매연발생 유무 ③ 오일량 및 오염여부와 오일 누출여부 ④ 연료 및 냉각수 충분한지 또는 누출 유무 ⑤ 배기관 및 소음기의 상태 양호 여부

25 제동장치 ➡ ① 브레이크 페달 밟았을 때 상판과의 간격 ② 주차 제동레버 유격 및 당겨짐 적당 여부 ③ 브레이크액의 누출 여부

26 오감으로 판별하는 자동차의 이상 징후

감각	점검방법	적용사례
시각	부품이나 장치의 외부 굽음 · 변형 · 녹슴 등	물 · 오일 · 연료의 누설, 자동차의 기울어짐
청각	이상한 음(소리)	마찰음, 걸리는 쇳소리, 노킹소리, 긁히는 소리 등
촉각	느슨함, 흔들림, 발열상태 등	볼트너트의 이완, 유격, 브레이크 작동할 때 차량이 한 쪽으로 쏠림, 전기배선불량 등
후각	이상 발열 · 냄새	배터리액의 누출, 연료누설, 전선 등이 타는 냄새 등

> **해설** "미각"의 활용도가 제일 낮다.

27 고장이 자주 일어나는 부분 점검

① 진동과 소리가 날 때의 고장 부분

㉠ 엔진의 점화장치 부분 : 주행 전 차체에 이상한 진동이 느껴질 때는 엔진에서의 고장이 주원인이다. 플러그 배선이 빠져있거나 플러그 자체가 나쁠 때 이런 현상이 일어난다.

㉡ 엔진의 이음 : 엔진 회전수에 비례하여 쇠가 마주치는 소리이다. 거의 이런 이음은 밸브장치에서 나는 소리로 밸브간극조정으로 고칠 수 있다.

㉢ **팬 벨트** : 가속페달을 힘껏 밟는 순간 "끼익!" 하는 소리는 팬 벨트 또는 기타의 V벨트가 이완되어 걸려있는 풀리(pulley)와의 미끄러짐에 의해 일어난다.

㉣ **클러치 부분** : 클러치를 밟고 있을 때 "달달달" 떨리는 소리와 함께 차체가 떨리고 있다면 이것은 클러치 릴리스베어링의 고장이다. 이것은 정비공장에 가서 교환하여야 한다.

㉤ **브레이크 부분** : 브레이크 페달을 밟아 차를 세우려고 할 때, 바퀴에서 "끼익"하는 소리가 나는 경우가 많다. 이것은 브레이크 라이닝의 마모가 심하거나 라이닝에 결함이 있을 때 일어나는 현상이다.

㉥ **조향장치 부분** : 핸들이 어느 속도에 이르면 극단적으로 흔들린다. 특히 핸들 자체에 진동이 일어나면 앞바퀴 불량이 원인일 때가 많다. 앞 차륜 정렬(휠 얼라인먼트)이 맞지 않거나, 바퀴 자체의 휠 밸런스가 맞지 않을 때 주로 일어난다.

㉦ **현가장치 부분** : 비포장 도로의 울퉁불퉁하고 험한 노면 위를 달릴 때 "딱각딱각"하는 소리나 "킁킁"하는 소리가 날 때에는 현가장치인 쇽 업소버의 고장으로 볼 수 있다.

② **냄새와 열이 날 때의 이상 부분**

㉠ **전기장치 부분** : 고무같은 것이 타는 냄새가 날 때는 대개 엔진실 내의 전기 배선 등의 피복이 녹아 벗겨져 합선에 의해 전선이 타면서 나는 냄새가 대부분이다.

㉡ **브레이크장치 부분** : 치과병원에서 이를 갈 때 나는 단내가 심하게 나는 경우는 주 브레이크의 간격이 좁든가, 주차 브레이크를 당겼다 풀었으나 완전히 풀리지 않았을 경우이다. 또한 긴 언덕길을 내려갈 때 계속 브레이크를 밟는다면 이러한 현상이 일어나기 쉽다.

③ **배출가스로 구분할 수 있는 고장 부분**

㉠ **무색** : 완전 연소 때는 무색 또는 약간 엷은 청색을 띤다.

㉡ **검은색** : 불완전 연소의 경우(에어클리너엘리먼트의 막힘, 연료장치 고장, 초크고장)

㉢ **백색(흰색)** : 엔진 내에서 다량의 엔진오일이 위로 올라와 연소되는 경우의 색이다(헤드개스킷, 밸브의 오일씰 노후, 피스톤링 마모, 엔진보링시기 도래 등).

03 고장유형별 조치방법

고장유형		현 상	점검사항	조치방법
엔진계통	엔진 오일 과다 소모	하루 평균 약 2~4리터 엔진 오일이 소모됨	• 배기 배출가스 육안 확인(블로바이가스 과대 배출) • 에어클리너 청소 및 교환주기 미준수 • 엔진과 콤프레셔 피스톤링 과다 마모	• 엔진 피스톤링 교환 • 실린더라이너, 오일 팬, 개스킷 교환 • 에어클리너 청소 및 장착방법 준수 철저
엔진계통	엔 진 과회전 (over revolution) 현 상	내리막길 주행 변속시 엔진소리와 함께 재시동이 불가함	• 내리막길에서 순간적으로 고단에서 저단으로 기어변속시(감속시)엔진내부 손상 확인 • 로커암 캡을 열고 푸쉬로드 휨 상태, 밸브 스템 등 손상 확인(손상 상태가 심할 경우는 실린더 블록까지 파손됨)	• 과도한 엔진브레이크 사용지양(내리막길 주행시) • 최대 회전속도를 초과한 운전 금지 • 고단에서 저단으로 급격한 기어변속 금지 ※ 주의사항 : 내리막길 중립상태(일명 : 후리)운행 금지 및 최대엔진 회전수 조정볼트(봉인) 조정 금지
엔진계통	엔진 매연 과다 발생	엔진 출력이 감소되며 매연(흑색)이 과다 발생함	• 엔진 오일 및 필터 상태 점검 • 에어클리너 오염상태 및 덕트 내부 상태 확인 • 블로바이가스 발생 여부 확인 • 연료의 질 분석 및 흡·배기 밸브 간극 점검(소리로 확인)	• 출력 감소 현상과 함께 매연이 발생되는 것은 흡입공기량(산소량) 부족으로 불완전 연소된 탄소가 나오는 것임 • 에어클리너 오염 확인 후 청소, 덕트 내부 확인(흡입공기량 충분) • 밸브간극 조정 실시
섀시계통	제동시 차체 진동	급제동시 차체 진동이 심하고, 브레이크 페달 떨림	• 전(前) 차륜 정열상태 점검(휠 얼라이먼트) • 사이드 슬립 및 제동력 테스트 • 앞브레이크 드럼 및 라이닝 점검확인 • 앞브레이크 드럼의 진원도 불량	• 앞 브레이크 드럼 연마 작업 또는 교환 • 조향핸들 유격 점검 • 허브베어링 교환 또는 허브너트 재조임
전기계통	비상등 작동 불량	비상등 작동시 점멸은 되지만, 좌측이 빠르게 점멸함	• 좌측 비상등 전구 교환 후 동일현상 발생 여부 점검 • 턴 시그널 릴레이 점검 • 커넥터 점검 • 전원 연결 정상 여부 확인	• 턴 시그널 릴레이 교환

4 도로요인과 안전운행 핵심요약정리

01 도로요인 ➡ ① 도로구조 : 도로선형, 노면, 차로수, 노폭, 구배 등
② 안전시설 : 신호기, 노면표시, 방호울타리 등

02 일반적으로 도로가 되기 위한 4가지 조건

① 형태성　② 이용성　③ 공개성　④ 교통경찰권

※ 교통사고 발생에 있어서 도로요인은 "인적요인", "차량요인"에 비하여 수동적 성격을 가지며, 도로 그 자체는 운전자와 차량이 하나의 유기체로 움직이는 "장소"이다.

03 평면선형과 교통사고

① 일반도로에서는 곡선반경이 100m 이내일 때 사고율이 높으며, 2차로 도로에서 강하게 나타난다.
② 고속도로에서는 곡선 반경 750m를 경계로 하여, 그 값이 적어짐에 따라(곡선이 급해짐에 따라) 사고율이 높아진다.
③ 우측굽은 곡선도로나 좌측으로 굽은 곡선도로 모두 유사하다.
④ 곡선부의 수가 많으면 사고율이 높을 것 같으나, 반드시 그런 것은 아니다. 예를 들어긴 직선구간 끝에 있는 곡선부는 짧은 직선구간 다음의 곡선부에 비해 사고율이 높았다.
⑤ 곡선부가 오르막, 내리막의 종단경사와 중복되는 곳은 훨씬 더 사고위험성이 높다.
⑥ 곡선부에서의 사고를 감소시키는 방법은, 편경사를 개선하고, 시거를 확보하며, 속도표지와 시선유도표를 포함한 주의표지와 노면표시를 잘 설치하는 것이다.
⑦ 곡선부의 사고율은 시거, 편경사에 의해서도 크게 좌우된다.

> **해설** 곡선부의 방호울타리의 기능
> ① 자동차의 차도이탈 방지　② 탑승자의 상해 및 자동차의 파손 감소
> ③ 자동차를 정상적인 진행방향으로 복귀　④ 운전자의 시선 유도

04 종단선형과 교통사고

① 종단경사(오르막 내리막 경사)가 커짐에 따라 사고율이 높다.
② 종단선형이 자주 바뀌면 종단곡선의 정점에서 시거가 단축되어 사고가 일어나기 쉽다.
③ 일반적으로 양호한 선형조건에서 제한시거가 불규칙적으로 나타나면 평균 사고율보다 훨씬 높은 사고율을 보인다.

05 차로수와 교통사고율의 관계 ➡ 일반적으로 차로수가 많으면 사고가 많다.

06 차로폭과 교통사고 ➡ 일반적으로 횡단면의 차로폭이 넓을수록, 교통사고 예방에 효과가 있다. 교통량이 많고 사고율이 높은 구간의 차로폭을 규정범위 이내로 넓히면 그 효과는 더욱 크다.

07 길어깨(노견, 갓길)와 교통사고

① 길어깨가 넓을 때 장점
㉠ 차량이동공간이 넓다.
㉡ 시계가 넓다.
㉢ 고장차량 이동이 쉽다.
② 길어깨가 토사나 자갈 또는 잔디보다는 포장된 노면이 안전하다.
③ 길어깨가 포장이 되어 있지 않을 경우에는 건조하고 유지관리가 용이할수록 안전하다.
④ 차도와 길어깨를 구획하는 노면표시를 하면, 교통사고는 감소한다.

> **해설** 길어깨의 역할
> ㉮ 사고시 교통의 혼잡을 방지 ㉯ 측방여유폭이 있어 교통의 안전성과 쾌적성 기여 ㉰ 유지관리 작업장이나, 지하 매설물에 대한 장소로 제공 ㉱ 절토부 등에서는 곡선부의 시거가 증대되므로 교통안전성이 높음 ㉲ 유지가 잘 된 길어깨는 도로미관을 높임 ㉳ 보도없는 도로에서는 보행자 통행장소로 제공됨

08 중앙분리대 종류와 교통사고 ➡ 방호울타리형, 연석형, 광폭중앙분리대형으로 구분한다.

① 방호울타리형 : 중앙분리대 내의 충분한 설치 폭의 확보가 어려운 곳에서 차량의 대향차로로의 이탈을 방지하는 곳에 비중을 두고 설치하는 형이다.

② **연석형** : 좌회전 차로의 제공이나 향후 차로 확장에 쓰일 공간 확보, 연석의 중앙에 잔디나 수목을 심어 녹지 공간 제공, 운전자의 심리적 안정감에 기여하지만 차량과 충돌 시 차량의 본래의 주행방향으로 복원해주는 기능이 미약하다.
③ **광폭중앙분리대** : 도로선형의 양방향 차로가 완전히 분리될 수 있는 충분한 공간확보로 대향차량의 영향을 받지 않을 정도의 넓이를 제공한다.
④ **중앙분리대에 설치된 방호울타리의 효과** : 사고를 방지한다기 보다는 사고유형을 변환시켜 주기 때문에 효과적이다. 즉, 정면충돌사고를 차량단독사고로 변환시켜 위험성이 덜하게 된다.
⑤ **방호울타리의 조건**
㉠ 차량의 횡단을 방지할 수 있어야 한다.
㉡ 차량의 속도를 감속시킬 수 있어야 한다.
㉢ 차량이 대향차로로 튕겨 나가지 않아야 한다.
㉣ 사고 시 차량 손상이 적어야 한다.

> **해설** **일반적인 중앙분리대의 주된 기능**
> ① 상, 하차도의 교통마찰을 감소시켜 교통용량증대 ② 평면교차도로에서는 좌회전 차로로 활용 교통처리가 유연 ③ 광폭분리대의 경우 사고 및 고장차량이 정지할 수 있는 여유 공간 제공(탑승자의 안전확보) ④ 보행자의 안전한 섬이 되므로 횡단시 안전 ⑤ 필요에 따라 유턴을 방지하고, 교통류의 혼잡을 피함으로써 안전을 높임 ⑥ 대향차의 현광방지 ⑦ 도로표지(기타 교통관제시설) 등 설치 장소로 제공

09 교량과 교통사고(교량의 폭, 교량 접근부 등과 밀접한 관계)
① 교량 접근로 폭에 비하여 교량의 폭이 좁을수록 사고가 더 많이 발생한다. 교량접근로 폭과 교량의 폭이 같을 때 사고율이 가장 낮다.
② 교량의 접근로 폭과 교량의 폭이 서로 다른 경우, 교통통제설비(안전표지, 시선유도표지등)을 설치함으로써 사고율을 현저히 감소시킬 수 있다.

10 용어의 정의
① **차로수** : 양방향 차로의 수를 합한 것을 말한다(오르막차로, 회전차로, 변속차로 및 양보차로를 제외한다).
② **횡단경사** : 도로의 진행방향에 직각으로 설치하는 경사로서 도로의 배수를 원활하게 하기 위하여 설치하는 경사와 평면 곡선부에 설치하는 편경사를 말한다.
③ **편경사** : 평면곡선부에서 자동차가 원심력에 저항할 수 있도록 하기 위하여 설치하는 횡단경사를 말한다.
④ **종단경사** : 도로의 진행방향 중심선의 길이에 대한 높이의 변화 비율을 말한다.
⑤ **측대** : 중앙분리대나 길어깨에 차도와 동일한 횡단경사와 구조로 차도에 접속하여 설치하는 부분을 말한다.

5 안전운전 핵심요약정리

01 안전운전 ➡ 자동차를 그 본래의 목적에 따라 운행하면서 운전자 자신이 위험한 운전을 하거나 교통사고를 유발하지 않도록 주의하여 운전하는 것을 말한다.

02 방어운전 ➡ 운전자가 다른 운전자나 보행자가 교통법규를 준수하지 않거나 위험한 행동을 하더라도 이에 대처할 수 있는 운전자세를 갖추어 미리 위험한 상황을 피하여 운전하는 것 또는 위험한 상황을 만들지 않고 운전하는 것
① 자기 자신이 사고의 원인을 만들지 않는 운전
② 자기 자신이 사고에 말려 들어가지 않게 하는 운전
③ 타인의 사고를 유발시키지 않는 운전

03 방어운전의 기본
① 능숙한 운전기술 ② 정확한 운전지식
③ 세심한 관찰력 ④ 예측능력과 판단력
⑤ 양보와 배려의 실천 ⑥ 교통상황 정보수집
⑦ 반성의 자세 ⑧ 무리한 운행 배제

04 운전 상황별 방어운전 방법

운전 상황별	방어운전 요령
출발할 때	① 차의 전·후, 좌·우는 물론, 차의 밑과 위까지 안전을 확인한다. ② 도로의 가장자리에서 도로에 진입하는 경우에는 반드시 신호를 하고, 교통류에 합류할 때에는 진행하는 차의 간격상태를 확인하고 합류한다.
주행 시 속도조절	① 교통량이 많은 곳에서는 속도를 줄여서 주행한다. ② 노면의 상태, 기상상태, 도로조건 등으로 시계조건이 나쁜 곳에서는 속도를 줄여서 주행한다. ③ 주택가나 이면도로 등에서는 과속이나 난폭운전을 하지 않는다. 곡선반경이 작은 도로, 신호의 설치간격이 좁은 도로에서는 저속으로 안전통과한다. ④ 주행하는 차들과 물 흐르듯 속도를 맞추어 주행한다.
차간거리	① 앞차에 너무 밀착하여 주행하지 않도록 한다. ② 다른 차가 끼어들기를 하려고 하는 경우에는, 양보하여 안전하게 진입하도록 한다(후진시 후방안전거리 확인 등).
앞지르기 할 때	① 앞지르기가 허용된 지역에서 꼭 필요한 경우에만 앞지르기한다. ② 반드시 안전을 확인 후 시행한다. ③ 앞지르기에 적당한 속도로 주행하며, 앞지르기 전에 앞차에게 신호를 하고 앞지르기 후 뒤차의 안전을 고려하여 진입한다.
감정의 통제	① 졸음이 오는 경우에, 무리하여 운행하지 않도록 한다. ② 타인의 운전태도에 감정적으로 반발하여 운전하지 않도록 한다(몸이 불편한 경우에도 운전금지). ③ 술이나 약물의 영향이 있는 경우에는 운전을 삼가한다.
점검과 주의	① 운행 전·중·후에 차량점검을 철저히 한다. ② 자신의 차량이나 적재된 화물에 대하여 정확히 숙지한다. ③ 운행전, 후에는 차량의 문이나 결박상태 확인한다.
주차할 때	① 주차가 허용된 지역이나 안전한 지역에 주차한다. ② 차가 노상에서 고장을 일으킨 경우 고장표지를 설치한다. ③ 주행차로에 차의 일부분이 돌출된 상태로 주차를 금지한다.

05 교차로의 개요
① 자동차, 사람, 이륜차 등의 엇갈림이 발생하는 장소로서, 교차로 및 교차로 부근은 교통사고가 가장 많이 발생하는 지점이다.
② 사각이 많으므로 무리하게 통과하려다 추돌사고 발생이 쉽다.
③ 신호기는 교통흐름을 시간적으로 분리하고, 입체교차로는 공간적으로 분리하는 기능을 한다.
④ 신호기(교통안전시설)의 장·단점

장 점	단 점
• 교통류의 흐름을 질서 있게 한다. • 교통처리용량을 증대시킬 수 있다. • 교차로의 직각충돌사고를 줄일 수 있다. • 특정 교통류의 소통을 도모키 위해 교통의 흐름을 통제하는데 이용할 수 있다.	• 과도한 대기로 인한 교통지체가 발생 가능 • 신호지시를 무시하는 경향조장 가능 • 신호기를 회피하여 부적절한 노선 이용 가능 • 교통사고(추돌)가 다소 증가 우려

06 교차로 황색신호 개요 ➡ 황색신호는 전신호와 후신호 사이에 부여되는 신호로 전신호 차량과 후신호 차량이 교차로 상에서 상충(상호충돌)하는 것을 예방하여 교통사고를 방지하고자 하는 목적에서 운영되는 신호이다.
① **황색신호시간(교차로 크기에 따라 4~6초간 운영)** : 교차로 황색신호 시간을 통상 3초를 기본으로 운영한다(6초 초과는 금기).
② **황색신호 시 사고유형** : ㉠ 교차로에서 전 신호 차량과 후 신호 차량 충돌 등 ㉡ 횡단보도 전 앞차 정지 시 앞차 추돌 ㉢ 횡단보도 통과시 보행자 자전거 또는 이륜차와 충돌 ㉣ 유턴차량과의 충돌

07 커브길 개요 ➡ ① 커브길은 도로가 왼쪽 또는 오른쪽으로 굽은 곡선부를 갖는 도로의 구간을 의미한다. ② 곡선반경이 길어질수록 완만한 커브길이고, 곡선반경이 짧아질수록 급한 커브길이다. ③ 곡선반경이 극단적으로 무한대에 이르면 완전 직선도로이다.

08 급 커브길 주행요령 ➡ 아래와 같은 순서로 주의하여 주행한다.
① 커브의 경사도나 도로의 폭을 확인하고, 가속페달에서 발을 떼어 엔진 브레이크가 작동되도록 하여 속도를 줄인다.
② 풋 브레이크를 사용하여 충분히 속도를 줄인다(우측후방 확인).
③ 저단 기어로 변속한 후, 커브의 내각의 연장선에 차량이 이르렀을 때, 핸들을 꺾는다.
④ 차가 커브를 돌았을 때 핸들을 되돌리기 시작한다.
⑤ 차의 속도를 서서히 높인다.

09 커브길 핸들조작 방법
① 커브길에서의 핸들조작은 **슬로우-인, 패스트-아웃**(Slow-in, Fast-out)원리에 입각하여, 커브 진입 직전에 핸들조작이 자유로울 정도로 속도를 감속한다.
② 커브가 끝나는 조금 앞에서 핸들을 조작하여 차량의 방향을 안전하게 유지한다.
③ 속도를 증가(가속)하여 신속하게 통과할 수 있도록 하여야 한다.

10 차로폭 개념 ➡ ① 도로의 차선과 차선 사이의 최단거리를 말한다. ② 차로폭은 관련 기준에 따라 도로의 설계속도, 지형조건 등을 고려하여 달리할 수 있으나, 대개 3.0~3.5m를 기준으로 한다. ③ 다만, 교량 위, 터널 내, 유턴차로(회전차로) 등에서 부득이한 경우 2.75m로 할 수 있다.

11 차로폭에 따른 사고위험과 안전운전, 방어운전

① **차로폭이 넓은 경우** ➡ 운전자가 느끼는 주관적 속도감이 실제 주행속도보다 낮게 느껴짐에 따라 제한속도를 초과한 과속사고의 위험이 있다. 주관적인 판단을 자제하고, 속도계의 속도를 준수하는 등 방어운전을 한다.

② **차로폭이 좁은 경우** ➡ 차로수 자체가 편도 1~2차로에 불과하거나 보, 차도 분리시설 및 도로정비가 미흡하거나 자동차, 보행자 등이 무질서하게 혼재하는 경우가 있어 사고위험성이 높다. 보행자, 노약자, 어린이 등에 주의하고, 안전한 속도로 운행하는 등 방어운전을 한다.

12 앞지르기의 개념 ➡ 뒷차가 앞차의 좌측면을 지나 앞차의 앞으로 진행하는 것

13 앞지르기 사고의 유형

① 앞지르기를 위한 최초 진로변경 시 동일방향 좌측 후속차 또는 나란히 진행하던 차와 충돌
② 좌측도로상의 보행자와 충돌 또는 우회전 차량과의 충돌
③ 중앙선을 넘어 앞지르기하는 때에는 대향차와 충돌
　㉠ 중앙선이 실선 – 중앙선침범 적용사고로 처리
　㉡ 중앙선이 점선 – 일반과실사고로 처리
④ 진행차로 내의 앞 · 뒤 차량과의 충돌
⑤ 앞차량과의 근접주행에 따른 측면 충격
⑥ 경쟁 앞지르기에 따른 충돌

14 철길 건널목의 개념 ➡ 철도와 「도로법」에서 정한 도로가 평면 교차하는 곳을 의미하며, 제1종 건널목, 제2종 건널목, 제3종 건널목이 있다. 철길 건널목에서 일단 사고가 발생하면 인명피해가 큰 대형사고가 주로 발생하게 된다.

15 철길 건널목의 종류

1종 건널목	차단기, 건널목경보기 및 교통안전표지가 설치되어 있는 경우
2종 건널목	경보기와 건널목 교통안전표지만 설치하는 건널목
3종 건널목	건널목 교통안전표지만 설치하는 건널목

※ 철길 건널목의 사고원인 : 경보기 무시, 일시정지하지 않고 통과 중 사고 등

16 철길 건널목의 안전운전 방어운전

① 일시정지 한 후, 좌 · 우 안전을 확인 후 통과한다.
② 건널목 통과 시 기어는 변속하지 않는다.
③ 건널목 건너편 여유공간(자기 차가 들어갈 곳)을 확인 후 통과한다.

17 고속도로의 운행요령

① 속도의 흐름과 도로사정, 날씨 등에 따라 안전거리를 충분히 확보한다.
② 주행 중 속도계를 수시로 확인하여, 법정속도를 준수한다.
③ 차로 변경시는 최소한 100m 전방으로부터 방향지시등을 켜고, 전방주시점은 속도가 빠를수록 멀리 둔다.
④ 앞차의 움직임과 가능한 한 앞차 앞의 3~4대 차량의 움직임까지도 살피며, 주행차로 운행을 준수 및 2시간 마다 휴식을 한다.
⑤ 고속도로 진입시 충분한 가속으로 속도를 높인 후 주행차로로 진입하여 주행차에 방해를 주지 않도록 한다.
⑥ 뒤차가 자기 차를 추월(앞지르기)하고 있는 상황에서 경쟁하는 것은 위험하므로 양보하여 주는 것이 안전운전이 된다.

18 안개길 안전운전

① 안개로 인해 시야의 장애 발생시, 우선 차간거리를 충분히 확보한다.
② 짙은 안개로 앞을 분간하지 못할 경우에는 안전한 장소에 일시 주, 정차(미등과 비상경고등을 점등) 후 기다린다.

19 빗길 안전운전

① 비가 내리기 시작한 직후에는 도로가 아주 미끄럽다.
② 물이 고인 도로 위를 주행시는 저단기어로 변속하여 감속 운행한다.
③ 비가 내려 물이 고인길을 통과할 때 브레이크에 물이 들어가면 브레이크가 약해지거나 불균등하게 걸리거나 제동력이 감소되므로 브레이크 패드나 라이닝의 물기를 제거한다.

20 봄철 교통사고의 특징 ➡ 겨울철보다 교통량 증가로 사고가 많이 발생

도로조건	봄날 포장된 도로의 노변을 통하여 운행하는 것은 노변의 붕괴 또는 함몰로 인한 대형 사고의 위험이 높다(황사현상에 주의 운행한다).
운전자	기온이 상승함에 따라 긴장이 풀리고 몸도 나른해짐에 따라, 춘곤증에 의한 졸음운전으로 전방주시 태만과 관련된 사고의 위험이 높다.
보행자	교통상황에 대한 판단능력이 부족한 어린이와 신체능력이 약화된 노약자들의 보행이나 교통수단 이용이 겨울에 비해 늘어나는 계절적 특성으로 어린이와 노약자 관련 교통사고가 늘어난다. 주택가, 학교주변 등에서는 차간거리를 여유있게 확보하고 서행한다.

21 봄철 안전운행 및 교통사고 예방

① **교통환경 변화** : 무리한 운전을 하지말고 긴장을 늦추어서는 안 된다.
② **주변 환경 대응** : 행락철(학교의 소풍, 수학여행 등)일 때일수록 들뜬 마음이나 과로 운전이 원인이 되어 교통사고로 이어질 가능성이 크다는 점에 유의하여, 충분한 휴식을 취하고, 운행 중에는 주변 교통상황에 대해 집중력을 갖고 안전 운행하여야 한다.
③ **춘곤증** : 춘곤증은 피로 · 나른함 및 의욕저하를 수반하여, 운전하는 과정에서 주의력 집중이 안되고 졸음운전으로 이어져, 대형사고를 일으키는 원인이 될 수 있다.
※ 시속 60km 주행시 1초를 졸았을 경우 → 16.7m를 주행한다.

22 여름철 기상 특성 ➡ 태풍을 동반한 집중호우 및 돌발적인 악천후, 본격적인 무더위에 의해 기온이 높고 습기가 많아지며, 한밤 중에도 이러한 현상이 계속되어 운전자들이 짜증을 느끼게 되고, 쉽게 피로해지며 주의 집중이 어려워진다.

23 여름철 교통사고의 특징 ➡ 무더위, 장마, 폭우로 인한 교통환경의 악화

도로조건	돌발적인 악천후 및 무더위 속에서 운전하다 보면 시각적 변화와 긴장 · 흥분 · 피로감 등이 복합적 요인으로 작용하여 교통사고를 일으킬 수 있으므로, 기상변화에 잘 대비하여야 한다(장마와 갑작스런 소나기).
운전자	기온과 습도 상승으로 불쾌지수가 높아져 적절히 대응하지 못하면, 이성적 통제가 어려워져 난폭운전, 불필요한 경음기 사용, 사소한 일에도 언성을 높이며, 잘못을 전가하려는 행동이 나타나며, 또한 수면부족과 피로로 인한 졸음운전 등도 집중력 저하 요인으로 작용한다.
보행자	장마철에는 보행자가 우산을 받치고 보행함에 따라 전 · 후방 시야를 확보하기 어렵다. 무더운 날씨로 불쾌지수가 증가하여 위험상황 인식이 둔해지고, 안전수칙을 무시하려는 경향이 강하게 나타난다.

24 여름철 안전운행 및 교통사고 예방

① **뜨거운 태양 아래 오래 주차시** : 차 실내의 더운 공기 환기
② **주행 중 갑자기 시동이 꺼졌을 때** : 자동차를 길 가장자리 통풍이 잘 되는 그늘진 곳으로 옮긴 다음 보닛을 열고 10여분 정도 열을 식힌 후 재시동
③ **비가 내리는 중에 주행시** : 마찰력이 떨어지므로 감속 운행

25 여름철 자동차 관리 ➡ 여름철에는 무더위와 장마 그리고 휴가철을 맞아 장거리를 운전하는 경우가 있다는 계절적인 특징이 있으므로 이에 대한 대비를 해야 한다.

① **냉각장치 점검** : 냉각수의 양은 충분한지, 냉각수의 **누수 여부, 팬벨트의 장력**은 적절한지를 수시로 확인한다(여유분의 팬벨트 휴대).
② **와이퍼의 작동상태 점검** : 장마철 운전에 꼭 필요한 와이퍼의 작동이 정상적인가 확인한다(블레이드, 모터 작동상태 등).
③ **타이어 마모상태 점검** : 노면과 맞닿는 부분인 요철형 무늬의 깊이(트레드 홈 깊이)가 최저 1.6mm 이상이 되는지를 확인 및 적정 공기압 유지 여부를 점검한다.
④ **차량내부의 습기제거** : 차량 내부에 습기가 찰 때에는 습기를 제거하여, 차체의 부식과 악취 발생을 방지한다.

26 가을철 기상 특성 ➡ 가을의 기상은 기온이 낮아지고 맑은 날이 많으며 강우량이 줄고, 아침에는 안개가 빈발하며, 특히 하천이나 강을 끼고 있는 곳에서는 짙은 안개가 자주 발생한다.

27 가을철 교통사고의 특징 ➡ 심한 일교차로 집중적인 안개 발생

도로조건	추석명절 교통량 증가로 전국도로가 몸살을 앓기는 하지만 다른 계절에 비하여 도로조건은 비교적 좋은 편이다.
운전자	추수철 국도 주변에는 경운기 · 트랙터 등의 통행이 늘고, 운전자가 높고 푸른 하늘, 형형색색 물들어 있는 단풍을 감상하다보면 집중력이 떨어져, 교통사고의 발생 위험이 있다.
보행자	맑은 날씨, 곱게 물든 단풍, 풍성한 수확, 추석절, 단체여행객의 증가 등으로 들뜬 마음에 의한 주의력 저하로, 관련 사고 가능성이 높다.

28 가을철 안전운행 및 교통사고 예방

① 이상기후 대처 : 안개지역에서는 처음부터 감속 운행한다.
② 보행자에 주의하여 운행 : 행동이 부자연스런(몸을 움츠린) 보행자가 있는 곳에서는 보행자의 움직임에 주의하여 운행한다.
③ 행락철 주의 : 각급 학교, 수학여행, 가을소풍, 회사 또는 가족 단위 단풍놀이 등이 많으므로 과속을 피하고 교통법규를 준수한다.
④ 농기계 주의 : 추수기를 맞아 경운기 등 농기계의 빈번한 사용으로 농촌 지역 운행 시 농기계 등의 출현에 대비 운전한다.

29 겨울철 기상 특성

① 겨울철은 습도가 낮고, 공기가 매우 건조하다.
② 한냉성 고기압 세력의 확장으로 기온이 급강하하고 한파를 동반한 눈이 자주 내린다.
③ 겨울철의 안개, 눈길, 빙판길, 바람과 추위는 운전에 악영향을 미치는 기상특성을 보인다.

30 겨울철 교통사고의 특징 ➡ 3대 요소인 사람, 자동차, 도로환경 열악

도로조건	겨울철에는 눈이 내려 녹지 않고 쌓이고, 적은 양의 눈이 내려도 바로 빙판이 되기 때문에, 자동차의 충돌 · 추돌 · 도로 이탈 등의 사고가 많이 발생한다. 또한 노면이 평탄하게 보이지만 실제로는 얼음으로 덮여있는 구간이나 지점이 있고 폭설이 도로조건을 가장 열악하게 하는 가장 큰 요인이 된다.
운전자	추운 날씨로 인해 방한복 등 두터운 옷을 착용함에 따라 움직임이 둔해져 위기 상황에 대한 민첩한 대처능력이 떨어지기 쉽다(음주운전 우려).
보행자	겨울철 보행자는 추위와 바람을 피하고자 두터운 외투, 방한복 등을 착용하고 앞만 보고 목적지까지 최단거리로 이동하고자 하는 경향이 있다. 이 욕구가 강해져 보행자가 확인하고 통행하여야 할 사항을 소홀히 하거나 생략하여 보행하므로 사고에 직면하기가 쉽다.

31 겨울철 안전운행 및 교통사고 예방

① 빙판길 출발시 : ㉠ 도로가 미끄러울 때는 급하게 하거나 급작스런 동작을 하지말고, 부드럽고 천천히 출발하며 처음 출발할 때 도로상태를 느끼도록 한다. ㉡ 승용차는 평상시 1단으로 출발하는 것이 정상이다. 그러나 미끄러운 길에서는 2단에 넣고 반클러치를 사용, 앞바퀴를 직진상태에서 출발한다.
② 전 · 후방 주시 철저 : 겨울철은 밤이 길고 약간의 비나 눈만 내려도 물체를 판단할 수 있는 능력이 감소되므로 전 · 후방 교통 상황에 대한 주의가 필요하다.
③ 주행 시 : 미끄러운 도로에서의 제동시 정지거리가 평소보다 2배 이상 길기 때문에 충분한 차간 거리 확보 및 감속이 요구되며 다른 차량과 나란히 주행하지 아니하며, 미끄러운 오르막길에서는 도중에 정지함이 없이, 밑에서부터 탄력을 받아 일정한 속도로 기어 변속 없이 올라간다(그늘진 노면동결 장소 주의).
④ 장거리 운행 시 : 목적지까지의 운행계획을 평소보다 여유 있게 수립하고, 도착지, 행선지, 도착시간 등을 타인에게 고지, 비포장 또는 산악도로 운행 시 월동비상장구를 휴대한다.

32 겨울철 자동차 관리

① 월동장비 점검 : 스노타이어 교환, 구동바퀴에 체인을 장착운행
② 부동액 점검 : 부동액 양 및 점도를 점검한다.
③ 정온기(써머스타) 상태 점검 : 히터의 기능이 떨어지는 것을 예방한다.

33 위험물의 성질 ➡ 발화성, 인화성 또는 폭발성 등의 성질

34 위험물의 종류 ➡ 고압가스, 화약, 석유류, 독극물, 방사성 물질 등

35 위험물의 적재방법 ➡ ① 운반용기와 포장외부에는 위험물의 품목, 화학명, 수량을 표시한다. ② 운반 도중 그 위험물 또는 위험물을 수납한 운반용기가 떨어지거나, 그 용기의 포장이 파손되지 않도록 적재할 것 ③ 수납구를 위로 향하게 적재할 것 ④ 직사광선 및 빗물 등의 침투를 방지할 수 있는 유효한 덮개를 설치할 것 ⑤ 혼재 금지된 위험물의 혼합 적재를 금지할 것

36 운반 방법

① 지정수량 이상의 위험물을 차량으로 운반할 때는 차량의 전면 또는 후면의 보기 쉬운 곳에 표지를 게시할 것(흔들림 방지)
② 독성가스를 차량에 적재하여 운반하는 때에는 당해 독성 가스의 종류에 따른 방독면, 고무장갑, 고무장화, 그 밖의 보호구 및 재해발생방지를 위한 응급조치에 필요한 자재, 제독제 및 공구 등을 휴대한다. 재해발생시 응급조치를 취하고 소방서 기타 관계기관에 신고한다. 일시정차할 때에는 안전한 장소를 선택하고, 소화설비를 갖춘다.

37 차량에 고정된 탱크차의 안전운송기준

① 법규, 기준 등의 준수 : 「도로교통법」, 「고압가스안전관리법」 등
② 운송 중의 임시점검 : 노면이 나쁜 도로를 통과할 경우에는 그 직전에 안전한 장소를 선택해 주차하고, 가스누설, 밸브이완, 부속품의 부착부분 등을 점검하여 이상유무를 확인할 것.
③ 운행 경로의 변경 : 변경시 소속사업소, 회사 등에 연락할 것
④ 육교 등 밑의 통과 : 차량이 육교 등의 아랫부분에 접촉할 우려가 있는 경우에는 다른 길로 돌아서 운행한다.
⑤ 철길 건널목 통과 : 철길 건널목을 통과하는 경우는 건널목 앞에서 일시정지하고, 열차가 지나가지 않는가를 확인하여, 건널목 위에 차가 정지하지 않도록 통과한다.
⑥ 터널 내의 통과 : 전방의 이상사태 발생유무를 확인한 후 진입
⑦ 취급물질 출하 후 탱크 속 잔류가스 취급 : 출하한 물질을 출하한 후에도 탱크 속에는 잔류가스가 남아 있으므로 적재물이 적재된 상태와 동일하게 취급 및 점검을 실시할 것
⑧ 주차 : ㉠ 운행도중 노상에 주차할 필요가 있는 경우에는 밀집지역 등을 피한다. ㉡ 교통량이 적고 부근에 화기가 없는 안전하고 지반이 평탄한 장소를 선택하여 주차한다. ㉢ 비탈길 주차의 경우 차바퀴에 고정목을 사용하여 고정한다. ㉣ 차량운전자나 운반책임자가 차량으로부터 이탈한 경우에는 항상 눈에 띄는 곳에 있어야 한다.
⑨ 여름철 운행 : 직사광선에 의한 온도 상승을 방지하기 위해 노상주차의 경우 그늘에 주차나 탱크에 덮개를 씌운다.
⑩ 고속도로 운행 : 속도감이 둔해지므로 제한속도와 안전거리를 필히 준수하고 200km 이상 운행시 중간에 충분한 휴식을 한 후 운행

38 충전용기 등을 적재한 차량의 주 · 정차 시 안전기준

① 충전용기 등을 적재한 차량의 주 · 정차 장소 선정은 가능한 한 평탄하고 교통량이 적은 안전한 장소를 택할 것
② 충전용기 등을 적재한 차량은 제1종 보호시설에서 15m 이상 떨어지고, 제2종 보호시설이 밀착되어 있는 지역은 가능한 한 피한다. 주위의 교통상황을 살피고 주위의 화기 등이 없는 안전한 장소에 주 · 정차한다. 운반책임자와 운전자는 휴식 시 동시이탈하지 않고, 차량 고장시 "적색표시판(고장자동차표지)"을 설치한다.

39 충전용기 등을 차량에 적재 시 안전기준

① 차량의 최대 적재량 초과 및 적재함을 초과적재 금지
② 운반 중의 충전용기는 항상 40℃ 이하로 유지할 것

40 고속도로 원인별 교통사고 현황 분석 결과

① 운전자 과실이 85% 내외
② 차량 결함(타이어 파손, 제동장치, 기타)이 8% 내외
③ 기타원인(보행 및 횡단, 노면잡물, 적재불량, 기타)이 7% 정도를 차지
④ 고속도로 교통사고는 운전자로 인한 교통사고가 주요 원인임을 알 수 있다.

41 고속도로 교통사고 특성

① 빠르게 달리는 도로의 특성상 다른 도로에 비해 치사율이 높다.
② 운전자 전방주시 태만과 졸음운전으로 인한 2차(후속)사고 발생 가능성이 높다.
③ 운행 특성상 장거리 통행이 많고 특히 영업용 차량(화물차, 버스) 운전자의 장거리 운행으로 인한 과로로 졸음운전이 발생할 가능성이 매우 높다.
④ 화물차, 버스 등 대형차량의 안전운전 불이행으로 대형사고가 발생하고, 사망자도 대폭 증가하고 있는 추세이다. 또한 화물차의 적재불량과 과적은 도로상에 낙하물을 발생시키고 교통사고의 원인이 되고 있다.
⑤ 최근 고속도로 운전 중 휴대폰 사용, DMB 시청 등 기기사용 증가로 인해 전방주시에 소홀해지고 이로 인한 교통사고 발생가능성이 더욱 높아지고 있다.

42 고속도로 안전운전 방법

① 전방주시 철저 ② 2시간 운행 시 15분 휴식
③ 전 좌석 안전띠 착용 ④ 차간거리 확보
⑤ 진입은 안전하게 천천히, 진입 후 가속은 빠르게
⑥ 주변 교통흐름에 따라 가속은 빠르게
⑦ 비상 시 비상등 켜기
⑧ 주행차로로 주행
⑨ 후부 반사판 부착(차량 총중량 7.5톤 이상 및 특수 자동차는 의무부착)

43 고속도로 작업구간 통행방법

① 작업구간의 구분
- 주의구간 : 길어깨(갓길)에 안내표지 설치
- 변화구간 : 차로를 변경하게 하는 구간
- 작업구간 : 실제 작업이 이루어지는 구간
- 종결구간 : 작업 이전의 정상적인 교통 흐름으로 이루어지는 구간

② 작업구간 안내표지
- 작업구간 전용 주의표지 : 통행방법 표지와 정보제공 표지, 작업구간 진입 전 차로변경이 필요한 경우 안전한 주행경로를 나타낼 때 설치
- 기타표지 : 작업구간 최고속도를 제한하는 규제표지, 작업장 위치를 알려주는 작업장 전방 안내표지, 작업구간 표지를 보완하는 보조표지

③ 작업구간 안전운행 방법
- 작업구간 안내시설에서 제공하는 정보에 따라 제한속도, 차로변경 등을 실시해야 한다.
- 과속운행이나 무리한 추월을 시도하지 않아야 하며, 전방주시를 철저히 해야 한다.

44 교통사고 발생 시 대처 요령

① 2차 사고의 방지
㉠ 신속히 비상등을 켜고 다른 차의 소통에 방해가 되지 않도록 갓길로 차량을 이동시킨다.(트렁크를 열어 위험을 알리는 것도 좋은 방법). 만일, 차량이동이 어려운 경우 탑승자들은 안전조치 후 신속하고 안전하게 가드레일 밖 안전한 장소로 대피한다.
㉡ 후방에서 접근하는 차량의 운전자가 쉽게 확인할 수 있도록 고장자동차의 표지(안전삼각대)를 한다. 야간에는 적색 섬광신호 · 전기제동 또는 불꽃신호를 추가로 설치한다(시인성 확보를 위한 안전조끼 착용권장).
㉢ 운전자와 탑승자가 차량 내 또는 주변에 있는 것은 매우 위험하므로 가드레일 밖 등 안전한 장소로 대피한다.

② 부상자의 구호
㉠ 사고 현장에 의사, 구급차 등이 도착할 때까지 부상자에게는 가제나 깨끗한 손수건으로 지혈하는 등 가능한 응급조치를 한다.
㉡ 함부로 부상자를 움직여서는 안 되며, 특히 두부에 상처를 입었을 때에는 움직이지 말아야 한다. 그러나 2차사고의 우려가 있을 경우에는 부상자를 안전한 장소로 이동시킨다.

③ 경찰공무원등에게 신고
㉠ 사고를 낸 운전자는 사고 발생 장소, 사상자 수, 부상정도, 그 밖의 조치상황을 경찰공무원이 현장에 있을 때에는 경찰공무원에게, 경찰공무원이 없을 때에는 가장 가까운 경찰관서에 신고한다.
㉡ 사고발생 신고 후 사고 차량이 운전자는 경찰공무원이 말하는 부상자 구호와 교통안전 상 필요한 사항을 지켜야 한다.

45 고속도로의 금지사항

① 횡단금지 : 고속도로에서는 긴급자동차나 도로의 보수 · 유지 작업을 하는 자동차가 임무를 수행할 때 외에는 횡단 · 유턴 또는 후진할 수 없다.
② 보행자 통행 금지 : 자동차 외의 보행자는 고속도로를 통행하거나 횡단하면 안 된다. 단, 이륜자동차는 긴급자동차에 한해 통행할 수 있다.
③ 정차 및 주차 : 고속도로에서는 다음과 같은 경우나 장소를 제외하고 정차나 주차를 해서는 안 된다.
- 법령의 규정 또는 경찰공무원의 지시에 따르거나 위험을 방지하기 위한 경우
- 정차 또는 주차할 수 있도록 안전표지를 설치한 곳이나 정류장
- 고장이나 그 밖의 부득이한 사유가 있는 경우
- 통행료를 지불하기 위한 경우
- 도로 관리자가 보수 · 유지 작업을 하거나 순회하는 경우
- 경찰용 긴급자동차가 범죄수사, 교통단속, 그 밖의 경찰임무의 수행을 위한 경우
- 교통정체나 그 밖의 부득이한 사유로 움직일 수 없는 경우

④ 갓길 주행금지 : 자동차 고장 등 부득이한 사정이 있는 경우를 제외하고는 행정안전부령이 정하는 차로에 따라 주행해야 하며, 갓길로 주행해서는 안 된다.

※ 갓길 주행 위반 시 처분

차량	범칙금	벌점	과태료
승용차, 4톤 이하 화물차	6만 원	30점	9만 원
승합차, 4톤 초과 화물차 등	7만 원		10만 원

46 도로터널 안전운전

① 터널 안전운전 수칙
㉠ 터널 진입 전 입구 주변에 표시된 도로정보를 확인한다.
㉡ 터널 진입시 라디오를 켠다.
㉢ 선글라스를 벗고 라이트를 켠다.
㉣ 교통신호를 확인한다.
㉤ 안전거리를 유지한다.
㉥ 차선을 바꾸지 않는다.
㉦ 비상시 대비하여 피난연결통로, 비상주차대 위치 확인한다.

② 터널내 화재시 행동요령
㉠ 운전자는 차량과 함께 터널 밖으로 신속히 이동한다.
㉡ 터널 밖으로 이동이 불가능한 경우 최대한 갓길쪽으로 정차한다.
㉢ 엔진을 끈 후 키를 꽂아둔 채 신속하게 하차한다.
㉣ 비상벨을 누르거나 비상전화로 화재발생을 알려줘야 한다.
㉤ 사고차량의 부상자에게 도움을 준다(비상전화 및 휴대폰 사용 터널관리소 및 119 구조 요청 / 한국도로공사 1588-2504)
㉥ 터널에 비치된 소화기나 설치되어 있는 소화전으로 조기 진화를 시도한다.
㉦ 조기 진화가 불가능할 경우 젖은 수건이나 손등으로 코와 입을 막고 낮은 자세로 화재 연기를 피해 유도등을 따라 신속히 터널 외부로 대피한다.

47 고속도로 안전시설 및 표지판

1) 노면색깔유도선
① 자동차의 주행방향을 안내하기 위하여 차로 한가운데 그려진 선으로 나들목, 분기점 등 진행방향에 대한 혼선으로 인해 교통사고로 이어지는 경우를 예방하기 위하여 2012년 서해안 고속도로에 최초로 도입
② 현재는 요금소 하이패스 차로, 졸음쉼터 등에도 확대되어 운행차로에 대한 혼선 최소화에 탁월한 효과를 나타낸다.

2) 도로전광표지(VMS)
① 교통, 기상상황 및 작업으로 인한 통제 정보 등을 도로이용자에게 실시간으로 제공하는 시설로 효율적인 교통의 흐름과 운전자의 안전운행을 돕는 역할을 한다.
② 평상시 운전 중 도로전광표지의 정보를 통해 혼잡구간을 우회하거나, 교통사고 등 돌발상황에 따른 2차사고 또는 그로 인한 정체 등에 미리 대비하여 교통사고를 예방할 수 있다.

3) 가변형 속도제한표지(VSL)
① 결빙, 강설 등과 같은 기상 악화 시 또는 재난 발생 시 상황에 따라 제한속도를 변경하여 표출하는 시설로 운전자가 도로의 상황에 맞춰 안전하게 주행할 수 있도록 하는데 목적이 있다.
② 고속도로 내 기상취약구간에 집중적으로 설치되어, 최소한의 정보로 운전자가 안전운전 할 수 있도록 도와준다. 평상시에는 안전띠 착용, 졸음주의 등 안전문구가 보조적으로 표출되나, 비 · 눈 · 안개 등 기상 악화나 도로 살얼음 상황 발생 시 하향된 속도를 표출한다.
③ 속도제한 기준은 도로교통법 시행규칙 제19조의 자동차 등의 속도에 대한 규정에 따른다.

해설 도로교통법 시행규칙 제19조(자동차 등의 속도)
ⓐ 최고속도의 100분의 20을 줄인 속도로 운행 : 비가 내려 노면이 젖어 있는 경우, 눈이 20mm 미만 쌓인 경우
ⓑ 최고속도의 100분의 50을 줄인 속도로 운행 : 폭우, 폭설, 안개 등으로 가시거리가 100m 이내인 경우, 노면이 얼어붙은 경우, 눈이 20mm이상 쌓인 경우

4) 표지판
① 도로표지의 종류 : 이정표지, 방향표지, 노선표지, 경계표지 등
- 이정표지 : 목표지까지의 거리를 나타내는 표지. 나들목을 지나 1km 내외 지점에 설치
- 방향표지 : 목표지까지의 방향을 나타내는 표지. 고속도로 출구 전방의 2km, 1km, 150m 및 출구지점에 설치
- 노선표지 : 주행노선 또는 분기노선을 나타내는 표지. 분기점의 경우 1.5km 전방, 출구지점에 설치
- 경계표지 : 특별시 · 광역시 · 특별자치시 · 도 또는 시 · 군 · 읍 · 면 사이의 행정구역의 경계를 나타내는 표지. 경계지점에 설치
- 기타표지 : 오르막표지 또는 시설물 등을 안내하는 표지

이정표지	방향표지	노선표지	경계표지	기타표지

② 표지판의 의미
㉠ 방향표지
- 나들목에 대한 번호와 명칭, 연결도로의 번호, 안내지명 등의 정보를 운전자에게 제공한다.
㉡ 갓길 이정표지
- 긴급상황 발생 시 고객에게 신속한 고속도로 위치정보를 제공하고 유지관리 효율성에 대한 효과를 극대화하는데 목적이 있다.
- 기존에는 200m 간격으로 설치되었다가 2018년부터 신속한 위치파악과 거리정보 제공의 편리성 향상이 필요한 구간은 100m로 단축되었다.
- 표지 위에는 km, 아래는 m 단위를 표시한다. 아래 사진은 해당 위치가 고속도로 기점으로부터 267.5km 위치에 있음을 의미한다.

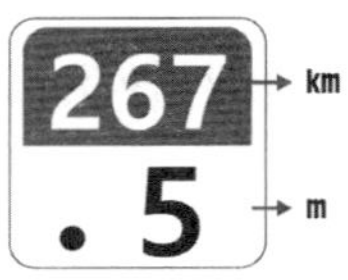

- 갓길 뿐 아니라 중앙분리대에도 고속도로 거리안내용 이정표지가 존재하며 아래와 같은 의미를 담고 있다.

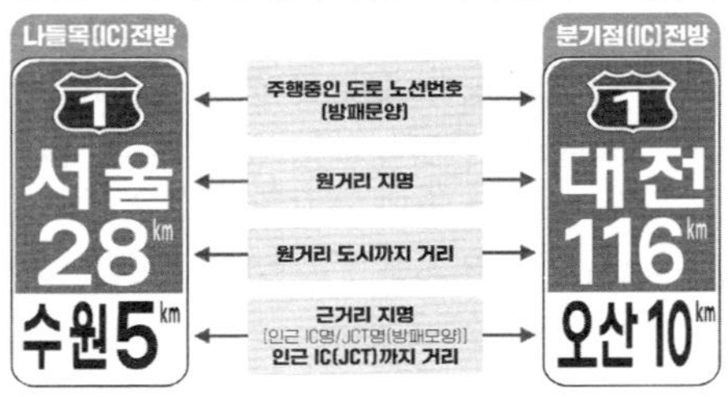

48 고속도로 운행 제한차량 종류
① 차량의 축하중 10톤, 총중량 40톤을 초과한 차량
② 적재물을 포함한 차량의 길이 19m, 폭 3m, 높이 4.2m를 초과한 차량
③ 다음에 해당하는 적재 불량 차량
㉠ 편중적재, 스페어 타이어 고정 불량
㉡ 덮개를 씌우지 않았거나 묶지 않아 결속 상태가 불량한 차량
㉢ 액체 적재물 방류차량, 견인시 사고 차량 파손품 유포 우려가 있는 차량
㉣ 기타 적재 불량으로 인하여 적재물 낙하 우려가 있는 차량

49 고속도로 운행 제한 벌칙
※ 본 문제집 20쪽 "6 차량의 운행제한" 참조

50 고속도로 과적차량 제한 사유
① 고속도로의 포장균열, 파손, 교량의 파괴
② 저속주행으로 인한 교통소통 지장
③ 핸들 조작의 어려움, 타이어 파손, 전 · 후방 주시 곤란
④ 제동장치의 무리, 동력연결부의 잦은 고장 등 교통사고 유발

51 운행제한차량 운행허가
① 차량의 구조 또는 적재화물의 특수성으로 인하여 운행제한차량임에도 불구하고 운행이 불가피한 차량의 운행을 가능하게 하기 위한 규정
② 신청방법
㉠ 출발지 및 경유지 관할 도로관리청에 제한차량 운행허가 신청서 및 구비서류를 준비하여 신청
㉡ 제한차량 인터넷 운행허가 시스템(http://www.ospemit.go.kr)에서 신청 가능
③ 구조물이 없을 시 허가 가능한 최대 제원

구분	길이	폭	높이	축하중	총중량
최대 허가기준	25m	3.5m	4.5m	12t	48t

52 가짜석유제품 정의
1. 가짜석유제품 목적 및 정의(석유 및 석유대체연료 사업법)
가. 목적(1조)
석유 수급과 가격 안정을 도모하고 석유제품과 석유대체연료의 적정한 품질을 확보함으로써 국민경제의 발전과 국민생활의 향상에 이바지함을 목적으로 한다.
나. 정의(제2조)
이 법에서 사용하는 용어의 뜻은 다음과 같다.
1) "석유제품"이란 휘발유, 등유, 경유, 중유, 윤활유와 이에 준하는 탄화수소유 및 석유가스를 말한다.
2) "석유화학제품"이란 석유로부터 물리 · 화학적 공정을 거쳐 제조되는 제품 중 석유제품을 제외한 유기화학제품으로서 산업통상자원부령으로 정하는 것을 말한다.
3) "가짜석유제품"이란 자동차 및 대통령령으로 정하는 차량기계의 연료로 사용하거나 사용하게 할 목적으로 다음 어느 하나의 방법으로 제조된 것을 말한다.
가) 석유제품에 다른 석유제품(등급이 다른 석유제품을 포함)을 혼합
※ 예시 : 휘발유에 용제 등을 혼합, 경유에 등유 등을 혼합, 고급휘발유에 보통휘발유 혼합
나) 석유제품에 다른 석유화학제품을 혼합
※ 예시 : 휘발유에 톨루엔 등을 혼합
다) 석유화학제품에 다른 석유화학제품을 혼합
※ 예시 : 톨루엔에 메탄올 등을 혼합
라) 석유제품 또는 석유화학제품에 탄소와 수소가 들어가있는 물질을 혼합
※ 예시 : 경유에 바이오디젤을 혼합

2. 사용금지 및 벌칙
① 가짜석유제품 제조 등의 금지(법 제29조제1항)
누구든지 다음 각 호의 가짜석유제품 제조 등의 행위를 하여서는 아니된다.
1) 가짜석유제품을 제조 · 수입 · 저장 · 운송 · 보관 또는 판매하는 행위
※ 벌칙(법 제44조제3호) : 5년 이하의 징역 또는 2억원 이하의 벌금
2) 가짜석유제품임을 알면서 사용하거나 제10조(석유판매업의 등록 등) 및 제33조(석유대체연료판매업의 등록 등)에 따라 등록 · 신고하지 아니한 자가 판매하는 가짜석유제품을 사용하는 행위
3) 가짜석유제품으로 제조 · 사용하게 할 목적으로 석유제품 · 석유화학제품 · 석유대체연료 또는 탄소와 수소가 들어 있는 물질을 공급 · 판매 · 저장 · 운송 또는 보관하는 행위
※ 벌칙(법 제44조제3호): 5년 이하의 징역 또는 2억원 이하의 벌금
② 행위의 금지(법 제39조제3항)
누구든지 등유, 부생연료유, 바이오디젤, 바이오에탄올, 용제, 윤활유, 선박용경유 및 석유중간제품을 「자동차관리법」 제2조제1호에 따른 자동차 및 대통령령으로 정하는 차량 · 기계의 연료로 사용하여서는 아니 된다.
※ 과태료(법 제49조제1항제7호) : 3천만원 이하의 과태료

위반행위	근거법조문	1백리터 미만	사용량에 따른 과태료 금액 1백리터 이상 4백리터 미만	4백리터 이상 1킬로리터 미만	1킬로리터 이상 20킬로리터 미만	20킬로리터 이상
가짜석유 제품임을 알면서 사용	법 제49조 제1항제3조	2백만원	5백만원	1천만원	1천5백만원	2천만원
등유 등을 차량의 연료로 사용	법 제49조 제1항제7호	2백만원	5백만원	1천만원	1천5백만원	2천만원

3. 소비자신고 및 포상금의 지급
   ① 소비자 신고(법 제41조의2, 산업부 고시, 한국석유관리원 규정)
      가. 신고대상
      1) 가짜석유제품을 제조하거나 판매하는 행위
      2) 품질부적합 제품을 제조하거나 판매하는 행위
         ※ 품질부적합 제품 : 물과 침전물 혼합 등 품질기준에 벗어난 제품
      3) 정량에 미달하여 판매하는 행위
      4) 등유 등을 차량의 연료로 판매하는 행위
      5) 석유사업자의 영업범위 및 영업방법을 위반하는 행위 등
         *예시 : 이동판매(이동판매차량 이용)의 방법으로 자동차, 덤프트럭 등에 주유
      나. 신고 방법
      신고자는 가짜석유제품 제조판매 신고서에 증거물을 첨부하여 전화, 문서, 우편, FAX 또는 인터넷 등의 방법으로 한국석유관리원(전화: 158-5166, 홈페이지:www.kpetro.kr), 관계 행정기관 또는 수사기관에 신고할 수 있다.
      ※ 증거물: 위반행위를 증명할 수 있는 현장 사진, 구체적인 위치 등 관련 자료(단, 주유소 등 석유판매업자의 경우 서로 구매 영수증, 차량정비내역서 등 구매 또는 피해를 증명할 증거물 제출)
   ② 포상금의 지급
      위반행위별 포상금 지급기준은 다음과 같다.

구분			포상금 지급 세부기준 (업소당) 가짜석유 제품 제조량[주1]	포상금액
가, 법제29조를 위반하여 가짜석유제품을 제조하는 행위			100만L이상	1,000만원
			50만L이상 100만L미만	600만원
			50만L미만	200만원
나. 법 제29조를 위반하여 가짜석유제품을 판매하는 행위	석유사업자 (등록 또는 신고사업자)	법 제39조제1항제1호를 위반하여 영업시설을 설치 · 개조하거나 그 설치 · 개조된 영업시설을 양수임차하여 판매하는 경우	-	200만원
		그 밖의 경우		
	비석유사업자			100만원
다. 법 제39조제1항제8호를 위반하는 행위	석유사업자		-	100만원
	비석유사업자		-	100만원
라. 법 제27조제31조를 위반하여 품질부적합 제품을 제조하거나 판매하는 행위 마. 법 제39조제1항제2호를 위반하여 정량에 미달하여 판매하는 행위 바. 법 제39조제1항제10호 및 같은 법 시행령 제43조제1항제1호를 위반하여 영업범위나 영업방법을 위반하는 행위 사. 법 개39조제1항제10호 및 같은 법 시행령 개43조제1항제2호를 위반하여 취급제품이 아닌 제품을 보관하거나 공급하는 행위 아. 범 제39조제1항제10호 및 같은 법 시행령 제43조제1항제6호를 위반하여 용제 등을 보일러 또는 노용 연료로 판매하는 행위			-	200만원

주1) 가짜석유제품 제조량은 수사결과에 따르며, 제조물량 확인이 되지 않는 경우 50만L미만 기준을 적용한다.

4. 운송 서비스

1 직업 운전자의 기본자세 핵심요약정리

01 **물류(로지스틱스 : logistics)** ➡ 과거와 같이 단순히 장소적 이동을 의미하는 "운송"이 아니라 생산과 마케팅기능 중의 물류관련 영역까지 포함하며 이를 로지스틱스라고 한다. 종전의 운송은 수요충족기능에 치중했으나, 로지스틱스는 수요창조기능에 중점을 둔다.

02 **접점제일주의(나는 회사를 대표하는 사람)** ➡ 고객을 직접 대하는 직원이 바로 회사를 대표하는 중요한 사람이다.

> **해설** "고객만족"이란 : ① 고객이 무엇을 원하고 있으며 ② 무엇이 불만인지 알아내어 ③ 고객의 기대에 부응하는 좋은 제품을 만들어 ④ 양질의 서비스를 제공하여 이것으로 결정하기 잘 했다고 느끼게 하는 것

03 **고객만족의 개념** ➡ 고객이 "아! 이것으로 결정하기를 참 잘했다"고 느끼게 하는 것

04 **친절이 중요한 이유** ➡ 거래를 중단하는 이유 : ① 종업원 불친절 68% ② 제품에 대한 불만 14% ③ 경쟁사의 회유 9% ④ 가격이나 기타는 9% 순이다.

05 **고객의 욕구** ➡ ① 기억되기를 바란다. ② 환영받고 싶어 한다. ③ 관심을 가져주기를 바란다. ④ 중요한 사람으로 인식되기를 바란다. ⑤ 편안해지고 싶어 한다. ⑥ 칭찬받고 싶어 한다. ⑦ 기대와 욕구를 수용하여 주기를 바란다.

06 **고객서비스 형태**
① 무형성 : 보이지 않는다.
② 동시성 : 생산과 소비가 동시 발생
③ 인간주체(이질성) : 사람에 의존
④ 소멸성 : 즉시 사라진다.
⑤ 무소유권 : 가질 수 없다.

07 **고객만족을 위한 서비스 품질의 분류**
① 상품품질 : 성능 및 사용방법을 구현한 하드웨어품질이다.
② 영업품질 : 고객이 현장사원 등과 접하는 환경과 분위기를 고객만족쪽으로 실현하기 위한 소프트웨어품질이다.
③ 서비스품질 : 고객으로부터 신뢰를 획득하기 위한 휴먼웨어품질이다.

08 **서비스 품질을 평가하는 고객의 기준**
① 신뢰성 : 정확하고 틀림없다.
② 신속한 대응 : 재빠른 처리
③ 정확성 : 지식이 충분하고 정확
④ 편의성 : 의뢰하기가 쉽다.
⑤ 태도 : 예의바르다.
⑥ 커뮤니케이션 : 알기 쉽게 설명한다.
⑦ 신용도 : 회사 신뢰
⑧ 안전성 : 비밀유지
⑨ 고객의 이해도 : 사정을 잘 이해하며 만족시킨다.
⑩ 환경 : 좋은 분위기

09 **고객만족을 위한 직업운전자의 기본예절**
① 상대방을 알아준다. 사람을 기억한다는 것은 인간관계 기본조건이며, 상대가 누구인지 알고 기억하고 관심을 가져 더욱 가까워진다.
② 연장자는 사회 선배로 존중하고, 공사를 구분하여 예우한다.
③ 상대에게 관심을 갖는 것은 상대가 내게 호감을 갖게 한다.
④ 상대방의 입장을 이해 존중한다.
⑤ 상대방과 신뢰관계가 이익을 창출하는 것이 아니라 상대방에게 도움이 되어야 신뢰관계가 형성된다.
⑥ 상대방의 결점을 지적할 때에는 진지한 충고와 격려로 한다.
⑦ 모든 인간관계는 성실을 바탕으로 하며, 진실한 마음으로 상대를 대하고, 성실성으로 상대는 신뢰를 갖게 되어 관계는 깊어진다.

10 인사 ➡ ① 서비스의 첫 동작이요 마지막 동작이다 ② 서로 만나거나 헤어질 때 말, 태도 등으로 존경, 사랑, 우정을 표현하는 행동양식이다.

11 인사의 중요성과 인사의 마음가짐 ➡ ① 인사는 정성과 감사의 마음으로 ② 예절바르고 정중하게 ③ 밝고 상냥한 미소로서 ④ 경쾌하고 겸손한 인사말과 함께 한다 ⑤ 인사는 애사심, 존경심, 우애, 자신의 교양과 인격의 표현이다 ⑥ 인사는 서비스의 주요기법이고, 고객과 만나는 첫걸음이다 ⑦ 인사는 고객에 대한 마음가짐의 표현이며, 서비스 정신의 표시이다.

12 올바른 인사 방법

① 머리와 상체를 숙여 인사한다.
(가벼운 인사 : 15°, 보통인사 : 30°, 정중한 인사 : 45°)
② 항상 밝고 명랑한 표정의 미소를 짓는다.
③ 인사하는 지점의 상대방과의 거리는 2m 내외가 적당하다.
④ 손을 주머니에 넣거나, 의자에 앉아서 인사를 하는 일 없도록 하며 또한 인사를 하는 때 턱을 지나치게 내밀지 않도록 한다.

13 호감받는 표정의 중요성 ➡ ① 표정은 첫인상을 크게 좌우한다. ② 밝은 표정은 좋은 인간관계의 기본이다. ③ 첫인상은 대면 직후 결정된다. ④ 첫인상이 좋아야 그 이후의 대면이 호감있게 이루어질 수 있다. ⑤ 밝은 표정과 미소는 자신을 위하는 것이라 생각한다.

14 고객응대 마음 10가지 중 핵심 ➡ ① 사명감을 갖는다. ② 고객의 입장에서 생각한다. ③ 항상 긍정적으로 생각한다. ④ 공(公), 사(私)를 구분하고, 공평하게 대한다. ⑤ 꾸준히 반성하고 개선하라.

15 교통질서의 중요성 ➡ ① 질서가 지켜질 때, 비로소 남도 편하고 자신도 편하게 생활하게 되어, 상호 조화와 화합이 이루어지고, 나아가 국가와 사회도 발전해 나간다. ② 운전자 스스로 질서를 지킬 때, 교통사고로부터 자신과 타인의 생명과 재산을 보호받을 수 있다.

16 운전자의 사명 ➡ ① 남의 생명도 내 생명처럼 존중한다(인명존중, 안전운행 이행, 교통사고 예방). ② 운전자는 "공인(公認)"이라는 자각이 필요하다.

17 운전자가 가져야 할 기본적 자세

① 교통법규의 이해와 준수 ② 여유 있고 양보하는 마음으로 운전
③ 주의력 집중 ④ 심신상태의 안정
⑤ 추측 운전의 삼가 ⑥ 운전기술의 과신은 금물
⑦ 저공해 등 환경보호, 소음공해 최소화 등

18 운전예절의 중요성 ➡ ① 예절은 인간의 고유한 것이며, 그 사람의 됨됨이를 예의 바른가에 따라 가늠하기도 한다 ② 예절바른 운전습관은 명랑한 교통질서를 가져오며, 교통사고를 예방한다 ③ 교통문화를 선진화하는데 지름길이 된다.

19 운전자가 삼가하여야 할 운전행동

① 끼어들기 또는 욕설을 하는 운전자를 볼 수 있는데, 다른 운전자의 입장은 전혀 생각하지 않는 안하무인격의 무례한 운전자세이다(욕설이나 경쟁심으로 운전하는 행위 등).
② 도로상에서 사고 등으로 차량을 세워 둔 채로 시비, 다툼 등의 행위를 하여, 다른 차량의 통행을 방해하는 행위
③ 신호등이 바뀌기 전에 빨리 출발하라고 전조등을 켰다 껐다 하거나, 경음기로 재촉하는 행위
④ 방향지시등을 켜지 않고 갑자기 끼어들기를 하거나, 버스 전용차로를 무단통행하거나, 갓길(노견, 길어깨)로 주행하는 행위 등

20 화물 운전자의 운전자세 ➡ 상대방 운전자에게 보복하지 말 것

① 다른 자동차가 끼어들더라도 안전거리를 확보하는 여유를 가진다.
② 항상 자동차에 대한 점검 및 정비를 철저히 하여 자동차를 항상 최상의 상태로 유지한다.
③ 안전운행이나 고객의 서비스에 있어서, 운전자의 건강이 중요하므로 자신의 건강을 항상 가장 좋은 상태로 유지하도록 건강관리를 한다.

21 운전자의 인성과 습관의 중요성 ➡ ① 운전자의 습관은 운전행동에 영향을 미치게 되어 운전태도로 나타나므로 나쁜 운전습관을 개선하기 위해 노력하여야 한다.

22 운전자의 습관 형성 ➡ ① 습관은 후천적으로 형성되는 조건반사 현상이므로, 무의식 중에 어떤 것을 반복적으로 행하게 될 때 자기도 모르게 습관화된 행동이 나타난다. ② 나쁜 운전습관이 몸에 배면 나중에 고치기 어려우며, 잘못된 습관은 교통사고로 이어진다.

23 운전자의 기본적 주의 사항

① 법규 및 사내 안전관리 규정 준수 : ㉮ 수입포탈 목적 장비 운행 및 배차지시없이 임의 운행 금지 ㉯ 회사차량의 불필요한 집단운행 금지(회사승인시는 예외) ㉰ 음주 및 약물복용 후 운전금지 등
② 운행전 준비 : ㉮ 용모 복장 단정여부 확인 ㉯ 철저한 일상점검 ㉰ 배차사항 및 지시 · 전달사항, 적재물 특성 확인 등
③ 운행상 주의 : ㉮ 내리막길에서 장시간 풋 브레이크 사용 금지 ㉯ 노면의 적설, 빙판시 체인 장착 후 운행 ㉰ 후속차량이 추월하고자 할때 감속 등 양보 운전 ㉱ 보행자 등과 교행시 주의 등
④ 교통사고 발생시 조치 : ㉮ 교통사고 발생시 즉시 인명구호 조치, 관할 경찰서에 신고의무 이행 ㉯ 사고로 인한 행정, 형사처분(처벌)접수시 임의처리는 불가하며, 회사지시에 의거해 처리 ㉰ 회사소속 차량 사고시 육하 원칙에 의거해 즉시 보고
⑤ 신상변동의 보고 : ㉮ 결근 · 지각 · 조퇴를 할 경우, 운전면허증의 기재사항이 변경된 경우, 질병 등 신상 변동이 있을 때 회사에 즉시 보고한다. ㉯ 운전면허 정지, 취소 등 행정처분을 받았을 때 회사에 즉시 보고하며, 어떤 경우라도 운전을 금한다.

24 직업의 4가지 의미

① 경제적 의미 : 일터, 일자리, 경제적 가치를 창출하는 곳
② 정신적 의미 : 직업의 사명감과 소명의식을 갖고 정성과 정열을 쏟을 수 있는 곳
③ 사회적 의미 : 자기가 맡은 역할을 수행하는 능력을 인정받는 곳
④ 철학적 의미 : 일한다는 인간의 기본적인 리듬을 갖는 곳

25 직업윤리 ➡ ① 직업에는 귀천이 없다(평등) ② 천직의식(긍정적 사고 방식으로 어려운 환경 극복) ③ 감사하는 마음(본인, 부모, 가정, 국가에 대한 본인 역할이 있음을 감사하는 마음)

26 직업의 3가지 태도 ➡ ① 애정(愛情) ② 긍지(矜持) ③ 열정(熱情)

27 고객 응대 예절

① 집하할 때 행동 방법 : ㉠ 집하는 서비스 출발점이라는 자세를 갖고, 인사와 함께 밝은 표정으로 정중히 두 손으로 화물을 받는다 ㉡ 송하인용 운송장을 절취하여 고객에게 두 손으로 건네준다 ㉢ 화물인수 후 감사의 인사를 한다.
② 배달 시 행동 방법 : ㉠ 배달은 서비스의 완성이라는 자세를 갖는다 ㉡ 긴급배송을 요하는 화물은 우선 처리하고, 모든 화물은 반드시 기일내 배송한다 ㉢ 고객이 부재시에는 "부재중 방문표"를 반드시 이용한다 ㉣ 방문시 밝고 명랑한 목소리로 인사하고, 화물을 정중하게 고객이 원하는 장소에 가져다 놓는다 ㉤ 배달 후 돌아갈 때에는 이용해 주셔서 고맙다는 뜻을 밝히며, 밝게 인사한다 ㉥ 인수증 서명은 반드시 정자로 실명 기재 날인한다.
③ 고객불만 발생 시 행동 방법 : ㉠ 고객의 감정을 상하게 하지 않도록 불만 내용을 끝까지 참고 듣는다 ㉡ 고객불만을 해결하기 어려운 경우 적당히 답변하지 말고, 관련부서와 협의 후에 답변을 하도록 하며, 불만사항에 대하여 정중히 사과한다.
④ 고객 상담 시 대처 방법 : ㉠ 전화벨이 울리면(3회 이내) 밝고 명랑하게 받는다 ㉡ 고객의 문의전화, 불만전화 접수시 해당 점소가 아니더라도 확인하여, 고객에게 친절히 답변한다 ㉢ 담당자가 부재중일 경우 반드시 내용을 메모하여 전달한다 ㉣ 전화가 끝나면 마지막 인사를 하고 상대편이 먼저 끊고 난 후 전화를 끊는다.

2 물류의 이해 핵심요약정리

01 **물류(物流, 로지스틱스 : Logistics)개념** ➡ 공급자로부터 생산자, 유통업자를 거쳐 최종 소비자에게 이르는 재화의 흐름을 의미한다.

02 **물류관리** ➡ 재화의 효율적인 "흐름"을 계획, 실행, 통제할 목적으로 행해지는 제반활동을 의미한다.

03 **물류의 기능** ➡ ① 운송(수송)기능 ② 포장기능 ③ 보관기능 ④ 하역기능 ⑤ 정보기능 등이 있다.

04 **「물류정책기본법」상의 물류의 정의** ➡ 재화가 공급자로부터 조달·생산되어 수요자에게 전달되거나 소비자로부터 회수되어 폐기될 때까지 이루어지는 운송·보관·하역 등과 이에 부가되어 가치를 창출하는 가공·조립·분류·수리·포장·상표부착·판매·정보통신 등을 말한다.

※ 최근 물류는 단순히 장소적 이동을 의미하는 운송(Physical distribution)의 개념에서 발전하여 자재조달이나 폐기, 회수 등까지 총괄하는 경향이다.

05 **"로지스틱스(Logistics)"유래** ➡ 병참을 의미하는 프랑스어로서 전략물자(사람, 물자, 자금, 정보, 서비스 등)를 효과적으로 활용하기 위해서 고안해 낸 관리조직에서 유래되었다.

> **해설** **물류시설이란**
> ① 물류에 필요한 화물의 운송·보관·하역을 위한 시설
> ② 화물의 운송·보관·하역 등에 부가되는 가공·조립·분류·수리·포장·상표부착·판매·정보통신 등을 위한 시설
> ③ 물류의 공동화·자동화 및 정보화를 위한 시설
> ④ 물류터미널 및 물류단지시설

06 **경영정보시스템(MIS)** ➡ 기업경영에서 의사결정의 유효성을 높이기 위해, 경영내외의 관련정보를 "즉각적이나 대량으로" 수집, 전달, 처리, 저장, 이용할 수 있도록 편성한 "인간과 컴퓨터와의 결합시스템"을 말한다.

07 **전사적 자원관리(ERP)** ➡ 기업활동을 위해 사용되는 기업내의 모든 인적, 물적 자원을 효율적으로 관리하여 궁극적으로 기업의 경쟁력을 강화시켜 주는 역할을 하는 통합 정보시스템을 말한다.

08 **공급망관리의 정의**

① 고객 및 투자자에게 부가가치를 창출할 수 있도록, 최초의 공급업체로부터 최종 소비자에게 이르기까지의 상품·서비스 및 정보의 흐름이 관련된 프로세스를 통합적으로 운영하는 경영전략이다.

② 제조, 물류, 유통업체 등 유통공급망에 참여하는 모든 업체들이 협력을 바탕으로 정보기술(Information Technology)을 활용하여 재고를 최적화하고, 리드타임을 대폭 감축하여 결과적으로 양질의 상품 및 서비스를 소비자에게 제공함으로써 소비자 가치를 극대화시키기 위한 전략이다.

③ 제품생산을 위한 프로세스를 부품조달에서 생산계획, 납품, 재고관리 등을 효율적으로 처리할 수 있는 "관리 솔루션"으로 파악하기도 한다.

09 **공급망 관리의 의미 요약** ➡ 인터넷 유통시대의 디지털 기술을 활용하여, 공급자, 유통채널, 소매업자, 고객 등과 관련된 물자 및 정보흐름을 신속하고 효율적으로 관리하는 것을 의미하는 것이라 할 수 있다.

> **해설** ① 제조업의 가치사슬 구성 : 부품조달 → 조립·가공 → 판매유통
> ② 가치사슬의 주기가 단축되어야 생산성과 운영의 효율성이 증대
> ③ 인터넷 유통에서의 물류원칙
> ㉠ 적정수요 예측 ㉡ 배송기간의 최소화 ㉢ 반송과 환불시스템

10 **물류에 대한 개념적 관점에서 물류의 역할**

① 국민 경제적 관점
㉠ 물류비 절감
㉡ 소비자 물가와 도매물가의 상승 억제
㉢ 정시 배송의 실현으로 수요자 서비스 향상에 이바지
㉣ 자재와 자원의 낭비를 방지하여 자원의 효율적 이용에 기여
㉤ 사회간접자본의 증강과 각종 설비 투자의 필요성 증대
㉥ 지역 및 사회개발을 위한 물류개선은 인구 지역적 편중을 방지
㉦ 상거래흐름의 합리화를 가져와 상거래의 대형화를 유발
㉧ 도시재개발 등으로 도시생활자의 생활환경개선에 이바지

② 사회경제적 관점 : 생산, 소비, 금융, 정보 등 우리 인간이 주체가 되어 수행하는 경제활동의 일부분으로 운송, 통신, 상업활동을 주체로 하여 이들을 지원하는 제반활동을 포함한다.

③ 개별 기업적 관점
㉠ 최소의 비용으로 소비자를 만족시키고 서비스 질의 향상을 촉진시켜 매출신장을 도모한다.
㉡ 고객욕구만족을 위한 물류서비스가 판매경쟁에 있어 중요하다.
㉢ 제품의 제조판매를 위한 원재료의 구입과 판매와 관련된 업무를 총괄 관리하는 시스템 운영이다.

11 **기업경영에 있어서 물류의 역할**

① 마케팅의 절반을 차지 : 물류가 마케팅 기능으로서 간주되기 시작한 것은 1950년대이다. 지금은 고객조사, 가격정책, 판매조직화, 광고선전만으로는 마케팅을 실현하기 힘들고, 결품방지나 즉납서비스 등의 물리적인 고객서비스가 수반되지 않으면 안되는 시점이다.

> **해설** 마케팅(Marketing) : 생산자가 상품 또는 서비스를 소비자에게 유통시키는 것과 관련있는 모든 체계적 경영활동

② 판매기능 촉진 : 물류는 고객서비스를 향상하고, 물류코스트를 절감하여, 기업이익을 최대화하는 것이 목표이다. 판매기능은 물류의 7R 기준을 충족할 때 달성된다.

> **해설** (1) 7R 원칙
> ① Right Quality(적절한 품질) ② Right Quantity(적절한 양)
> ③ Right Time(적절한 시간) ④ Right Place(적절한 장소)
> ⑤ Right Impression(좋은 인상) ⑥ Right Price(적절한 가격)
> ⑦ Right Commodity(적절한 상품)
> (2) 3S 1L 원칙
> ① 신속하게(Speedy) ② 안전하게(Safely)
> ③ 확실하게(Surely) ④ 저렴하게(Low)
> (3) 제3의 이익 원천 : 매출증대, 원가절감에 이은 물류비절감

③ 적정재고의 유지로 재고비용 절감에 기여 : 물류합리화로 불필요한 재고의 미보유에 따른 재고비용 절감

④ 물류(物流)와 상류(商流) 분리를 통한 유통합리화에 기여 등

> **해설** **물류와 상류**
> ① 유통(distribution) : 물적유통(物流) + 상적유통(商流)
> ② 물류(物流) : 발생지에서 소비지까지의 물자의 흐름을 계획, 실행, 통제하는 제반관리 및 경제활동
> ③ 상류(商流) : 검색, 견적, 입찰, 가격조정, 계약, 지불, 인증, 보험, 회계처리, 서류발행, 기록 등(전산화)

12 **물류의 기능**

① 운송기능 ② 포장기능
③ 보관기능 ④ 하역기능

> **해설** **하역작업의 대표적 방식**
> ① 컨테이너화, 파렛트화
> ② 위의 두 가지 화물은 기계를 이용해 하역하며, 크레인과 지게차, 컨베이어 등이 이용된다.

⑤ 정보기능 ⑥ 유통가공기능

13 **물류관리의 의의**

① 기업 외적 물류관리 : ㉠ 고도의 물류서비스를 소비자에게 제공하여, 기업경영의 경쟁력을 강화한다. ㉡ 물류의 신속, 안전, 정확, 정시, 편리, 경제성을 고려한 고객지향적인 물류서비스를 제공한다.

② 기업 내적 물류관리 : ㉠ 물류관리의 효율화를 통한 물류비 절감 ㉡ 기업경영에 있어 대 고객서비스 제고와 물류비 절감을 동시에 달성하기 위한 물류전략을 구사하기 위해서는 종합 물류관리체제로서 고객이 원하는 적절한 품질의 상품 적량을 적시적소에 좋은 인상과 적절한 가격으로 공급해 주어야 한다.

14 **기업물류의 범위**

① 물적 공급과정 : 원재료, 부품, 반제품, 중간재를 조달·생산하는 물류과정이다.

② 물적 유통과정 : 생산된 재화가 최종 고객이나 소비자에게까지 전달되는 물류과정을 말한다.

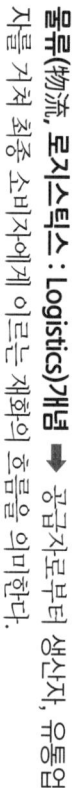

15 기업물류의 활동

① 주활동 : 대고객서비스 수준, 수송, 재고관리, 주문처리
② 지원활동 : 보관, 자재관리, 구매, 포장, 생산량과 생산일정 조정, 정보관리

16 기업물류의 발전방향 ➡ 비용절감, 요구되는 수준의 서비스 제공, 기업의 성장을 위한 물류전략의 개발 등이 물류의 주된 문제로 등장

① **물류비용의 변화** : 제품의 판매가격에 대해 물류비용이 차지하는 비율
② **기업의 국제화** : 효율적인 국제물류체계 구축이 성공의 한 요소
③ **시간** : 기업경쟁력의 우위확보를 위한 새로운 경영전략 요소
④ **서비스업체의 물류** : 서비스업체 대부분의 기업활동은 재화의 이동을 직접 발생시키지는 않지만, 간접적으로 재화의 이동과 관련이 되며, 물류문제와 관련된 의사결정을 하는 경우가 많다.

17 훌륭한 기업전략수립을 위한 4가지 요소 ➡ ① 소비자 ② 공급자 ③ 경쟁사 ④ 기업 자체

※ 세부계획 수립의 사항은 ① 기업의 비용 ② 재무구조 ③ 시장점유율 수준 ④ 외부 환경

18 물류전략

① **물류전략 목표** : ㉠ 비용절감(가변비용 최소화) ㉡ 자본절감(투자를 최소화) ㉢ 서비스 개선전략(서비스 수준에 비례하여 수익 증가)
② **프로액티브(proactive) 물류전략** : 사업목표와 소비자 서비스 요구사항에서부터 시작하며, 경쟁업체에 대항하는 공격적인 전략
③ **크래프팅(crafting) 중심의 물류전략** : 특정한 프로그램이나 기법을 필요로 하지 않으며 뛰어난 통찰력과 영감에 바탕을 둠

19 물류계획수립의 주요 영역(고객서비스 수준, 설비의 입지, 재고의사 결정, 수송의사 결정)

① **고객서비스 수준** : 시스템의 설계에 많은 영향을 끼치는 것으로 전략적 물류계획을 수립할 시에 우선적으로 고려해야 할 사항은 적절한 고객서비스 수준을 설정하는 것이다.
② **설비(보관 및 공급시설)의 입지결정** : 보관지점과 여기에 제품을 공급하는 공급지의 지리적인 위치를 선정하는 것이다.
③ **재고의사 결정** : 재고를 관리하는 방법에 관한 것을 결정하는 것
④ **수송의사 결정** : 수송수단 선택, 적재규모, 차량운행경로 결정, 일정계획 수립 등

해설 위의 계획수립 4가지 주요 영역들은 서로 관련이 있으므로, 이들간의 트레이드 오프를 고려할 필요가 있음.

20 물류계획수립 문제를 해결하는 방법

① **링크(link)** : 재고보관 지점들 간에 이루어지는 제품의 이동경로를 나타냄
② **노드(node : 보관지점)** : 노드 간에는 수송서비스(mode, 수송기관)의 대안, 제품이동경로의 대안으로 몇 개의 링크를 둘 수 있고, 재고의 흐름이 일시적으로 정지하는 지점임

21 물류계획수립 시점 ➡ 신설기업이나 신제품 생산시 새로운 물류네트워크 구축이 필요하다. 물류네트워크의 평가와 감사를 위한 일반적 지침은 수요, 고객서비스, 제품 특성, 물류비용, 가격결정정책이다.

① **수요** : 수요량, 수요의 지리적 분포
② **고객서비스** : 재고의 이용가능성, 배달 속도, 주문처리 속도 및 정확도
③ **제품특성** : 물류비용은 제품의 무게, 부피, 가치, 위험성 등의 특성에 민감함
④ **물류비용** : 물적공급과 물적유통에서 발생하는 비용은 기업의 물류시스템을 얼마나 자주 재구축해야 하는지를 결정
⑤ **가격결정정책** : 상품의 매매에 있어서 가격결정정책을 변경하는 것은 물류활동을 좌우하므로 물류전략에 많은 영향을 끼침

22 물류관리 전략의 필요성과 중요성

① **물류관리 전략의 중요성** : 로지스틱스는 가치창출이 중심으로, 물류를 전쟁의 대상이 아닌 수단으로 인식하는 것이며, 물류관리가 전략적 도구가 되는 개념이다. 즉 기업이 살아남기 위한 중요한 경쟁우위의 원천으로서 물류를 인식하는 것이 전략적 물류관리의 방향이라 할 수 있다.
㉠ **전략적 물류** : ㉮ 코스트 중심 ㉯ 제품효과 중심 ㉰ 기능별 독립 수행 ㉱ 부분 최적화 지향 ㉲ 효율 중심의 개념
㉡ **로지스틱스** : ㉮ 가치창출 중심 ㉯ 시장진출 중심(고객 중심) ㉰ 기능 통합화 수행 ㉱ 전체 최적화 지향 ㉲ 효(성)과 중심의 개념
② **전략적 물류관리(SLM)의 필요성** : 대부분의 기업들이 경영전략과 로지스틱스 활동을 적절하게 연계시키지 못하고 있는 것이 문제점으로 지적되고 있다. 이를 해결하기 위한 방안으로 전략적 물류관리가 필요하게 된 것임
③ **전략적 물류관리의 목표(물류전략 프로세스 혁신의 목표)** : 비용, 품질, 서비스, 속도와 같은 핵심적 성과에서 극적인 향상을 이루기 위해 물류의 각 기능별 업무 프로세스를 기본적으로 다시 생각하고 근본적으로 재설계하는 것이다. 업무처리속도와 업무품질이 향상되면 고객서비스가 증대되고 물류원가를 절감할 수 있다. 이렇게 고객만족을 달성해 기업의 신경영체제를 구축한다.
④ **로지스틱스 전략관리의 기본요건**
㉠ **전문가 집단구성** : ㉮ 물류전략계획 전문가 ㉯ 현업 실무관리자 ㉰ 물류서비스 제공자(프로바이더) ㉱ 물류 혁신 전문가 ㉲ 물류 인프라디자이너
㉡ **전문가의 자질** : ㉮ **분석력** - 최적의 물류업무흐름구현 ㉯ **기획력** - 물류전략입안 ㉰ **창조력** - 노하우로 시스템모델표현 ㉱ **판단력** - 기술동향파악 ㉲ **기술력** - 정보기술을 물류시스템구축에 활용 ㉳ **행동력** - 이상적인 인프라 구축을 위한 실행 ㉴ **관리력** - 신규 및 개발프로젝트를 원만히 수행 ㉵ **이해력** - 시스템 사용자의 요구를 명확히 파악하는 능력

23 제3자 물류업 정의 ➡ 화주기업이 고객서비스 향상, 물류비 절감 등 물류활동을 효율화할 수 있도록 공급망(supply chain)상의 기능 전체 혹은 일부를 대행하는 업종으로 정의되고 있다.

① **제1자 물류** : 화주기업이 직접 물류활동을 처리하는 자사물류
② **제2자 물류** : 물류자회사에 의해 처리하는 경우
③ **제3자 물류** : 화주기업이 자기의 모든 물류활동을 외부의 전문물류업체에게 물류 아웃소싱하는 경우

해설 ① 자사물류 : 기업이 사내에 물류조직을 두고, 물류업무를 직접 수행하는 경우
② 자회사 물류 : 기업이 사내의 물류조직을 별도로 분리하여, 자회사로 독립시키는 경우
③ 3자 물류 : 외부의 전문물류업체에게 물류업무를 아웃소싱하는 경우

24 물류 아웃소싱과 제3자 물류 ➡ 국내의 제3자 물류수준은 물류 아웃소싱 단계에 있다.

① **물류 아웃소싱** : 화주로부터 일부 개별서비스를 발주받아 운송서비스를 제공한다.
② **제3자 물류** : 1년 이상의 장기계약을 통해 회사전체의 통합물류서비스를 제공한다.

구분	물류 아웃소싱	제3자 물류
화주와의 관계	거래기반, 수발주관계	계약기반, 전략적 제휴
관계내용	일시 또는 수시	장기(1년 이상), 협력
서비스 범위	기능별 개별서비스	통합물류서비스
정보공유여부	불필요	반드시 필요
도입결정권한	중간관리자	최고경영층
도입방법	수의계약	경쟁계약

해설 제3자 물류서비스가 활성화된 때의 변화과정 ➡ 화주기업이 물류기능별 물류사업자와 개별적으로 접촉해야 하는 현재의 거래 · 계약구조는 화주기업과 제3자 물류업체간의 계약만으로 모든 물류서비스를 제공받을 수 있는 형태로 변화할 것이다.

25 화주기업들이 자사물류체제를 고수하고 있는 원인

① 물류 아웃소싱에 대한 낮은 신뢰
② 물류활동에 대한 통제력 상실에 대한 우려
③ 화주기업의 물류 서비스 요구를 제대로 충족시킬 수 있는 능력을 갖춘 물류 전문업체가 거의 없는 우리 물류산업의 낙후성

26 제3자 물류의 도입으로 "화주기업 측면의 기대효과"는

① 자사의 핵심사업 주력 화주기업은 각 부문별로 최고의 경쟁력을 보유하고 있는 기업 등과 통합 · 연계하는 공급망을 형성하여 공급망 대 공급망 간 경쟁에서 유리한 위치를 차지할 수 있다.

② 경영자원을 효율적으로 활용할 수 있고, 리드타임 단축과 고객서비스의 향상이 가능하다.
③ 고정투자비 부담을 없애고, 경기변동, 수요계절성 등 물동량 변동, 물류경로 변화에 효과적으로 대응할 수 있다.

27 제3자 물류도입으로 "물류업체 측면의 기대효과"는
① 제3자 물류의 활성화는 물류산업의 수요기반 확대로 이어져 규모의 경제효과에 의해 효율성, 생산성 향상을 달성할 수 있다.
② 고품질의 물류서비스를 개발 · 제공함으로써 현재보다 높은 수익률을 확보할 수 있다.
③ 서비스 혁신을 위한 신규투자를 더욱 활발하게 추진할 수 있다.

28 화주기업이 제3자 물류를 사용하지 않는 주된 이유
① 화주기업은 물류활동을 직접 통제하기를 원할 뿐 아니라 자사물류이용과 제3자 물류서비스 이용에 따른 비용을 일대일로 직접 비교하기가 곤란하다.
② 운영시스템의 규모와 복잡성으로 인해 자체 운용이 효율적이라 판단할 뿐만 아니라 자사물류 인력에 대해 더 만족하기 때문이다.

29 제4자 물류의 개념
① 제4자 물류(4PL) : 제3자 물류의 기능에 컨설팅 업무를 수행하는 것이다. 제4자 물류의 개념은 '컨설팅 기능까지 수행할 수 있는 제3자 물류'로 정의내릴 수도 있다.
② 제4자 물류(4PL)의 핵심 : 고객에게 제공되는 서비스를 극대화하는 것이다. 제4자 물류의 발전은 제3자 물류의 능력, 전문적인 서비스 제공, 비즈니스 프로세스관리, 고객에게 서비스기능의 통합과 운영의 자율성을 배가시키고 있다.

> **해설** 제4자 물류(4PL)의 두 가지 중요한 특징
> ① 제3자 물류보다 범위가 넓은 공급망의 기능을 담당한다.
> ② 전체적인 공급망에 영향을 주는 능력을 통하여 가치를 증식한다.

30 공급망관리에 있어서의 제4자 물류의 4단계
① 1단계–재창조(Reinvention) : 공급망에 참여하고 있는 복수의 기업과 독립된 공급망 참여자들 사이에 협력을 넘어서, 공급망의 계획과 동기화에 의해 가능한 것으로 재창조는 참여자의 공급망을 통합하기 위해서 비즈니스 전략을 공급망 전략과 제휴하면서, 전통적인 공급망 컨설팅 기술을 강화한다.
② 2단계–전환(Transformation) : 이 단계는 판매, 운영계획, 유통관리, 구매전략, 고객서비스, 공급망 기술을 포함한 특정한 공급망에 초점을 맞춘다. 전환은 전략적 사고, 조직변화관리, 고객의 공급망 활동과 프로세스를 통합하기 위한 기술을 강화한다.
③ 3단계–이행(Implementation) : 제4자 물류는 비즈니스 프로세스 제휴, 조직과 서비스의 경계를 넘은 기술의 통합과 배송운영까지를 포함하여 실행한다. 제4자 물류에 있어서 인적자원관리가 성공의 중요한 요소로 인식된다.
④ 4단계–실행(Execution) : 제4자 물류제공자는 다양한 공급망 기능과 프로세스를 위한 운영상의 책임을 지고, 그 범위는 전통적인 운송관리와 물류 아웃소싱보다 범위가 크다. 조직은 공급망 활동에 대한 전체적인 범위를 제4자 공급자에게 아웃소싱 할 수 있다. 제4자 물류공급자가 수행할 수 있는 범위는 제3자 물류공급자, IT회사, 컨설팅회사, 물류솔루션 업체들이다.

31 운송 ➡ 물품을 장소적 · 공간적으로 이동시키는 것을 말한다. 운송시스템은 터미널이나 야드 등을 포함한 운송결절점인 노드(Node), 운송경로인 링크(Link), 운송기관(수단)인 모드(Mode)를 포함한 하드웨어적인 요소와 운송의 컨트롤과 오퍼레이션 등을 포함하는 소프트웨어적인 측면의 각종 요소가 조직적으로 결합되고 통합됨으로써 전체적인 효율성이 발휘된다.

※ 수 · 배송의 개념

수 송	배 송
• 장거리 대량화물의 이동 • 거점↔거점간의 이동 • 지역 간 화물의 이동 • 1개소의 목적지에 1회에 직송	• 단거리 소량화물의 이동 • 기업↔고객간 이동 • 지역 내 화물의 이동 • 다수의 목적지를 순회하면서 소량운송

① 운송 관련 용어의 의미(흔히 수송이란 용어로 사용된다)
㉠ 교통 : 현상적인 시각에서의 재화의 이동
㉡ 운송 : 서비스 공급측면에서의 재화의 이동
㉢ 운수 : 행정상 또는 법률상의 운송
㉣ 운반 : 한정된 공간과 범위 내에서의 재화의 이동
㉤ 배송 : 상거래가 성립된 후 상품을 고객이 지정하는 수하인에게 발송 및 배달하는 것으로 물류센터에서 각 점포나 소매점에 상품을 납입하기 위한 수송
㉥ 통운 : 소화물 운송
㉦ 간선수송 : 제조공장과 물류거점(물류센터 등) 간의 장거리 수송으로 컨테이너 또는 파렛트(pallet)를 이용, 유닛화(unitization)되어 일정 단위로 취합되어 수송
② 선박 및 철도와 비교한 화물자동차 운송의 특징
㉠ 원활한 기동성과 신속한 수배송 ㉡ 신속하고 정확한 문전운송 ㉢ 다양한 고객요구 수용 ㉣ 운송단위가 소량 ㉤ 에너지 다 소비형의 운송기관 등

32 보관 ➡ 물품을 저장 · 관리하는 것을 의미하고, 시간 · 가격조정에 관한 기능을 수행한다. 수요와 공급의 시간적 간격을 조정함으로써, 경제활동의 안정과 촉진을 도모한다.

33 유통가공 ➡ 보관을 위한 가공 및 동일 기능의 형태 전환을 위한 가공 등 유통단계에서 상품에 가공(절단, 상세분류, 천공, 굴절, 조립, 유닛화, 가격표, 상표부착 등)이 더해지는 것을 의미한다.

34 포장 ➡ 물품의 운송, 보관 등에 있어서, 물품의 가치와 상태를 보호하는 것
① 공업포장 : 품질유지를 위한 포장
② 상업포장 : 상품가치를 높이고 판매를 촉진하는 포장

35 하역 ➡ 운송, 보관, 포장의 전후에 부수하는 물품의 취급으로, 교통기관과 물류시설에 걸쳐 행해진다. 적입, 적출, 분류, 피킹(picking)등의 작업이 여기에 해당한다. 하역 합리화의 대표적 수단에는 컨테이너화와 파렛트화가 있다.

36 정보 ➡ 정보는 물류활동에 대응하여 수집되며, 효율적 처리로 조직이나 개인의 물류활동을 원활하게 한다. 최근에는 컴퓨터와 정보통신기술에 의해 물류시스템의 고도화가 이루어져 수주, 재고관리, 주문품 출하, 상품조달, 운송, 피킹 등과 관련한 업무 흐름의 일괄관리가 실현되고 있다.

37 물류시스템의 기능 ➡ 작업서브시스템과 정보서브시스템 기능으로 분류한다.
① 작업서브시스템 = 운송, 하역, 보관, 유통가공, 포장
② 정보서브시스템 = 수 · 발주, 재고, 출하를 포함하는 분류

> **해설** ① 시스템 : 어떤 공통의 목적을 달성하기 위하여 많은 요소가 서로 관련을 갖고, 일정한 기능을 수행하는 복합체이다.
> ② 물류의 시스템화 : 반복되어 일어나는 '물(物)의 흐름'을 정형적인 흐름으로 정리하여, 가능한 한 기계적인 활동을 통하여 각 부문을 연결시켜주는 것을 말한다.

38 물류시스템의 목적 ➡ 최소의 비용으로 최대의 물류서비스를 산출하기 위하여, 물류서비스를 3S1L → Speedy(신속하게), Safely(안전하게), Surely(확실하게), Low(저렴하게)로 행하는 것이다. 이를 보다 구체화시키면 다음과 같다.
① 고객에게 상품을 적절한 납기에 맞추어, 정확하게 배달하는 것
② 고객의 주문에 대해, 상품의 품절을 가능한 한 적게 하는 것
③ 물류거점을 적절하게 배치하여, 배송효율을 향상시키고, 상품의 적정재고량을 유지하는 것
④ 운송, 보관, 하역, 포장, 유통가공 작업을 합리화하는 것
⑤ 물류비용의 적절화 · 최소화 등

39 비용과 물류서비스간의 관계에 대한 4가지 고려사항
① 물류 서비스를 일정하게 하고, 비용절감을 지향하는 관계이다.
② 물류 서비스를 향상시키기 위해 비용 상승이 발생할 수 밖에 없는 관계이다.
③ 적극적으로 물류비용을 고려하는 방법으로 물류비용, 일정, 서비스 수준 향상의 관계이다.
④ 보다 낮은 물류비용으로 보다 높은 물류 서비스를 실현하려는 물류비용 절감, 물류 서비스 향상의 관계이다.

40 운송합리화 방안에서 "적기 운송과 운송비 부담의 완화"

① 적기에 운송하기 위해서는 운송계획이 필요하며, 판매계획에 따라 일정량을 정기적으로 고정된 경로를 따라 운송하고, 가능하면 공장과 물류거점간의 간선운송이나 선적지까지 공장에서 직송하는 것이 효율적이다.
② 출하물량 단위의 대형화와 표준화가 필요하다.
③ 출하물량 단위를 차량별로 단위화, 대형화하거나 운송수단에 적합하게 물품을 표준화하며, 차량과 운송수단을 대형화하여 운송횟수를 줄이고 화주에 맞는 차량이나 특장차를 이용한다.
④ 트럭의 적재율과 실차율의 향상을 위하여 기준 적재중량, 용적, 적재함의 규격을 감안하여 최대허용치에 접근시키며, 적재율 향상을 위해 제품의 규격화나, 적재품목의 혼재를 고려해야 한다.

41 운송합리화 방안으로 "실차율 향상을 위한 공차율의 최소화" ➡ 화물을 싣지 않은 공차상태로 운행함으로써 발생하는 비효율을 줄이기 위하여 주도면밀한 운송계획을 수립한다.

> **해설 화물자동차운송의 효율성 지표**
> ① 가동률 : 화물자동차가 일정기간(예를 들어, 1개월)에 걸쳐 실제로 가동한 일 수
> ② 실차율 : 주행거리에 대해, 실제로 화물을 싣고 운행한 거리의 비율
> ③ 적재율 : 최대 적재량 대비 적재된 화물의 비율
> ④ 공차거리율 : 주행거리에 대해 화물을 싣지 않고, 운행한 거리의 비율
> ※ 트럭운송의 효율성을 최대로 하는것 : 적재율이 높은 실차상태로 가동률을 높이는 것임

42 공동 수 · 배송의 장 · 단점

구분	공동수송	공동배송
장점	• 물류시설 및 인원의 축소 • 발송작업의 간소화 • 영업용 트럭의 이용증대 • 입출하 활동의 계획화 • 운임, 요금의 적정화 • 여러 운송업체와의 복잡한 거래교섭의 감소 • 소량 부정기화물도 공동수송 가능	• 수송효율 향상(적재효율, 회전율 향상) • 소량화물 혼적으로, 규모의 경제효과 • 차량, 기사의 효율적 활용 • 안정된 수송시장 확보 • 네트워크의 경제효과 • 교통혼잡 완화 • 환경오염 방지
단점	• 기업비밀 누출에 대한 우려 • 영업부문의 반대 • 서비스 차별화에 한계 • 서비스 수준의 저하 우려 • 수화주와의 의사소통 부족 • 상품특성을 살린 판매전략 제약	• 외부 운송업체의 운임덤핑에 대처 곤란 • 배송순서의 조절이 어려움 • 출하시간 집중 • 물량파악이 어려움 • 제조업체의 산재에 따른 문제 • 종업원 교육, 훈련에 시간 및 경비 소요

43 수 · 배송관리시스템 ➡ 주문상황에 대해 적기 수 · 배송체제의 확립과 최적의 수 · 배송계획을 수립함으로써 수송비용을 절감하려는 체제이다(대표적인 것은 터미널 화물정보시스템).

44 화물정보시스템 ➡ 화물이 터미널을 경유하여 수송될 때 수반되는 자료 및 정보를 신속하게 수집하여 이를 효율적으로 관리하는 동시에 화주에게 적기에 정보를 제공해주는 시스템을 의미한다.

45 터미널화물정보시스템 ➡ 수출계약이 체결된 수출품이 트럭터미널을 경유하여 항만까지 수송되는 경우 국내거래시 한 터미널에서 다른 터미널까지 수송되어 수하인에게 이송될 때까지 전 과정에서 발생하는 각종 정보를 전산시스템으로 수집, 관리, 공급, 처리하는 종합정보관리체제이다.

46 수 · 배송 활동 각 단계에서의 물류정보처리 기능

① 계획 : 수송수단 선정, 수송경로 선정, 수송로트(lot)결정, 다이어그램 시스템 설계, 배송센터의 수 및 위치 선정, 배송지역 결정 등
② 실시 : 배차 수배, 화물적재 지시, 배송지시, 발송정보 착하지에의 연락, 반송화물 정보관리, 화물의 추적 파악 등
③ 통제 : 운임계산, 차량적재효율 분석, 차량가동 분석, 반품운임 분석, 빈용기운임 분석, 오송 분석, 교착수송 분석, 사고분석 등

3 화물운송서비스의 이해 핵심요약정리

1 물류의 신시대와 트럭수송의 역할

01 물류를 경쟁력의 무기로

① 물류는 합리화 시대를 거쳐 혁신이 요구되고 있다.
② 물류는 경영합리화에 필요한 코스트를 절감하는 영역 뿐 아니라, 경쟁자와의 격차를 벌리려고 하는 중요한 경쟁수단이 되고 있다.
③ 트럭운송산업의 종사자로서 고객의 절실한 요망에 대응하여, 화주에게 경쟁력 있는 물류를 무기로 제공할 의무가 있다.

02 총 물류비의 절감

① 고빈도 소량의 수송체계는 필연적으로 물류코스트 상승을 가져오며 비용면에서 경쟁력의 저하요인이 된다.
② 수송과 보관 등 물류를 구성하는 요소에서 아무리 비용을 절감한다고 하더라도 절감할 수 있는 비용은 전체의 10% 미만에 지나지 않는다.
③ 물류전문업자가 고객에게 비용의 측면에서 공헌할 수 있는 것은 총물류비의 억제나 절감에 있다.

03 혁신과 트럭운송에서 "기술혁신과 트럭운송사업"

① 현재의 서비스에 안주하지 않고, 끊임없는 새로운 서비스를 개발제공하게 된다. 즉 운송서비스의 혁신만이 생명력을 보장해 주는 것이다. 운송서비스의 혁신은 끊임없는 새로운 개발과 도입이다.
② 일반적으로 경영혁신의 분야에서는 새로운 시장의 개척, 새로운 상품이나 서비스의 개발에 의한 수요의 창조, 경영의 다각화, 기업의 합병 · 계열화, 경영효과 · 생산성의 향상, 기업체질의 개선 등이 공통적 사항이다.

> **해설 트럭 운송업계가 당면하고 있는 영역**
> ① 고객인 화주기업의 시장개척의 일부를 담당할 수 있는가
> ② 소비자가 참가하는 물류의 신 경쟁시대에 무엇을 무기로 하여 경쟁(싸움)할 것인가
> ③ 고도 정보화시대에 살아남기 위한 진정한 협업화에 참가할 수 있는가
> ④ 트럭이 새로운 운송기술을 개발할 수 있는가
> ⑤ 의사결정에 필요한 정보를 적시에 수집할 수 있는가

04 운송사업의 존속과 번영을 위한 변혁의 외부적 요인과 내부적 요인

① 운송사업의 존속과 번영을 위해 명심해야 할 사항
㉠ 경쟁에 이겨 살아남기 위해서는, 조직은 물론 자신의 문제점을 정확히 파악할 필요가 있다.
㉡ 문제를 알았으면 그 해결방법을 발견해야 하고, 문제의 해결은 현상을 타파하고 부정하여, 변화를 불러일으키는 것이다.
㉢ 새로운 과제, 새로운 변화, 새로운 위험, 새로운 선택과 결정을 맞이하여 최선의 방법을 선택 결정하여, 끊임없이 전진해 나가는 것이다.
② 조직이든 개인이든 변혁을 일으키지 않으면 안 되는 이유
㉠ 외부적 요인 : 조직이나 개인을 둘러싼 환경의 변화, 특히 고객의 욕구행동의 변화에 대응하지 못하는 조직이나 개인은 언젠가는 붕괴하게 된다.
㉡ 내부적 요인 : 조직이나 개인의 변화를 말한다. 조직이든 개인이든 환경에 대한, 오픈시스템으로 부단히 변화하는 것이다.
③ 현상의 변혁에 필요한 4가지 요소
㉠ 조직이나 개인의 전통, 실적의 연장선상에 존재하는 타성을 버리고, 새로운 질서를 이룩하는 것이다. 현재의 상태에 만족하거나, 안주하지 않는다. 새로운 방법이나 사상 등은 거부반응을 보이는 것이 일반적이다. 이런 거부반응을 억제하고, 더 좋은 방법은 없는지, 달리 취할 방도는 없는지 적극 모색해야 한다.
㉡ 유행에 휩쓸리지 않고, 독자적이고 창조적인 발상을 가지고 새로운 체질을 만드는 것이다. 독자적인 창조란 타조직이나 개인의 성공사례에 따라 겉모습만을 흉내내는 것이 아닌 독창성이다.
㉢ 형식적인 변혁이 아니라, 실제로 생산성 향상에 공헌할 수 있도록 본질적이고 구체적인 변혁이 이루어져야 한다.
㉣ 전통적인 체질은 좋든, 나쁘든 견고하다. 과거의 체질에서 새로운 체질로 바꾸는 것이 목적이라면, 변혁에 대한 노력은 계속적인 것이어야 성과가 확실해 진다.

05 현상의 변혁에 성공하는 비결

① 현상의 변혁에 성공하는 비결은, 개혁을 적시에 착수하는 것이다.
② 현상의 변혁에 성공하는 비결은 문제는 업종에 있는 것이 아니라 운송기술의 개발이나 새로운 서비스 방식의 개발에 의해, 이익을 올릴 수 있는 여지는 충분히 있는 것이다.
③ 현상의 부정, 타파, 창조변혁을 이룬다고 하는 변혁의 철학이 '더욱 좋게 한다'고 하는 말속에 전부 포함되어 있다고 하겠다.

06 트럭운송을 통한 새로운 가치 창출

① 트럭운송은 사회의 공유물이다. 트럭운송은 사회와 깊은 관계를 가지고 있다. 물자의 운송 없이 사회는 존재할 수 없으므로 즉 사람이 사는 곳이라면 어디든지 물자의 운송이 이루어져야 하므로 트럭은 사회의 공기(公器)라 할 수 있다.
② 트럭이 해야만 하는 제1의 원칙은 사회에 대하여 운송활동을 통해 새로운 가치를 창출해 낸다고 하는 것이다.
③ 화물운송종사업무는 새로운 가치를 창출하고, 사회에 무엇인가 공헌을 하고 있다는 데에 존재의의가 있으며, 운송행위와 관련 있는 모든 사람들의 다면적인 욕구를 충족시킨다는 사회로서의 사명을 가지고 있다.

07 공급망관리(SCM ; Supply Chain Management)개념

① 최종고객의 욕구를 충족시키기 위하여, 원료공급자로부터 최종 소비자에 이르기까지, 공급망 내의 각 기업간에 긴밀한 협력을 통해, 공급망인 전체의 물자의 흐름을 원활하게 하는 공동전략을 말한다. 공급망 내의 각 기업은 상호협력하여 프로세스를 재구축하고, 업무협약을 맺으며, 공동전략을 구사하게 된다.
② 공급망은 상류(商流)와 하류(荷流)를 연결시키는, 즉 최종소비자의 손에 상품과 서비스 형태의 가치를 가져다주는 여러 가지 다른 과정과 활동을 포함하는 조직의 네트워크를 말한다.
③ 공급망 관리에 있어서 각 조직은 긴밀한 협조관계를 형성하게 된다. 즉, 공급망 관리는 기업간 협력을 기본 배경으로 하는 것이다.
④ 공급망 관리는 '수직계열화'와는 다르다. 수직계열화는 보통 상류의 공급자와 하류(荷流)의 고객을 소유하는 것을 의미한다.

08 전사적 품질관리(TQC ; Total Quality Control)

① 기업경영에 있어서 전사적 품질관리란 제품이나 서비스를 만드는 모든 작업자가 품질에 대한 책임을 나누어 갖는다는 개념이다.
② 전사적 품질관리(TQC)는 물류활동에 관련되는 모든 사람들이 물류서비스 품질에 대하여, 책임을 나누어 가지고 문제점을 개선하는 것이며, 물류서비스 품질관리 담당자 모두가 물류서비스 품질의 실천자가 된다는 내용이다.
③ 물류서비스의 품질관리를 보다 효율적으로 하기 위해서는, 물류현상을 정량화하는 것이 중요하다. 즉, 물류서비스의 문제점을 파악하여 그 데이터를 정량화하는 것이 중요하다.
④ 원래 전사적 품질관리(TQC)는 통계적인 기법이 주요 근간을 이루나, 조직 부문 또는 개인간 협력, 소비자 만족, 원가절감, 납기, 보다 나은 개선이라는 "정신"의 문제가 핵이 되고 있다.

09 제3자 물류(TPL 또는 3PL ; Third-party logistics)

> **해설** ① 파트너십(partnership) : 상호 합의한 일정기간 동안 편익과 부담을 함께 공유하는 물류채널 내, 두 주체 간의 관계를 의미한다.
> ② 제휴(alliance) : 특정 목적과 편익을 달성하기 위한 물류채널 내의 독립적인 두 주체 간의 계약적인 관계를 의미한다.
> ③ 전략적 파트너십 또는 제휴 : 참여주체들이 중장기적인 상호편익을 추구하는 물류채널관계의 한 형태를 의미한다.

① 제3자(third-party)란 : 물류채널 내의 다른 주체와의 일시적이거나 장기적인 관계를 가지고 있는 물류채널 내의 대행자 또는 매개자를 의미하며, 화주와 단일 혹은 복수의 제3자 물류 또는 계약물류(contract logistics)이다. 물류기능을 아웃소싱한다는 의미이다.
② 기업이 물류아웃소싱을 도입하는 이유 : ㉠ 물류관련 자산비용의 부담을 줄임으로써, 비용절감을 기대할 수 있고, ㉡ 전문 물류서비스의 활용을 통해 고객서비스를 향상시킬 뿐만 아니라, ㉢ 자사의 핵심사업 분야에 더욱 집중할 수 있어서 전체적인 경쟁력을 재고할 수 있다는 기대에서 출발한다.
③ 기업의 물류활동을 수행자에 의한 분류방법
㉠ 자사물류(first-party logistics, 1PL) : 기업이 사내에 물류 조직을 두고 물류업무를 직접 수행하는 경우
㉡ 자회사 물류(second-party logistics, 2PL) : 기업이 사내의 물류조직을 별도로 분류하여 자회사로 독립시키는 경우
㉢ 제3자 물류 : 외부의 전문물류업체에게 물류업무를 아웃소싱하는 경우
④ 제3자 물류 개념의 두 가지 관점과 방향전환
㉠ 기업이 사내에서 직접 수행하던 물류업무를 외부의 전문물류업체에게 아웃소싱 한다는 관점
㉡ 전문물류업체와의 전략적 제휴를 통해 물류시스템 전체의 효율성을 제고하려는 전략의 일환으로 보는 관점
㉢ 화주와 물류서비스 제공업체의 관계가 기존의 단기적인 거래기반 관계에서 중장기적인 파트너쉽 관계로 발전된다는 것을 의미한다.

10 신속대응 (QR ; Quick Response)

① 개념 : 신속대응(QR) 전략이란 생산 · 유통기간의 단축, 재고의 감소, 반품손실 감소 등 생산 · 유통의 각 단계에서 효율화를 실현하고 그 성과는 생산자, 유통관계자, 소비자에게 골고루 돌아가게 하는 기법을 말한다.
② 원칙 : 신속대응(QR)은 생산 · 유통관련업자가 전략적으로 제휴하여 소비자의 선호 등을 즉시 파악하고 시장변화에 신속하게 대응함으로써 시장에 적합한 상품을 적시 적소에 적당한 가격으로 제공하는 것을 원칙으로 하고 있다.
③ 신속대응(QR) 활용시의 혜택
㉠ 소매업자 : 유지비용의 절감, 고객서비스의 제고, 높은 상품 회전율, 매출과 이익증대 등의 혜택을 볼 수 있다.
㉡ 제조업자 : 정확한 수요예측, 주문량에 따른 생산의 유연성 확보, 높은 자산회전율 등의 혜택을 볼 수 있다.
㉢ 소비자 : 상품의 다양화, 낮은 소비자가격, 품질개선, 소비패턴 변화에 대응한 상품구매 등의 혜택을 볼 수 있다.

11 효율적 고객대응(ECR ; Efficient Consumer Response)

① 개념 : 효율적 고객대응(ECR) 전략이란 소비자 만족에 초점을 둔 공급망 관리의 효율성을 극대화하기 위한 모델로서, 제품의 생산단계에서부터 도매 · 소매에 이르기까지 전 과정을 하나의 프로세스로 보아 관련기업들의 긴밀한 협력을 통해 전체로서의 효율 극대화를 추구하는 효율적 고객대응기법이다.
② 목적 : 효율적 고객대응(ECR)은 제조업체와 유통업체가 상호 밀접하게 협력하여 기존의 상호기업간에 존재하던 비효율적이고 비생산적인 요소들을 제거하여 보다 효용이 큰 서비스를 소비자에게 제공하자는 것이다.
③ ECR과 QR의 차이점 : ㉠ ECR이 단순공급망 통합전략과 다른 점 : 산업체와 산업체간에도 통합을 통하여 표준화와 최적화를 도모할 수 있다. ㉡ QR과의 차이점 : 섬유산업 뿐만 아니라, 식품 등 다른 산업부분에도 활용할 수 있다.

12 주파수 공용통신(TRS ; Trunked Radio System)

① 주파수 공용통신(TRS)의 개념 : 중계국에 할당된 여러 개의 채널을 공용으로 사용하는 무전기시스템으로서 이동차량이나 선박 등 운송수단에 탑재하여 이동간의 정보를 리얼타임(real-time)으로 송수신할 수 있는 통신서비스이다.
② 주파수 공용통신(TRS)의 서비스내용 : 음성통화(voice dispatch), 공중망접속통화(PSTN I/L), TRS데이터통신(TRS data com munication), 첨단 차량군 관리(advanced fleet management) 등이다.
③ 주파수 공용통신(TRS)의 기능
㉠ 주파수 공용통신(TRS)과 공중망접속통화로 물류의 3대 축인, 운송회사 · 차량 · 화주의 통신망을 연결하면, 화주가 화물의 소재와 도착시간 등을 즉각 파악할 수 있다.
㉡ 운송회사에서도 차량의 위치 추적에 의해, 사전 회귀배차(回歸配車)가 가능해지고, 단말기 화면을 통한 작업지시가 가능해져, 급격한 수요변화에 대한 신축적 대응이 가능해진다. 주파수 공용통신은 화물추적 기능, 서류처리의 축소, 정보의 실시간 처리 등의 이점이 있다.
④ 주파수 공용통신(TRS)의 도입 효과
㉠ 업무분야별 효과

㉮ **차량운행 측면** : 사전배차계획 수립과 배차계획 수정이 가능해지며, 차량의 위치추적기능의 활용으로 도착시간의 정확한 추정이 가능해진다.

㉯ **집배송 측면** : 음성 혹은 데이터통신을 통한 메시지 전달로 수작업과 수배송 지연사유 등 원인분석이 곤란했던 점을 체크아웃 포인트의 설치나 화물추적기능의 활용을 통해, 지연사유 분석이 가능해져 표준운행시간 작성에 도움을 줄 수 있게 되었다.

㉰ **차량 및 운전자관리 측면** : TRS를 통해 고장차량에 대응한 차량 재배치나 지연사유 분석이 가능해지고, 이외에도 데이터통신에 의한 실시간 처리가 가능해져 관리업무가 축소되며, 고객에 대한 정확한 도착시간 통보로 JIT(卽納)가 가능해지고, 분실화물의 추적과 책임자 파악이 용이하게 되었다.

㉡ **기능별 효과** : ㉮ 차량의 운행정보 입수와 본부에서 차량으로 정보 전달이 용이해지고 ㉯ 차량으로 접수한 정보의 실시간 처리가 가능해지며 ㉰ 화주의 수요에 신속히 대응할 수 있다는 점이며 ㉱ 화주의 화물추적이 용이해졌다.

13 범지구측위 시스템(GPS ; Global Positioning System)

① GPS 통신망의 개념 : 관성항법(慣性航法)과 더불어 어두운 밤에도 목적지에 유도하는 측위(側衛)통신망으로서, 그 유도기술의 핵심이 되는 것은 인공위성을 이용한 범지구측위시스템(GPS)이며, 주로 차량위치 추적을 통한 물류관리에 이용되는 통신망이다.

② GPS 통신망의 기능

㉠ 인공위성을 이용한 지구의 어느 곳이든 실시간으로 자기 또는 타인의 위치를 확인할 수 있다.

㉡ GPS는 미 국방성이 관리하는 새로운 시스템으로 고도 2만km 또는 24개의 위성으로부터 전파를 수신하여 그 소요시간으로 이동체의 거리를 산출한다. 측정오차는 10/100m 정도, 고정점 측정오차는 2~3m로 줄일 수 있다.

③ GPS의 도입효과

㉠ 각종 자연재해로부터 사전에 대비해 재해를 회피할 수 있다.

㉡ 토지조성공사에도 작업자가 건설용지를 돌면서, 지반침하와 침하량을 측정해 리얼 타임으로 신속하게 대응할 수 있다.

㉢ 대도시의 교통 혼잡시에, 차량에서 행선지 지도와 도로 사정(교통정체현상) 등을 파악할 수 있다.

㉣ 밤낮으로 운행하는 운송차량 추적시스템을 GPS로 완벽하게 관리 및 통제할 수 있다.

㉤ 공중에서 온천탐사도 할 수 있다.

14 통합판매 · 물류 · 생산시스템(CALS;Computer Aided Logistics Support)

① CALS의 개념 : 1982년 미군의 병참지원체계로 개발된 것으로 최근에는 민간에까지 급속도로 확대되어, 산업정보화의 마지막 무기이자 제조 · 유통 · 물류산업의 인터넷이라고 평가받고 보다 효용이 큰 서비스를 소비자에게 제공하자는 것이다.

> **해설** 통합판매 · 물류 · 생산시스템(CALS)이란 것은
> 첫째,무기체제의 설계 · 제작 · 군수 유통체계지원을 위해 디지털기술의 통합과 정보공유를 통한, 신속한 자료처리 환경을 구축하는 것이며,
> 둘째, 제품설계에서 폐기에 이르는 모든 활동을, 디지털 정보기술의 통합을 통해 구현하는 산업화전략이며,
> 셋째, 컴퓨터에 의한 통합생산이나, 경영과 유통의 재설계 등을 총칭한다(기업으로서는 품질향상, 비용절감, 신속처리에 큰 효과가 있음).

② CALS의 목표

설계, 제조 및 유통과정과 보급, 조달 등 물류지원 과정은

첫째 : 비즈니스 리엔지니어링을 통해 조정

둘째 : 동시공학(同時工學, Concurrent Engineering)적 업무처리과정으로 연계

셋째 : 다양한 정보를 디지털화하여 통합데이터베이스(Data base)에 저장하고 활용

> **해설** 이를 통해 업무의 과학적 · 효율적 수행이 가능하고, 신속한 정보공유 및 종합적 품질관리 제고가 가능케 됨.

③ CALS의 중요성과 적용 범주

㉠ 정보화 시대의 기업경영에 필요한 필수적인 산업정보화

㉡ 방위산업뿐 아니라 중공업, 조선, 항공, 섬유, 전자, 물류 등 제조업과 정보통신 산업에서 중요한 정보전략화

㉢ 과다서류와 기술자료의 중복 축소, 업무처리절차 축소, 소요시간 단축, 비용절감

㉣ 기존의 전자 데이터 정보(EDI)에서 영상, 이미지 등 전자상거래(Elec-tronic Commerce)로 그 범위를 확대하고, 궁극적으로 멀티미디어 환경을 지원하는 시스템으로 발전

㉤ 동시공정, 에러검출, 순환관리 자동활용을 포함한, 품질관리와 경영혁신 구현 등

④ 통합판매 · 물류 · 생산시스템(CALS)의 도입 효과

㉠ 도입효과

㉮ CALS/EC는 새로운 생산 · 유통 · 물류의 패러다임으로 등장하고 있다. 이는 민첩생산시스템으로써 패러다임의 변화에 따른 새로운 생산시스템, 첨단생산시스템, 고객요구에 신속하게 대응하는 고객만족시스템, 규모경제를 시간경제로 변화, 정보인프라로 광역대 ISDN(B-ISDN)으로써 그 효과를 나타내고 있다.

㉯ 또 하나 특이한 CALS/EC의 도입효과로는 CALS/EC가 기업통합과 가상기업을 실현할 수 있을 것이란 점이다.

⑤ 가상기업(Virtual Enterprise)이란 : 급변하는 상황에 민첩하게 대응하기 위한 전략적 기업제휴를 의미한다.

㉠ 정보시스템으로 동시공학체제를 갖춘 생산 · 판매 · 물류시스템과 경영시스템을 확립한 기업, 시장의 급속한 변화에 대응하기 위해 수익성 낮은 사업은 과감히 버린다.

㉡ 리엔지니어링을 통해 경쟁력 있는 사업에 경영자원을 집중투입, 필요한 정보를 공유하면서 상품의 공동개발을 실현, 제품단위 또는 프로젝트 단위별로 기동적인 기업 간 제휴를 할 수 있는 수평적 네트워크형 기업관계 형성을 의미한다.

㉢ 한국무역정보통신(KTNET)은 KT · EDI(전자문서교환)를 개발 이후 이를(가상기업) 토대로 CALS분야의 선두주자로 부상하고 있다.

4 화물운송서비스와 문제점 핵심요약정리

01 물류부문 고객서비스의 개념

① 어떤 기업이 제공하는 고객서비스의 수준은 기존의 고객이 고객으로서 계속적으로 남을 것인가 말 것인가를 결정할 뿐만 아니라, 얼마만큼의 잠재고객이 고객으로 바뀔 것인가를 결정하게 된다. 고객서비스는 고객유치를 위한 마케팅자원 중 가장 유효한 무기이다.

② 고객서비스의 주요 목적은 고객유치를 증대시키는 데에 있다.

③ 물류부문의 고객서비스에는 먼저 기존 고객과의 계속적인 거래관계를 유지 · 확보하는 수단으로서의 의의가 있다.

④ 물류부문의 고객서비스란 물류시스템의 산출(output)이라고 할 수 있다.

02 물류고객서비스의 요소

① 아이템의 이용가능성, A/S와 백업, 발주와 문의에 대한 효율적인 전화처리, 발주의 편의성, 유능한 기술담당자, 배송시간, 신뢰성, 기기성능 시범, 출판물의 이용가능성 등

② 발주 사이클 시간, 재고의 이용가능성, 발주 사이즈의 제한, 발주의 편리성, 배송빈도, 배송의 신뢰성, 서류의 품질, 클레임 처리, 주문의 달성, 기술지원, 발주상황 정보

③ 물류고객 서비스 주문처리내용에 대한 구분

㉠ 주문처리시간 : 고객주문의 수취에서, 상품 구색의 준비를 마칠 때까지의 경과시간, 즉 주문을 받아서 출하까지 소요되는 시간

㉡ 주문품의 상품 구색시간 : 출하에 대비해서 주문품 준비에 걸리는 시간, 즉 모든 주문품을 준비하여 포장하는데 소요되는 시간

㉢ 납기 : 고객에게로의 배송시간, 즉 상품구색을 갖춘 시점에서 고객에게 주문품을 배송하는데 소요되는 시간

㉣ 재고신뢰성 : 품절, 백오더, 주문충족률, 납품률 등 즉 재고품으로 주문품을 공급할 수 있는 정도

㉤ **주문량의 제약** : 허용된 최소주문량과 최소주문금액, 즉 주문량과 주문금액의 하한선
㉥ **혼재** : 수 개소로부터 납품되는 상품을, 단일의 발송화물인 혼재화물로 종합하는 능력, 즉 다품종의 주문품의 배달방법
㉦ **일관성** : 앞의 ㉠~㉥까지 기술한 요소들의 각각의 변화폭, 즉 각각의 서비스표준이 허용되는 변동 폭.

④ **물류고객 서비스의 거래 전 · 거래 시 · 거래 후 요소**
㉠ **거래전 요소** : 문서화된 고객서비스 정책 및 고객에 대한 제공, 접근가능성, 조직구조, 시스템의 유연성, 매니지먼트 서비스
㉡ **거래 시 요소** : 재고 품절 수준, 발주정보, 주문사이클, 배송촉진, 환적(還積, transhipment), 시스템의 정확성, 발주의 편리성, 대체 제품, 주문상황 정보
㉢ **거래 후 요소** : 설치, 보증, 변경, 수리, 부품, 제품의 추적, 고객의 클레임, 고충 · 반품처리, 제품의 일시적 교체, 예비품의 이용가능성

03 고객서비스전략의 구축(필요성, 서비스반응도, 기준설정)

① 수익의 관점에서 고객서비스의 내용이 물류기업의 매출에 큰 영향을 미친다는 것은 상식이다.
② 제공하고 있는 서비스에 대한 고객의 반응은 단순히 제품의 품절만이 아니라 보다 많은 요인의 영향을 받고 있다는 점을 고려할 필요가 있는데, 물류클레임으로 품절만큼 중요한 것은 오손, 파손, 오품, 수량오류, 오량, 오출하, 전표오류, 지연 등이 있다.
③ ②의 사항과 관련된 물류서비스 : ① 리드타임의 단축 ② 체류시간의 단축 ③ 납품시간 및 시간대 지정 ④ 24시간 수주 ⑤ 상품신선도 ⑥ 유통가공 ⑦ 부가서비스 ⑧ 다양한 정보 서비스

04 택배종사자의 서비스 자세

① **애로사항이 있더라도 극복하고 고객만족을 위하여 최선을 다한다.**
㉠ 송하인, 수하인, 화물의 종류, 집하시간, 배달시간 등이 모두 달라 서비스의 표준화가 어렵다. 그럼에도 불구하고 수많은 고객을 만족시켜야 한다.
㉡ 특히 개인고객의 경우 고객 부재, 지나치게 까다로운 고객, 주소불명, 산간오지 · 고지대 등의 어려움이 많다.

② **진정한 택배종사자로서 대접받을 수 있도록 행동한다.**
단정한 용모, 반듯한 언행, 대고객 약속준수 등

③ **상품을 판매하고 있다고 생각한다(통신판매된 상품 배달).**
㉠ 내가 판매한 상품을 배달하고 있다고 생각하면서 배달한다.
㉡ 배달이 불량하면, 판매에 영향을 준다.

④ **택배종사자의 용모와 복장**
㉠ 복장과 용모는 언행을 통제한다.
㉡ 고객도 복장과 용모에 따라 대한다.
㉢ 명찰은 신분확인증
㉣ 선글라스는 강도, 깡패로 오인할 수 있다.
㉤ 슬리퍼는 혐오감을 준다.
㉥ 항상 웃는 얼굴로 서비스한다.

⑤ **택배차량의 안전운행과 자동차 관리**
㉠ 사고와 난폭 운전은 회사와 자신의 이미지 실추 → 이용기피
㉡ 어린이, 노인 주의, 후진주의, 후문 잠그고 운행, 차량청결

⑥ **택배화물의 배달방법**
㉠ **배달순서 계획(배달의 개념 : 가정이나 사무실에 배달)**
㉮ 관내 상세 지도를 비닐코팅하여 보유한다.
㉯ 우선적으로 배달해야 할 고객의 위치를 표시한다.
㉰ 배달과 집하 순서(루트)를 표시한다.
㉡ **개인고객에 대한 전화**
㉮ 전화를 100%하고 배달할 의무는 없으나 안 하면 불만을 초래할 수 있다. 그러나 상황에 따라 전화를 하는 것이 더 좋다(약속은 변경 가능).
㉯ 방문예정시간에 수하인 부재중일 경우, 반드시 대리 인수자를 지명 받아 그 사람에게 인계해야 한다(인계용이, 착불요금, 화물안전 확보).
㉰ 약속시간을 지키지 못할 경우에는 전화하여 예정시간을 정정한다.

> **해설** **전화통화시 주의할 점**
> ① 본인 아닌 경우 화물명을 말하지 않아야 할 경우가 있다(보약, 다이어트용 상품, 보석, 성인용품 등).
> ② 전화하면 수취거부로 반품률 높은 품목이 있다(족보, 명감(동문록)) 등(전화시 반품률 30% 이상).

⑦ **수하인 문전 행동 방법**
㉠ **배달의 개념** : 가정, 사무실에 배달
㉡ **인사방법** : 초인종을 누른 후 인사한다. 용변 중이나 샤워 중일 수도 있으니 사람이 안 나온다고 문을 쾅쾅 두드리거나, 발로 차지 않는다.
㉢ **화물인계방법** : "OOO한테서 소포 또는 상품을 배달왔습니다"하며, 겉포장의 이상유무를 확인후 인계한다.
㉣ **배달표 수령인 날인 확보** : 정자이름과 날인(사인)을 동시에 받는다(가족, 대리인 인수시 관계확인).
㉤ **고객의 문의사항이 있을 시**
㉮ 집하이용, 반품 등을 문의할 때는 성실하게 답변한다.
㉯ 조립요령, 사용방법, 입어보기 등은 정중히 거절한다.
㉥ **불필요한 말과 행동은 하지 말 것(오해 소지)**
㉮ 배달과 관계없는 말은 하지 않는다.
㉯ 많은 선물, 외제품 사용, 배달되는 상품의 품질 등에 대한 잡담 등의 말은 하지 말 것

⑧ **화물에 이상이 있을 시 인계 방법**
㉠ 약간의 문제가 있을 시는 잘 설명하여 이용하도록 한다.
㉡ 완전히 파손, 변질시에는 진심으로 사과하고 회수 후 변상. 내품에 이상이 있을 시는 전화할 곳과 절차를 알려준다.
㉢ 배달완료 후 파손, 기타 이상이 있다는 배상 요청시 반드시 현장 확인을 해야 한다(책임을 전가받는 경우 발생).

⑨ **반드시 약속시간(기간) 내에 배달해야 할 화물**
㉠ 모든 배달품은 약속시간(기간) 내에 배달되어야 한다.
㉡ **신속배달물품** : 한약, 병원조제약, 식품, 학생들기숙사용품, 채소류, 과일, 생선, 판매용 식품(특히 명절 전), 서류 등

⑩ **대리 인계 시 방법**
㉠ **인수자 지정**
㉮ 원활한 인수, 파손 · 분실 문제책임, 요금 수수 등을 위해 전화로 사전에 대리 인수자를 지정받는다.
㉯ 반드시 이름과 서명을 받고 관계를 기록한다.
㉰ 서명을 거부할 때는 시간, 상호, 기타 특징을 기록한다.
㉡ **임의 대리 인계**
㉮ 수하인이 부재중인 경우 외에는 대인(임의대리인)에게 인계를 절대 해서는 안 된다.
㉯ 불가피하게 대리인에게 인계를 할 때는 확실한 곳에 인계해야 한다(옆집, 경비실, 친척집 등).
㉰ 대리 인수 기피 인물 : 노인, 어린이, 가게 등
㉱ 화물의 인계 장소 : 아파트는 현관문 안, 단독 주택은 집에 딸린 문 안
㉲ 사후확인 전화 : 대리 인계 시 반드시 귀점(귀사) 후 통보

⑪ **고객 부재 시 방법**
㉠ **부재안내표의 작성 및 투입**
㉮ 반드시 방문시간, 송하인, 화물명, 연락처 등을 기록하여 문 안에 투입한다. 문밖에 부착은 절대 금지한다.
㉯ 대리인 인수시는 인수처 명기하여 찾도록 해야 한다.
㉡ 대리인 인계가 되었을 때는 귀점(귀사) 중 다시 전화로 확인 및 귀점 후 재확인한다.
㉢ **밖으로 불러냈을 때의 요령**
㉮ 반드시 죄송하다는 인사를 한다.
㉯ 소형화물 외에는 집까지 배달하며, 길거리 인계는 안된다.

⑫ **미배달화물에 대한 조치** : 미배달 사유(주소불명, 전화불통, 장기부재, 인수거부, 수하인 불명)를 기록하여, 관리자에게 제출하고, 화물은 재입고한다.

⑬ **택배 집하 방법**
㉠ **집하의 중요성**
㉮ 집하는 택배사업의 기본
㉯ 집하가 배달보다 우선되어야 한다.

㉰ 배달있는 곳에 집하가 있다.
㉱ 집하를 잘해야 고객불만이 감소한다.

㉡ 방문 집하 방법

㉮ 방문 약속시간의 준수 : 고객 부재 상태에서는 집하가 곤란하고, 약속시간이 늦으면 고객의 불만이 가중되니, 사전에 전화해야 한다.

㉯ 기업화물 집하할 때 행동 : 화물이 준비되지 않았다고 운전석에 앉아 있거나, 빈둥거리지 말아야 한다. 출하담당자의 작업을 도와주고 친구가 되도록 한다.

㉰ 운송장 기록의 중요성 : 운송장 기록을 정확하게 기재하지 않고 부실하게 기재하면, 오도착, 배달불가, 배상금액 확대, 화물파손 등의 문제점이 발생한다.

> **해설** **정확히 기재해야 할 사항**
> ① 수하인 전화번호 : 주소는 정확해도 전화번호가 부정확하면, 배달이 곤란함
> ② 정확한 화물명 : 포장의 안전성 판단기준, 사고시 배상기준, 화물 수탁 여부 판단기준, 화물 취급요령
> ③ 화물가격 : 사고시 배상기준, 화물수탁 여부 판단기준, 할증여부 판단기준

㉱ 포장의 확인 : 화물종류에 따른 포장의 안전성을 판단하여 안전하지 못할 경우에는 보완을 요구하여 보완 · 발송한다. 포장에 대한 사항은 미리 전화하여 부탁해야 한다.

> **해설** **택배(소화물 일괄운송)운송서비스의 장점**
> ① 경제성 : 집하비, 간선운송비, 배달비, 교통비, 인건비, 시외전화요금, 출장비, 보험료, 제반 행정비 등을 절약
> ② 안전성 : 운송의 전 과정을 전문운송책임하에 일괄처리함으로써 분실, 도난, 훼손 등 위험을 최소화시켜 책임소재를 분명히 할 수 있다.
> ③ 편리성 : 고객은 어느 장소에서나 전화 한 통화로 집하에서 배달까지 모든 운송과정을 대행 처리함으로써 고객입장에서는 편리하다.

05 철도와 선박과 비교한 트럭 수송의 장 · 단점

장점	단점
① 문전에서 문전으로 배송서비스를 탄력적으로 행할 수 있다. ② 중간 하역이 불필요하고 포장의 간소화, 간략화가 가능하다. ③ 다른 수송기관과 연동하지 않고서도, 일관된 서비스를 수행할 수 있다. ④ 화물을 싣고 부리는 횟수가 적어도 된다.	① 수송단가[수송단위가 작고, 연료비나 인건비(장거리 경우)]가 높다. ② 진동, 소음, 광화학 스모그 등의 공해문제 해결이 남아있다. ③ 유류의 다량소비로 자원 및 에너지 절약 문제 등이 해결해야 할 문제도 많이 남겨져 있다.

※ 기타 : 도로망의 정비 · 유지, 트럭 터미널, 정보를 비롯한 트럭수송 관계의 공공투자를 계속적으로 수행하고, 전국 트레일러 네트워크의 확립을 축으로, 수송기관 상호의 인터페이스의 원활화를 급속히 실현하여야 할 것이다. 트럭수송 분담률이 한층 커지며 상대적으로 트럭의 의존도가 높아지고 있다.

06 운송서비스 사업용(영업용) 트럭운송의 장 · 단점

장점	단점
① 수송비가 저렴하다. ② 수송능력 및 융통성이 높다. ③ 변동비 처리가 가능하다. ④ 설비투자가 필요 없다. ⑤ 인적투자가 필요 없다. ⑥ 물동량의 변동에 대응한 안정 수송이 가능하다.	① 운임인상의 가능성으로 운임의 안정화가 곤란하다. ② 관리기능이 저해된다. ③ 마케팅 사고가 희박하다. ④ 인터페이스가 약하다. ⑤ 기동성이 부족하다. ⑥ 시스템의 일관성이 없다.

07 자가용 트럭운송의 장 · 단점

장점	단점
① 작업의 기동성이 높다. ② 안정적 공급이 가능하다. ③ 상거래에 기여한다. ④ 시스템의 일관성이 유지된다. ⑤ 높은 신뢰성이 확보된다. ⑥ 리스크가 낮다(위험부담도가 낮다). ⑦ 인적 교육이 가능하다.	① 인적 투자가 필요하다. ② 비용의 고정비화 ③ 수송능력에 한계가 있다. ④ 설비투자가 필요하다. ⑤ 사용하는 차종, 차량에 한계가 있다. ⑥ 수송량의 변동에 대응하기가 어렵다.

※ 사업용(영업용), 자가용 모두 장 · 단점은 있으나, 코스트와 서비스 면에서 자가용이 아니어서는 안 될 점만을 자가용으로 하고, 여타는 가능한 한 영업용의 선택적 유효이용을 도모하는 것이 타당하다.

08 트럭 운송의 전망

트럭 운송은 국내 운송의 대부분을 차지하고 있다. 그 이유는

첫째, 트럭 수송의 기동성이 산업계의 요청에 적합하기 때문이다.

둘째, 트럭 수송의 경쟁자인 철도수송에서는 국철을 이용한 화물수송이 독립적으로 시장을 지배해왔다. 그래서 트럭과 경쟁원리가 작용하지 않게 되었고 그 지위 또한 낮았다.

셋째, 고속도로의 건설 등과 같은 도로시설에 대한 공공투자가 철도시설에 비해 적극적으로 이루어져 왔다.

넷째, 오늘날에는 소비의 다양화 · 소량화가 현저해지고, 종래의 제2차 산업의존형에서 제3차 산업으로 전환되고 있다. 그 결과 트럭 수송이 한층 더 중요한 위치를 차지하게 되었다.

① 고효율화

㉠ 트럭수송의 전국화, 고속화, 대형화, 전용화 등으로 트럭수송은 한국의 수송네트워크의 중추적 역할을 하고 있다.
㉡ 차종, 차량, 하역, 주행의 최적화를 도모해야 한다.
㉢ 낭비를 배제하도록 항상 유의해야 한다.

② 왕복실차율을 높인다.

㉠ 지역간 수 · 배송의 경우 교착등 운행의 시스템화가 이루어져 있지 않기 때문에 왕복 수송을 할 수 있는 경우에도 하지 않아 낭비가 되는 운행을 하고 있으므로 공차(空車)로 운행하지 않도록 수송을 조정한다.
㉡ 효율적인 운송시스템을 확립하는 것이 바람직하다.

③ 트레일러 수송과 도킹시스템화

㉠ 트레일러의 활용과 시스템화를 도모함으로써, 대규모 수송을 실현한다.
㉡ 중간지점에서 트랙터와 운전자가 양방향으로 되돌아오는 도킹시스템에 의해, 차량 진행 관리나 노무관리를 철저히 한다.
㉢ 전체로서의 합리화를 추진하여야 한다.

④ 바꿔 태우기 수송과 이어타기 수송

㉠ 트럭의 보디를 바꿔 실음으로써 합리화를 추진하는 것을 바꿔 태우기 수송이라 한다.
㉡ 도킹수송과 유사한 것이 이어타기 수송이며, 이것은 중간지점에서 운전자만 교체하는 수송방법을 말한다.

⑤ 컨테이너 및 파렛트 수송의 강화

㉠ 컨테이너를 차량에 적재할 시에는 포크레인 등 싣는 기기가 있기 때문에 문제가 없으나, 하역의 경우에는 기기가 없는 경우가 있는데 이 경향은 말단으로 가면 갈수록 현저하다.
㉡ 컨테이너를 내릴 수 있는 장치를 트럭에 장비함으로써 컨테이너 단위의 짐을 내리는 작업이 쉽게 이루어질 수 있는 시스템을 실현하는 것이 필요하다.
㉢ 파렛트를 측면으로부터 상 · 하로 하역할 수 있는, 측면개폐유개차, 후방으로부터 화물을 상 · 하로 하역을 할 때에 가드레일이나 롤러를 장치한 파렛트 로더용 가드레일차나 롤러 장착차, 짐이 무너지는 것을 방지하는 스태빌라이저 장치차 등 용도에 맞는 차량을 활용할 필요가 있다.

⑥ 집배 수송용차의 개발과 이용

㉠ 택배수송이 상징하듯이 다품종 소량화시대를 맞아 집배수송은 한층 중요한 위치를 차지하고 있다.
㉡ 택배운송 등 소량화물운송용의 집배차량은 적재능력, 주행성, 하역의 효율성, 승강의 용이성 등의 각종 요건을 충족시켜야 하는데, 이에 응해서 출현한 것이 델리베리카(워크트럭차)이다.

⑦ 트럭터미널

㉠ 간선수송에 사용되는 차량은 대형화 경향에 있다.
㉡ 집배차량은 소형화되는 추세이다.
㉢ 위의 ㉠, ㉡의 결절점에 해당하는 트럭터미널은 모순된 2개의 시스템을 해결하는 장소이다. 트럭터미널의 복합화, 시스템화는 필요조건이라 하겠다.

09 국내 화주기업 물류의 문제점

① 각 업체의 독자적 물류기능 보유(합리화 장애)
② 제3자 물류(3PL)기능의 약화(제한적 · 변형적 형태)
③ 시설간 · 업체간 표준화 미약
④ 제조업체와 물류업체간 협조성 미비
⑤ 물류 전문업체의 물류인프라 활용도 미약

화물운송종사 자격시험에 자주 출제되는 문제

제1교시(제1편) 교통 및 화물자동차 운수사업 관련법규 예상문제

제1장 도로교통법령

1 다음 중 긴급자동차에 해당하지 않는 것은?

① 소방차 ② 구난차
③ 구급차 ④ 혈액공급차량

해설 ②는 긴급자동차가 아니므로, 정답은 ②이다.

2 다음 중 「도로교통법」 용어에 대한 설명이 잘못된 것은?

① 자동차 전용도로 : 자동차만 다닐 수 있도록 설치된 도로를 말한다
② 차도 : 연석선, 안전표지 또는 그와 비슷한 인공구조물을 이용하여 경계(境界)를 표시하여 모든 차가 통행할 수 있도록 설치된 도로의 부분을 말한다
③ 앞지르기 : 차의 운전자가 앞서가는 다른 차의 좌측 옆을 지나서 그 차의 앞으로 나가는 것을 말한다
④ 길가장자리구역 : 연석선, 안전표지나 그와 비슷한 인공구조물로 경계를 표시하여 보행자가 통행할 수 있도록 한 도로의 부분을 말한다

해설 길가장자리구역은 보도와 차도가 구분되지 아니한 도로에서 보행자의 안전을 확보하기 위하여 안전표지 등으로 경계를 표시한 도로의 가장자리 부분을 말한다. ④에서 설명하는 것은 보도이다. 정답은 ④이다.

3 다음 중 도로에 해당하지 않는 것은?

① 일반국도 ② 통행료를 받는 유료도로
③ 해수욕장 모래길 ④ 면도, 이도, 농도

해설 ③은 차량의 출입이 금지된 곳으로 「도로법」상의 도로에 해당되지 않아, 정답은 ③이다.

4 농어촌지역 주민의 교통 편익과 생산 · 유통활동 등에 공용(共用)되는 공로(公路) 중 고시된 도로의 명칭이 아닌 것은?

① 면도(面道) ② 이도(里道)
③ 농도(農道) ④ 사도(私道)

해설 ④는 "「농어촌도로 정비법」에 따른 농어촌도로"가 아니므로 정답은 ④이다.

5 다음 중 차에 해당하지 않는 것은?

① 자동차 ② 원동기장치자전거
③ 자전거 ④ 보행보조용 의자차

해설 보행보조용 의자차는 차에 해당되지 않으므로 정답은 ④이다. 그 밖에도 열차, 지하철, 유모차 등이 차에 해당되지 않는다.

6 차마가 다른 교통 또는 안전표지의 표시에 주의하면서 진행할 수 있는 차량신호등(원형등화)는?

① 황색등화의 점멸 ② 황색화살표등화의 점멸
③ 적색등화의 점멸 ④ 적색화살표등화의 점멸

7 도로상태가 위험하거나 도로 또는 그 부근에 위험물이 있는 경우 필요한 안전조치를 할 수 있도록 도로사용자에게 알리는 표지는?

① 규제표지 ② 지시표지
③ 주의표지 ④ 노면표시

8 다음의 안전표지 중 "규제표지"가 아닌 것은?

① 화물차통행금지

② 앞지르기금지

③ 우회로

④ 높이제한

해설 ③의 표지는 "규제표지"가 아니라, "지시표지"로 정답은 ③이다.

9 다음의 안전표지 중 "노면표시"가 아닌 것은?

① 속도제한

② 양보

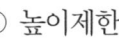

③ 노면상태

④ 오르막경사면
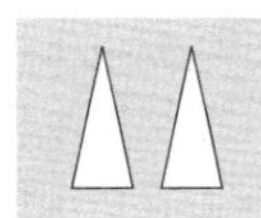

해설 ③은 "보조표지"에 해당한다.

10 노면표시에 사용되는 각종 "선"의 의미를 나타내는 설명으로 틀린 것은?

① 점선 : 허용 ② 실선 : 제한
③ 삼선 : 금지 ④ 복선 : 의미의 강조

해설 ③ 삼선은 규정에 없으므로 정답은 ③이다.

11 고속도로 외의 도로에서 차로에 따른 통행차의 기준이 잘못된 것은?

① 왼쪽 차로 : 승용자동차 및 경형, 소형, 중형승합자동차
② 왼쪽 차로 : 적재중량이 1.5톤 이상인 화물자동차
③ 오른쪽 차로 : 대형승합자동차, 화물자동차
④ 오른쪽 차로 : 특수자동차, 이륜자동차, 원동기장치자전거

해설 고속도로 외의 도로에서 "적재중량이 1.5톤 이상인 화물자동차"는 오른쪽 차로로 통행하여야 한다. 정답은 ②이다.

정답 | 제1교시(제1편) | 1장 1② 2④ 3③ 4④ 5④ 6① 7③ 8③ 9③ 10③ 11②

12 고속도로 "편도 4차로"에서 차로에 따른 통행차의 기준이 잘못된 것은?

① 1차로 : 앞지르기를 하려는 승용자동차 및 경형, 소형, 중형 승합자동차
② 1차로 : 차량통행량 증가 등 부득이하게 시속 80km 미만으로 통행해야 하는 경우, 앞지르기가 아니라도 통행 가능
③ 왼쪽 차로 : 승용자동차 및 이륜자동차, 원동기장치자전거
④ 오른쪽 차로 : 화물자동차, 「건설기계관리법」 제26조 제11항 단서에 따른 건설기계

해설 이륜자동차와 원동기장치자전거는 고속도로를 통행할 수 없다. 정답은 ③이다.

13 다음 중 화물자동차의 운행 안전상 높이 기준은?

① 지상으로부터 3m
② 지상으로부터 3.5m
③ 지상으로부터 3.8m
④ 지상으로부터 4m

해설 원칙적으로 ④가 정답이다. 도로구조의 보전과 통행 안전에 지장이 없다고 인정하여 고시한 도로의 경우에는 4.2m이다.

14 다음 중 모든 차의 운전자가 일시 정지할 장소가 아닌 것은?

① 가파른 비탈길의 내리막
② 보도를 횡단하기 직전
③ 교통이 빈번한 교차로
④ 적색등화가 점멸하는 곳이나 그 직전

해설 ①의 "가파른 비탈길의 내리막"은 서행할 장소로 정답은 ①이다.

15 승차 또는 적재의 방법과 제한에 대한 설명이다. 틀린 것은?

① 운전자는 어떠한 경우에도 승차인원, 적재중량 및 용량 기준을 초과하여 운전할 수 없다
② 운전자는 운전 중 승차한 사람 또는 승하차하는 사람이 떨어지지 않도록 필요한 조치를 해야 한다
③ 운전자는 실은 화물이 떨어지지 않도록 덮개를 씌우거나 묶는 등 확실하게 고정될 수 있도록 필요한 조치를 해야 한다
④ 운전자는 영유아를 안고 운전장치를 조작하거나 운전석 주위에 물건을 싣는 등 안전에 지장을 줄 우려가 있는 상태로 운전해서는 안 된다

해설 출발지의 관할 경찰서장의 허가를 받은 경우에는 승차인원, 적재 기준을 초과해 운전할 수 있으므로 정답은 ①이다.

16 일반도로 "편도 2차로 이상"의 최고속도에 대한 설명이 맞는 것은?

① 매시 60km 이내
② 매시 70km 이내
③ 매시 80km 이내
④ 매시 90km 이내

17 편도 2차로 이상 모든 고속도로에서 승용자동차, 적재중량 1.5톤 이하 화물자동차의 최고속도와 최저속도는?

① 최고속도 : 매시 100km, 최저속도 : 매시 50km
② 최고속도 : 매시 90km, 최저속도 : 매시 40km
③ 최고속도 : 매시 80km, 최저속도 : 매시 30km
④ 최고속도 : 매시 70km, 최저속도 : 매시 30km

18 편도 2차로 이상 모든 고속도로에서 "적재중량 1.5톤 초과 화물자동차, 특수자동차, 위험물 운반자동차, 건설기계"의 속도로 맞는 것은?

① 최고속도 : 매시 100km, 최저속도 : 매시 50km
② 최고속도 : 매시 90km, 최저속도 : 매시 50km
③ 최고속도 : 매시 80km, 최저속도 : 매시 50km
④ 최고속도 : 매시 60km, 최저속도 : 매시 50km

19 고속도로 편도 2차로 이상 도로 중 경찰청장이 지정 · 고시한 노선(중부고속도로, 서해안고속도로 등) 또는 구간에서 "승용자동차, 적재중량 1.5톤 이하 화물자동차"의 속도로 맞는 것은?

① 최고속도 : 매시 120km, 최저속도 : 매시 50km
② 최고속도 : 매시 110km, 최저속도 : 매시 50km
③ 최고속도 : 매시 100km, 최저속도 : 매시 50km
④ 최고속도 : 매시 90km, 최저속도 : 매시 50km

20 자동차 전용도로의 속도로 옳은 것은?

① 최고속도 : 매시 100km, 최저속도 : 매시 30km
② 최고속도 : 매시 90km, 최저속도 : 매시 30km
③ 최고속도 : 매시 80km, 최저속도 : 매시 30km
④ 최고속도 : 매시 70km, 최저속도 : 매시 30km

21 이상 기후 시의 자동차 운행속도로 최고속도의 20/100을 줄인 속도로 운행하여야 하는 경우로 맞는 것은?

① 폭우, 폭설, 안개 등으로 가시거리가 100m 이내인 경우
② 비가 내려 노면이 젖어 있는 경우와 눈이 20mm 미만 쌓인 경우
③ 노면이 얼어붙은 경우
④ 눈이 20mm 이상 쌓인 경우

해설 ②는 "최고속도의 20/100을 줄인 속도로 운행"하여야 하므로, 정답은 ②이다. ①, ③, ④의 사항은 최고속도의 50/100을 줄인 속도로 운행해야 하는 경우이다.

22 다음 중 차로가 설치되지 아니한 좁은 도로에서 보행자의 옆을 지나는 경우 가장 안전한 운전방법은?

① 원래 속도대로 운행을 계속한다
② 안전거리를 두고 서행한다
③ 시속 30km로 주행한다
④ 일시정지 후 운행을 한다

23 다음 중 운전자가 서행해야 하는 경우로 맞는 것은?

① 교차로에서 좌회전 또는 우회전하는 경우
② 교차로 또는 그 부근에서 긴급자동차가 접근할 때
③ 앞을 보지 못하는 사람이 도로를 횡단하는 때
④ 철길 건널목 앞에서

해설 정답은 ①이다. 나머지 보기들은 "일시정지"해야 하는 경우에 해당한다.

24 교차로 통행방법에 대한 설명으로 틀린 것은?

① 미리 도로의 중앙선을 따라 서행하면서 교차로의 중심 안쪽을 이용하여 좌회전을 하여야 한다
② 미리 도로의 우측가장자리를 서행하면서 우회전하여야 한다
③ 다른 차와 동시에 교차로에 진입할 경우, 도로의 폭이 좁은 도로로부터 진입하는 차에 진로를 양보한다
④ 교통정리를 하고 있지 않은 교차로에 들어가는 경우, 이미 교차로에 들어가 있는 다른 차가 있다면 그 차에 진로를 양보한다

해설 ③에서 도로의 폭이 "넓은" 도로로부터 진입하는 차에 진로를 양보하는 것이 맞으므로 정답은 ③이다.

정답 | 12 ③ 13 ④ 14 ① 15 ① 16 ③ 17 ① 18 ③ 19 ② 20 ② 21 ② 22 ② 23 ① 24 ③

25 다음 중 긴급자동차 특례에 대한 설명이 잘못된 것은?

① 도로 중앙이나 좌측부분을 통행할 수 있다
② 정지하여야 하는 경우에도 정지하지 아니할 수 있다
③ 앞지르기방법 등의 규정도 특례에 적용된다
④ 속도제한, 앞지르기 금지, 끼어들기의 금지에 관한 규정을 적용하지 아니 한다

해설 "앞지르기 방법 등"은 적용되지 않는다. 그러므로 정답은 ③이다.

26 "교차로 또는 그 부근"에서 긴급자동차가 접근하는 경우에 피양하는 방법으로 옳은 것은?

① 교차로를 피하여 도로의 우측가장자리에 일시정지하여야 한다
② 교차로를 피하여 도로의 좌측가장자리로 진로를 양보한다
③ 진행하고 있는 차로로 계속 주행한다
④ 일방통행으로 된 도로에서는 좌측 가장자리로만 피하여 정지한다

27 정비불량 자동차를 정지시켜 점검할 수 있는 공무원에 해당하는 사람은?

① 경찰공무원　② 구청 단속공무원
③ 정비책임자　④ 정비사 자격증소지자

28 시 · 도 경찰청장이 차의 정비상태가 매우 불량하여 위험발생의 우려가 있는 경우에 명할 수 있는 사항이 아닌 것은?

① 그 차의 자동차등록증을 보관한다
② 운전의 일시정지를 명할 수 있다
③ 10일의 범위에서 정비기간을 정할 수 있다
④ 그 차의 운전자 운전면허증도 보관한다

해설 "운전자 운전면허증"은 회수 보관할 수 없으므로 정답은 ④이다.

29 운전면허 종별에 해당하지 않는 것은?

① 제1종 운전면허　② 제2종 운전면허
③ 연습 운전면허　④ 특별 운전면허

해설 ④의 "특별 운전면허"라는 명칭의 면허는 존재하지 않으므로 정답은 ④이다.

30 제1종 대형 운전면허 시험에 응시할 수 있는 연령은?

① 만 16세 이상　② 만 19세 이상
③ 만 18세 이상　④ 만 20세 이상

31 제1종 대형 운전면허를 가지고 있을 때 운전할 수 있는 차량이 아닌 것은?

① 승용자동차, 승합자동차
② 대형견인차, 소형견인차 및 구난차
③ 화물자동차, 덤프트럭
④ 원동기장치자전거

해설 ②의 대형견인차, 소형견인차 및 구난차는 제1종 특수운전면허가 있어야 운전할 수 있으므로 정답은 ②이다.

32 제1종 보통 운전면허로 운전할 수 있는 차량이 아닌 것은?

① 승차정원 15인 이하의 승합자동차
② 도로를 운행하는 3톤 미만의 지게차
③ 적재중량 12톤 이상의 화물자동차
④ 구난차를 제외한 총중량 10톤 미만의 특수자동차

해설 ③에서 적재중량 12톤 "미만"의 화물자동차를 운전할 수 있는 것이 맞으므로 정답은 ③이다.

33 제2종 보통 운전면허 소지자가 운전할 수 없는 차량에 해당되는 것은?

① 승용자동차, 원동기장치자전거
② 승차정원 10인 이하의 승합자동차
③ 총 배기량 125cc를 초과하는 이륜자동차
④ 구난차를 제외한 총중량 3.5톤 이하의 특수자동차

해설 "이륜자동차(총 배기량 125cc초과)"는 제2종 소형 운전면허 소지자가 운전할 수 있으므로 정답은 ③이다.

34 위험물 등을 운반하는 적재중량 3톤 이하 또는 적재용량 3천리터 이하의 화물자동차 운전자가 소지하여야 하는 면허는?

① 제1종 소형면허　② 제1종 보통면허
③ 제2종 보통면허　④ 제1종 특수면허

해설 ②의 "제1종 보통면허"를 가지고 있는 자가 운전할 수 있다. 한편 "적재중량 3톤 초과 또는 적재용량 3천리터 초과의 화물자동차"는 제1종 대형면허가 있어야 운전이 가능하다.

35 운전면허 효력 정지 기간 중에 운전해서 취소된 경우, 운전면허 응시 제한 기간은?

① 취소된 날부터 1년　② 취소된 날부터 2년
③ 취소된 날부터 3년　④ 취소된 날부터 4년

36 무면허운전 금지 규정을 3회 이상 위반한 경우, 운전면허 응시 제한 기간은?

① 위반한 날부터 1년　② 위반한 날부터 2년
③ 위반한 날부터 3년　④ 위반한 날부터 4년

37 술에 취한 상태에서 운전하다가 사람을 사망에 이르게 하여 취소된 경우, 운전면허 응시 제한 기간은?

① 취소된 날부터 2년　② 취소된 날부터 3년
③ 취소된 날부터 5년　④ 취소된 날부터 6년

38 공동위험행위 금지 규정을 2회 이상 위반하여 취소된 경우, 운전면허 응시 제한 기간은?

① 취소된 날부터 6개월　② 취소된 날부터 1년
③ 취소된 날부터 2년　④ 취소된 날부터 3년

39 다음 중 운전면허 취소 처분을 받는 경우가 아닌 것은?

① 혈중알코올농도 0.08% 이상인 상태에서 운전한 때
② 술에 취한 상태에서 경찰공무원의 측정 요구에 불응한 때
③ 운전면허를 가진 사람이 다른 사람의 자동차를 훔쳐 운전한 때
④ 공동위험행위나 난폭운전으로 형사입건된 때

해설 ④에서 "형사입건된 때"가 아닌 "구속된 때"가 맞으므로 정답은 ④이다. ④의 경우 벌점 60점에 해당한다.

40 자동차 등을 이용한 범죄행위를 하여 벌금 이상의 형이 확정된 때 운전면허가 취소되는 경우가 아닌 것은?

① 운전면허를 가지지 않은 사람이 자동차 등을 훔치거나 빼앗아 이를 운전한 때
② 「국가보안법」을 위반한 범죄에 이용된 때
③ 살인 · 사체유기, 방화, 강도 · 강간, 강제추행, 약취 · 유인, 감금의 범죄에 이용된 때
④ 상습절도와 교통방해행위를 한 때

해설 "운전면허를 가진 사람이 자동차 등을 훔치거나 빼앗아 이를 운전한 때"에는 운전면허가 취소되지만 운전면허를 가지지 않은 사람이 범죄 행위를 한 경우에는 "차량 절도죄와 무면허운전"으로 형사입건만 되므로 면허 취소사유는 아니어서 정답은 ①이다.

정답 | 25 ③　26 ①　27 ①　28 ④　29 ④　30 ②　31 ②　32 ③　33 ③　34 ②　35 ①　36 ②　37 ③　38 ③　39 ④　40 ①

41 물적 피해가 발생한 교통사고를 일으키고 도주했을 때 벌점은 얼마인가?

① 10점 ② 15점
③ 30점 ④ 40점

42 인적피해 교통사고 결과에 따른 벌점기준에 대한 설명이 잘못된 것은?

① 사망 1명마다 : 90 점 ② 중상 1명마다 : 20 점
③ 경상 1명마다 : 5 점 ④ 부상신고 1명마다 : 2 점

해설 "중상 1명마다 : 15 점"으로 정답은 ②이다.

43 다음 중 교통사고 결과에 따른 사망시간의 기준과 벌점에 대한 설명으로 옳은 것은?

① 36시간(45점) ② 48시간(60점)
③ 72시간(90점) ④ 96시간(100점)

44 「도로교통법」상의 "술에 취한 상태의 기준"에 대한 설명이 맞는 것은?

① 혈중알코올농도 : 0.03% 이상으로 한다
② 혈중알코올농도 : 0.06% 이상으로 한다
③ 혈중알코올농도 : 0.07% 이상으로 한다
④ 혈중알코올농도 : 0.1% 이상으로 한다

45 교통법규 위반 시 "벌점 60점"에 해당하는 것으로 옳은 것은?

① 시속 60km를 초과한 속도위반
② 자동차를 이용하여 특수상해(보복운전)을 저질러 형사입건된 때
③ 승객의 차내 소란행위 방치 운전
④ 혈중알코올농도 0.03% 이상 0.08% 미만 시 운전한 때

해설 "③은 벌점 40점, ②, ④는 벌점 100점"으로 정답은 ①이다.

46 교통법규 위반 시 "벌점 30점"의 위반사항이 아닌 것은?

① 중앙선 침범에 한한 통행구분위반
② 40km/h 초과 60km/h 이하 속도위반
③ 고속도로 · 자동차전용도로 갓길통행
④ 운전 중 휴대전화 사용

해설 ④의 경우 "벌점 15점"으로 정답은 ④이다.

47 4톤을 초과하는 화물 또는 특수자동차가 60km/h 초과 속도위반을 하였을 때의 범칙금액으로 옳은 것은?

① 범칙금액 9만원 ② 범칙금액 10만원
③ 범칙금액 12만원 ④ 범칙금액 13만원

48 도로를 통행하고 있는 차마에서 밖으로 물건을 던지는 행위를 한 모든 차의 운전자(승객 포함)에게 부과되는 범칙금액은?

① 범칙금액 3만원 ② 범칙금액 4만원
③ 범칙금액 5만원 ④ 범칙금액 6만원

해설 모든 차의 운전자(승객 포함)에게 범칙금 5만원이 부과되므로 정답은 ③이다.

49 어린이 보호구역 및 노인 · 장애인 보호구역에서 "4톤 초과 화물자동차"가 제한속도를 준수하지 않은 차의 고용주 등에게 부과하는 과태료로 틀린 것은?

① 60km/h 초과 : 17만원
② 40km/h 초과 60km/h 이하 : 14만원
③ 20km/h 초과 40km/h 이하 : 11만원
④ 20km/h 이하 : 10만원

해설 20km/h 이하의 과태료는 7만원이므로 정답은 ④이다.

50 어린이보호구역에서 4톤 이하 화물 및 특수자동차가 교통법규위반 시 범칙금액으로 틀린 것은?

① 신호 · 지시위반 : 12만원
② 60km/h 초과 속도위반 : 15만원
③ 20km/h 초과 40km/h 이하 속도위반 : 9만원
④ 정차 · 주차금지위반 : 5만원

해설 4톤 이하의 화물자동차(승용자동차 등)의 경우 어린이보호구역에서 정차 및 주차금지규정을 위반했을 때 12만원의 범칙금액이 부과되므로 정답은 ④이다. 4톤 초과 화물자동차(승합자동차 등)의 경우에는 13만원이다.

제2장 교통사고처리특례법

1 "차의 교통으로 인하여 사람을 치상하거나 물건을 손괴하는 것"을 뜻하는 「교통사고처리특례법」상의 용어는?

① 안전사고 ② 교통사고
③ 전복사고 ④ 추락사고

2 차의 운전자가 업무상 과실 또는 중대한 과실로 인하여 사람을 사상에 이르게 한 경우의 벌칙은?

① 5년 이하의 금고 또는 2천만원 이하의 벌금
② 5년 이하의 징역 또는 2천만원 이하의 벌금
③ 2년 이하의 금고 또는 500만원 이하의 벌금
④ 2년 이상의 징역 도는 500만원 이상의 벌금

3 교통사고로 피해자를 사망에 이르게 하고 도주하거나, 도주 후에 피해자가 사망한 경우에 도주한 운전자에게 적용되는 법은?

① 「교통사고처리특례법」 제3조 제2항
② 「특정범죄가중처벌 등에 관한 법률」 제5조의 3
③ 「도로교통법」 제 54조 제1항
④ 「형법」 제268조

4 사고운전자가 구호조치를 하지 않고 피해자를 사고 장소로부터 옮겨 유기해 사망에 이르게 하고 도주하거나, 도주 후에 피해자가 사망한 경우의 벌칙은?

① 사형, 무기 또는 5년 이상의 징역에 처한다
② 무기 또는 5년 이상의 징역에 처한다
③ 무기 또는 5년 이하의 징역에 처한다
④ 3년 이상의 유기징역에 처한다

5 교통사고 발생 시 도주사고에 적용되는 사례가 아닌 것은?

① 사상 사실을 인식하고도 가버린 경우
② 피해자에게 가해자의 연락처를 건네주고 헤어진 경우
③ 사고현장에 있었어도 사고사실을 은폐하기 위해 거짓진술 · 신고한 경우
④ 피해자를 병원까지만 후송하고 계속치료 받을 수 있는 조치 없이 도주한 경우

해설 "피해자에게 가해자의 연락처를 건네주고 헤어진 경우"는 도주가 적용되지 않아 정답은 ②이다, 또한 ①,③,④ 외에 "피해자를 방치한 채 사고 현장을 이탈 도주한 경우, 부상 피해자에 대한 구호조치 없이 가버린 경우" 등이 있다.

정답 | 41 ② 42 ② 43 ③ 44 ① 45 ① 46 ④ 47 ④ 48 ③ 49 ④ 50 ④ 2장 1 ② 2 ① 3 ② 4 ① 5 ②

6 황색주의신호의 기본 시간으로 옳은 것은?

① 기본 3초 ② 기본 4초
③ 기본 5초 ④ 기본 6초

해설 황색주의신호의 기본 시간은 3초이므로 정답은 ①이다. 다만 큰 교차로의 경우 다소 연장될 수 있다.

7 신호 · 지시위반사고의 성립요건에 대한 설명이 잘못된 것은?

① 장소적 요건 : 신호기가 설치되어 있는 교차로나 횡단보도
② 피해자적 요건 : 신호 · 지시위반 차량에 충돌되어 인적피해를 입은 경우
③ 운전자 과실 : 만부득이한 과실
④ 시설물의 설치요건 : 특별시장 · 광역시장 또는 시장, 군수가 설치한 신호기나 안전표지

해설 "만부득이한 과실"은 운전자 과실로 처리되지 않으므로 정답은 ③이다.

8 중앙선에 대한 설명으로 틀린 것은?

① 차마의 통행을 방향별로 명확히 구별하기 위하여 황색실선이나 황색점선 등의 안전표지로 설치한 선을 말한다
② 중앙분리대, 철책, 울타리 등으로 설치한 시설물은 중앙선에 해당하지 않는다
③ 가변차로가 설치된 경우에는 신호기가 지시하는 진행방향의 제일 왼쪽 황색점선을 말한다
④ 사고의 참혹성과 예방을 목적으로 차체의 일부라도 걸치면 중앙선침범을 적용한다

해설 중앙분리대, 철책, 울타리 등으로 설치한 시설물도 중앙선에 해당되므로 정답은 ②이다.

9 중앙선침범 사고의 성립요건에 대한 설명으로 틀린 것은?

① 장소적 요건 : 자동차전용도로에서 횡단, 유턴, 후진 중 침범
② 피해자적 요건 : 중앙선침범 차량에 충돌되어 대물피해만 입은 경우
③ 운전자 과실 : 현저한 부주의에 의한 과실
④ 시설물의 설치요건 : 지방경찰청장이 설치한 중앙선

해설 피해자적 요건에서 중앙선침범 차량에 충돌되어 대물피해만 입은 경우는 공소권 없음으로 처리되므로 정답은 ②이다.

10 다음 중 「교통사고처리특례법」상 과속은 규정된 법정속도에서 시속 몇 킬로미터를 초과한 것을 말하는가?

① 5km ② 10km
③ 15km ④ 20km

해설 「교통사고처리특례법」상 과속은 법정 및 지정속도 20km/h를 초과한 경우를 말하므로 ④이다.

11 과속 사고(20km/h 초과)의 성립요건에 대한 다음 설명 중 예외사항에 해당되는 것은?

① 장소적 요건 : 도로나 불특정 다수의 사람 또는 차마의 통행을 위하여 공개된 장소에서 사고
② 피해자적 요건 : 제한속도 20km/h 이하 과속 차량에 충돌되어 인적피해를 입은 경우
③ 운전자 과실 : 고속도로 · 자동차전용도로에서 제한속도 20km/h를 초과한 경우
④ 시설물의 설치 요건 : 지방경찰청장이 설치한 최고속도 제한표지, 속도제한 표시의 속도를 위반한 경우

해설 ②에서 피해자적 요건이 성립하려면 제한속도에서 20km/h를 "초과"한 차량에 충돌되어 인적피해를 입어야 하므로 정답은 ②이다.

12 다음 중 앞지르기가 금지되는 장소가 아닌 것은?

① 터널 안 ② 다리 위
③ 교차로 ④ 노인보호구역

해설 노인보호구역은 앞지르기 금지 구역에 해당하지 않으므로 정답은 ④이다.

13 앞지르기 금지 위반 행위에서 "장소적 요건"에 해당하는 것은?

① 교차로, 터널 안, 다리 위에서 앞지르기
② 앞차의 좌회전 시 앞지르기
③ 위험방지를 위한 정지 · 서행 시 앞지르기
④ 실선인 중앙선을 침범해 앞지르기

해설 ①이 "장소적 요건"에 해당하므로 정답은 ①이다.

14 철길 건널목의 종류에 대한 설명이 틀린 것은?

① 1종 건널목 : 차단기, 건널목경보기 및 교통안전표지가 설치되어 있는 경우
② 2종 건널목 : 경보기와 건널목 교통안전표지만 설치하는 건널목
③ 3종 건널목 : 건널목 교통안전표지만 설치하는 건널목
④ 4종 건널목 : 역구내 철길 건널목이다

해설 "4종 건널목"은 종류에 포함되지 않으므로 정답은 ④이다.

15 보행자 보호의무에 대한 설명이 틀린 것은?

① 보행자가 횡단보도를 통행하고 있는 때에는 그 횡단보도 앞에서 일시정지 하여야 한다
② 모든 차의 운전자는 정지선이 설치되어 있는 곳에서는 그 정지선에서 일시정지 한다
③ 보행자의 횡단을 방해하거나 위험을 주어서는 아니 된다
④ 횡단 중 신호변경이 되어 미처 건너지 못한 보행자가 있을 때는 경음기를 울리며 주의를 준 다음 먼저 지나간다

해설 ④의 경우 운전자는 횡단보도 상의 보행자와 사고가 나지 않도록 경음기를 울리지 말고 주의를 기울여야 한다. 그러므로 정답은 ④이다.

16 횡단보도에서 이륜차(자전거, 오토바이)와 사고 발생시 결과 조치에 대한 설명이 틀린 것은?

① 이륜차를 타고 횡단보도 통행 중 사고 : 이륜차를 보행자로 볼 수 없고 제차로 간주하여 처리 – 안전운전 불이행 적용
② 이륜차를 끌고 횡단보도 보행 중 사고 : 보행자로 간주 – 보행자 보호의무 위반 적용
③ 이륜차를 끌고 횡단보도 보행 중 사고 : 제차로 간주 – 보행자 보호의무 위반 적용
④ 이륜차를 타고가다 멈추고 한 발을 페달에, 한 발을 노면에 딛고 서 있던 중 사고 : 보행자로 간주 –보행자 보호의무 위반 적용

해설 ③에서 "제차로 간주"가 아니라, "보행자로 간주"가 옳으므로 정답은 ③이다.

17 횡단보도 보행자 보호의무 위반 사고의 성립요건에 대한 설명이 잘못된 것은?

① 장소적 요건 : 횡단보도 내
② 피해자적 요건 : 횡단보도를 건너던 보행자가 자동차에 충돌 후 인적피해를 입은 경우
③ 운전자의 과실 : 횡단보도 전에 정지한 차량을 추돌, 앞차가 밀려나가 보행자를 충돌한 경우
④ 시설물 설치 요건 : 아파트 단지, 학교, 군부대 등 내부의 소통과 안전을 목적으로 자체 설치한 경우

해설 ④의 내용은 "예외사항에 해당"되므로 성립요건이 아니며, "시 · 도경찰청장이 설치한 횡단보도"이어야 하므로 정답은 ④이다.

정답 | 6① 7③ 8② 9② 10④ 11② 12④ 13① 14④ 15④ 16③ 17④

18 무면허운전의 정의에 대한 설명으로 맞지 않는 것은?

① 운전면허를 받지 아니하고 운전한 경우
② 국제운전면허증을 소지한 자가 운전한 경우
③ 운전면허 효력정지기간 중에 운전한 경우
④ 면허종별 외 차량을 운전한 경우

해설 "국제운전면허증을 소지하고 입국한 날로부터 1년 이내는 운전할 수 있으므로" 무면허운전이 아니다. 정답은 ②이다.

19 혈중알코올농도 0.03% 이상 0.08% 미만인 경우에 해당되는 벌칙은?

① 2년 이상 5년 이하의 징역이나 1천만 원 이상 2천만 원 이하의 벌금
② 1년 이상 5년 이하의 징역이나 500만 원 이상 2천만 원 이하의 벌금
③ 1년 이상 2년 이하의 징역이나 500만 원 이상 1천만 원 이하의 벌금
④ 1년 이하의 징역이나 500만 원 이하의 벌금

20 「도로교통법」에서 정한 술에 만취한 상태의 기준으로 맞는 것은?

① 혈중알코올농도 0.08% 이상 ② 혈중알코올농도 0.10% 이상
③ 혈중알코올농도 0.12% 이상 ④ 혈중알코올농도 0.15% 이상

21 음주운전 사고의 성립요건에 대한 설명 중 틀린 것은?

① 장소적 요건 : 도로나 그 밖에 현실적으로 불특정다수의 사람 또는 차마의 통행을 위하여 공개된 장소
② 장소적 요건 : 도로가 아닌 곳에서의 음주운전은 형사처벌과 행정처분을 동시에 받음
③ 피해자적 요건 : 음주운전 자동차에 충돌되어 인적사고를 입은 경우
④ 운전자의 과실 : 음주한 상태로 자동차를 운전하여 일정거리를 운행한 때

해설 도로가 아닌 곳에서 음주운전을 했을 때는 형사처벌만 받게되므로 정답은 ②이다.

22 보도침범 사고의 성립요건에 대한 설명 중 잘못된 것은?

① 장소적 요건 : 보·차도가 구분된 도로에서 보도 내의 사고
② 피해자적 요건 : 자전거, 이륜차를 타고 가던 중 보도침범 통행 차량에 충돌된 경우
③ 운전자의 과실 : 현저한 부주의에 의한 과실
④ 시설물의 설치요건 : 보도설치 권한이 있는 행정관서에서 설치, 관리하는 보도

해설 "자전거, 이륜차를 타고 가던 중 보도를 침범한 차량에 충돌된 경우"는 피해자적 요건의 "예외사항"에 해당된다. 그러므로 정답은 ②이다.

23 승객추락 방지의무 위반 사고(개문발차 사고)의 성립요건에 대한 설명이 잘못된 것은?

① 자동차적 요건 : 승용, 승합, 화물, 건설기계 등 자동차에 적용한다.
② 자동차적 요건 : 이륜차, 자전거에도 적용된다.
③ 피해자적 요건 : 탑승객이 승, 하차 중 개문된 상태로 발차하여 승객이 추락함으로서 인적 피해를 입은 경우
④ 운전자 과실 : 차의 문이 열려 있는 상태로 발차한 행위

해설 "이륜차(오토바이), 자전거 등은 제외되므로" 정답은 ②이다.

제3장 화물자동차 운수사업법령

1 「화물자동차 운수사업법」의 제정목적이 아닌 것은?

① 운수사업을 효율적으로 관리하고 건전하게 육성
② 화물의 원활한 운송을 도모
③ 공공복리의 증진에 기여
④ 화물자동차의 효율적 관리

해설 "화물자동차의 효율적 관리"는 해당 없으므로 정답은 ④이다.

2 화물자동차의 규모별 및 세부기준에서 "경형(일반형)의 배기량"으로 옳은 것은?

① 배기량 800cc 미만
② 배기량 900cc 이상
③ 배기량 1,000cc 미만
④ 배기량 1,000cc 이상

3 화물자동차 종류 세부기준에 대한 설명이 잘못되어 있는 것은?

① 경형(일반형) : 배기량 1,000cc 미만, 길이 3.6m, 너비 1.6m, 높이 2.0m 이하인 것
② 소형 : 최대적재량 1톤 이하인 것, 총중량 3.5톤 이하인 것
③ 중형 : 최대적재량 1톤 초과 5톤 미만, 총중량 3.5톤 초과 10톤 미만인 것
④ 대형 : 최대적재량 5톤 이상, 총중량 10톤 미만인 것

해설 ④에서 총중량 10톤 "미만"이 아닌, "이상"이 맞으므로 정답은 ④이다.

4 특수자동차의 세부기준에 대한 설명 중 틀린 것은?

① 경형 : 배기량 1.000cc 이상, 길이 3.6m, 너비 1.6m, 높이 2.0m 이하인 것
② 소형 : 총중량 3.5톤 이하인 것
③ 중형 : 총중량 3.5톤 초과 10톤 미만인 것
④ 대형 : 총중량 10톤 이상인 것

해설 ①에서 배기량 1,000cc "이상"이 아닌 "미만"이 맞으므로 정답은 ①이다.

5 "다른 사람의 요구에 의하여 화물자동차를 사용하여 화물을 유상으로 운송하는 사업"을 뜻하는 용어는?

① 화물자동차 운송사업
② 화물자동차 운수사업
③ 화물자동차 운송주선사업
④ 화물자동차 운송가맹사업

6 「화물자동차 운수사업법」에서 사용하고 있는 용어에 대한 설명이 잘못된 것은?

① 영업소 : 화물자동차 운송사업자가 허가를 받은 "주사무소 외의 장소"에서 해당하는 사업을 영위하는 곳을 말한다
② 운수종사자 : 화물자동차의 운전자, 화물의 운송 또는 운송주선에 관한 사무원 및 이를 보조하는 보조원, 그 밖에 화물자동차 운수 사업에 종사하는 자
③ 공영차고지 : 화물자동차 운수사업에 제공되는 차고지로서 특별시장, 광역시장, 특별 자치시장, 도지사, 특별자치도지사, 또는 시장, 군수, 구청장이 설치한 것
④ 화물자동차 휴게소 : 화물자동차의 운전자가 화물운송 중 휴식을 취할 목적으로만 설치된 시설물이다

해설 화물자동차 휴게소는 휴식을 취할 목적 외에도 "화물의 하역(荷役)을 위하여 대기할 수 있도록" 하는 목적이 있으므로 정답은 ④이다.

정답 | 18 ② 19 ④ 20 ① 21 ② 22 ② 23 ② | 3장 1 ④ 2 ③ 3 ④ 4 ① 5 ① 6 ④

7 **다음 중 화물자동차 운송사업의 허가권자는?**

① 국토교통부장관　② 시 · 도지사
③ 행정안전부장관　④ 한국교통안전공단이사장

8 **다음 중 운송사업자에 대한 허가 결격 사유에 해당되지 않는 것은?**

① 피성년후견인
② 「화물자동차 운수사업법」 위반으로 징역 이상의 실형을 선고 받은 자
③ 파산선고를 받고 복권되지 않은 자
④ 부정한 방법으로 허가를 받아, 허가가 취소된 뒤 2년이 지나지 않은 자

해설 ②에서 징역 이상의 실형을 선고 받은 자라도, 그 집행이 끝나거나 또는 집행이 면제된 날부터 2년이 지난 경우는 결격자에 해당되지 않는다. 그러므로 정답은 ②이다.

9 **운송사업자는 운임 및 요금, 운송약관을 정하여 미리 국토교통부장관에게 신고하여야 하는데 이때 필요한 사항이 아닌 것은?**

① 운임 및 요금신고서
② 원가계산서
③ 운임 및 요금표
④ 운임 및 요금의 신, 구 대비표

해설 신, 구 대비표는 변경신고인 경우에만 필요하다. 그러므로 정답은 ④이다.

10 **다음 중 화물의 멸실, 훼손 또는 인도의 지연 등 "적재물 사고"로 발생한 운송사업자의 손해배상 책임에 관하여 준용되는 법은?**

① 「민법」 제135조　② 「공정거래법」 제135조
③ 「상법」 제135조　④ 「소비자기본법」 제135조

11 **화물의 적재물 사고의 규정을 적용할 때 화물의 인도기한이 지난 후 몇 개월 이내에 인도 되지 아니하면 그 화물은 멸실된 것으로 보는가?**

① 3개월 이내　② 4개월 이내
③ 5개월 이내　④ 6개월 이내

12 **다음 중 "적재물 사고"로 인한 손해배상에 대하여 분쟁을 조정하기 위해, 화주는 누구에게 분쟁조정신청서를 제출하는가?**

① 시 · 도지사　② 화물운송협회장
③ 공정거래위원장　④ 국토교통부장관

해설 국토교통부장관이 분쟁조정권을 가지고 있고, 「소비자기본법」에 따라 한국소비자원 혹은 같은 법에 따라 등록된 소비자 단체에 위탁할 수도 있다.

13 **화물자동차 운송사업자 등은 손해배상 책임을 이행하기 위하여 적재물배상 책임 보험 또는 공제에 가입하여야 하는데 그 가입에 대한 설명 중 틀린 것은?**

① 사고 건당 2천만원 이상의 금액을 지급할 책임을 지는 적재물배상 책임보험을 가입하여야 한다
② 이사화물운송주선사업자는 500만원 이상의 금액을 지급할 책임을 지는 적재물배상 책임보험을 가입하여야 한다
③ 운송사업자는 각 화물자동차별로 가입한다
④ 운송주선사업자는 각 화물차별로 가입한다

해설 운송주선사업자는 각 "사업자별"로 가입하는 것이 맞으므로 정답은 ④이며, 운송가맹사업자(최대 적재량이 5톤 이상이거나 총중량이 10톤 이상인 일반형, 밴형, 특수용도형 화물차와 견인형 특수자동차를 직접 소유한 자)는 각 화물자동차별 및 각 사업자별로 가입하며, 그 외 자는 각 사업자별로 가입한다.

14 **보험회사는 자기와 책임보험계약을 체결한 의무가입자에게 그 계약이 끝난다는 사실을 계약종료일 얼마 전까지 통지해야 하는가?**

① 그 계약종료일 30일 전까지 통지한다
② 그 계약종료일 35일 전까지 통지한다
③ 그 계약종료일 40일 전까지 통지한다
④ 그 계약종료일 45일 전까지 통지한다

해설 "그 계약종료일 30일 전까지 통지"하여야 하므로 정답은 ①이다. 또한 통지의 내용에는 적재물배상보험에 가입하지 아니한 경우 "500만원 이하의 과태료가 부과된다는 사실에 관한 안내가 포함"되어야 한다.

15 **다음 중 화물운송사업자가 "적재물배상 책임보험 또는 공제"에 가입하지 않은 경우, 그 기간이 10일 이내일 때 과태료 금액으로 맞는 것은?**

① 8,000원　② 10,000원
③ 15,000원　④ 20,000원

해설 10일 이내일 경우 1만 5천원이므로 정답은 ③이다. 10일이 초과한 경우 1만5천원에 11일째부터 기산하여 1일당 5천원을 가산하게 된다. 과태료 총액은 자동차 1대당 5십만원을 초과하지 못한다.

16 **화물운송종사자격을 반드시 취소하여야 하는 위반사유에 해당되지 않는 것은?**

① 종사자격증을 다른 사람에게 빌려준 경우
② 거짓이나 그 밖의 부정한 방법으로 화물운송종사자격을 취득한 경우
③ 화물운송 중에 고의로 교통사고를 일으켜 2명 이상의 사망자가 발생한 경우
④ 화물운송 중에 과실로 교통사고를 일으켜 6명 이상의 중상자가 발생한 경우

해설 ④의 경우 "자격정지 60일"에 해당하므로 정답은 ④이다.

17 **화물운송종사자가 국토교통부장관의 업무개시 명령을 정당한 사유 없이 거부한 경우의 효력 정지의 처분기준이 맞는 것은?**

① 1차 : 자격정지 30일, 2차 : 자격 취소
② 1차 : 자격정지 60일, 2차 : 자격 취소
③ 1차 : 자격정지 20일, 2차 : 자격정지 30일
④ 1차 : 자격정지 30일, 2차 : 자격정지 60일

18 **부당한 운임 또는 요금을 받았을 때 화주가 환급(반환)을 요구할 수 있는 대상자는?**

① 당해 운전자　② 운송사업자
③ 운수종사자　④ 운수사업자

해설 "신고한 운임 및 요금이 아닌 부당한 운임 및 요금을 받지 아니할 것"으로 규정되어 있어 "운송사업자"에게 환급요청을 할 수 있으므로 정답은 ②이다.

19 **다음 중 화물자동차 운수사업자의 준수사항이 아닌 것은?**

① 운행 중 휴게시간에 대해서는 자율적으로 판단해 행동한다
② 정당한 사유 없이 화물을 중도에 내리게 해서는 안 된다
③ 정당한 사유 없이 화물의 운송을 거부해서는 안 된다
④ 운행하기 전에 일상점검 및 확인을 한다

해설 휴게시간 없이 2시간 연속운전한 후에는 15분 이상의 휴게시간을 가져야 하므로 정답은 ①이다. 다만, 다음 어느 하나에 해당하는 경우 1시간까지 연장운행을 하게 할 수 있으며, 운행 후 30분 이상의 휴게시간을 보장하여야 한다.
㉠ 운송사업자 소유의 다른 화물자동차가 교통사고, 차량고장 등으로 운행이 불가능하여 일시적으로 이를 대체하기 위해 수송력 공급이 긴급히 필요한 경우
㉡ 천재지변이나 이에 준하는 비상사태로 인하여 수송력 공급을 긴급히 증가할 필요가 있는 경우

정답 | 7 ①　8 ②　9 ④　10 ③　11 ①　12 ④　13 ④　14 ①　15 ③　16 ④　17 ①　18 ②　19 ①

20 **국토교통부장관이 명할 수 있는 업무개시에 대한 설명이 잘못된 것은?**

① 운송사업자나 운수종사자에게 명할 수 있다
② 정당한 사유 없이 집단으로 화물운송을 거부하여 국가경제에 매우 심각한 위기를 초래할 우려가 있다고 인정할 만한 상당한 이유가 있을 때 명령할 수 있다
③ 업무개시를 명하려면 "국무회의의 심의"를 거쳐야 한다
④ 운송사업자 또는 종사자는 정당한 사유 없이도 업무개시 명령을 거부할 수 있다

해설 운송사업자 또는 종사자는 정당한 사유가 없으면 국토교통부장관의 업무개시 명령을 거부할 수 없다. 정답은 ④이다.

21 **국토교통부장관이 운송사업자의 사업정지처분에 갈음하여 부과할 수 있는 과징금의 용도가 아닌 것은?**

① 공영차고지의 설치 및 운영사업
② 운수종사자 교육시설에 대한 비용보조사업
③ 사업자단체가 실시하는 교육훈련사업
④ 고속도로 등 도로망 확충 및 시설개선사업

해설 과징금은 화물자동차 운수사업의 발전을 위한 사업에 사용되는데, ④는 여기에 포함되지 않으므로 정답은 ④이다.

22 **화물자동차 운전 중 중대한 교통사고의 범위에 해당하지 않는 것은?**

① 사고야기 후 피해자 유기 및 도주한 경우
② 화물자동차의 정비불량이 사고를 야기한 경우
③ 운수종사자의 귀책 유무와 상관 없이 화물자동차의 전복 또는 추락이 발생한 경우
④ 5대 미만의 차량을 소유한 운송사업자가 사고 이전 최근 1년 동안 발생한 교통사고가 2건 이상인 경우

해설 전복 또는 추락의 경우, 운수종사자에게 "귀책사유가 있는 때"만 해당된다. 그러므로 정답은 ③이다.

23 **다음 중 화물자동차 운송주선사업의 허가권자는?**

① 시 · 도지사
② 국토교통부장관
③ 행정안전부장관
④ 시장 · 군수 · 구청장

해설 정답은 ②이다. 허가사항을 변경할 때도 같다.

24 **화물운송종사자격시험의 운전적성 정밀검사에 대한 설명으로 틀린 것은?**

① 신규검사와 유지검사, 특별검사가 있다
② 화물운송 종사자격증을 취득하려는 사람은 신규검사를 받아야 한다
③ 신규 또는 유지검사의 적합판정을 받은 사람이 3년 이내에 취업하지 않았다면 다시 유지검사를 받아야 한다
④ 경중에 상관 없이 교통사고를 일으킨 사람은 모두 특별검사를 받아야 한다

해설 교통사고로 사망 또는 5주 이상의 치료가 필요한 상해를 입힌 사람만 특별검사를 받는다. 그러므로 정답은 ④이다.

25 **화물자동차 운전자가 화물운송종사자격증명을 항상 게시하고 운전을 해야 하는 위치는?**

① 화물자동차 안 앞면 왼쪽 위에 게시하고 운행
② 화물자동차 안 앞면 중간 위에 게시하고 운행
③ 화물자동차 운전석 앞 창의 오른쪽 위에 게시하고 운행
④ 화물자동차 안 앞면 오른쪽 밑에 게시하고 운행

26 **화물자동차 공제조합사업의 내용에 대한 설명으로 틀린 것은?**

① 화물자동차운수사업의 경영개선을 위한 조사 · 연구사업을 하기 위함이다
② 공제조합원이 자주적인 경제활동을 영위할 수 있도록 지원하기 위함이다
③ 조합원의 자동차 사고로 인한 손해배상책임의 보장사업 및 적재물배상 공제사업을 하기 위함이다
④ 사고를 일으킨 조합원 개인에 대한 교육 및 재발 방지 사업을 하기 위함이다

해설 ④는 해당이 없다.

27 **다음 중 자가용 화물자동차 사용 신고에 대한 설명으로 틀린 것은?**

① 신고 대상은 국토교통부령으로 정하는 특수자동차이다
② 특수자동차를 제외한 화물자동차인 경우, 최대 적재량이 2.5톤 이상이어야 신고 대상이 된다
③ 신고는 국토교통부장관에게 한다
④ 자가용 화물자동차에 신고확인증을 갖추고 운행해야 한다

해설 자가용 화물자동차의 신고는 시, 도지사에게 하므로 정답은 ③이다.

28 **「화물자동차 운수사업법」에서 시 · 도지사의 권한으로 정한 사무를 지도 · 감독할 수 있는 권한 관청은?**

① 국토교통부장관
② 행정안전부장관
③ 관할경찰서장
④ 시장 · 군수 · 구청장

해설 화물자동차 운수사업의 합리적인 발전을 도모하기 위하여 "시 · 도지사"의 권한으로 정한 사무를 지도 · 감독을 할 수 있으므로 정답은 ①이다.

29 **운송사업자 또는 운수종사자가 정당한 사유없이 집단으로 화물운송을 거부하였을 때 업무개시를 명령할 수 있다. 이를 위반 시 벌칙으로 맞는 것은?**

① 1년 이하의 징역 또는 1천만원 이하의 벌금
② 2년 이하의 징역 또는 2천만원 이하의 벌금
③ 3년 이하의 징역 또는 3천만원 이하의 벌금
④ 4년 이하의 징역 또는 2천만원 이하의 벌금

30 **화물운송종사자격을 받지 아니하고 화물자동차 운수사업의 운전 업무에 종사한 자 또는 거짓이나 그 밖의 부정한 방법으로 화물운송종사자격을 취득한 자에게 부과되는 과태료는?**

① 100만원 이하의 과태료가 부과된다
② 200만원 이하의 과태료가 부과된다
③ 300만원 이하의 과태료가 부과된다
④ 500만원 이하의 과태료가 부과된다

31 **최대적재량 1.5톤 초과 화물자동차가 차고지와 지방자치단체의 조례로 정하는 시설 및 장소가 아닌 곳에서 밤샘주차한 경우, 일반화물자동차 운송사업자에게 부과되는 과징금은?**

① 5만원 ② 10만원
③ 20만원 ④ 25만원

정답 | 20 ④ 21 ④ 22 ③ 23 ② 24 ④ 25 ③ 26 ④ 27 ③ 28 ① 29 ③ 30 ④ 31 ③

32 **미리 신고한 운임 및 요금 또는 화주와 합의된 운임 및 요금이 아닌 부당한 요금을 받아 적발된 경우, 운송가맹사업자에게 부과되는 과징금은?**

① 40만원　② 30만원
③ 20만원　④ 10만원

33 **개인화물자동차 운송사업자가 자기의 명의로 운송계약을 체결한 화물에 대하여 다른 운송사업자에게 수수료나 그 밖의 대가를 받고 그 운송을 위탁하거나 대행하게 하는 등 화물운송질서를 문란하게 하는 행위를 한 경우의 과징금은?**

① 30만원　② 50만원
③ 70만원　④ 90만원

제4장 자동차관리법령

1 **「자동차관리법」의 제정 목적이 아닌 것은?**

① 자동차를 효율적으로 관리함에 있다
② 자동차의 등록, 안전기준 등을 정하여 성능 및 안전을 확보함에 있다
③ 공공복리를 증진함에 있다
④ 도로교통의 안전을 확보함에 있다

해설 "도로교통의 안전을 확보함에 있다"는 「도로교통법」 목적 중의 하나로 정답은 ④이다.

2 **「자동차관리법」이 적용되는 자동차는?**

① 「건설기계관리법」에 따른 건설기계
② 「화물자동차 운수사업법」에 따른 화물자동차
③ 「농업기계화 촉진법」에 따른 농업기계 및 「군수품관리법」에 따른 차량
④ 궤도 또는 공중선에 의하여 운행되는 차량 및 「의료기기법」에 따른 의료기기

해설 ①, ③, ④의 차량은 적용이 제외되는 차량이고, 「화물자동차 운수사업법」의 화물자동차는 「자동차관리법」이 적용되므로 정답은 ②이다.

3 **자동차 종류의 세부적인 설명으로 틀린 것은?**

① 승용자동차 : 10인 이하를 운송하기에 적합하게 제작된 자동차
② 승합자동차 : 11인 이상을 운송하기에 적합하게 제작된 자동차
③ 화물자동차 : 화물을 운송하기에 적합한 화물적재공간을 갖춘 자동차
④ 특수자동차 : 유류, 가스 등을 운반하기 위한 적재함을 설치한 자동차

해설 ④에서 유류, 가스 등을 운반하기 위한 적재함을 설치한 자동차도 화물자동차에 해당하므로 정답은 ④이다. 특수자동차는 다른 자동차를 견인하거나 구난작업 또는 특수한 작업을 수행하기에 적합하게 제작된 자동차로서 승용자동차, 승합자동차 또는 화물자동차가 아닌 자동차를 말한다.

4 **화물자동차는 화물을 운송하기에 적합한 화물 적재공간을 갖추고 있어야 하는데 그 바닥 면적은?**

① 바닥 면적이 최소 2제곱미터 이상
② 바닥 면적이 최소 2.5제곱미터 이상
③ 바닥 면적이 최소 3제곱미터 이상
④ 바닥 면적이 최소 3.5제곱미터 이상

해설 "특수용도형의 경형화물자동차는 1제곱미터 이상 화물적재공간을 갖추어야 하며" 이외의 화물자동차는 "바닥 면적이 최소 2제곱미터 이상"이므로 정답은 ①이다.

5 **자동차소유자 또는 자동차소유자에 갈음하여 자동차등록을 신청하는 자가 직접 자동차등록 번호판을 붙이고 봉인을 하여야 하는 경우에 이를 이행하지 아니한 경우 벌칙은?**

① 과태료 20만원　② 과태료 30만원
③ 과태료 40만원　④ 과태료 50만원

6 **자동차등록번호판을 가리거나 알아보기 곤란하게 하거나, 그러한 자동차를 운행한 경우 과태료로 맞는 것은?**

① 1차 10만원, 2차 50만원, 3차 100만원
② 1차 30만원, 2차 100만원, 3차 150만원
③ 1차 50만원, 2차 150만원, 3차 250만원
④ 1차 100만원, 2차 200만원, 3차 300만원

7 **자동차등록번호판을 고의로 가리거나 알아보기 곤란하게 한 자에 대한 벌칙은?**

① 1년 이하의 징역 또는 100만원 이하의 벌금
② 1년 이하의 징역 또는 200만원 이하의 벌금
③ 2년 이하의 징역 또는 100만원 이하의 벌금
④ 1년 이하의 징역 또는 1000만원 이하의 벌금

8 **자동차의 변경등록 사유가 발생한 날부터 며칠 이내에 변경등록 신청을 하여야 하는가?**

① 10일 이내　② 15일 이내
③ 20일 이내　④ 30일 이내

9 **자동차 소유자가 변경등록 사유가 발생한 날부터 30일 이내에 변경등록신청을 하지 아니한 경우 벌칙이 틀린 것은?**

① 신청기간만료일부터 90일 이내인 때 : 과태료 2만원
② 신청기간만료일부터 90일 초과 174일 이내인 때 : 2만원에 91일째부터 계산하여 3일 초과 시마다 1만원 추가
③ 지연기간이 175일 이상인 때 : 30만원
④ 과태료 최소한도액 : 10만원

해설 과태료 최소한도액은 규정에 없으므로 정답은 ④이다.

10 **자동차 소유주가 말소등록을 신청하지 않았을 때의 과태료로 맞지 않는 것은?**

① 신청 지연기간이 10일 이내인 때 : 과태료 5만원
② 신청 지연기간이 10일 초과 54일 이내인 때 : 5만원에 11일 째부터 계산하여 1일마다 1만원 추가
③ 지연기간이 55일 이상인 때 50만원
④ 지연기간이 105일 이상인 때 100만원

해설 ④는 규정이 없으므로 정답은 ④이다.

11 **시 · 도지사가 직권으로 자동차의 말소등록을 할 수 있는 경우에 해당하지 않는 것은?**

① 말소등록을 신청하여야 할 자가 신청하지 아니한 경우
② 자동차의 차대가 등록원부상의 차대와 다른 경우
③ 자동차를 수출하는 경우
④ 속임수나 그 밖의 부정한 방법으로 등록된 경우

정답 | 32 ①　33 ④　| 4장　1 ④　2 ②　3 ④　4 ①　5 ④　6 ③　7 ④　8 ④　9 ④　10 ④　11 ③

12 자동차 검사의 구분에 대한 설명이 <u>틀린</u> 것은?

① 신규검사 : 신규등록을 하려는 경우 실시하는 검사
② 정기검사 : 신규등록 후 일정기간마다 정기적으로 실시하는 검사로 한국교통안전공단만이 대행하고 있다
③ 튜닝검사 : 자동차의 구조를 튜닝한 경우에 실시하는 검사
④ 임시검사 : 「자동차관리법」 또는 같은 법의 명령이나 자동차 소유자의 신청을 받아 비정기적으로 실시하는 검사

해설 "정기검사나 종합검사는 한국교통안전공단과 지정정비사업자"도 대행할 수 있으므로 정답은 ②이다.

13 자동차 정기검사 유효기간에 대한 설명으로 <u>잘못된</u> 것은?

① 사업용 승용자동차 : 1년(최초 2년)
② 사업용 경형 · 소형의 화물자동차 : 1년 (최초 2년)
③ 사업용 대형화물자동차 2년 이하 : 1년
④ 그 밖의 자동차 5년 초과 : 1년

해설 차령이 5년 초과된 그 밖의 자동차의 경우 1년이 아닌 "6개월"이므로 정답은 ④이다.

14 자동차 검사유효기간을 연장하거나 유예하려는 경우에 대한 설명이다. <u>틀린</u> 것은?

① 전시 · 사변 또는 이에 준하는 비상사태의 경우
② 자동차의 도난 · 사고발생의 경우나 압류된 경우
③ 자동차 소유자의 신청에 의하여 장기간의 정비 또는 기타 부득이한 사유가 인정되는 경우
④ 자동차 소유자의 요청에 의하여 섬 지역으로 출장검사를 하는 경우

해설 ④의 "자동차소유자"가 아니고 "자동차검사 대행자"가 맞으므로 정답은 ④이다.

15 자동차종합검사에 대한 설명으로 <u>틀린</u> 것은?

① 자동차의 동일성 확인 및 배출가스 관련 장치 등의 작동상태 확인을 관능검사및 기능검사로 하는 공통 분야가 있다
② 자동차 안전검사 분야가 포함된다
③ 종합검사를 받은 경우에는 특정경유자 동차검사를 별도로 받아야 한다.
④ 자동차 배출가스 정밀검사 분야가 포함된다

해설 종합검사를 받은 경우에는 정기검사, 정밀검사, 특정경유자동차검사를 받은 것으로 본다. 그러므로 정답은 ③이다.

16 다음 중 차령이 2년 초과된 사업용 대형화물자동차의 종합검사 유효기간은 얼마인가?

① 3개월 ② 6개월
③ 1년 ④ 3년

해설 정답은 6개월로 ②이다. 참고로 사업용 경형 · 소형 화물자동차인 경우 차령이 2년 초과되었다면 검사 유효기간은 1년이다.

17 자동차 소유자의 종합검사기간은 어떻게 되는가?(단, 검사를 연장했거나 유예한 자동차 소유자의 경우도 포함한다)

① 검사 유효 마지막 날 전후 각각 31일 이내
② 검사 유효 마지막 날 전후 각각 30일 이내
③ 검사 유효 마지막 날 전 각각 31일 이내
④ 검사 유효 마지막 날 후 각각 31일 이내

18 자동차 종합검사기간이 지난 자에 대해 독촉하는 내용에 포함되지 <u>않는</u> 것은?

① 검사기간이 지난 사실
② 검사의 유예가 가능한 사유와 신청 방법
③ 검사를 받지 않는 경우 운행정지 또는 폐차될 수 있다는 경고
④ 검사를 받지 않았을 때 부과되는 과태료 금액과 근거 법규

해설 ③의 내용은 통지내용이 아니므로 정답은 ③이다. 참고로 위 독촉 내용은 검사기간이 끝난 다음 날부터 10일 이내, 20일 이내에 각각 통지된다.

19 자동차 정기검사나 종합검사를 받지 아니한 경우의 벌칙이 <u>틀린</u> 것은?

① 검사 지연기간이 15일 이내 : 과태료 2만원
② 검사 지연기간이 30일 이내 : 과태료 4만원
③ 검사 지연기간이 30일 초과 114일 이내 : 4만원에 31일째부터 계산하여 3일 초과 시마다 2만원 추가
④ 검사 지연기간이 115일 이상 : 60만원

해설 ①은 규정에 없으므로 정답은 ①이다.

제5장 도로법(화물)

1 「도로법」의 제정목적에 해당하지 <u>않는</u> 것은?

① 도로망의 계획수립, 도로노선의 지정, 도로공사의 시행
② 도로의 시설 기준, 도로의 관리 · 보전 및 비용 부담 등에 관한 사항을 규정
③ 국민이 안전하고 편리하게 이용할 수 있는 도로 건설
④ 자동차 운전자들의 편리를 우선적으로 도모

해설 자동차 운전자들의 편리를 우선 도모하는 것이 아닌, "공공복리의 향상에 이바지함"이 옳으므로 정답은 ④이다.

2 도로관리청이 설치한 도로의 부속물이 <u>아닌</u> 것은?

① 주차장, 버스정류시설, 휴게시설 등
② 시선유도표지, 중앙분리대, 과속방지시설 등
③ 도로 연접 사설 주차장 및 모래 적치장
④ 도로표지, 낙석방지시설 · 제설시설

해설 "도로 연접 사설 주차장이나 모래 적치장은 도로관리청이 설치한 것이 아니므로" 정답은 ③이다(※도로에 연접하여 설치한 도로 관련 기술개발 연구시설도 도로의 부속물에 해당한다).

3 도로에 관한 금지행위와 <u>관계 없는</u> 것은?

① 도로를 파손하는 행위
② 도로에서 소리를 지르는 등 불쾌감을 주는 행위
③ 도로에 토석(土石), 입목 · 죽(竹) 등 장애물을 쌓아놓은 행위
④ 도로의 구조나 교통에 지장을 주는 행위

4 고속국도를 제외한 도로에서 정당한 사유없이 도로를 파손하여 교통을 방해하거나 교통의 위험을 발생하게 한 사람에 대한 벌칙은?

① 8년 이하의 징역이나 2천만원 이하의 벌금
② 9년 이하의 징역이나 3천만원 이하의 벌금
③ 10년 이하의 징역이나 1억원 이하의 벌금
④ 10년 이상의 징역이나 1억원 이상의 벌금

5 정당한 사유 없이 적재량 측정을 위한 도로관리청의 요구(관계 공무원 또는 운행제한 단속원의 차량 승차 및 관계서류 제출)에 따르지 <u>않은</u> 자에 대한 벌칙은?

① 1년 이하의 징역이나 1천만원 이하의 벌금
② 1년 이상의 징역이나 1천만원 이상의 벌금
③ 2년 이하의 징역이나 1천만원 이하의 벌금
④ 2년 이상의 징역이나 1천만원 이상의 벌금

정답 | 12 ② 13 ④ 14 ④ 15 ③ 16 ② 17 ① 18 ③ 19 ① | 5장 1 ④ 2 ③ 3 ② 4 ③ 5 ①

6 **도로관리청이 운행을 제한할 수 있는 차량이다. 틀린 것은?**

① 축하중이 10톤을 초과하거나 총중량이 40톤을 초과하는 차량
② 차량의 폭이 2.5m, 높이가 4.0m, 길이가 16.7m를 초과하는 차량
③ 도로구조의 보전과 통행의 안전에 지장이 없다고 도로관리청이 인정하여 고시한 도로의 경우는 높이 5.0m를 초과하는 차량
④ 도로관리청이 특히 도로구조의 보전과 통행의 안전에 지장이 있다고 인정하는 차량

해설 ③에서 도로구조의 보전과 통행의 안전에 지장이 없다고 도로관리청이 인정하여 고시한 도로인 경우, 높이가 5.0m 이상이 아닌 "4.2m 이상"인 때 운행이 제한된다. 그러므로 정답은 ③이다.

7 **자동차전용도로를 지정할 때 도로관리청이 관계기관의 의견을 들어야 하는 의견 청취 기관으로 틀린 것은?**

① 국토교통부장관 : 경찰청장의 의견을 청취
② 특별(광역)시장, 도지사, 특별자치도지사 : 관할 시 · 도 경찰청장의 의견을 청취
③ 특별자치시장 : 관할 시 · 도 경찰청장의 의견 청취
④ 특별자치시장, 시장, 군수, 구청장 : 관할 경찰서장의 의견을 청취

해설 "특별자치시장도 관할 경찰서장의 의견을 들어야"하므로 정답은 ③이다.

8 **차량을 사용하지 않고 자동차전용도로를 통행하거나 출입한 자에 대한 벌칙은?**

① 1년 이하의 징역이나 1천만원 이하의 벌금
② 1년 이상의 징역이나 1천만원 이상의 벌금
③ 2년 이하의 징역이나 2천만원 이하의 벌금
④ 2년 이상의 징역이나 2천만원 이상의 벌금

제6장 대기환경보전법령(화물)

1 **「대기환경보전법」의 제정 목적이 아닌 것은?**

① 대기오염으로 인한 국민건강이나 환경에 관한 위해(危害)를 예방
② 대기환경을 적정하고 지속 가능하게 관리 · 보전
③ 모든 국민이 건강하고 쾌적한 환경에서 생활할 수 있게 함
④ 연료 등 차량 유지비용 절감

2 **다음 중 연소할 때 생기는 유리탄소가 주가 되는 미세한 입자상의 물질을 무엇이라 하는가?**

① 유독가스　② 온실가스
③ 매연　④ 입자상물질

3 **다음 중 적외선 복사열을 흡수하거나 다시 방출하여 온실효과를 유발하는 대기 중의 가스 상태인 물질을 무엇이라 하는가?**

① 공해가스　② 미세먼지
③ 온실가스　④ 입자상물질

4 **다음 중 저공해 자동차로의 전환 또는 개조 명령을 이행하지 아니한 자에 대한 벌칙은?**

① 100만원 이하 과태료　② 300만원 이하 과태료
③ 400만원 이하 과태료　④ 500만원 이하 과태료

5 **다음 중 운행차의 배출가스상태 수시점검에 응하지 않거나 기피 또는 방해한 자에 대한 벌칙으로 맞는 것은?**

① 100만원 이하의 과태료　② 200만원 이하의 과태료
③ 300만원 이하의 과태료　④ 400만원 이하의 과태료

6 **시 · 도지사는 대중교통용 자동차 등 환경부령으로 정하는 자동차에 대하여 조례에 따라 공회전제한장치의 부착을 명령할 수 있다. 그 대상차량이 아닌 것은?**

① 시내버스운송사업에 사용되는 자동차
② 일반택시운송사업에 사용되는 자동차
③ 도로포장 등 도시 설비 개선에 사용되는 건설기계
④ 최대적재량 1톤 이하인 밴형 화물자동차로서 택배용으로 사용되는 자동차

7 **운행차 수시점검을 면제 받을 수 있는 자동차가 아닌 것은?**

① 「도로교통법」에 따른 긴급자동차
② 환경부장관이 정하는 저공해자동차
③ 「도로교통법」에 따른 어린이통학버스
④ 군용 및 경호업무용 등 특수한 공용 목적으로 사용되는 자동차

제1교시(제2편) 화물 취급요령 예상문제

제1장 개요(화물)

1 **화물자동차 운전자가 불안전하게 화물을 취급할 경우 야기될 수 있는 위험상황이 아닌 것은?**

① 다른 사람 보다 우선 운전자 본인의 안전이 위협받게 된다
② 결박상태가 느슨한 화물은 다른 운전자의 긴장감을 고조시키고 차로변경 또는 서행 등의 행동을 유발시킨다
③ 다른 사람들을 다치게 하거나 사망하게 하는 교통사고의 주요한 요인이 될 수 있다
④ 결박 상태가 불안전한 화물자동차는 갑자기 정지하거나 방향을 전환할 때 위험이 증가한다

해설 운전자 본인의 안전이 위협받는 것은 맞지만, 동시에 다른 사람 또는 다른 운전자의 안전에도 악영향을 끼치는 것은 당연하므로 이 같은 진술은 옳지 않다. 그러므로 정답은 ①이다.

2 **화물자동차 운전자가 과적을 한 경우의 위험성으로 옳지 않은 것은?**

① 도로에는 영향이 없으나, 엔진과 차량 자체에는 악영향을 미친다.
② 자동차의 핸들조작 · 제동장치조작 · 속도조절 등을 어렵게 한다.
③ 과적차량은 물론 차량에 비하여 상대적으로 무거운 중량의 화물을 적재한 차량은 경사진 오르막이나 내리막 도로에서는 서행하며 주의 운행을 해야 한다.
④ 내리막길 운행 중 갑자기 브레이크 파열이나 적재물의 쏠림에 의한 위험이 뒤따를 수 있으므로 주의하여 운행을 해야 한다.

해설 과적을 하면 자동차는 물론 도로에도 악영향을 끼칠 수 있다. 정답은 ①이다.

3 **화물자동차 운전자가 책임지고 확인하여야 할 사항으로 잘못된 것은?**

① 화물의 검사
② 과적의 식별
③ 적재화물의 균형 유지
④ 적재화물의 용도와 사용 목적

해설 ④는 해당이 없고, 적재 상태의 안전과도 관련이 없다.

정답 | 6③ 7③ 8① | 6장 1④ 2③ 3③ 4② 5② 6③ 7③ 제1교시(제2편) | 1장 1① 2① 3④

4 화물자동차 운전자가 화물을 적재할 때의 방법으로 틀린 것은?

① 차량의 적재함 가운데부터 좌우로 적재한다
② 앞쪽이나 뒤쪽으로 중량이 치우치지 않도록 한다
③ 적재함 위쪽에 비하여 아래쪽에 무거운 중량의 화물을 적재하지 않도록 한다
④ 화물을 모두 적재한 후에는 먼저 화물이 차량 밖으로 낙하되지 않도록 앞뒤좌우로 차단하며, 화물의 이동(운행 중 쏠림)을 방지하기 위하여 윗부분부터 아래 바닥까지 팽팽히 고정시킨다

해설 적재함 "아래쪽"에 비하여 "위쪽"에 무거운 중량의 화물을 적재하지 말아야 한다. 그러므로 정답은 ③이다.

5 일반화물이 아닌 색다른 화물을 실어 나르는 화물 차량을 운행할 때에 유의할 사항에 대한 설명으로 틀린 것은?

① 드라이 벌크 탱크 차량은 무게중심이 낮고 적재물이 이동하기 쉬우므로 커브길이나 급회전할 때 운행에 주의해야 한다
② 냉동차량은 냉동설비 등으로 인해 무게중심이 높기 때문에 급회전할 때 특별한 주의 및 서행운전이 필요하다
③ 소나 돼지와 같은 가축 또는 살아있는 동물을 운반하는 차량은 무게중심이 이동하면 전복될 우려가 높으므로 주의운전이 필요하다
④ 길이가 긴 화물, 폭이 넓은 화물, 또는 부피에 비하여 중량이 무거운 화물 등 비정상화물을 운반하는 때에는 적재물의 특성을 알리는 특수장비를 갖추거나 경고 표시를 하는 등 운행에 특별히 주의한다

해설 드라이 벌크 탱크 차량은 무게중심이 낮지 않고 "높아" 적재물이 이동하기 쉽다. 그러므로 정답은 ①이다.

제2장 운송장 작성과 화물포장(화물)

1 운송장 기능의 종류에 대한 설명으로 틀린 것은?

① 운송요금 영수증 기능
② 배달에 대한 증빙
③ 지출금 관리자료
④ 행선지 분류정보 제공

해설 "지출금 관리자료"가 아닌, "수입금 관리자료"가 맞으므로 정답은 ③이다. 이외에도 운송장은 계약서의 기능, 화물인수증의 기능, 정보처리 기본자료 등의 역할을 한다.

2 개인고객의 경우, 운송장 작성과 동시에 운송장에 기록된 내용과 약관에 기준한 계약이 성립된 것으로 본다. 여기서 알 수 있는 운송장의 기능은?

① 계약서 기능 ② 운송요금 영수증 기능
③ 화물인수증 기능 ④ 수입금 관리자료 기능

3 다음 중 운송장의 형태에 해당하지 않는 것은?

① 기본형 운송장(포켓타입)
② 보조 운송장
③ 전산처리용 운송장
④ 스티커형 운송장

해설 운송장의 형태는 ①, ②, ④ 뿐이고, "전산처리용 운송장"은 기본형 운송장(포켓타입)에서 사용하고 있는 운송장으로 정답은 ③이다.

4 동일 수하인에게 다수의 화물이 배달될 경우 운송장 비용을 절약하기 위하여 사용하는 운송장으로서 간단한 기본적인 내용과 원 운송장을 연결시키는 내용만 기록하는 운송장의 명칭은?

① 기본형 운송장 ② 보조 운송장
③ 배달표 운송장 ④ 스티커 운송장

5 다음 중 운송장의 제작비와 전산입력비용을 절약하기 위한 운송장으로서 기업고객과 완벽한 전자문서교환 시스템이 구축될 수 있는 경우에 이용되는 것은?

① 라벨형 운송장 ② 포켓타입 운송장
③ 보조 운송장 ④ 스티커형 운송장

해설 정답은 ④ 스티커형 운송장이다. 스티커형 운송장을 운용하기 위해서는 라벨프린터를 설치해야 하고, 운송장발행 시스템과 출하정보전송 시스템이 필요하다. 종류로는 배달표형과 바코드 절취형이 있다.

6 화물의 포장상태 불완전으로 사고발생가능성이 높아 수탁이 곤란한 화물의 경우에는 송하인이 책임사항을 기록하고 서명한 후 모든 책임을 진다는 조건으로 수탁할 수 있다. 다음 중 그에 대한 면책사항이 아닌 것은?

① 파손 면책 ② 배달지연 또는 불능 면책
③ 부패 면책 ④ 송하인 손해배상 면책

해설 "송하인의 손해배상 면책"은 해당이 없으므로 정답은 ④이다

7 물품의 수송, 보관, 취급, 사용 등에 있어 물품의 가치 및 상태를 보호하기 위해 적절한 재료와 용기 등을 물품에 사용하는 기술 또는 그 상태에 대한 용어는?

① 보존 ② 결속
③ 포장 ④ 적재

8 다음 중 포장의 기능이 아닌 것은?

① 보호성 ② 표시성
③ 상품성 ④ 보관성

해설 "보관성"은 해당이 없으므로 정답은 ④이며, 이외에도 "효율성", "판매촉진성", "편리성" 등이 있다.

9 소매를 주로 하는 상거래에서 상품 일부로써 또는 상품을 정리하여 취급하기 위해 시행하는 것으로 상품가치를 높이기 위해 하는 포장의 명칭은?

① 상업포장 ② 공업포장
③ 유연포장 ④ 방수포장

10 상업포장의 기능이 아닌 것은?

① 판매 촉진 기능
② 진열판매의 편리성 도모
③ 작업의 효율성을 도모
④ 수송 · 하역의 편리성 증대

해설 ④는 공업포장(수송포장)의 기능으로 정답은 ④이다.

11 화물포장에 관한 일반적 유의사항으로 틀린 것은?

① 고객에게 화물이 훼손되지 않게 포장을 보강하도록 양해를 구한다
② 포장비를 별도로 받고 포장할 수 없다
③ 포장이 미비하거나 포장 보강을 고객이 거부할 경우 집하를 거절할 수 있다
④ 화물을 부득이 발송할 경우에는 면책확인서에 고객의 자필 서명을 받고 집하한다

해설 포장비를 별도로 받아 포장할 수 있고, 포장 재료비는 실비로 수령하는 것이 맞으므로 정답은 ②이다.

정답 | 4③ 5① | 2장 1③ 2① 3③ 4② 5④ 6④ 7③ 8④ 9① 10④ 11②

12 **포장 재료의 특성에 따른 분류에 대한 설명으로 틀린 것은?**

① 유연포장 : 포장된 물품 또는 단위포장물이 포장 재료나 용기의 유연성 때문에 본질적인 형태는 변화되지 않으나 일반적으로 외모가 변화될 수 있는 포장을 말한다
② 강성포장 : 포장된 물품 또는 단위포장물이 포장 재료나 용기의 경직성으로 형태가 변화되지 않고 고정되는 포장을 말한다
③ 수축포장 : 물품을 1개 또는 여러 개를 합하여 수축 필름으로 덮고, 이것을 가열 수축시켜 물품을 강하게 고정 · 유지하는 포장을 말한다
④ 반강성포장 : 강성을 가진 포장 중에서 약간의 유연성을 갖는 골판지상자, 플라스틱 보틀 등에 의한 포장으로 유연포장과 강성포장의 중간적인 포장을 말한다

해설 "수축포장"은 포장방법(포장기법)별 분류 중의 하나로 본 문제의 분류에는 해당없어 정답은 ③이다.

13 **다음은 특별품목에 대한 포장 시 유의사항이다. 틀린 것은?**

① 휴대폰 및 노트북 등 고가품의 경우 내용물이 파악되지 않도록 별도의 박스로 이중 포장한다
② 꿀 등을 담은 병제품을 부득이하게 병으로 집하하는 경우 면책 확인서는 받지 않고 집하한다
③ 식품류(김치, 특산물, 농수산물 등)의 경우, 스티로폼으로 포장하는 것을 원칙으로 하되, 스티로폼이 없을 경우 비닐로 내용물이 손상되지 않도록 포장한 후 두꺼운 골판지 박스 등으로 포장하여 집하한다
④ 깨지기 쉬운 물품 등은 플라스틱 용기로 대체하여 충격 완화포장을 한다

해설 병제품을 부득이하게 병으로 집하할 때는 면책확인서를 받아야 하므로 정답은 ②이다. 병제품은 가능한 플라스틱병으로 대체하거나, 병이 움직이지 않도록 포장재를 보강하여 낱개로 포장한 뒤 박스로 포장하는 것이 좋다.

14 **일반 화물의 취급 표지에서 "취급 표지의 표시 및 표지의 색상 등"에 대한 설명으로 틀린 것은?**

① 취급 표지의 표시 : 포장에 직접 스텐실 인쇄하거나 라벨을 이용하여 부착하는 방법 중 적절한 것을 사용하여 표시한다
② 취급 표지의 색상 : 위험물 표지와 혼돈을 가져올 수 있는 색의 사용은 피해야 한다
③ 취급 표지의 색상 : 표지의 색은 기본적으로 흰색을 사용한다
④ 취급 표지의 크기 : 일반적인 목적으로 사용하는 취급 표지의 전체 높이는 100mm, 150mm, 200mm의 세 종류가 있다

해설 취급 표지의 색상은 기본적으로 "검은색"을 사용하는 것이 옳다. 정답은 ③이다.

15 **다음 중 일반 화물의 취급 표지의 기본적인 색상으로 옳은 것은?**

① 검정색 ② 적색
③ 주황색 ④ 황색

16 **다음 취급 표지의 호칭으로 맞는 것은?**

① 무게 중심 위치
② 온도 제한
③ 굴림 방지
④ 깨지기 쉬움, 취급주의

17 **일반 화물의 일반적인 목적으로 사용하는 취급 표지의 크기가 아닌 것은?**

① 100mm ② 150mm
③ 200mm ④ 250mm

해설 ①, ②, ③의 3종류만 있고, 표지의 크기는 조정할 수 있으며, 250mm는 없어 정답은 ④이다.

18 **일반 화물 표지 중 "조임쇠 취급 제한" 표지에 해당하는 것은?**

① 
② 

③ 

④ 

해설 정답은 ①이다. ②는 적재 제한, ③는 적재 단수 제한이며 ③에서 가운데 알파벳 "n"은 위에 쌓을 수 있는 최대한의 포장 화물 수를 말한다. ④는 적재 금지 표지이다.

제3장 화물의 상 · 하차

1 **화물을 취급하기 전에 준비, 확인 또는 확인할 사항에 대한 설명으로 틀린 것은?**

① 위험물, 유해물을 취급할 때에는 반드시 보호구를 착용하고, 안전모는 턱끈을 매어 착용한다
② 보호구의 자체결함은 없는지 또는 사용방법은 알고 있는지 확인한다
③ 화물의 포장이 거칠거나 미끄러움, 뾰족함 등은 없는지 확인한 후 작업에 착수한다
④ 작업도구는 항상 새로운 물품으로 넉넉하게 준비한다

해설 작업도구를 항상 새로운 물품으로 준비할 필요는 없고, "해당 작업에 적합한 물품"으로 "필요한 수량만큼" 준비하도록 한다. 정답은 ④이다.

2 **창고 내 및 입 · 출고 작업요령으로 잘못된 것은?**

① 작업 시작 전 작업장 주위를 정리한다
② 창고 내에서 작업할 때에는 어떠한 경우라도 흡연을 금한다
③ 화물 적하장소에 무단으로 출입하지 않는다
④ 화물의 붕괴를 막기 위하여 적재규정을 준수하고 있는지 확인한다

해설 ①에서 "작업 시작 전"이 아니고, "작업 종료 후"가 맞으므로 정답은 ①이다.

3 **다음은 창고 내에서 화물 이동 시 주의사항이다. 틀린 것은?**

① 창고의 통로 등에 장애물이 없도록 한다
② 작업안전통로를 충분히 확보한 후 화물을 적재한다
③ 바닥에 물건 등이 놓여 있으면 즉시 치우고 운반통로에 있는 맨홀이나 홈은 바로 메우도록 한다
④ 바닥의 기름이나 물기는 즉시 제거하여 미끄럼 사고를 예방한다

4 **화물더미에서 작업을 할 때 주의할 사항으로 틀린 것은?**

① 화물더미에 오르내릴 때에는 화물의 쏠림이 발생하지 않도록 조심해야 한다
② 화물을 쌓거나 내릴 때에는 순서에 맞게 신중히 하여야 한다
③ 화물더미의 상층과 하층에서 동시에 작업을 한다
④ 화물더미 위로 오르고 내릴 때에는 안전한 승강시설을 이용한다

해설 ③의 문장 중에 "동시에 작업을 한다"가 아니고, "동시에 작업을 하지 않는다"가 맞으므로 정답은 ③이다.

5 **발판을 활용한 작업을 할 때에 주의사항에 대한 설명이 틀린 것은?**

① 발판은 경사를 완만하게 하여 사용한다
② 2명 이상이 발판을 이용하여 오르내릴 때에는 특히 주의한다
③ 발판의 넓이와 길이는 작업에 적합한 것이며 자체에 결함이 없는지 확인한다
④ 발판 설치는 안전하게 되어 있는지 확인한다

해설 발판을 이용하여 오르내릴 때에는 2명 이상은 동시에 통행하지 않는 것이 옳다. 정답은 ②이다.

정답 | 12 ③ 13 ② 14 ③ 15 ① 16 ④ 17 ④ 18 ① | 3장 1 ④ 2 ① 3 ③ 4 ③ 5 ②

6 **화물의 하역방법에 대한 설명으로 틀린 것은?**

① 상차된 화물은 취급표지에 따라 다루고, 화물의 적하순서에 따라 작업을 한다
② 바닥으로부터의 높이가 2m 이상 되는 화물더미와 인접 화물더미 사이의 간격은 화물더미의 밑부분을 기준으로 50cm 이상으로 하여야 한다
③ 원목과 같은 원기둥형의 화물은 열을 지어 정방형을 만들고, 그 위에 직각으로 열을 지어 쌓거나 또는 열 사이에 끼워 쌓는 방법으로 하되, 구르기 쉬우므로 외측에 제동장치를 해야 한다
④ 부피가 큰 것을 쌓을 때는 무거운 것은 밑에 가벼운 것은 위에 쌓는다

해설 ②에서 화물더미의 밑부분을 기준으로 "50cm 이상"이 아닌, "10cm 이상"이 맞으므로 정답은 ②이다.

7 **제재목(製材木)을 적치할 때는 건너지르는 대목을 몇 개소에 놓아야 하는가?**

① 2개소 ② 3개소
③ 4개소 ④ 5개소

8 **차량 내 화물 적재방법이 잘못된 것은?**

① 화물을 적재할 때는 한쪽으로 기울지 않게 쌓고, 적재하중을 초과하지 않도록 한다
② 무거운 화물을 적재함 뒤쪽에 실으면 앞바퀴가 들려 조향이 마음대로 안되어 위험하다
③ 무거운 화물을 적재함 앞쪽에 실으면 조향이 무겁고 제동할 때에 뒷바퀴가 먼저 제동되어 좌 · 우로 틀어지는 경우가 발생한다
④ 화물을 적재할 때에는 최대한 무게가 골고루 분산될 수 있도록 하고, 무거운 화물은 적재함의 앞부분에 무게가 집중될 수 있도록 적재한다

해설 ④에서 "적재함의 앞부분"이 아닌, "중간부분"에 무게가 집중될 수 있도록 하는 것이 맞으므로 정답은 ④이다.

9 **트랙터 차량의 캡과 적재물의 간격은 몇 센티미터 이상으로 유지해야 하는가?**

① 100센티미터 이상
② 110센티미터 이상
③ 120센티미터 이상
④ 130센티미터 이상

10 **물품을 들어 올릴 때의 자세 및 방법에 대한 설명이 틀린 것은?**

① 몸의 균형을 유지하기 위해서 발은 어깨 넓이만큼 벌리고 물품으로 향한다
② 물품과 몸의 거리는 물품의 크기에 따라 다르나, 물품을 수직으로 들어 올릴 수 있는 위치에 몸을 준비한다
③ 물품을 들 때는 허리를 똑바로 펴야 한다
④ 다리와 어깨의 근육에 힘을 넣고 팔꿈치를 바로 펴서 재빨리 물품을 들어 올린다

해설 ④에서 물품은 "서서히" 들어 올리는 것이 맞으므로 정답은 ④이다. 또한 물품은 허리의 힘으로 드는 것이 아니고 무릎을 굽혀 펴는 힘으로 들어야 한다.

11 **다음 중 단독으로 화물을 운반하고자 할 때의 인력운반 중량 권장기준 중 일시작업(시간당 2회 이하)의 기준으로 맞는 것은?**

① 성인남자(25 - 30kg), 성인여자(15 - 20kg)
② 성인남자(30 - 35kg), 성인여자(20 - 25kg)
③ 성인남자(35 - 37kg), 성인여자(25 - 27kg)
④ 성인남자(37 - 40kg), 성인여자(30 - 35kg)

해설 "성인남자(25 - 30kg), 성인여자(15 - 20kg)" 이므로 정답은 ①이다.

12 **물품의 수작업(手作業) 운반기준에 해당하지 않는 것은?**

① 두뇌작업이 필요한 작업
② 얼마동안 시간 간격을 두고 되풀이되는 소량취급 작업
③ 취급물품의 형상, 성질, 크기 등이 일정하지 않은 작업
④ 표준화되어 있어 지속적으로 운반량이 많은 작업

해설 ④는 "기계작업 운반기준" 중의 하나로 정답은 ④이며, 이외에 "취급물품이 경량물인 작업"이 있다.

13 **물품의 기계작업(機械作業) 운반기준에 해당하지 않는 것은?**

① 단순하고 반복적인 작업
② 두뇌작업이 필요한 작업
③ 표준화되어 있어 지속적으로 운반량이 많은 작업
④ 취급물품이 중량물인 작업

해설 ②는 "수작업 운반기준" 중의 하나로 정답은 ②이며, 이외에 "취급물품의 형상, 성질, 크기 등이 일정한 작업"이 있다.

14 **고압가스의 취급에 대한 설명이다. 틀린 것은?**

① 고압가스를 운반할 때에는 그 고압가스의 명칭, 성질 및 이동 중의 재해방지를 위해 필요한 주의사항을 기재한 서면을 운반책임자 또는 운전자에게 교부하여 휴대시킬 것
② 운반 차량의 고장이나 교통사정 등 휴식 또는 부득이한 경우를 제외하고는 운전자와 운반책임자가 동시에 이탈하지 아니할 것
③ 고압가스의 특성상 되도록이면 휴식 없이 신속하게 운송할 것
④ 노면이 나쁜 도로에서는 가능한 한 운행하지 말 것이며, 부득이 운행할 때에는 운행개시 전에 충전용기의 적재상황의 재검사하여 이상이 없는가를 확인할 것

해설 200km 이상의 거리를 운행하는 경우에는 중간에 충분한 휴식을 취한 후 운전해야 한다. 정답은 ③이다.

15 **컨테이너에 위험물을 수납할 때의 주의사항으로 틀린 것은?**

① 위험물의 수납에 앞서 위험물의 성질, 성상, 취급방법, 방제대책을 충분히 조사한다
② 상호작용하여 물리적 화학작용이 일어날 염려가 있는 위험물들을 동일 컨테이너에 수납할 때에는 특히 주의한다
③ 수납되는 위험물 용기의 포장 및 표찰이 완전한가를 충분히 점검하여 포장 및 용기가 파손되었거나 불완전한 컨테이너는 수납을 금지한다
④ 화물의 이동, 전도, 충격, 마찰, 누설 등에 의한 위험이 생기지 않도록 충분한 깔판 및 각종 고임목 등을 사용하여 화물을 보호하는 동시에 단단히 고정한다

해설 품명이 다른 위험물 또는 위험물과 위험물 이외의 화물이 상호작용하여 발열 등 물리적 화학작용을 일으킬 염려가 있을 때에는 "동일 컨테이너"에 수납해서는 안 된다. 그러므로 정답은 ②이다.

정답 | 6 ② 7 ② 8 ④ 9 ③ 10 ④ 11 ① 12 ④ 13 ② 14 ③ 15 ②

16 위험물 탱크로리 취급 시의 확인 점검 · 사항이다. 틀린 것은?

① 인화성 물질 취급 시 소화기를 준비하고, 흡연자가 없는지 확인한다
② 담당자 이외에 다른 사람이 취급하려면 위험표지를 반드시 설치할 것
③ 누유된 위험물은 회수처리하고, 플렌지(Flange) 등 연결부분에 새는 곳은 없는가를 확인하고, 플렉시블 호스의 고정유무를 확인한다
④ 탱크로리에 커플링(Coupling)은 잘 연결되었는가 확인한다

해설 위험물 탱크로리를 취급할 때에는 담당자 이외에는 손대지 않도록 하고, 안전표지 또한 설치해야 한다. 그러므로 정답은 ②이다.

17 독극물 취급 시의 주의사항으로 틀린 것은?

① 취급하는 독극물의 물리적 · 화학적 특성을 충분히 알고, 그 성질에 따른 활용수단을 알고 있을 것
② 독극물을 취급하거나 운반할 때는 소정의 안전한 용기, 도구, 운반구 및 운반차를 이용할 것
③ 독극물 저장소, 드럼통, 용기, 배관 등은 내용물을 알 수 있도록 확실하게 표시하여 놓을 것
④ 취급불명의 독극물은 함부로 다루지 말고, 독극물 취급방법을 확인한 후 취급할 것

해설 ①에서 "활용수단을 알고 있을 것"이 아니고, "방호수단을 알고 있을 것"이 맞으므로 정답은 ①이다.

제4장 적재물 결박, 덮개 설치(화물)

1 나무상자를 파렛트(pallet)에 쌓는 경우의 붕괴 방지에 많이 사용되는 방식은?

① 밴드걸기 방식 ② 주연어프 방식
③ 슈링크 방식 ④ 스트레치 방식

2 파렛트의 가장자리를 높게 하여 포장화물을 안쪽으로 기울여 화물이 갈라지는 것을 방지하는 방식은?

① 밴드걸기 방식 ② 주연어프 방식
③ 풀붙이기 접착방식 ④ 슈링크 방식

3 포장과 포장 사이에 미끄럼을 멈추는 시트를 넣음으로써 안전을 도모하는 방법은?

① 풀붙이기 접착방식
② 밴드걸기 방식
③ 슬립멈추기 시트삽입 방식
④ 스트레치 방식

해설 "슬립멈추기 시트삽입 방식"으로 정답은 ③이다. 이 방식은 부대화물에는 효과가 있으나, 상자의 경우에는 진동하면 튀어 오르기 쉽다는 단점이 있다.

4 열수축성 플라스틱 필름을 파렛트 화물에 씌우고 슈링크 터널을 통과시킬 때 가열하여 필름을 수축시켜 파렛트와 밀착시키는 방식은?

① 스트레치 방식 ② 박스테두리 방식
③ 슈링크 방식 ④ 풀붙이기 접착방식

5 스트레치 포장기를 사용하여 플라스틱 필름을 파렛트 화물에 감아 움직이지 않게 하는 방법은?

① 슈링크 방식 ② 스트레치 방식
③ 밴드걸기 방식 ④ 주연어프 방식

해설 "스트레치 방식"으로 정답은 ②이며, 스트레치 방식은 "열처리는 행하지 않으나 통기성이 없고 비용이 많이 든다"는 단점이 있다.

6 포장화물은 운송과정에서 각종 충격, 진동 또는 압축하중을 받는다. 다음 중 하역 시의 충격에 대한 설명이 틀린 것은?

① 가장 큰 것은 수하역 시의 낙하충격이다
② 낙하충격이 화물에 미치는 영향도는 낙하의 높이에 따라 상이하다
③ 낙하충격이 화물에 미치는 영향도는 낙하면의 상태에 따라 상이하다
④ 낙하충격이 화물에 미치는 영향도는 화물 무게에 따라 상이하다

해설 ④에서 "화물 무게에 따라 상이"한 것이 아니고, "낙하상황과 화물 포장의 방법에 따라 상이한" 것이 옳으므로 정답은 ④이다.

7 포장화물 운송과정의 외압과 보호요령에서 "보관 및 수송중의 압축하중"에 대한 설명이 틀린 것은?

① 포장화물은 보관 중 또는 수송 중에 밑에 쌓은 화물이 압축하중을 받는다
② 내하중은 포장재료에 따라 상당히 다르다
③ 나무상자는 강도의 변화가 거의 없으나 골판지는 시간이나 외부 환경에 의해 변화를 받기 쉽다
④ 골판지는 외부의 온도와 습기, 방치시간 등에 대하여 민감하지 않다

해설 골판지는 방치시간과 외부환경(온도, 습기 등)에 민감하고 변화하기 쉬우므로 특히 유의해서 다루어야 한다. 그러므로 정답은 ④이다.

8 포장화물은 보관 중 또는 수송 중에 밑에 쌓은 화물이 압축하중을 받는다. 주행 중 상 · 하진동을 받을 때 압축하중은 몇 배를 받는가?

① 1배 정도 ② 2배 정도
③ 3배 정도 ④ 4배 정도

제5장 운행 요령(화물)

1 화물자동차 운행요령의 일반사항에 대한 설명이 틀린 것은?

① 배차지시에 따라 차량을 운행하고, 배정된 물자를 지정된 장소로 한정된 시간 내에 정확하게 운행할 책임이 있다
② 사고예방을 위하여 관계법규를 준수함은 물론 운전 전, 운전 중, 운전 후 및 정비를 철저히 이행한다
③ 주차할 때에는 엔진을 켜 놓은 채 주차브레이크 장치로 완전 제동을 하고, 내리막길을 운전할 때에는 기어를 중립에 두지 않는다
④ 트레일레를 운행할 때에는 트랙터와의 연결 부분을 점검하고 확인하며, 크레인의 인양중량을 초과하는 작업을 허용해서는 안 된다

해설 ③에서 "엔진을 켜 놓은 채"가 아니고, "엔진을 끄고"가 맞으므로 정답은 ③이다.

2 트랙터(Tractor) 운행에 따른 주의사항으로 틀린 것은?

① 중량물 및 활대품을 수송하는 경우에는 바인더 잭으로 화물결박을 철저히 한다
② 운행할 때는 수시로 화물의 결박 상태를 확인한다
③ 고속운행 중 급제동은 잭나이프 현상 등의 위험을 초래하므로 조심한다
④ 장거리 운행할 때에는 최소한 4시간 주행마다 10분 이상 휴식하면서 타이어 및 화물결박상태를 확인한다

해설 장거리 운행 시에는 최소한 "2시간" 주행마다 10분 이상 휴식해야 한다. 정답은 ④이다.

정답 | 16 ② 17 ① | 4장 1 ① 2 ② 3 ③ 4 ③ 5 ② 6 ④ 7 ④ 8 ② | 5장 1 ③ 2 ④

3 **고속도로 운행 제한차량의 기준으로 <u>틀린</u> 것은?**

① 축하중 : 차량의 축하중이 10톤을 초과
② 총중량 : 차량 총중량이 40톤을 초과
③ 길이 또는 폭 : 적재물을 포함한 차량의 길이가 15m 초과 또는 폭이 4m 초과
④ 높이 : 적재물을 포함한 차량의 높이가 4m 초과

해설 ③은 "적재물을 포함한 길이 16.7m 초과, 폭 2.5m 초과"가 옳다. 정답은 ③이다.

4 **고속도로 운행허가기간은 해당 운행에 필요한 일수로 하지만 제한제원이 일정한 차량(구조물 보강을 요하는 차량 제외)이 일정기간 반복하여 운행하는 경우에는 신청인의 신청에 따라 그 기간을 정할 수 있다. 그 기간은?**

① 6개월 이내로 할 수 있다
② 1년 이내로 할 수 있다
③ 1년 6월 이내로 할 수 있다
④ 2년 이내로 할 수 있다

5 **다음 중 적재량 측정 방해행위 및 재측정 거부 시의 벌칙으로 맞는 것은?**

① 1년 이하의 징역 또는 1천만 원 이하 벌금
② 1년 이상의 징역 또는 1천만 원 이상 벌금
③ 2년 이하의 징역 또는 2천만 원 이하 벌금
④ 2년 이상의 징역 또는 2천만 원 이상 벌금

해설 정답은 ①이다. 적재량의 측정 및 관계서류 제출요구를 거부했을 때, 적재량 측정을 위해 도로관리원의 차량을 승차요구를 거부했을 때에도 같은 처벌을 받는다.

6 **다음 중 과적에 대한 운행제한을 위반하도록 지시하거나 요구한 자에게 얼마의 과태료를 부과하는가?**

① 500만 원 이하　　② 500만 원 이상
③ 300만 원 이하　　④ 300만 원 이상

해설 "500만원 이하 과태료" 에 해당되므로 정답은 ①이다.

7 **화주, 화물자동차 운송사업자, 화물자동차 운송주선사업자 등의 지시 또는 요구에 따라서 운행제한을 위반한 운전자가 그 사실을 신고하여 화주 등에게 과태료를 부과한 경우 그 운전자에 대한 과태료 부과는?**

① 신고한 운전자에게 절반의 과태료를 부과한다
② 신고한 운전자에게는 과태료를 부과하지 않는다
③ 신고한 운전자에게 과태료를 배로 부과한다
④ 그 신고한 운전자에게 포상금을 준다

해설 "그 사실을 신고한 운전자에게는 과태료를 부과하지 않는 것"이 맞으므로 정답은 ②이다.

8 **과적차량의 안전운행 취약 특성에 대한 설명이다. <u>틀린</u> 것은?**

① 과적에 의한 차량의 무게중심 상승으로 인해 차량이 균형을 잃어 전도될 가능성도 높아짐
② 적재중량보다 20%를 초과한 과적차량의 경우 타이어 내구수명은 30% 감소, 50% 초과의 경우 내구 수명은 무려 60% 감소
③ 충돌 시의 충격력은 차량의 중량과 속도에 반비례하여 감소
④ 윤하중 증가에 따른 타이어 파손 및 타이어 내구 수명 감소로 사고 위험성 증가

해설 ③의 "속도에 반비례하여 감소"가 아니고 "속도에 비례하여 증가"가 맞으므로 정답은 ③이다.

9 **어린이들이 당하기 쉬운 교통사고유형으로 "도로에 갑자기 뛰어들기"를 하여 피해를 입은 경우의 %이다. 옳은 것은?**

① 약 50% 내외　　② 약 60% 내외
③ 약 70% 내외　　④ 약 80% 내외

10 **화물자동차가 적재중량보다 50%를 초과한 과적 차량의 경우 타이어 내구 수명은 몇 %가 감소하는가?**

① 30% 감소　　② 40% 감소
③ 50% 감소　　④ 60% 감소

11 **과적재 방지를 위한 노력에 대한 설명으로 <u>부적절한</u> 것은?**

① 과적재를 하지 않겠다는 운전자의 의식변화가 필요하다
② 운송사업자 및 화주는 과적재로 인해 발생할 수 있는 각종 위험요소 및 위법행위에 대해 올바른 인식을 가져야 한다
③ 운송사업자는 차량 또는 운전자가 부족할 경우 과적재 운행 계획을 수립할 수는 있다
④ 사업자와 화주가 협력하여 중량계를 설치해 중량에 대한 증명을 실시한다

12 **축하중 과적 차량 통행이 도로포장에 미치는 영향의 파손비율에 대한 설명이 <u>틀린</u> 것은?**

① 10톤 – 승용차 7만대 통행과 같은 도로파손 – 1.0배
② 11톤 – 승용차 11만대 통행과 같은 도로파손 – 1.5배
③ 13톤 – 승용차 21만대 통행과 같은 도로파손 – 3.0배
④ 15톤 – 승용차 39만대 통행과 같은 도로파손 – 6.0배

해설 ④에서 "5.5 배"가 맞아 정답은 ④이다.

제6장　화물의 인수 · 인계요령(화물)

1 **화물의 인수요령에 대한 설명이 <u>틀린</u> 것은?**

① 포장 및 운송장 기재 요령을 대강 숙지하고 인수에 임한다
② 집하 자제품목 및 집하 금지품목의 경우는 그 취지를 알리고 양해를 구한 후 정중히 거절한다
③ 집하물품의 도착지와 고객의 배달요청일이 당사의 소요 일수 내에 가능한지 필히 확인하고, 기간 내에 배송가능한 물품을 인수한다
④ 항공을 이용한 운송의 경우 항공기 탑재 불가 물품은 집하시 고객에게 이해를 구한 다음 집하를 거절함으로써 고객과의 마찰을 방지한다

해설 포장 및 운송장 기재 요령은 반드시 잘 숙지하는 것이 맞으므로 정답은 ①이다.

2 **화물의 적재요령에 대한 설명이 <u>틀린</u> 것은?**

① 부패성 식품 등 긴급을 요하는 화물은 우선 순위로 배송될 수 있도록 쉽게 꺼낼 수 있게 적재한다
② 취급주의 스티커 부착화물은 적재함 별도공간에 위치하도록 한다
③ 다수 화물이 도착하였을 때에는 미도착 수량이 있는지 확인한다
④ 중량화물은 적재함 상단에 적재하여 타 화물이 훼손되지 않도록 주의한다

해설 중량화물은 적재함 하단에 적재하도록 해야 한다. 정답은 ④이다.

정답 | 3③　4②　5①　6①　7②　8③　9③　10④　11③　12④　| 6장　1①　2④

3 화물의 인계요령에 대한 설명이 <u>틀린</u> 것은?

① 수하인 주소 및 수하인이 맞는지 확인한 후에 인계한다
② 지점에 도착한 물품에 대해서는 당일 배송을 원칙으로 한다
③ 각 영업소로 분류된 물품은 수하인에게 물품의 도착 사실을 알릴 필요 없이 배송을 한다
④ 수하인에게 물품을 인계할 때 인계 물품의 이상이 있을 경우 즉시 지점에 통보하여 조치하도록 한다

해설 수하인에게 물품의 도착 사실을 알리고 배송가능한 시간을 약속하는 것이 옳으므로 정답은 ③이다.

4 인수증 관리요령에 대한 설명이 <u>잘못된</u> 것은?

① 인수증은 반드시 인수자 확인란에 수령인(본인, 동거인, 관리인, 지정인 등)이 누구인지 인수자 자필로 바르게 적도록 한다
② 같은 장소에 여러 박스를 배송할 때에는 인수증에 반드시 실제 배달한 수량을 기재받아 차후에 수량 차이로 인한 시비가 발생하지 않도록 하여야 한다
③ 지점에서는 회수된 인수증 관리를 철저히 하고, 인수 근거가 없는 경우 즉시 확인하여 인수인계 근거를 명확히 관리하여야 하며, 물품 인도일 기준으로 2년 이내 인수근거 요청이 있을 때 입증자료를 제시할 수 있어야 한다
④ 인수증 상에 인수자 서명을 운전자가 임의 기재한 경우는 무효로 간주되며, 문제가 발생하면 배송완료로 인정받을 수 없다

해설 ③에서 "2년 이내"는 틀리고, "1년 이내"가 맞으므로 정답은 ③이다.

5 고객 유의사항 확인 요구 물품에 해당하지 <u>않는</u> 것은?

① 중고 가전제품 및 A/S용 물품
② 기계류, 장비 등 중량 고가물로 100kg 초과 물품
③ 포장 부실 물품 및 무포장 물품(비닐포장 또는 쇼핑백 등)
④ 파손 우려 물품 및 내용검사가 부적당하다고 판단되는 부적합 물품

해설 ②에서 100kg이 아닌, "40kg 초과 물품"이 맞으므로 정답은 ②이다.

6 화물 파손 사고의 원인에 해당하지 <u>않는</u> 것은?

① 집하할 때 화물의 포장상태를 확인하지 않은 경우
② 화물을 함부로 던지거나 발로 차거나 끄는 경우
③ 화물의 무분별한 적재로 압착되는 경우
④ 화물을 인계할 때 인수자 확인이 부실했던 경우

해설 ④는 화물 분실 사고의 원인에 해당하므로 정답은 ④이다. 화물 파손 사고는 차량에 상하차할 때 벨트 등에서 떨어져 발생하는 경우도 있다.

7 화물사고 발생 시 영업사원의 역할에 대한 설명이 <u>틀린</u> 것은?

① 영업사원은 회사를 대표하여 사고처리를 하기 위한 고객과의 최접점의 위치에 있다
② 영업사원은 초기 고객응대가 사고처리의 향방을 좌우한다는 인식을 가져야 한다
③ 영업사원은 원만한 사고처리도 중요하지만, 무엇보다 영업이익을 얻는 것이 최우선이다
④ 영업사원의 모든 조치가 회사 전체를 대표하는 행위로서 고객의 서비스 만족 성향을 좌우한다는 신념을 가져야 한다

해설 ③의 경우, 원만한 사고처리를 위한 영업사원의 올바른 자세라고 보기 힘들다. 그러므로 정답은 ③이다.

8 사고화물의 배달 등의 요령에 대한 설명이 <u>틀린</u> 것은?

① 화주의 심정이 상당히 격한 상태임을 생각하고 사고의 책임여하를 떠나 대면할 때 정중히 인사를 한 뒤, 사고경위를 설명한다
② 화주와 화물상태를 상호 확인하고 상태를 기록한 뒤, 사고관련 자료를 요청한다
③ 대략적인 사고처리과정을 알리고 해당 지점 또는 사무소 연락처와 사후조치에 대해 안내를 하고, 사과를 한다
④ 터미널 잔류화물 운송을 위한 가용차량 사용 조치를 한다

해설 ④는 "지연배달사고의 대책" 중 하나로 정답은 ④이다.

제7장 화물자동차의 종류(화물)

1 화물자동차의 유형별 세부기준으로 <u>잘못된</u> 것은?

① 일반형 : 보통의 화물운송용인 것
② 덤프형 : 적재함을 원동기의 힘으로 기울여 적재물을 중력에 의하여 쉽게 미끄러뜨리는 구조의 화물운송용인 것
③ 특수작업형 : 견인형, 구난형 어느 형에도 속하지 아니하는 특수작업용인 것
④ 특수용도형 : 특정한 용도를 위하여 특수한 구조로 하거나, 기구를 장치한 것으로서 일반형, 덤프형, 밴형 어느 형에도 속하지 아니하는 화물운송용인 것

해설 화물자동차의 유형별 세부기준에는 일반형, 덤프형, 특수용도형이 있다.

2 특수자동차의 유형별 세부기준으로 <u>잘못된</u> 것은?

① 견인형 : 피견인차의 견인을 전용으로 하는 구조인 것
② 구난형 : 고장, 사고 등으로 운행이 곤란한 자동차를 구난 · 견인할 수 있는 구조인 것
③ 특수용도형 : 견인형, 구난형 어느 형에도 속하지 아니하는 특수용도용인 것
④ 특수장비형 : 특정한 용도를 위하여 특수한 장비를 장착한 형태인 것

해설 특수자동차의 유형별 세부기준에는 견인형, 구난형, 특수용도형이 있다.

3 원동기의 덮개가 운전실의 앞쪽에 나와 있는 트럭의 화물자동차의 명칭은?

① 보닛 트럭　② 캡 오버 엔진 트럭
③ 트럭 크레인　④ 크레인 붙이트럭

4 특별한 장비를 한 사람 및 물품의 수송 전용과 특수한 작업 전용인 "특수자동차"에 해당하는 차가 <u>아닌</u> 것은?

① 차량 운반차, 쓰레기 운반차
② 모터 캐러반, 컨테이너 운반차
③ 탈착 보디 부착 트럭
④ 선전자동차, 구급차, 우편차, 냉장차 등

해설 "선전자동차, 구급차, 우편차, 냉장차"는 특수용도자동차(특용차)에 해당되어 정답은 ④이다.

5 특별한 기계를 갖추고, 그것을 자동차의 원동기로 구동할 수 있도록 되어 있는 특수 자동차를 특수장비차(특장차)라고 한다. 여기에 해당되지 <u>않는</u> 것은?

① 탱크차, 덤프차, 믹서 자동차
② 차량 운반차, 컨테이너 운반차, 모터 캐러반
③ 위생 자동차, 소방차, 레커차
④ 냉동차, 트럭 크레인, 크레인붙이트럭

해설 "차량 운반차, 컨테이너 운반차, 모터 캐러반" 등의 차는 특별한 수송 · 작업 전용의 특수자동차에 해당되므로 정답은 ②이다.

정답 | 3③　4③　5②　6④　7③　8④　| 7장　1③　2④　3①　4④　5②

6 한국산업표준(KS)에 의한 화물자동차 종류에 해당되지 않는 것은?

① 보닛 트럭, 캡 오버 엔진 트럭, 밴
② 픽업, 냉장차, 탱크차, 덤프차
③ 카고 트럭, 벌크차량
④ 믹서 자동차, 트럭 크레인, 크레인붙이트럭

해설 "카고 트럭, 벌크차량(분립체 수송차)"는 적재함 구조에 의한 화물자동차의 종류에 해당되므로 정답은 ③이다.

7 차에 실은 화물의 쌓아 내림용 크레인을 갖춘 특수장비 자동차의 명칭은?

① 덤프차 ② 트럭 크레인
③ 탱크차 ④ 크레인붙이트럭

8 트레일러를 3가지로 구분할 때 포함되지 않는 것은?

① 돌리(Dolly)
② 풀 트레일러(Full trailer)
③ 세미 트레일러(Semi trailer)
④ 폴 트레일러(Pole trailer)

해설 4가지로 구분할 때는 ①, ②, ③, ④ 모두가 포함되지만, 3가지로 구분할 때는 ②, ③, ④의 트레일러만 포함되므로 정답은 ①이다.

9 풀 트레일러의 설명으로 틀린 것은?

① 트랙터와 트레일러가 완전히 분리되어 있고 트랙터 자체도 적재함을 가지고 있다
② 총 하중이 트레일러만으로 지탱되도록 설계되어 선단에 견인구 즉, 트랙터를 갖춘 트레일러이다
③ 돌리와 조합된 세미 트레일러는 풀 트레일러로 해석된다
④ 적재톤수, 적재량, 용적 모두 세미 트레일러보다 불리하다

해설 ④에서 세미 트레일러보다 "유리한 것"이 맞으므로 정답은 ④이다.

10 세미 트레일러에 대한 설명으로 틀린 것은?

① 세미 트레일러용 트랙터에 연결하여, 총 하중의 일부분이 견인하는 자동차에 의해서 지탱되도록 설계된 트레일러이다
② 일반적으로 사용되는 유형의 트레일러는 아니다
③ 잡화수송에는 밴형 세미 트레일러, 중량물에는 중량용 세미 트레일러, 또는 중저상식 트레일러 등이 있다
④ 세미 트레일러는 발착지에서의 트레일러 탈착이 용이하고 공간을 적게 차지해서 후진하기 쉽다

해설 세미 트레일러는 가장 일반적으로 사용되는 유형이다. 정답은 ②이다.

11 세미 트레일러와 조합해서 풀 트레일러로 하기 위한 견인구를 갖춘 대차의 명칭은?

① 풀 트레일러 ② 세미 트레일러
③ 폴 트레일러 ④ 돌리

12 트레일러의 장점이 아닌 것은?

① 트랙터의 효율적 이용
② 효과적인 적재량 및 탄력적인 작업
③ 트랙터와 운전자의 효율적 운영
④ 장기보관기능의 실현

해설 장기보관기능이 아닌 "일시보관기능"의 실현이 맞으므로 정답은 ④이다. 트레일러 부분에 일시적으로 화물을 보관할 수 있으며, 여유있는 하역 작업을 할 수 있다.

13 트레일러의 구조 형상에 따른 종류에 대한 설명으로 틀린 것은?

① 평상식(Flat bed) : 일반화물이나 강재 등의 수송에 적합하다
② 저상식(Low bed) : 불도저나 기중기 등 건설장비의 운반에 적합하다
③ 중저상식(Drop bed) : 소형 핫코일(hot coil)이나 경량 블록 화물 등 경량화물 운반에 편리하다
④ 스케레탈 트레일러(Skeletal trailer) : 컨테이너 운송용이며, 20피트용, 40피트용 등 여러 종류가 있다.

해설 ③ 중저상식 트레일러는 "대형 핫코일"이나 "중량 블록 화물" 등 "중량화물운반"에 편리하다. 정답은 ③이다. 이 밖에도 하대 부분에 밴형의 보데가 장치된 밴 트레일러, 밴형의 일종으로 천장에 개구부가 있어 채광이 들어가도록 한 오픈탑 트레일러가 있다. 또한 덤프 트레일러, 탱크 트레일러, 자동차 운반용 트레일러 등 특수용도 트레일러도 구조 형상에 따른 종류에 포함된다.

14 다음은 연결차량의 종류에 대한 설명이다. 아닌 것은?

① 폴 트레일러 연결차량
② 풀 트레일러 연결차량
③ 세미 트레일러 연결차량
④ 싱글 트레일러 연결차량

해설 "더블 트레일러 연결차량(Double road train)"이 맞으므로 정답은 ④이다.

15 트럭 또는 카고 트럭이 이루어져 있는 부분에 대한 설명이 아닌 것은?

① 하대는 귀틀(세로귀틀, 가로귀틀)이라고 불리는 받침부분
② 화물을 얹는 바닥부분
③ 짐 무너짐을 방지하는 문짝 3개
④ 하대를 밀폐시킬 수 있는 상자형 보디

해설 ④는 "미국의 보통 트럭의 밴 트럭"에 대한 설명이다. 정답은 ④이다.

16 시멘트, 사료, 곡물, 화학제품, 식품 등 분립체를 자루에 담지 않고 실물상태로 운반하는 합리적인 차량의 명칭은?

① 덤프트럭 ② 믹서차량
③ 벌크차량 ④ 액체수송차

해설 "벌크차량"은 "분립체 수송차"라고도 한다. 정답은 ③이다.

17 다음 중 냉동차의 종류에 해당하지 않는 것은?

① 기계식 ② 축냉식
③ 액체질소식 ④ 콜드체인식

해설 ④는 해당이 없어 정답은 ④이며, 이외에 "드라이아이스식"이 있다.
※콜드체인 : 신선식품을 냉동, 냉장 저온 상태에서 생산자로부터 소비자의 손까지 전달하는 구조를 말한다.

18 다음 중 전용 특장차가 아닌 것은?

① 덤프트럭 ② 시스템 차량
③ 믹서차량, 냉동차 ④ 액체 수송차량, 벌크차량

해설 "시스템 차량"은 합리화특장차에 해당하므로 정답은 ②이다

19 다음 중 합리화 특장차가 아닌 것은?

① 벌크차량
② 실내하역기기 장비차
③ 측방 개폐차, 시스템차량
④ 쌓기 · 부리기 합리화차

해설 ①의 "벌크차량(분립체 수송차)은 합리화특장차가 아니고 전용특장차이므로 정답은 ①이다.

정답 | 6③ 7④ 8① 9④ 10② 11④ 12④ 13③ 14④ 15④ 16③ 17④ 18② 19①

32 **고속도로 제한 차량** ➲ ① 축하중 10톤 초과, 총중량 : 40톤 초과, 길이 : 16.7m(적재물 포함) 초과, 폭 : 2.5m 초과(적재물 포함), 높이 : 4.0m 초과(고시한 도로 4.2m) ② 저속 : 정상 운행 속도 50km/h 미만 차량 ③ 이상 기후일 때(적설량 10cm 이상 또는 영하 20℃ 이하) 연결 차량(풀카고, 트레일러 등) 고속도로 운행 제한 적재 불량 차량 ㉠ 화물 적재가 편중되어 전도 우려가 있는 차량 ㉡ 모래, 흙, 골재류, 쓰레기 등을 운반하면서 덮개를 미설치하거나 없는 차량 ㉢ 스페어 타이어 고정 상태가 불량한 차량 ㉣ 덮개를 씌우지 않았거나 묶지 않아 결속 상태가 불량한 차량 ㉤ 액체 적재물 방류 또는 유출 차량 ㉥ 사고 차량을 견인하면서 파손품의 낙하가 우려되는 차량 ㉦ 기타 적재 불량으로 인하여 적재물 낙하 우려가 있는 차량

33 **고속도로 순찰대의 호송 대상 자동차는** ➲ ① 차폭(적재물 포함) 3.6m, 길이 20m 초과 ② 주행 속도가 50km/h 미만 차량 *자동 점멸 신호등 부착 시는 호송을 대신한다.(안전에 지장이 없다고 판단되는 경우)

34 **화물 집하할 때 인수 화물로 부적합한 화물** ➲ ① 집하 자제 품목 및 집하 금지 품목 ② 조건부 운송 물품 ③ 항공기 탑재 불가 물품(총포류, 화약류, 공항에서 정한 물품) ④ 공항 유치 물품(가전 제품, 전자 제품) ⑤ 취급 가능 화물 규격 및 중량 취급 불가 화물 품목 등을 확인 등

35 **화물의 인계 요령** ➲ ① 수하인의 주소 및 수하인이 맞는지 확인 후 인계 ② 지점에 도착된 물품은 당일 배송 원칙 ③ 인수 물품 중 부패성 물품 및 긴급을 요하는 물품은 우선적 배송 등 ④ 영업소(취급소)는 택배물을 배송할 때 물품뿐만 아니라, 고객의 마음까지 배달한다는 자세로 성심껏 배송하여야 한다.

36 **"화물 파손 사고(깨어져 못쓰게 됨)"의 원인과 대책(방지)** ➲ ① 원인 : ㉠ 화물 집하 시 포장 상태 미확인의 경우 ㉡ 화물 적재 시 무분별한 적재로 압착하는 경우 등 ② 대책 : ㉠ 집하 시 포장 상태 확인 ㉡ 충격에 약한 화물은 보강 포장 및 특기 사항을 표기해둔다 등

37 **"화물 오손 사고(더럽혀지고 손상됨)"의 원인과 대책(방지)** ➲ ① 원인 : ㉠ 김치, 젓갈, 한약류 등 수량에 비해 포장이 약한 경우 ㉡ 화물을 적재할 때 중량물을 상단에 적재하여 하단 화물의 오손 피해가 발생한 경우 등 ② 대책 : ㉠ 상습적으로 오손이 발생하는 화물은 안전박스에 적재하여 위험으로부터 격리 ㉡ 중량물은 하단, 경량물은 상단에 적재 규정 준수

38 **「자동차 관리법」 상 화물 자동차 유형별 세부 기준(화물 자동차)** ➲ 일반형, 덤

프형, 밴형(덮개가 있는 화물 운송용인 것), 특수 용도형(특수 구조나 기구 장치)

39 **특수 자동차의 종류** ➲ ① 특수 용도 자동차(특용차) : 선전 자동차, 구급차, 우편차, 냉장차 등 ② 특수 장비차(특장차) : 탱크차, 덤프차, 믹서 자동차, 위생 자동차, 소방차, 레커 차, 냉동차, 트럭크레인, 크레인 붙이 트럭 등

40 **밴(Van)형 화물 자동차** ➲ ① 한국 산업 표준(KS)에 의한 밴(Van)형 : 상자형 화물실을 갖추고 있는 트럭이다. 지붕 없는 것(Open−top형)도 포함 ② 「자동차 관리법」상 자동차의 종류 유형별 세부 기준의 화물 자동차 중의 "밴형" : 지붕 구조의 덮개가 있는 화물 운송용인 것

41 **트레일러의 정의** ➲ 동력을 갖추지 않고, 모터비히클에 의하여 견인되고, 사람 및 (또는)물품을 수송하는 목적을 위하여 설계되어 도로상을 주행하는 차량

42 **트레일러는 자동차를 동력 부분(견인차 또는 트랙터)과 적하 부분(피견인차)로 나누었을 때의 지칭하는 명칭은** ➲ ① 동력 부분 : 트랙터 ② 적하 부분(피견인차) : 트레일러를 말함

43 **트레일러의 종류** ➲ 3대 분류 : ① 풀(Full) 트레일러 ② 세미(Semi) 트레일러 ③ 폴(Pole) 트레일러 ④ 돌리(Dolly)를 추가하여 4가지로 대별하기도 한다. ① 풀(Full) 트레일러 : ㉠ 트랙터를 갖춘 트레일러 ㉡ 돌리와 조합된 세미 트레일러는 풀(Full) 트레일러로 해석된다. ㉢ 적재량, 용적 모두 세미 트레일러 보다는 유리하다. ② 세미(Semi) 트레일러 : ㉠ 가동 중의 트레일러 중 가장 많고 일반적이다. ㉡ 용도 : 잡화 수송−밴형 세미 트레일러, 중량물 수송−중량용 세미 트레일러 또는 중저상식 트레일러 ㉢ 장점 : 탈착이 용이, 공간을 적게 차지하여 후진하기에 용이하다. ③ 폴(Pole) 트레일러 : 기둥, 통나무, 파이프, H형강 등 장척물 수송 목적으로 사용된다. ④ 돌리(Dolly) : 세미(Semi) 트레일러와 조합해서 풀(Full) 트레일러로 하기 위한 견인구를 갖춘 대차이다.

44 **트레일러의 장점** ➲ ① 트랙터의 효율적 이용 (트랙터와 트레일러 분리 가능하여 트레일러에 적하, 하역 중 트랙터 부분 사용으로 회전율을 높임) ② 효과적인 적재량(합계 40톤 적재 수송) ③ 탄력적인 작업(트레일러 별도 분리 후 적재나 하역) ④ 트랙터와 운전자의 효율적 운영 (트랙터 1대로 복수의 트레일러 운영) ⑤ 일시 보관 기능의 실현(일시적 화물 보관하고 여유 있는 하역 작

업) ⑥ 중계 지점에서의 탄력적인 작업(기점에서 중계점까지 왕복 운송)

45 **트레일러의 구조, 형상에 따른 종류** ➡ ① 평상식 : 프레임 상면이 평면의 하대=일반 화물, 강제 수송) ② 저상식 : 불도저, 기중기 등 운반 ③ 중저상식 : 중앙 하대부가 오목하게 낮음=대형 hot coil, 중량 블록 화물 등 중량 화물의 운반 ④ 스케레탈, 밴, 오픈 탑, 특수 용도 트레일러 등

46 **풀(Full) 트레일러의 장점** ➡ ① 보통 트럭보다 적재량을 늘릴 수 있다. ② 트랙터와 운전자의 효율적 운용을 도모 ③ 각기 다른 발송지별 또는 품목별 화물을 수송 가능

47 **적재함 구조에 의한 화물 자동차의 종류 중 "카고 트럭(일반적으로 트럭 또는 카고 트럭)"** ➡ ① 우리나라에서 가장 보유 대수가 많고 일반화되어 있다. ② 차종은 1톤 미만의 소형차로부터 12톤 이상의 대형차에 그 수가 많다.

48 **카고 트럭의 하대(구조)** ➡ ① 귀틀(세로귀틀, 가로귀틀)이란 받침 부분 ② 화물을 얹는 바닥 부분 ③ 무너짐을 방지하는 문짝의 3개 부분으로 이루어져 있다.

49 **전용 특장차의 종류** ➡ 덤프트럭, 믹서차, 벌크차량(분립체 수송차), 액체 수송차, 냉동차 등의 차량을 생각할 수 있다. * 특장차 : 차량의 적재함을 특수한 화물에 적합하도록 구조를 갖추거나, 특수한 작업이 가능하도록 기계 장치를 부착한 차량이다.

※ 콜드체인이란 : 신선 식품을 냉동, 냉장, 저온 상태에서 생산자로부터 소비자의 손까지 전달하는 구조

※ 기타 특정 화물 수송차 : ① 승용차 수송 운반차, ② 목재 운반차, ③ 컨테이너 수송차, ④ 프레하브 전용차, ⑤ 보트, 가축, 말 운반차, ⑥ 지육 수송차, ⑦ 병 운반차, ⑧ 파렛트 전용차, ⑨ 행거 차

50 **"합리화 특장차"란** ➡ 화물을 싣거나 부릴 때에 발생하는 하역을 합리화하는 설비 기기를 차량 자체에 장비하고 있는 차를 지칭한다.

51 **합리화 특장차는 차량 내부의 하역 합리화가 주 목적인 차 종류** ➡ ① 실내 하역기기 장비 차 ② 측방 개폐 차 ③ 쌓기 · 부리기 합리화차 ④ 시스템 차량(트레일러 방식의 소형트럭)의 4종류로 분류된다.

52 **고객의 책임 있는 사유로 계약 해제한 경우의 손해 배상** ➡ ① 일반 이사 화물 인수일 당일에 해제 통지 때 : 계약금의 배액 ② 이사 화물 인수일 1일 전까지 해제 통지 때 : 계약금

53 **사업자의 책임 있는 사유로 계약 해제한 경우 손해 배상 ➲** ① 사업자가 약정된 이사 화물의 인수일 당일에 해제를 통지한 경우 : 계약금의 6배액 ② 사업자가 약정된 이사 화물의 인수일 1일 전까지 해제를 통지한 경우 : 계약금의 4배액 ③ 사업자가 약정된 이사 화물의 인수일 2일 전까지 해제를 통지한 경우 : 계약금의 배액 ④ 사업자가 약정된 이사 화물의 인수일 당일에도 해제를 통지하지 않은 경우 : 계약금의 10배액 ⑤ 약정된 이사 화물의 인수일로부터 2시간 이상 지연 시 : 고객은 계약 해제, 계약금 반환 및 계약금의 6배액 손해배상을 청구

54 **고객의 책임 있는 사유로 이사 화물의 인수가 지체된 경우의 손해 배상 ➲** ① (지체 시간 수×계약금×½)을 손해 배상액으로 사업자에게 지급 ② 이사 화물 인수가 약정된 인수 일시로부터 2시간 이상 지체된 경우 : 사업자는 계약 해제, 계약금의 배액을 손해 배상으로 청구 할 수 있다.

55 **이사 화물 운송 책임의 특별 소멸 사유와 시효 ➲** ① 고객이 이사 화물의 일부 멸실 또는 훼손으로 인도받은 날로부터 30일 이내 사업자에게 통지하지 않으면 소멸 ② 이사 화물의 멸실, 훼손 또는 연착에 대하여는 고객이 이사 화물을 인도받은 날로부터 1년이 경과하면 소멸한다.

※ 사업자 또는 사용인이 그 사실을 알면서 숨기고 인도한 경우에는 적용되지 않고, 이사 화물 인도 받은 날로부터 5년간 존속한다.

56 **이사 화물 운송 중 발생한 사고(멸실, 훼손, 연착)의 경우 "사고 증명서 발행" 유효 기간 ➲** 멸실 · 훼손 또는 연착된 날로부터 1년에 한하여 사고 증명서를 발행할 수 있다.

57 **고객이 운송장에 운송물의 가액을 기재한 경우의 사업자의 손해 배상 ➲** ① 전부 또는 일부 멸실된 때 : 운송장에 기재된 가액을 기준으로 산정한 손해액의 지급 ② 훼손된 때 : ㉠ 수선이 가능한 경우 : 실수선 비용 지급 ㉡ 수선이 불가능한 경우 : 운송장에 기재된 가액을 기준으로 산정한 손해액의 지급 ③ 연착되고 일부 멸실 및 훼손되지 않은 때 : ㉠ 일반적인 경우 : 인도 예정일 초과일수×운송장 기재 운임액×50% 지급(운송장 기재 운임액의 200%를 한도로 함) ㉡ 특정 일시에 사용할 운송물의 경우 : 운송장 기재 운임액의 200%의 지급

58 **고객이 운송장에 운송물의 가액을 기재하지 않은 경우의 사업자의 손해배상 ➲** ① 손해 배상 한도액은 50만 원으로 하되 ② 할증 요금을 지급하는 경우 손해배상 한도액은 각 운송가액 구간별 운송물의 최고 가액으로 한다. ㉠ 전부 멸

실 된 때 : 인도 예정일의 예정 장소에서의 가액을 기준으로 산정한 손해액 지급 ㉡ 일부 멸실된 때 : 인도일의 인도 장소에서의 가액을 기준으로 산정한 손해액 지급 ㉢ 훼손된 때 : ㉮ 수선 가능한 경우 : 실수선 비용 지급 ㉯ 수선이 불가능한 경우 : 인도일의 인도 장소에서의 가액을 기준으로 산정한 손해액 지급 ㉣ 연착되고 일부 멸실 및 훼손되지 않은 때 : ㉮ 일반적인 경우 : 인도 예정일 초과 일수×운송장 기재 운임액×50% 지급 (200% 한도) ㉯ 특정 일시에 사용할 운송물의 경우 : 운송장 기재 운임액의 200% 지급 ㉤ 연착되고 일부 멸실 또는 훼손 된 때 : ㉮ 인도 예정일의 인도 장소에서 가액을 기준으로 산정한 손해액 지급 ㉯ 수선 가능한 경우는 실수선 비용 지급, 수선이 불가능한 경우는 인도 예정일의 인도 장소에서 가액을 기준으로 산정한 손해액을 지급

59 **운송물의 일부 멸실 또는 훼손에 대한 사업자 "책임의 특별 소멸 사유와 시효"** ➲ ① 운송물의 일부 멸실 또는 훼손에 대한 사업자의 손해 배상은 수하인이 운송물을 수령한 날로 부터 14일 이내에 그 사실을 통지하지 아니하면 소멸한다. ② 운송물의 일부 멸실 또는 훼손 연착에 대한 사업자의 손해 배상 책임은 수하인이 운송물을 수령한 날로부터 1년이 경과하면 소멸 한다.

※ 운송물이 전부 멸실 된 경우에는 그 인도 예정일로부터 기산한다.

※ 사업자나 그 사용인이 일부 멸실, 훼손 사실을 알면서 인도한 경우에는 수하인이 운송물을 수령한 날로부터 5년간 존속한다.

제3편 안전운행

01 **도로 교통 체계를 구성하는 요소** ➲ ① 운전자 및 보행자를 비롯한 도로 사용자 ② 도로 및 교통 신호등 등의 환경 ③ 차량

02 **교통사고의 3대(4대)요인** ➲ ① 인적 요인(운전자 또는 보행자 등) : 신체, 생리, 심리, 적성, 습관, 태도, 위험의 인지와 회피에 대한 판단, 심리적 조건, 자질과 적성, 운전 습관, 내적 태도 ② 차량 요인(차량 구조 장치, 부속품 또는 적하 등) ③ 도로 요인 : 도로 구조, 안전시설에 관한 것 (도로 구조–도로 선형, 노면, 차로 수, 노폭, 구배, 안전시설 – 신호기 노면 표시, 방호책 등) ④ 환경 요인 : ㉠ 자연 환경–기상, 일광 등 ㉡ 교통 환경–차량 교통량, 운행차 구성, 보행자 교통량 등 ㉢ 사회 환경 – 일반 국민, 운전자, 보행자 등의

교통 도덕, 정부의 교통 정책, 교통 단속과 형사 처벌 등 ㉣ 구조 환경–교통 여건 변화, 차량 점검 및 정비 관리자와 운전자의 책임 한계

03 **운전 특성** ➲ "인지–판단–조작"의 과정을 수없이 반복함. 운전자 요인에 의한 교통사고 중 결함이 제일 많은 순위 : ① 인지 과정(절반 이상) ② 판단 과정 ③ 조작 과정의 순위임

04 **내외의 교통 환경을 인지하고 이에 대응하는 의사 결정 과정과 운전 행위로 연결되는 운전 과정에 영향을 미치는 조건** ➲ ① 신체, 생리적 조건 : 피로, 약물, 질병 등 ② 심리적 조건 : 흥미, 욕구, 정서 등

05 **운전과 관련되는 시각 특성** ➲ ① 운전자는 운전에 필요한 정보의 대부분을 시각을 통하여 획득한다. ② 속도가 빨라질수록 시력은 떨어진다. 속도가 빨라질수록 시야의 범위가 좁아진다. ③ 속도가 빨라질수록 전방 주시점은 멀어진다.

06 **운전면허의 시각의 기준(교정시력 포함)** ➲ ① 제1종 운전면허 : 두 눈을 동시에 뜨고 잰 시력이 0.8 이상, 두 눈의 시력이 각각 0.5 이상이어야 한다. ② 제2종 운전면허 : 두 눈을 동시에 뜨고 잰 시력이 0.5 이상이어야 한다. 다만 한쪽 눈을 보지 못하는 사람은 다른 쪽 눈의 시력이 0.6 이상이어야 한다. ③ 붉은색, 녹색, 노란색의 색채 식별이 가능하여야 한다.

07 **동체 시력이란** ➲ 움직이는 물체(자동차, 사람 등) 또는 움직이면서(운전하면서) 다른 자동차나 사람 등의 물체를 보는 시력을 말한다. 정지 시력 1.2인 사람이 시속 50km 운전하면서 고정된 대상물을 볼 때 시력은 0.7 이하로 떨어짐(시속 90km라면 0.5, 시속 70km라면 0.6이하로 떨어짐))

08 **정지 시력** ➲ 아주 밝은 상태에서 1/3인치(0.85cm) 크기의 글자를 20피트 거리에서 읽을 수 있는 사람의 시력을 말하고 정상 시력은 20/20으로 나타난다.(5m 거리=15mm 문자 판독은 0.5의 시력임)

09 **야간에 전조등 불빛으로 무엇인가 있다는 것을 인지하기 쉬운 색깔의 순위** ➲ ① 흰색 ② 엷은 황색 ③ 흑색이 가장 어렵다.

10 **무엇인가 사람이라는 것을 확인하기 쉬운 옷 색깔의 순위** ➲ ① 적색 ② 백색 ③ 흑색이 가장 어렵다.

11 **주시 대상인 사람이 움직이는 방향을 알아맞히는데 가장 쉬운 옷 색깔의 순위** ➲ 적색이며, 흑색이 가장 어렵다.

12 **암순응** ➲ 일광 또는 조명이 밝은 조건에서 어두운 조건으로 변할 때, (명순응 : 어두운 조건에서 밝은 조건으로 변할 때) 사람의 눈이 그 상황에 적응하여 시력을 회복하는 것을 말하는데, 명순응에 걸리는 시간은 암순응보다 빨라 수 초 내지 1분에 불과하다.

13 **심경각과 심시력이란** ➲ 전방에 있는 대상물까지의 거리를 목측하는 것을 "심경각"이라 하며, 그 기능을 "심시력"이라 한다.

※ 심시력의 결함은 입체 공간 측정의 결함으로 인한 교통사고를 초래할 수 있다.

14 **시야와 주변시력** ➲ ① 정상인의 시야 범위는 180°~200°이다. ② 시축에서 3° 벗어나면 약 80% ③ 6° 벗어나면 약 90% ④ 12° 벗어나면 약 99%가 저하된다. ⑤ 한쪽 눈의 시야는 좌 · 우 각각 약 160°정도이고, 양 눈의 색채 식별 범위는 70°이다.

15 **속도와 시야에서 정상 시력을 가진 운전자가 100km/h로 운전 중일 때의 시야의 범위** ➲ 약 40°이다(시속 70km면 약 65°, 시속 40km면 약 100°임) *시야의 범위는 자동차 속도에 비례하여 좁아진다.

16 **주행 시공간(走行 視空間)의 특성** ➲ ① 속도가 빨라질수록 주시점은 멀어지고 시야는 좁아진다. ② 속도가 빨라질수록 가까운 곳의 풍경은 더욱 흐려지고 작고 복잡한 대상은 잘 확인되지 않는다. ③ 고속 주행 도로상에 설치하는 표지판을 크고 단순한 모양으로 하는 것은 이런 점을 고려한 것이다.

17 **사고의 원인과 요인** ➲ ① 간접적 요인 : ㉠ 운전자에 대한 홍보 활동 결여, 훈련의 결여 ㉡ 운전 전 점검 습관 결여 ㉢ 안전운전을 위한 교육 태만, 안전 지식 결여 ㉣ 무리한 운행 계획 ㉤ 직장, 가정에서 원만하지 못한 인간관계 ② 중간적 요인 : ㉠ 운전자의 지능 ㉡ 운전자의 성격과 심신 기능 ㉢ 불량한 운전 태도 ㉣ 음주, 과로 등 ③ 직접적 요인 : ㉠ 사고 직전 과속과 같은 법규 위반 ㉡ 위험 인지의 지연 ㉢ 운전 조작의 잘못과 잘못된 위기 대처

18 **착각의 개념** ➲ ① 착각의 정도는 사람에 따라 다소 차이가 있다. ② 착각은 사람이 태어날 때부터 지닌 감각에 속한다.

19 **착각의 구분** ➲ ① 원근의 착각 : 작은 것은 멀리 있는 것으로, 덜 밝은 것은 멀리 있는 것으로 느껴진다. ② 경사의 착각 : ㉠ 작은 경사는 실제보다 작게, 큰 경사는 실제보다 크게 보인다. ㉡ 오름 경사는 실제보다 크게, 내림 경사는 실제보다 작게 보인다. ③ 속도의 착각 : ㉠ 주시점이 가까운 좁은 시야에서는

빠르게 느껴진다. ㉡ 비교 대상이 먼 곳에 있을 때는 느리게 느껴진다. ④ 상반의 착각 : ㉠ 주행 중 급정거 시 반대 방향으로 움직이는 것처럼 보인다. ㉡ 큰 것들 가운데 있는 작은 물건은 작은 것들 가운데 있는 같은 물건보다 작아 보인다. ㉢ 한쪽 방향의 곡선을 보고 반대 방향의 곡선을 봤을 경우 실제보다 더 구부러져 있는 것처럼 보인다.

※ 예측의 실수 : ① 감정이 격앙된 경우 ② 고민거리가 있는 경우 ③ 시간에 쫓기는 경우

20 **운전 피로의 요인** ➲ ① 생활 요인 : 수면, 생활, 환경 등 ② 운전 작업 중의 요인 : 차내(차외) 환경 ③ 운전자 요인 : 신체, 경험, 연령, 성별 조건, 질병, 성격 등

21 **우리나라(한국)의 보행자 사고 실태(보행 중 교통사고 사망자 구성비)** ➲ 미국, 프랑스, 일본 등에 비해 매년 높은 것으로 나타나고 있다.(우리나라가 제일 높음)

22 **보행자 사고 요인의 순서** ➲ ① 인지 결함(58.6%) ② 판단 착오(24.5%) ③ 동작 착오(16.9%)

23 **음주운전 교통사고의 특징** ➲ ① 주차 중인 자동차와 같은 정지 물체에 충돌 ② 전신주 가로 시설물, 가로수 등 고정 물체와 충돌할 가능성이 높다. ③ 대향차 전조등에 의한 현혹 현상 발생 시 정상 운전보다 교통사고 위험이 증가한다. ④ 음주운전에 대한 교통사고가 발생하면 치사율이 높다. ⑤ 차량 단독사고(도로이탈사고 포함)의 가능성이 높다.

24 **음주량과 체내 알코올 농도의 관계** ➲ ① 습관성 음주자 30분 후 정점 도달 ② 중간적 음주자는 60~90분 사이에 정점에 도달(습관성 음주자의 2배 수준)

25 **음주의 개인차로서 체내 알코올 농도 정점 도달의 남녀의 시간 차** ➲ ① 여자의 경우 : 음주 30분 후 ② 남자의 경우 : 음주 60분 후에 정점에 도달하였다.

26 **음주한 후 체내의 알코올 농도가 0.05%인 때에, 제거에 소요되는 시간** ➲ 7시간 정도이다.(0.1% : 10시간, 0.2% : 19시간, 0.5% : 30시간이 소요됨)

27 **고령자 교통안전 장애 요인** ➲ ① 고령자의 시각 능력 : ㉠ 시력 자체의 저하 현상 발생 ㉡ 대비 능력 저하 ㉢ 동체 시력 약화 현상 ㉣ 원·근 구별 능력의 약화 ㉤ 암순응에 필요한 시간 증가 ㉥ 눈부심에 대한 감수성이 증가 ㉦ 시야 감소 현상 ② 고령자의 청각 능력 : ㉠ 청각 기능의 상실 또는 약화 현상 ㉡

주파수 높이의 판별 저하 ㉢ 목소리 구별의 감수성 저하 ③ 고령자의 사고, 신경 능력 : ㉠ 정보 판단 능력 저하 ㉡ 노화에 따른 근육 운동의 저하(선택적 주의력 저하, 다중적인 주의력 저하, 인지 반응 시간 증가, 복잡한 상황보다 단순한 상황을 선호) ④ 고령 보행자의 보행 행동 특성 : ㉠ 고착화된 경직성(이면 도로 등에서) 노면 표시가 없으면 도로 중앙부를 걷는 경향, 보행 중 사선 횡단, 보행 시 상점이나 포스터를 보며 걷는 경향, 정면의 자전거 등 회피 능력 저하, 소리가 나는 방향을 주시하지 않음(경음기를 울려도 무반응)

28 **어린이의 일반적 특성과 행동 능력 4단계 분류** ➲ ① 감각적 단계(2세 미만) : 전적으로 보호자에게 의존 ② 전 조작 단계(2~7세) : 2가지 이상을 동시에 생각하고 행동 능력이 미약 ③ 구조적 조작 단계(7~12세) : 추상적 사고의 폭이 넓어진다. ④ 형식적 조작 단계(12세 이상) : 초등학교 6학년 이상에 해당하며 보행자로서 교통에 참여할 수 있다.

29 **어린이 교통사고의 특징** ➲ ① 어릴수록 그리고 학년이 낮을수록 교통사고를 많이 당한다. ② 중학생 이하 어린이 교통사고 사상자는 중학생에 비해 취학 전 아동, 초등학교 저학년(1–3학년)에 집중되어 있다. ③ 보행 중(차 대 사람) 교통사고를 당하여 사망하는 비율이 가장 높다. ④ 시간대별 어린이 보행 사상자는 오후 4시에서 오후 6시 사이에 가장 많다. ⑤ 보행 중 사상자는 집이나 학교 근처 등 어린이 통행이 잦은 곳에서 가장 많이 발생되고 있다.

30 **어린이의 일반적인 교통 행동 특성** ➲ ① 교통 상황에 대한 주의력이 부족하다. ② 판단력이 부족하고 모방 행동이 많다. ③ 사고 방식이 단순하다 등.

31 **어린이들이 당하기 쉬운 교통사고 유형** ➲ ① 도로에 갑자기 뛰어들기 ② 도로 횡단 중의 부주의 ③ 도로상에서 위험한 놀이 ④ 자전거 사고 ⑤ 차내 안전사고

32 **운행 기록 장치 정의** ➲ "운행 기록 장치"란 자동차의 속도, 위치, 방위각, 가속도, 주행 거리 및 교통사고 상황 등을 기록하는 자동차의 부속 장치 중 하나인 전자식 장치를 말한다.

33 **운행 기록 분석 시스템 분석 항목** ➲ 운행 기록 분석 시스템에서는 차량의 운행 기록으로부터 다음의 항목을 분석하여 제공한다. ① 자동차의 운행 경로에 대한 궤적의 표기 ② 운전자별 · 시간대별 운행 속도 및 주행 거리의 비교 ③ 진로 변경 횟수와 사고 위험도 측정, 과속 · 급가속 · 급감속 · 급출발 · 급정지 등 위험 운전 행동 분석 ④ 그 밖에 자동차의 운행 및 사고 발생 상황의 확인

34 **운행 기록 분석 결과의 활용** ➡ 교통 행정 기관이나 교통안전 공단, 운송 사업자는 운행 기록의 분석 결과를 교통안전 관련 업무에 한정하여 활용할 수 있다. ① 자동차의 운행 관리 ② 운전자에 대한 교육 · 훈련 ③ 운전자의 운전 습관 교정 ④ 운송 사업자의 교통안전 관리 개선 ⑤ 교통 수단 및 운행 체계의 개선 ⑥ 교통 행정 기관의 운행 계통 및 운행 경로 개선 ⑦ 그 밖에 사업용 자동차의 교통사고 예방을 위한 교통안전 정책의 수립

35 **자동차의 "제동장치"란** ➡ 주행하는 자동차를 감속 또는 정지시킴과 동시에 주차상태를 유지하기 위하여 필요한 장치이다.

* ① 주차브레이크(승용차의 경우 발로 조작하는 경우도 있음) ② 풋 브레이크 ③ 엔진 브레이크 ④ ABS(Anti-lock Braking System)있다.

36 **자동차의 "주행 장치"란** ➡ 엔진에서 발생한 동력이 최종적으로 바퀴에 전달되어 자동차가 노면 위를 달리게 하는 장치

37 **자동차 주행 장치 중 휠(Wheel)은** ➡ ① 타이어와 함께 중량을 지지하고 ② 구동력과 제동력을 지면에 전달하며 ③ 휠(Wheel)은 무게가 가볍고, 노면의 충격과 측력에 견딜 수 있는 강성이 있어야 하며 ④ 타이어에서 발생하는 열을 흡수하여, 대기 중으로 잘 방출시켜야 한다.

38 **타이어의 중요한 역할** ➡ ① 휠의 림에 끼워져서 일체로 회전하며 자동차가 달리거나 멈추는 것을 원활히 한다. ② 자동차의 중량을 떠받쳐 준다. ③ 지면으로부터 받는 충격을 흡수해 승차감을 좋게 한다. ④ 자동차의 진행 방향을 전환시킨다.

39 **앞바퀴 정열 중 "토우인(Toe-in)"이란** ➡ ① 상태 : 앞바퀴를 위에서 보았을 때 앞쪽이 뒤쪽보다 좁은 상태 ② 기능 : ㉠ 타이어 마모 방지 ㉡ 바퀴를 원활하게 회전시켜 핸들 조작을 용이하게 한다. ㉢ 캠버에 의해 토아웃 되는 것을 방지

40 **앞바퀴 정렬 중 "캠버(Camber)"란** ➡ ① 상태 : 자동차를 앞에서 보았을 때, 위쪽이 아래쪽보다 약간 바깥쪽으로 기울어져 있는데 (+)캠버라고 한다.(이와 반대의 상태를 (−)캠버라고 함) ② 기능 : ㉠ 앞바퀴가 하중을 받았을 때 아래로 벌어지는 것을 방지 ㉡ 핸들 조작을 가볍게 하기 위하여 필요함 ㉢ 수직 방향 하중에 의해 앞차축의 휨을 방지한다.

41 **앞바퀴의 정렬 중 "캐스터(Caster)"란** ➡ ① 상태 : 자동차를 옆에서 보았을

때 차축과 연결되는 킹핀의 중심선이 약간 뒤로 기울어져 있는 상태 ② 기능 : 앞바퀴에 직진성을 부여하여 차의 롤링을 방지, 핸들의 복원성을 좋게 하기 위함이다.

42 **자동차의 "현가장치"란** ➡ 차량의 무게를 지탱하여 차체가 직접 차축에 얹히지 않도록 하며, 충격을 흡수하여 운전자와 화물에 더욱 유연한 승차를 제공하는 장치

43 **쇽 업쇼바 (Shock absorber)의 기능** ➡ ① 노면에서 발생한 스프링의 진동을 흡수하고 ② 승차감을 향상시키며 ③ 스프링의 피로를 감소시키고 ④ 타이어와 노면의 접착성을 향상시켜, 커브길이나 빗길에 차가 튀거나 미끄러지는 현상을 방지한다.

44 **원심력** ➡ 원의 중심으로부터 벗어나려는 힘, 즉 원심력은 속도의 제곱에 비례하여 변한다.(시속 50km로 주행하는 차는 시속 25km로 도는 차량보다, 4배의 원심력을 지님)

※ 원심력이 커지는 경우 : ① 속도가 빠를수록 커진다. ② 커브가 작을수록 커진다. ③ 중량이 무거울수록 커진다. 특히 속도의 제곱에 비례하여 커진다.(커브가 예각을 이룰수록 커짐)

45 **스탠딩 웨이브(Standing wave) 현상** ➡ 타이어 회전 속도가 빨라지면 접지부에서 받은 타이어의 변형(주름)이 다음 접지 시점까지도 복원되지 않고 접지부 뒤쪽에 진동의 물결이 일어나는 현상.

*일반 구조의 승용차용 타이어의 경우 대략 150km/h 전 · 후의 주행 속도에서 발생한다. *예방 대책 : ① 속도를 낮춘다. ② 공기압을 높인다.

46 **수막 현상(Hydroplaning)이란** ➡ 자동차가 물이 고인 노면을 고속으로 주행할 때 타이어는 그루브(타이어 홈) 사이에 있는 물을 배수하는 기능이 감소되어 물의 저항에 의해 노면으로부터 떠올라 물 위를 미끄러지듯이 되는 현상

47 **비오는 날 고속도로 주행 시 "수막 현상"(하이드로 플레닝 현상)을 예방하는 방법** ➡ 고속 주행을 아니하고, 마모된 타이어를 사용하지 않으며, 타이어의 공기압을 규정치보다 조금 높게 하고 운행한다.(임계 속도 : 타이어가 떠오를 때의 속도)

* 수막 현상이 발생하는 최저의 물 길이 : 2.5~10mm정도(차의 속도, 마모 정도, 노면의 거침 등에 따라 차이가 있을 수 있음)

48 **페이드(Fade) 현상** ➲ 브레이크 반복 사용으로 마찰열이 라이닝에 축적되어, 브레이크의 제동력이 저하되는 현상(라이닝 온도 상승으로 라이닝 면의 마찰계수 저하로 인함)

49 **베이퍼 록(Vapour lock) 현상** ➲ 브레이크에 액체를 사용하는 계통에서, 브레이크 반복 사용으로 마찰열에 의하여, 브레이크 파이프 내에 있는 액체에 증기(베이퍼)가 생겨, 브레이크 기능이 상실되는 현상(페달을 밟아도 스펀지를 밟는 것 같음)

50 **"워터 페이드"** ➲ 물이 고인 도로에서 자동차를 정지시켰거나, 수중(물속) 운행을 하였을 때 발생한다.(브레이크 마찰재가 물에 젖어 마찰 계수가 작아져 제동력이 저하되므로 인함)

51 **차체의 여러 가지 운동** ① **바운싱** ➲ 상 · 하 진동(평행 운동) ② 피칭 ➲ 앞 · 뒤 진동(Y축 중심 회전 운동) ③ 롤링 ➲ 좌 · 우 진동(X축 중심 회전 운동) ④ 요잉 ➲ 차체 후부 진동

52 **노즈 다운(다이브 현상)** ➲ 앞 범퍼 부분이 내려가는 현상 * 노즈 업 (스쿼트 현상) : 앞 범퍼 부분이 들리는 현상

53 **"언더 스티어링"이란** ➲ 앞바퀴의 사이드 슬립 각도가 뒷바퀴의 사이드 슬립 각도보다 클 때의 선회 특성을 말한다. (* 오버 스티어링은 반대임)

※ 아스팔트 포장도로를 장시간 고속 주행 할 경우에는 옆 방향의 바람에 대한 영향이 적은 "언더 스티어링"이 유리하다.

54 **내륜차** ➲ 핸들을 우측으로 돌려 바퀴가 동심원을 그릴 때, 앞바퀴의 안쪽과 뒷바퀴의 안쪽과의 회전 반경 차이를 말함

55 **외륜차** ➲ 핸들을 우측으로 돌려 바퀴가 동심원을 그릴 때, 바깥쪽 앞바퀴와 바깥쪽 뒷바퀴의, 회전 반경 차이를 말함

56 **타이어 마모에 영향을 주는 요소** ➲ ① 공기압 ② 하중 ③ 속도 ④ 커브 ⑤ 브레이크 ⑥ 노면(비포장 도로 60%)

※ 도로의 노면에서 타이어의 수명 ➲ ① 포장된 도로에서 타이어의 수명 : 100%라면 ② 비포장 도로에서 타이어의 수명 : 60%에 해당됨

57 **유체 자극의 현상** ➲ 고속도로에서 고속으로 주행하게 되면, 노면과 좌 · 우에 있는 나무나 중앙 분리대의 풍경이 마치 물이 흐르듯이 흘러서 눈에 들어오는 느낌의 자극을 받게 되며, 주변의 경관은 거의 흐르는 선과 같이 되어 눈을 자

극하는 것을 유체 자극이라 한다.

58 **"정지 거리"란** ➡ 공주 거리+제동 거리
* 정지 소요 시간 : 공주 시간+제동 시간

59 **공주 거리와 공주 시간** ➡ 운전자가 자동차를 정지시켜야 할 상황임을 자각하고, 브레이크로 발을 옮겨 브레이크가 작동을 시작하는 순간까지의 시간을 "공주 시간"이라 하고, 이때까지 자동차가 진행한 거리를 "공주 거리"라 한다.

60 **오감으로 판별하는 자동차 이상 징후** ➡ ① 시각(연료 누설) ② 청각(마찰음) ③ 촉각(전기 배선 불량) ④ 후각(전선 타는 냄새) ⑤ 미각(맛을 보는 것 : 활용도가 제일 낮음)

61 **브레이크 페달을 밟아 차를 세우려고 할 때 바퀴에서 "끼익"하는 소리가 나는 경우의 고장은** ➡ ① 브레이크 라이닝 마모가 심하거나 ② 라이닝에 결함이 있는 고장이다.

62 **비포장 도로의 울퉁불퉁한 험한 노면 위를 달릴 때 "딱각딱각"하는 소리나 "킁킁"하는 소리가 날 때의 고장은** ➡ 현가장치인 쇽 업쇼바의 고장으로 볼 수 있다.

63 **배출 가스로 구분할 수 있는 고장** ➡ ① 무색 : 완전 연소 때 배출되는 가스의 색은 정상 상태에서 "무색 또는 약간 엷은 청색"을 띈다. ② 검은색 : 농후한 혼합 가스가 들어가 불완전 연소되는 경우로 초크 고장, 에어클리너 엘리먼트의 막힘, 연료 장치 고장이 원인이다. ③ 백색(흰색) : 엔진 안에서 다량의 엔진 오일이 실린더 위로 올라와 연소되는 경우로 헤드 가스킷 파손, 밸브의 오일 씰 노후, 피스톤 링 마모, 엔진 보링 시기가 되었음을 알려준 것

64 **"엔진 오일 과다 소모" 시 고장 유형별 조치 방법** ➡ ① 현상 : 하루 평균 약 2~4리터 엔진 오일 소모 ② 점검 사항 : ㉠ 배기 배출 가스 육안 확인 ㉡ 에어클리너 오염도 확인 ㉢ 에어클리너 청소 및 교환 주기 미준수, 엔진과 콤프레셔 피스톤 링 과다 마모 ③ 조치 방법 : ㉠ 엔진 피스톤 링 교환 ㉡ 실린더 라이너 교환 ㉢ 실린더 교환이나 보링 작업 ㉣ 오일 팬이나 개스킷 교환 ㉤ 에어클리너 청소 및 장착 방법 준수 철저

65 **"제동등 계속 작동" 시 고장 유형별 조치 방법** ➡ ① 현상 : 비상 작동 시, 브레이크 페달 미작동 시에도, 제동 등 계속 점등 됨 ② 점검 사항 : ㉠ 제동등 스위치 접점 고착 점검 ㉡ 전원 배선 점검 ㉢ 배선의 차체 접촉 여부 점검 ③ 조

치 방법 : ㉠ 제동등 스위치 교환 ㉡ 전원 연결 배선 교환 ㉢ 배선의 절연 상태 보완.

66 "비상등 작동 불량" 시 고장 유형별 조치 방법 ➲ ① 현상 : 비상등 작동 시 점멸은 되지만 좌측이 빠르게 점멸함 ② 점검 사항 : ㉠ 좌측 비상등 전구 교환 후 동일 현상 발생 여부 점검 ㉡ 커넥터 점검 ㉢ 턴 시그널 릴레이 점검 ㉣ 전원 연결 정상 여부 확인 ③ 조치 방법 : 턴 시그널 릴레이 교환

67 "도로 요인"이란 ➲ 도로 구조와 안전시설 등에 관한 것 *도로 구조 : 도로 선형, 노면, 차로 수, 노폭, 구배 * 안전시설 : 신호기, 노면 표시, 방호 울타리

68 일반적으로 도로가 되기 위한 4가지 조건 ➲ ① 형태성 ② 이용성 ③ 공개성 ④ 교통 경찰권

69 곡선부의 방호 울타리의 기능 ➲ ① 차도 이탈 방지 ② 탑승자 상해 또는 차의 파손 감소 ③ 자동차를 정상적인 진행 방향으로 복귀 ④ 운전자의 시선 유도

70 길어깨(노견, 갓길)의 역할 ➲ ① 고장 차 대피로 교통 혼잡 방지 ② 교통의 안전성과 쾌적성에 기여 ③ 유지 관리 작업장이나 지하 매설물의 장소로 제공 ④ 곡선부의 시거가 증대되어 교통 안전성이 높다. ⑤ 유지가 잘 되어 있는 길어깨는 도로 미관을 높인다. ⑥ 보도 등이 없는 도로에서는 보행자 통행 장소로 제공한다.

71 중앙 분리대의 종류 ➲ ① 방호 울타리형(대향차로의 이탈을 방지하는 곳) ② 연석형(향후 차로 확장에 쓰일 공간 확보 등) ③ 광폭 중앙 분리대(충분한 공간 확보로 대향 차량의 영향을 받지 않을 정도의 넓이를 제공함)

72 방호 울타리의 기능 ➲ ① 횡단을 방지할 수 있어야 한다. ② 차량을 감속시킬 수 있어야 한다. ③ 차량이 대향 차로로 튕겨나가지 않아야 한다. ④ 차량의 손상이 적도록 해야 한다.

73 중앙 분리대의 기능 ➲ ① 상하 차도의 교통 분리(교통량 증대) ② 평면 교차로가 있는 도로에서는 좌회전 차로로 활용할 수 있다(교통 처리가 유연). ③ 광폭 분리대의 경우 사고 및 고장 차량이 정지할 수 있는 여유 공간을 제공(탑승자의 안전 확보, 진입차의 분리대 내 정차 또는 조정 능력 회복) ④ 보행자에 대한 안전섬이 됨으로써 횡단 시 안전 ⑤ 필요에 따라 유턴(U-Turn) 방지(교통류의 혼잡을 피함으로써 안전성을 높임) ⑥ 대향차의 현광 방지(전조등의 불빛을 방지) ⑦ 도로 표지, 기타 교통관제 시설 등을 설치 할 수 있는 장소를 제공 등

74 **방어 운전** ➲ 운전자가 다른 운전자나 보행자가 교통 법규를 지키지 않거나, 위험한 행동을 하더라도 이에 대처할 수 있는 운전 자세를 갖추어 미리 위험한 상황을 피하여 운전하는 것 등

75 **방어 운전의 기본** ➲ ① 능숙한 운전 ② 정확한 운전 지식 ③ 세심한 관찰력 ④ 예측력과 판단력 ⑤ 양보, 배려의 실천 ⑥ 교통 상황 정보 수집 ⑦ 반성의 자세 ⑧ 무리한 운행 배제

76 **방어 운전 기본에서 "교통 상황 정보 수집"의 매체** ➲ ① TV ② 라디오 ③ 신문 ④ 컴퓨터 ⑤ 도로상의 전광판 ⑥ 기상 예보

77 **교차로의 개요** ➲ 자동차, 사람, 이륜차 등의 엇갈림(교차)이 발생하는 장소이다.

78 **교차로 황색 신호의 운영 목적** ➲ ① 전 신호와 후 신호 사이에 부여되는 신호 ② 전 신호 차량과 후 신호 차량이 교차로 상에서 상충(상호 충돌)하는 것을 예방하여 교통사고 방지

79 **교차로의 황색 신호 시간** ➲ 통상 3초 기본(교차로의 크기에 따라 4~6초간 운영하기도 하지만 부득이한 경우가 아니면 6초를 초과하는 것은 금기로 함)

80 **커브 길의 개요** ➲ 도로가 왼쪽 또는 오른쪽으로 굽은 곡선부를 갖는 도로의 구간을 의미

※ 완만한 커브 길 : 곡선부의 곡선 반경이 길어질수록 완만한 커브 길
  * 직선 도로 : 곡선 반경이 극단적으로 길어져 무한대에 이르는 도로
  * 급한 커브 길 : 곡선 반경이 짧아질수록 급한 커브 길이다.

81 **커브 길의 편구배의 의미** ➲ "경사도"의 의미로도 사용된다.

82 **커브 길에서의 핸들 조작 요령** ➲ 슬로우-인, 패스트-아웃(Slow-in, Fast-out)

83 **차로 폭** ➲ ① 도로의 차선과 차선 사이의 최단 거리이다. ② 대개 3.0~3.5m를 기준으로 한다. ③ 교량 위, 터널 내, 유턴 차로(회전 차로) 등은 부득이한 경우 2.75m로 할 수 있다.

84 **철길 건널목의 개념과 종류** ➲ ① 철도와 「도로법」에서 정한 도로가 평면 교차하는 곳을 의미한다. ② 건널목의 종류 : ㉠ 1종 건널목-차단기, 경보기 및 건널목 교통안전 표지 설치, 차단기 주·야간 계속 작동, 건널목 안내원이 근무

㉡ 2종 건널목-경보기와 건널목 교통안전 표지만 설치 ㉢ 3종 건널목-건널목 교통안전 표지판만 설치.

85 **철길 건널목 안전 운전 방어 운전** ➲ ① 일시 정지 후, 좌 · 우의 안전을 확인한다. ② 건널목 통과 시 기어는 변속하지 않는다. ③ 건널목 건너편 여유 공간을 확인한 후 통과한다.

86 **4계절 중 안개가 제일 많이 집중적으로 발생하는 계절은** ➲ 가을철은 심한 일교차로 안개가 빈발한다.(하천이나 강을 끼고 있는 곳에서는 짙은 안개가 자주 발생)

87 **위험물의 성질** ➲ 발화성, 인화성, 폭발성

88 **충전 용기 등의 적재 차량 주차** ➲ ① 제1종 보호 시설에서 15m 이상 떨어지고 ② 제2종 보호 시설이 밀착되어 있는 지역은 가능한 한 피하고 주위의 교통 상황, 화기 등이 없는 안전한 장소에 주정차하고 ③ 운전자와 운반 책임자는 식사 등 부득이한 경우 외에는 동시이탈 금지

89 **고속도로의 운행 요령** ➲ ① 안전거리를 충분히 확보 ② 주행 중 수시로 속도계를 확인 후 법정 속도 준수 ③ 차로 변경 시 100m 전방부터 방향 지시등을 켜고, 전방 주시점은 속도가 빠를수록 멀리 둔다. ④ 주행차로를 준수하고 2시간마다 휴식한다.

90 **고속도로 교통사고의 특성** ➲ ① 빠르게 달리는 도로의 특성상 치사율이 높다. ② 운전자 전방 주시 태만과 졸음운전으로 2차(후속) 사고 발생 가능성이 높다. ③ 운행 특성상 장거리 통행이 많고 영업용 차량 운전자의 장거리 운행으로 과로 졸음운전이 발생할 가능성이 높다. ④ 대형 차량의 안전 운전 불이행으로 대형 사고가 발생하며 사망자도 증가 추세이고 화물차의 적재 불량과 과적은 도로상에 낙하물을 발생시켜 교통사고 원인이 된다. ⑤ 최근 고속도로 운전 중 휴대폰 사용, DMB 시청 등 기기 사용 증가로 인해 전방 주시가 소홀해지고 이로 인해 교통사고 발생 가능성이 더욱 높아진다.

91 **고속도로 안전 운전 방법** ➲ ① 전방 주시 철저 ② 진입은 안전하게 천천히, 진입 후 가속은 빠르게 ③ 주변 교통 흐름에 따라 적정 속도 유지 ④ 주행 차로로 주행 ⑤ 전 좌석 안전띠 착용 ⑥ 후부 반사판 부착(차량 총중량 7.5톤 이상 및 특수 자동차는 의무 부착)

92 **고속도로 상에서 교통사고 발생 시 대처 요령** ➲ ① 2차 사고의 방지 ② 부상

자의 구호 ③ 경찰 공무원 등에게 신고

※ 2차 사고의 방지 : ① 신속히 비상등을 켜고 갓길로 차량 이동, 안전 조치 후 속히 안전 장소로 대피 ② 후방 접근 차량의 운전자가 쉽게 확인 가능한 장소에 안전 삼각대 설치, 밤에는 뒤에 안전 삼각대 및 적색의 섬광 신호 · 전기제 또는 불꽃 신호를 설치하여 사방 500m 지점에서 식별 가능하게 할 것 ③ 차량 내 또는 주변에 있는 것은 위험하므로 안전한 장소로 대피 ④ 경찰관서 등에 신고

93 고속도로 과적 차량 제한 사유 ➲ ① 고속도로의 포장 균열, 파손, 교량의 파괴 ② 저속 주행으로 인한 교통 소통 지장 ③ 핸들 조작의 어려움, 타이어 파손, 전 · 후방 주시 곤란 ④ 제동 장치의 무리, 동력 연결부의 잦은 고장 등 교통사고 유발

94 운행 제한 차량의 통행이 도로에 미치는 영향 ➲ ① 축하중 10톤 : 승용차 7만대 통행과 같은 도로 파손 ② 축하중 11톤 : 승용차 11만대 통행과 같은 도로 파손 ③ 축하중 13톤 : 승용차 21만대 통행과 같은 도로 파손 ④ 축하중 15톤 : 승용차 39만대 통행과 같은 도로 파손

95 운행제한 차량 벌칙

구분		정의	벌칙
과적		축 하중 10톤 초과 총 중량 40톤 초과	500만 원 이하 과태료
제원 초과		폭 2.5m 초과 높이 4.0m 초과 길이 16.7m 초과	
단속원 요구 불응		차량승차 불응 관계서류 제출 불응 의심차량 재측정 불응	1년 이하의 징역 또는 1천만 원 이하 벌금
측정 방해 행위	축 조작	차축 조작, 공기압 조절	
	측정차로 위반	적재량 측정장비 미설치 차로 진입	
	측정속도 초과	측정차로 통행속도 10km/h 초과	
3대 명령 위반		회차, 분리운송 운행정지 명령 불복	2년 이하 징역 또는 2천만 원 이하 벌금

제4편 운송서비스

01 **고객 만족이란** ➡ ① 고객이 무엇을 원하고 있으며 ② 무엇이 불만인지 알아내어 ③ 고객의 기대에 부응하는 좋은 제품과 양질의 서비스를 제공하는 것

※ 고객의 욕구 : ① 환영받고 싶어 한다. ② 관심을 가져주기를 바란다. ③ 중요한 사람으로 인식되기를 바란다. ④ 기대와 욕구를 수용하여 주기를 바란다.

02 **고객 서비스 형태** ➡ ① 무형성 – 보이지 않는다. ② 동시성 – 생산과 소비가 동시에 발생 ③ 이질성(인간 주체) – 사람에 의존 ④ 소멸성 – 즉시 사라진다. ⑤ 무소유권 – 가질 수 없다.

※ 서비스도 제품과 같이 하나의 상품이다.

03 **고객 만족을 위한 서비스 품질의 분류** ➡ ① 상품 품질 : 성능 및 사용 방법을 구현한 하드웨어 품질 ② 영업 품질 : 고객 만족 실현을 위한 소프트웨어 품질 ③ 서비스 품질 : 고객의 신뢰를 획득하기 위한 휴먼웨어 품질

04 **서비스 품질이 고객의 결정에 영향을 끼치는 요인** ➡ ① 구전(口傳)에 의한 의사소통 ② 개인적인 성격이나 환경적 요인 ③ 과거의 경험 ④ 서비스 제공자들의 커뮤니케이션

05 **서비스 품질을 평가하는 고객의 기준** ➡ ① 신뢰성 ② 신속한 대응 ③ 정확성 ④ 편의성 ⑤ 태도 ⑥ 커뮤니케이션 ⑦ 신용도 ⑧ 안전성 ⑨ 고객의 이해도 ⑩ 환경

06 **직업 운전자의 "기본예절"** ➡ ① 상대방을 알아준다. ② 자신의 것만 챙기는 이기주의는 인간관계 형성의 저해 요소 ③ 약간의 어려움을 감수하는 것은 인간관계 유지의 투자이다. ④ 예의란 인간관계에서 지켜야 할 도리이다. ⑤ 연장자는 선배로 존중하고 공사를 구분하여 예우한다.

07 **인사의 의미** ➡ ① 인사는 서비스의 첫 동작이요, 마지막 동작이다. ② 인사는 서로 만나거나 헤어질 때 말, 태도 등으로 존경, 사랑, 우정을 표현하는 행동 양식이다.

08 **인사의 중요성** ➡ ① 인사는 애사심, 존경심, 우애, 자신의 교양과 인격의 표현이다. ② 인사는 서비스의 주요 기법이다. ③ 인사는 고객과 만나는 첫걸음이다. ④ 인사는 고객에 대한 마음가짐의 표현이다. ⑤ 인사는 고객에 대한 서비스 정신의 표현이다.

09 **인사의 마음가짐** ➲ ① 정성과 감사의 마음으로 ② 예의 바르고 정중하게 ③ 밝고 상냥한 미소로 ④ 경쾌하고 겸손한 인사말과 함께

10 **올바른 인사 방법** ➲ ① 가벼운 인사 : 머리와 상체를 15도 숙인다. ② 보통 인사 : 머리와 상체를 30도 숙인다. ③ 정중한 인사 : 머리와 상체를 45도 숙인다. ④ 상대방과의 거리는 약 2m 내외가 적당 ⑤ 턱을 내밀지 않으며, 손을 주머니에 넣거나 의자에 앉아서 하지 말 것

※ 올바른 악수 방법 : ① 상대와 적당한 거리에서 손을 잡는다. ② 손은 반드시 오른손을 내민다. ③ 손이 더러울 때 양해를 구한다. ④ 상대의 눈을 바라보며 웃는 얼굴로 악수한다. ⑤ 허리는 건방지지 않을 만큼 자연스레 편다.(상대방에 따라 10°~15°정도 굽히는 것도 좋음) ⑥ 계속 손을 잡은 채로 말하지 않는다. ⑦ 손을 너무 세게 쥐거나 또는 힘없이 잡지 않는다. ⑧ 왼손은 자연스럽게 바지 옆선에 붙이거나 오른손 팔꿈치를 받쳐준다.

11 **표정의 중요성** ➲ ① 표정은 첫인상을 크게 좌우한다. ② 첫 인상이 좋아야 그 이후의 대면이 호감 있게 이루어질 수 있다. ③ 밝은 표정은 좋은 인간관계의 기본이다. ④ 밝은 표정과 미소는 자신을 위한 것이라 생각한다.

12 **고객 응대 마음가짐 10가지** ➲ ① 사명감을 갖는다. ② 고객의 입장에서 생각한다. ③ 원만하게 대한다. ④ 항상 긍정적으로 생각한다.

13 **운전자의 사명** ➲ ① 남의 생명도 내 생명처럼 존중(사람의 생명은 이 세상 무엇보다도 존귀하므로 인명 존중) ② 운전자는 "공인(公人)"이라는 자각이 필요하다.

14 **운전자가 가져야 할 기본적 자세** ➲ ① 교통 법규의 이해와 준수 ② 여유 있고 양보하는 마음으로 운전 ③ 주의력 집중 ④ 심신 상태의 안정 ⑤ 추측 운전의 삼가 ⑥ 운전 기술의 과신은 금물 ⑦ 저공해 등 환경 보호, 소음 공해 최소화

15 **운전 예절의 중요성** ➲ ① 일상생활의 대인 관계에서 예의범절 중시 ② 예절은 인간 고유의 것이다. ③ 예의 바른 운전 습관은 명랑한 교통질서를 가져온다. ④ 예의 바른 운전 습관은 교통사고를 예방하고, 교통 문화를 선진화하는 데 지름길이 되기 때문이다.

16 **예절 바른 운전 습관** ➲ ① 명랑한 교통질서 유지 ② 교통사고의 예방 ③ 교통 문화를 정착시키는 선두주자

17 **운전자가 지켜야 할 운전 예절** ➲ ① 과신은 금물 ② 횡단보도에서의 예절

③ 전조등 사용법 ④ 고장 차량의 유도 ⑤ 올바른 방향 전환 및 차로 변경 ⑥ 여유 있는 교차로 통과

18 **화물 운전자의 운전 자세** ➲ ① 다른 운전자가 끼어들더라도 안전거리를 확보하는 여유를 가진다. ② 일반 자동차를 운전하는 자가 추월을 시도하는 경우에는 적당한 장소에서 후속 자동차에게 진로를 양보하는 미덕을 갖는다. ③ 직업 운전자는 다른 차가 끼어들거나 운전이 서툴러도 상대에게 성을 내거나 보복하지 말아야 한다.

19 **직업의 4가지 의미** ➲ ① 경제적 의미 ② 정신적 의미 ③ 사회적 의미 ④ 철학적 의미

20 **직업의 윤리** ➲ ① 직업에는 귀천이 없다.(평등) ② 천직 의식 ③ 감사하는 마음

21 **직업의 3가지 태도** ➲ ① 애정(愛情) ② 긍지(矜持) ③ 열정(熱情)

22 **물류(物流, 로지스틱스 : Logistics)란** ➲ 공급자로부터 생산자, 유통업자를 거쳐 최종 소비자에 이르는 재화의 흐름을 의미한다.

23 **물류 관리란** ➲ 재화의 효율적인 "흐름"을 계획, 실행, 통제할 목적으로 행해지는 제반 활동을 의미한다.

24 **물류의 기능** ➲ ① 운송(수송) 기능 ② 포장 기능 ③ 보관 기능 ④ 하역 기능 ⑤ 정보 기능 ⑥ 유통 · 가공 기능

25 **기업 경영의 물류 관리 시스템 구성 요소** ➲ ① 원재료의 조달과 관리 ② 제품의 재고 관리 ③ 수송과 배송 수단 ④ 제품 능력과 입지 적응 능력 ⑤ 창고 등의 물류 거점 ⑥ 정보 관리 ⑦ 인간의 기능과 훈련 등

26 **경영 정보 시스템(MIS)** ➲ 기업 경영에서 의사 결정의 유효성을 높이기 위해 경영 내외의 관련 정보를 필요에 따라 즉각적으로 그리고 대량으로 수집, 전달, 처리, 저장, 이용할 수 있도록 편성한 인간과 컴퓨터와의 결합 시스템을 말한다.

27 **전사적 자원 관리(EPR)란** ➲ 기업 활동을 위해 사용되는 기업 내의 모든 인적, 물적 자원을 효율적으로 관리하여 궁극적으로 기업의 경쟁력을 강화시켜주는 역할을 하는 통합 정보 시스템을 말한다.

28 **공급망 관리의 기능** ➲ ① 제조업의 가치 사슬은 보통 "부품 조달 ⇒ 조립 · 가

공 ⇒ 판매 · 유통"으로 구성되고 ② 가치 사슬의 주기가 단축되어야 생산성과 운영의 효율성을 증대시킬 수 있다.

29 **인터넷 유통에서의 물류 원칙** ➲ 첫째 : 적정 수요 예측, 둘째 : 배송 기간의 최소화, 셋째 : 반송과 환불 시스템

30 **물류 관리 7R 기본 원칙** ➲ ① 적절한 품질 ② 적절한 양 ③ 적절한 시간 ④ 적절한 장소 ⑤ 좋은 인상 ⑥ 적절한 가격 ⑦ 적절한 상품

31 **3S1L원칙** ➲ ① 신속하게(Speedy) ② 안전하게(Safely) ③ 확실하게(Surely) ④ 저렴하게(Low)

32 **물류의 기능** ➲ ① 운송 기능 ② 포장 기능 ③ 보관 기능 ④ 하역 기능 ⑤ 정보 기능 ⑥ 유통 가공 기능

※ 물류 관리의 목표

① 비용 절감과 재화의 시간적 · 장소적 효용 가치의 창조를 통한 시장 능력의 강화

② 고객 서비스 수준 향상과 물류비의 감소(트레이드–오프관계)

- 트레이드–오프(trade–off) 상충 관계 : 두 개의 정책 목표 가운데 하나를 달성하려고 하면 다른 목표의 달성이 늦어지거나 희생되는 경우 양자 간의 관계

③ 고객 서비스 수준의 결정은 고객 지향적이어야 하며, 경쟁사의 서비스 수준을 비교한 후 그 기업이 달성하고자 하는 특정한 수준의 서비스를 최소의 비용으로 고객에게 제공

33 **기업 물류의 범위** ➲ ① 물적 공급 과정 : 원재료, 부품, 반제품, 중간재를 조달 · 생산하는 물류 과정 ② 물적 유통 과정 : 생산된 재화가 최종 고객이나 소비자에게까지 전달되는 물류과정

34 **기업 물류의 활동** ➲ ① 주 활동 : 대고객 서비스 수준, 수송, 재고 관리, 주문처리 ② 지원 활동 : 보관, 자재 관리, 구매, 포장, 생산량과 생산 일정 조정, 정보 관리

35 **물류 전략과 계획에서 "물류 부분에 있어 의사 결정 사항"은** ➲ ① 창고 입지 선정 ② 재고 정책의 설정 ③ 주문 접수 ④ 주문 접수 시스템의 설계 ⑤ 수송수단의 선택

36 **기업 전략에서 훌륭한 전략 수립을 위한 4가지 고려할 사항** ➲ ① 소비자 ② 공

급자 ③ 경쟁사 ④ 기업 자체 *세부 계획 수립 시 고려 사항 : 기업의 비용, 재무 구조, 시장 점유율 수준, 자산 기준과 배치, 외부 환경, 경쟁력, 고용자의 기술 등

37 **프로액티브 (Proactive) 물류 전략** ➡ 사업 목표와 소비자 서비스 요구 사항에서부터 시작, 경쟁 업체에 대항하는 공격적인 전략임

38 **크래프팅(Crafting)중심의 물류 전략** ➡ 특정한 프로그램이나 기법을 필요로 하지 않으며, 뛰어난 통찰력이나 영감에 바탕을 둠

39 **물류 계획 수립의 주요 영역** ➡ ① 고객 서비스 수준 ② 설비 (보관 및 공급 시설)의 입지 ③ 재고 의사 결정 ④ 수송 의사 결정

40 **노드(Node)** ➡ 운송 결절점(보관 지점)

41 **링크(Link)** ➡ 제품의 이동 경로(운송 경로)

42 **모드(Mode)** ➡ 수송 서비스(수송 기관)

43 **전략적 물류 관리의 목표** ➡ ① 업무 처리 속도 향상 ② 업무 품질 향상 ③ 고객 서비스 증대 ④ 물류 원가 절감 ⑤ 고객 만족

44 **로지스틱스 전략 관리의 기본 요건 중 "전문가의 자질"은** ➡ ① 분석력 ② 기획력 ③ 창조력 ④ 판단력 ⑤ 기술력 ⑥ 행동력 ⑦ 관리력 ⑧ 이해력

45 **제3자 물류업의 정의** ➡ 화주 기업이 고객 서비스 향상, 물류비 절감 등 물류 활동을 효율화 할 수 있도록 공급망상의 기능 전체 혹은 일부를 대행하는 업종으로 정의 되고 있음

46 **물류 활동의 분류** ➡ ① 제1자 물류(자사 물류) : 화주 기업이 직접 물류 활동을 처리하는 자사 물류 ② 제2자 물류(물류 자회사) : 물류 자회사에 의해 처리하는 경우 ③ 제3자 물류(물류 아웃소싱) : 화주 기업이 자기의 모든 물류 활동을 외부에 위탁하는 경우

※ 물류 아웃소싱과 제3자 물류의 비교

구분	물류 아웃소싱	제3자 물류
화주와의 관계	거래 기반, 수 · 발주 관계	계약 기반, 전략적 제휴
관계 내용	일시 또는 수시	장기(1년 이상), 협력
서비스 범위	기능별 개별 서비스	통합 물류 서비스
정보 공유 여부	불필요	반드시 필요

도입 결정 권한	중간 관리자	최고 경영층
도입 방법	수의 계약	경쟁 계약

47 **화주 기업이 제3자 물류를 사용하지 않는 주된 이유** ➲ ① 화주 기업은 물류 활동을 직접 통제하기를 원함 ② 자사 물류 이용과 제3자 물류 서비스 이용에 따른 비용을 일대일(1:1)로 직접 비교하기가 곤란 ③ 운영 시스템의 규모와 복잡성으로 인해 자체 운영이 효율적이라 판단 ④ 자사 물류 인력에 대해 더 만족하기 때문

48 **제4자 물류의 개념** ➲ 다양한 조직들의 효과적인 연결을 목적으로 사용하는 통합체로서 공급망의 모든 활동과 계획 관리를 전담하는 것

49 **제4자 물류란** ➲ 제3자 물류 기능에 컨설팅 업무를 추가 수행하는 것(제4자 물류 개념은 "컨설팅 기능까지 수행할 수 있는 제3자 물류"로 정의를 내릴 수도 있음)

50 **제4자 물류(4PL)의 두 가지 중요한 특징** ➲ ① 제3자 물류보다 범위가 넓은 공급망의 역할을 담당 ② 전체적인 공급망에 영향을 주는 능력을 통하여 가치를 증식

51 **제4자 물류의 공급망 관리 4단계** ➲ 제1단계 : 재창조, 제2단계 : 전환, 제3단계 : 이행, 제4단계 : 실행

52 **운송** ➲ 물품을 장소적, 공간적으로 이동시키는 것

53 **운송(수송)관련 용어의 의미** ➲ ① 교통 : 현상적인 시각에서의 재화의 이동, ② 운송 : 서비스 공급 측면에서의 재화의 이동, ③ 운수 : 행정상 또는 법률상의 운송 ④ 운반 : 한정된 공간과 범위 내에서의 재화의 이동, ⑤ 통운 : 소화물 운송

54 **간선 수송의 뜻** ➲ 제조 공장과 물류 거점(물류 센터 등) 간의 장거리 수송으로 컨테이너 또는 팔레트(Pallet)를 이용, 유닛화(unitization)되어 일정 단위로 취합하여 수송되는 것

55 **선박 및 철도와 비교한 화물 자동차 운송의 특징** ➲ ① 원활한 기동성과 신속한 수·배송 ② 신속하고 정확한 문전 운송 ③ 다양한 고객 요구 수용 ④ 운송 단위가 소량 ⑤ 에너지 다소비형의 운송 기관 등

56 **보관** ➲ ① 물품을 저장, 관리하는 것을 의미 ② 시간, 가격 조정에 관한 기능

을 수행 ③ 수요와 공급의 시간적 간격을 조정함으로서 경제 활동의 안정과 촉진을 도모

57 **유통 가공** ◆ ① 보관을 위한 가공 및 동일 기능의 형태 전환을 위한 가공 등 유통 단계에서 상품에 가공이 더해지는 것을 의미한다. ② 절단, 상세 분류, 천공, 굴절, 조립 등이 포함 ③ 보조 작업 : 유닛화, 가격표 · 상표 부착, 선별, 검품 등

58 **포장** ◆ 물품의 운송, 보관 등에 있어서 물품의 가치와 상태를 보호하는 것 ① 공업 포장(품질 유지를 위한 포장) ② 상업 포장(상품 가치를 높임. 판매 촉진의 기능)으로 구분

59 **물류 시스템의 기능** ◆ ① 작업 서브시스템 : 운송, 하역, 보관, 유통 가공, 포장 ② 정보 서브시스템 : 수 · 발주, 재고, 출하

60 **물류 비용과 서비스 사이에 작용되는 법칙** ◆ 수확 체감의 법칙이 작용한다.

61 **화물 자동차 운송의 효율성 지표** ◆ ① 가동률 : 일정 기간에 걸쳐 실제로 가동한 일수 ② 실차율 : 주행 거리에 대해 실제로 화물을 싣고 운행 거리의 비율 ③ 적재율 : 최대 적재량 대비 적재 화물의 비율 ④ 공차 거리율 : 주행 거리에 대해 화물을 싣지 않고 운행한 거리의 비율

*트럭 운송의 효율성을 최대로 하는 것은 적재율이 높은 실차 상태로 가동률을 높이는 것

62 **수 · 배송 관리 시스템이란** ◆ 주문 상황에 대해 적기 수, 배송 체제의 확립과 최적의 수, 배송 계획을 수립함으로서 수송 비용을 절감하려는 체제이다.(대표적인 것 – 터미널 화물 정보 시스템)

63 **수 · 배송 활동의 각 단계 (계획–실시–통제)에서의 물류 정보 처리기능** ◆ ① 계획 : 수송 수단 선정, 수송 경로 선정, 수송 로트(lot) 결정, 다이어그램 시스템 설계, 배송 센터의 수 및 위치 선정, 배송 지역 결정 등 ② 실시 : 배차, 수배, 화물 적재 지시, 배송 지시, 발송 정보 착하지에의 연락, 반송 화물 정보 관리, 화물의 추적 파악 등 ③ 통제 : 운임 계산, 차량 적재효율 분석, 차량 가동률 분석, 반품 운임 · 빈 용기 운임 분석, 오송 분석, 교착 수송 분석, 사고분석 등

64 **현상의 변혁에 성공하는 비결** ◆ 개혁을 적시에 착수하는 것이다. ① 회사 창립 기념일이나 종사 기념일 ② 실적이 호조를 보일 때 ③ 위기에 직면했을 때 ④ 새 건물이나 새 차량을 구입 하였을 때 ⑤ 신규 노선이나 신 지역에 진출하였을 때

※ 수입의 확대란 : ① 마케팅과 같은 의미 ② 사업을 번창하게 하는 방법을 찾는 것 ③ 마케팅의 출발점은 생산 지향에서 소비 지향으로

65 **공급망 관리(SCM)란** ➲ 최종 고객의 욕구를 충족시키기 위하여 원료 공급자로부터 최종 소비자에 이르기까지 공급망 내의 각 기업 간에 긴밀한 협력을 통한 공급망인 전체의 물자의 흐름을 원활하게 하는 공동 전략을 말한다.

66 **공급망 관리(SCM)의 개념** ➲ ① 공급망 내의 각 기업은 상호 협력하여 공급망 프로세스를 재구축하고 업무 협약을 맺으며, 공동 전략을 구사하게 된다. ② 공급망은 상류(商流)와 하류(荷流)를 연결시키는 조직의 네트워크를 말한다. ③ 공급망 관리는 기업간 협력을 기본 배경으로 하는 것이다. ④ 공급망 관리는 "수직 계열화"와는 다르다.(수직 계열화는 보통 상류(商流)의 공급자와 하류(荷流)의 고객을 소유하는 것을 의미함)

67 **전사적 품질 관리(TQC)** ➲ 제품이나 서비스를 만드는 모든 작업자가 품질에 대한 책임을 나누어 갖는다는 개념이다.

68 **파트너십(Partner ship)이란** ➲ 상호 합의한 일정 기간 동안 편익과 부담을 함께 공유하는 물류 채널 내의 두 주체 간의 관계를 의미한다.

69 **제휴(Alliance)란** ➲ 특정 목적과 편익을 달성하기 위한 물류 채널 내의 독립적인 두 주체 간의 계약적인 관계를 의미한다.

70 **물류 아웃소싱(Out sourcing)** ➲ 기업이 사내에서 수행하던 물류 업무를 전문업체에 위탁하는 것을 의미한다.

71 **신속 대응(QR : Quik Response)** ➲ 생산 · 유통 기간의 단축, 재고의 감소, 반품 손실 감소 등 생산 · 유통의 각 단계에서 효율화를 실현하고 그 성과를 생산자, 유통 관계자, 소비자에게 골고루 돌아가게 하는 기법을 말한다.

* 신속 대응(QR) 활용의 혜택 : ① 소매업자 : 유지 비용의 절감, 고객 서비스의 제고, 높은 상품 회전율, 매출과 이익 증대 ② 제조업자 : 정확한 수요 예측, 주문량에 따른 생산의 유연성 확보, 높은 자산 회전율 ③ 소비자 : 상품의 다양화, 낮은 소비자 가격, 품질 개선, 소비자 패턴 변화에 대응한 상품 구매

72 **효율적 고객 대응(ECR)** ➲ 제품의 생산, 도매, 소매에 이르기까지 전 과정을 하나의 프로세스로 보아 관련 기업들의 긴밀한 협력을 통해, 전체로서의 효율 극대화를 추구하는 기법이다.

* 신속 대응(QR)과의 차이점 : 섬유 산업뿐만이 아니라 식품 등 다른 산업 부분에도 활용할 수 있다는 것

73 **범지구 측위 시스템(GPS)의 도입 효과** ➲ ① 각종 자연재해로부터 사전 대비를 통해 재해를 회피할 수 있다. ② 토지 조성 공사에도 작업자가 건설용지를 돌면서 지반 침하와 침하량을 측정하여 실시간으로 신속하게 대응할 수 있다. ③ 대도시의 교통 혼잡 시에 차량에서 행선지 지도와 도로 사정을 파악 할 수 있다. ④ 공중에서 온천 탐사도 할 수 있다. ⑤ 밤낮으로 운행하는 운송 차량 추적 시스템을 GPS로 완벽하게 관리 및 통제할 수 있다.

74 **통합 판매 · 물류 · 생산 시스템(CALS)이란** ➲ 첫째 : 무기 체제의 설계, 제작, 군수 유통 체계 지원을 위해 디지털 기술의 통합과 정보 공유를 통한 신속한 자료 처리 환경을 구축. 둘째 : 제품 설계에서 폐기에 이르는 모든 활동을 디지털 정보 기술의 통합을 통해 구현하는 산업화 전략이다. 셋째 : 컴퓨터에 의한 통합 생산이나 경영과 유통의 재설계 등을 총칭한다.

75 **"가상 기업"이란** ➲ 급변하는 상황에 민첩하게 대응하기 위한 전략적 기업 제휴를 의미한다.

76 **"물류 부분의 고객 서비스"란** ➲ 물류 시스템의 산출(output)이라고 할 수 있다.

77 **물류 고객 서비스의 정의 3가지** ➲ ① 주문 처리, 송장 작성 내지는 고객의 고충 처리와 같은 것을 관리해야 하는 활동 ② 수취한 주문을 48시간 이내에 배송할 수 있는 능력과 같은 성과 척도 ③ 하나의 활동 내지 일련의 성과 척도라기보다는 전체적인 기업 철학의 한 요소

78 **물류 고객 서비스 요소의 "주문 처리 시간"에 대한 설명** ➲ ① 주문 처리 시간(주문을 받아서 출하까지 소요되는 시간) ② 주문품의 상품 구색 시간(주문품을 준비하여 포장 소요시간) ③ 납기(고객에게 배송 시간) ④ 주문량의 제약(주문량과 주문 금액의 하한선) ⑤ 혼재(다품종 주문품의 배달 방법) ⑥ 재고 신뢰성(재고품으로 주문품을 공급할 수 있는 정도) ⑦ 일관성(서비스 표준이 허용하는 변동 폭)

79 **물류 고객 서비스** ➲ ① 거래 후 요소 : 설치, 보증, 변경, 수리, 부품, 제품의 추적, 고객의 클레임, 고충 · 반품 처리, 제품의 일시적 교체, 예비품의 이용 가능성 ② 거래 전 요소 : 서비스 정책, 접근 가능성, 조직 구조 등 ③ 거래 시 요소 : 재고 품절 수준, 발주 정보, 주문 사이클, 환적, 대체 제품 등

80 **대리 인수 기피 인물** ➲ 노인, 어린이, 가게 등

81 **화물의 인계 장소** ➲ ① 아파트 : 현관문 안 ② 단독 주택 : 집에 딸린 문 안
* 사후 확인 전화 : 대리 인계 시는 반드시 귀점 후 통보할 것

82 고객 부재 시 방법 ➲ ① 부재 안내표 작성 및 투입 : 방문 시간, 송하인, 화물명, 연락처 등을 기록하여 문안에 투입, ② 대리 인계된 경우는 귀점 중, 귀점 후 전화로 반드시 재확인

83 미배달 화물에 대한 조치 ➲ ① 미배달 사유를 기록하여 관리자에게 제출한다. ② 화물은 재입고한다.

84 집하의 중요성 ➲ ① 집하가 배달보다 우선되어야 한다. ② 배달 있는 곳에 집하가 있다. ③ 집하는 택배 사업의 기본이다.

85 방문 집하 방법 ➲ ① 방문 약속 시간 준수 : 늦으면 집하 곤란 및 불만 가중 ② 기업 화물 집하 시 행동 : 작업을 도와주어야 하고, 출하 담당자와 친구가 되도록 할 것 ③ 운송장 기록의 중요성 : 부실 기재시, 오도착, 배달 불가, 배상 금액 확대, 화물 파손 등의 문제점 발생

※ 정확히 기재하여야 할 사항 : ① 수하인 전화번호 ② 정확한 화물명(사고 시 배상 기준, 화물 수탁 여부 판단 기준 등) ③ 화물 가격(사고 시 배상 기준, 할증 여부 판단 기준 등)

86 철도와 선박과 비교한 트럭 수송의 장 · 단점 ➲

장 점	단 점
• 문전에서 문전으로 배송 서비스를 탄력적으로 행할 수 있다. • 중간 하역이 불필요하고 포장의 간소화, 간략화가 가능하다. • 다른 수송 기간과 연동하지 않고, 일관된 서비스를 할 수 있다. • 싣고 부리는 횟수가 적다.	• 수송 단위가 작고, 연료비나 인건비 등 수송 단가가 높다. • 진동, 소음, 광화학 스모그 등 공해 문제, 유류의 다량 소비에서 오는 자원 및 에너지 절약 문제 등 편익성의 이면에는 해결해야 할 문제도 많이 남아있다.

87 사업용(영업용)트럭운송의 장 · 단점 ➲

장 점	단 점
• 수송비가 저렴하다. • 물동량의 변동에 대응한 안정 수송이 가능하다. • 수송 능력이 높다. • 융통성이 높다. • 설비 투자가 필요 없다. • 인적 투자가 필요 없다. • 변동비 처리가 가능하다.	• 운임의 안정화가 곤란하다. • 관리 기능이 저해된다. • 기동성이 부족하다. • 시스템의 일관성이 없다. • 인터페이스가 약하다. • 마케팅 사고가 희박하다.

88 자가용 트럭 운송의 장 · 단점 ➲

장 점	단 점
• 높은 신뢰성이 확보된다. • 상거래에 기여한다. • 작업의 기동성이 높다. • 안정적 공급이 가능하다. • 시스템 일관성이 유지된다. • 리스크(위험 부담도)가 낮다. • 인적 교육이 가능하다.	• 수송량의 변동에 대응하기가 어렵다. • 비용이 고정비화된다. • 설비 투자가 필요하다. • 인적 투자가 필요하다. • 수송 능력에 한계가 있다. • 사용하는 차종, 차량에 한계가 있다.

89 트럭 운송의 전망 ➲ ① 고효율화 ② 왕복 실차율을 높인다. ③ 트레일러 수송과 도킹 시스템 ④ 바꿔 태우기 수송과 이어타기 수송 ⑤ 컨테이너 및 팔레트 수송의 강화 ⑥ 집배 수송용 차의 개발과 이용 : 이 요청에 의해서 출현한 것이 델리베리카(워크 트럭차)이다. ⑦ 트럭터미널 : ㉠ 간선 수송에 사용하는 차 – 대형화 경향 ㉡ 집배 차량 – 가일층 소형화 추세

90 국내 화주 기업 물류의 문제점 ➲ ① 각 업체의 독자적 물류 기능 보유(합리화 장애) ② 제3자 물류(3PL) 기능의 약화(제한적 · 변형적 형태) ③ 시설 간 · 업체 간 표준화 미약 ④ 제조업체와 물류업체 간 협조성 미비 ⑤ 물류 전문 업체의 물류 인프라 활용도 미약

91 주파수 공용통신(TRS)의 도입 효과 ➲ ① 업무분야별 효과 ㉠ 자동차 운행 측면 : 사전 배차 계획 수립과 배차 계획 수정 가능, 자동차의 위치 추적 기능 활용으로 도착 시간의 정확한 추정 가능 ㉡ 집배송 측면 : 체크 아웃 포인트의 설치나 화물 추적 기능을 활용한 지연 사유 분석을 통해 표준 운행시간 작성 도움 ㉢ 자동차 및 운전자관리 측면 : 고장 자동차에 대응한 자동차 재배치나 지연 사유 분석 가능, 데이터 통신에 의한 실시간 처리로 관리 업무 축소, 대고객에 대한 정확한 도착시간 통보로 JIT(卽納(즉납)) 가능, 분실 화물의 추적과 책임자 파악 용이 ② 기능별 효과 : 자동차 운행정보 입수 및 본부에서 자동차로의 정보 전달 용이로 자동차에서 접수한 정보를 실시간 처리 가능, 화주의 수요에 신속히 대응 가능, 화주의 화물 추적 용이

※ 주파수 공용통신(TRS : Trunked Radio System) : 중계국에 할당된 여러 개의 채널을 공동으로 사용하는 무전기 시스템. 운송 수단에 탑재하여 이동간의 정보를 리얼타임(real-time)으로 송수신 할 수 있는 통신 서비스로, 혁신적인 화물 추적 통신망 시스템으로서 주로 물류 관리에 많이 이용.

제1편 교통 및 화물자동차 운수사업 관련 법규

01 **긴급 자동차** ➡ 소방차, 구급차, 혈액 공급 차량, 그 밖에 대통령령으로 정하는 자동차

02 **도로** ➡ 「도로법」에 따른 도로, 「유료 도로법」에 따른 유료 도로, 「농어촌 도로 정비법」에 따른 농어촌 도로, 그 밖에 현실적으로 불특정 다수의 사람 또는 차마가 통행할 수 있도록 공개된 장소로서, 안전하고 원활한 교통을 확보할 필요가 있는 장소

03 **자동차 전용 도로** ➡ 자동차만 다닐 수 있도록 설치한 도로

예 고속도로, 서울의 올림픽대로, 서울의 동부 간선 도로, 서울시 외곽 순환 도로, 한강 강변도로 등

04 **차도** ➡ 연석선(차도와 보도를 구분하는 돌 등으로 이어진 선을 말함), 안전표지 또는 그와 비슷한 인공 구조물을 이용하여 경계(境界)를 표시하여 모든 차가 통행할 수 있도록 설치된 도로의 부분

05 **차로** ➡ 차마가 한 줄로 도로의 정해진 부분을 통행하도록 차선으로 구분한 차도의 부분

06 **보도** ➡ 연석선, 안전표지나 그와 비슷한 인공 구조물로 경계를 표시하여 보행자(유모차, 보행 보조용 의자차, 노약자용 보행기 등 행정 안전부령으로 정하는 기구 · 장치를 이용하여 통행하는 사람 및 실외 이동 로봇을 포함)가 통행할 수 있도록 된 도로의 부분

07 **교차로** ➡ '십'자로, 'T'자로나 그 밖에 둘 이상의 도로(보도와 차도가 구분되어 있는 도로에서는 차도)가 교차하는 부분

08 **신호기** ➡ 도로 교통에 관하여 문자 · 기호 또는 등화(燈火)를 사용하여 진행 · 정지 · 방향 전환 · 주의 등의 신호를 표시하기 위하여 사람이나 전기의 힘으로 조작하는 장치

09 **앞지르기** ➡ 차의 운전자가 앞서가는 다른 차의 옆을 지나서 (앞차의 좌측면을 지나서) 그 차의 앞으로 나가는 것

10 **일시 정지** ➡ 차 또는 노면 전차의 운전자가 그 차 또는 노면 전차의 바퀴를 일시적으로 완전히 정지시키는 것

11 중앙선 ➡ 차마의 통행을 방향별로 명확 하게 구분하기 위하여 도로에 황색 실선이나 황색 점선 등의 안전표지로 표시한 선 또는 중앙 분리대나 울타리 등으로 설치한 시설물을 말하며, 가변차로(可變車路)가 설치된 경우에는 신호기가 지시하는 진행 방향의 가장 왼쪽에 있는 황색 점선

12 「도로법」에 따른 도로 ➡ 일반의 교통에 공용되는 도로로서 고속 국도, 일반 국도, 특별 · (광역)시도, 지방도, 시도, 군도, 구도로 그 노선이 지정 또는 인정된 도로

※ 「농어촌 도로 정비법」에 따른 농어촌 도로 : 면도, 이도, 농도

13 자동차와 차의 구분 「도로 교통법」은 차와 자동차의 개념을 달리 규정한다. 이는 도로상에서의 운전과 그로 인한 단속, 행정 처분, 사고 처리 등의 한계를 구분하기 위해서이다.

14 "차"의 정의 ➡ 자동차, 건설 기계, 원동기 장치 자전거, 자전거, 사람 또는 가축의 힘, 그 밖의 동력에 의하여 도로에서 운전되는 것. 다만, 철길이나 가설된 선에 의하여 운전되는 것, 유모차와 보행 보조용 의자차는 제외한다.

15 녹색 등화의 뜻(원형 등화) ➡ ① 차마는 직진 또는 우회전을 할 수 있다. ② 비보호 좌회전 표지 또는 표시가 있는 곳에서는 좌회전 할 수 있다.

참고 적색 등화의 뜻(원형 등화)

① 차마는 정지선, 횡단보도 및 교차로의 직전에서 정지해야 한다.
② 차마는 우회전하려는 경우 정지선, 횡단보도 및 교차로의 직전에서 정지한 후 신호에 따라 진행하는 다른 차마의 교통을 방해하지 않고 우회전할 수 있다.
③ ②에도 불구하고 차마는 우회전 삼색등이 적색의 등화인 경우 우회전할 수 없다.

16 황색 등화의 뜻(원형 등화) ➡ ① 차마는 정지선이 있거나 횡단보도가 있을 때에는 그 직전이나 교차로의 직전에 정지하여야 하며 ② 이미 교차로에 차마의 일부라도 진입한 경우에는 신속히 교차로 밖으로 진행한다. ③ 차마는 우회전을 할 수 있고, 우회전을 하는 경우에는 보행자의 횡단을 방해하지 못한다.

17 적색 등화 점멸의 뜻(원형 등화) ➡ 차마는 정지선이나 횡단보도가 있는 때에는, 그 직전이나 교차로의 직전에 일시 정지한 후, 다른 교통에 주의하면서 진행하여야 한다.

참고 황색 등화의 점멸 : 차마는 다른 교통 또는 안전표지의 표시에 주의하

면서 진행할 수 있다.

18 **적색 화살표의 등화(화살표 등화)** ➲ 화살표 방향으로 진행하려는 차마는 정지선, 횡단보도 및 교차로의 직전에서 정지하여야 한다.

19 **황색 화살표 등화의 점멸(화살표 등화)** ➲ 차마는 다른 교통 및 안전표지의 표시에 주의하면서 화살 표시 방향으로 진행 할 수 있다.

참고 적색 화살표 등화의 점멸 : 차마는 정지선이나 횡단보도가 있을 때에는 그 직전이나 교차로의 직전에 일시 정지한 후 다른 교통에 주의하면서 화살 표시 방향으로 진행할 수 있다.

20 **녹색 화살표의 등화(하향 · 사각 등화)** ➲ 차마는 화살표로 지정한 차로로 진행할 수 있다.

21 **적색×표 표시 등화의 점멸(사각 등화)** ➲ 차마는 ×표가 있는 차로로 진입할 수 없고, 이미 차마의 일부라도 진입한 경우에는 신속히 그 차로 밖으로 진로를 변경하여야 한다.

22 **보행 신호등의 종류와 뜻** ➲ ① 녹색의 등화 : 보행자는 횡단보도 횡단을 할 수 있다. ② 녹색 등화의 점멸 : 보행자는 횡단 시작 불가, 횡단 중인 보행자는 신속하게 횡단 완료 또는 횡단을 중지하고 보도로 되돌아와야 한다. ③ 적색의 등화 : 보행자는 횡단보도 횡단 금지

23 **교통안전 표지의 종류** ➲ 교통안전 표지란 주의, 규제, 지시 등을 표시하는 표지판이나 도로 바닥에 표시하는 문자, 기호, 선 등의 노면 표시를 말한다.

① 주의 표지	② 규제 표지	③ 지시 표지	④ 보조 표지	⑤ 노면 표지
				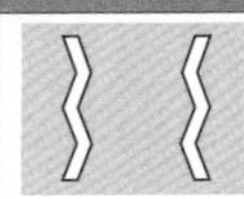
노면 고르지 못함	차 중량 제한	자동차 전용 도로	노면 상태	서행

① **주의 표지** : 도로 상태가 위험하거나 도로 또는 그 부근에 위험물이 있는 경우에 필요한 안전 조치를 할 수 있도록 이를 도로 사용자에게 알리는 표지

② **규제 표지** : 도로 교통의 안전을 위하여 각종 제한 · 금지 등의 규제를 하는 경우에 이를 도로 사용자에게 알리는 표지

③ **지시 표지** : 도로의 통행 방법 · 통행 구분 등 도로 교통의 안전을 위하여

필요한 지시를 하는 경우에 도로 사용자가 이를 따르도록 알리는 표지

④ **보조 표지** : 주의 표지 · 규제 표지 또는 지시 표지의 주 기능을 보충하여 도로 사용자에게 알리는 표지

⑤ **노면 표시** : 도로 교통의 안전을 위하여 주의 · 규제 · 지시 등의 내용을 노면에 기호 · 문자 또는 선으로 도로 사용자에게 알리는 표시

24 **노면 표시에 사용되는 선의 의미** ➲ **점선** : 허용, **실선** : 제한, **복선** : 의미의 강조

25 **노면 표시의 3가지 기본 색상의 의미** ➲ ① **노란색** : 중앙선 표시, 주차 금지 표시, 정차 · 주차 금지 표시 및 안전지대 중 양방향 교통을 분리하는 표시 ② **파란색** : 전용 차로 표시 및 노면전차 전용로 표시 ③ **빨간색** : 소방 시설 주변 정차 · 주차 금지 표시 및 어린이 보호 구역 또는 주거 지역 안에 설치하는 속도 제한 표시의 테두리 선 ④ **분홍색, 연한 녹색 또는 녹색** : 노면 색깔 유도선 표시 ⑤ 흰색 : 그 밖의 표시(동일 방향의 교통류 분리 및 표시)

26 **고속도로 외의 도로에서 차로에 따른 통행 차 기준** ➲

① 왼쪽 차로 : 승용 자동차 및 경형 · 소형 · 중형 승합자동차

② 오른쪽 차로 : 대형 승합자동차, 화물 자동차, 특수 자동차, 법 제2조 제18호 나목에 따른 건설기계, 이륜자동차, 원동기 장치 자전거

27 **고속도로에서 차로에 따른 통행 차 기준** ➲

① 편도 2차로의 1차로 : 앞지르기하려는 모든 자동차

② 편도 2차로의 2차로 : 모든 자동차

③ 편도 3차로 이상의 1차로 : 앞지르기하려는 승용 자동차 및 경 · 소 · 중형 승합자동차

④ 편도 3차로 이상의 왼쪽 차로 : 승용 자동차 및 경 · 소 · 중형 승합자동차

⑤ 편도 3차로 이상의 오른쪽 차로 : 대형 승합자동차, 화물 자동차, 특수 자동차, 법 제2조 제18호 나목에 따른 건설 기계

28 **위험물 등을 운반하는 자동차의 통행 차로 기준** ➲ 도로의 오른쪽 가장자리 차로로 통행(지정 수량 이상의 위험물 운반차, 화약류 운반차, 유독물 및 의료 폐기물 운반차, 고압가스 및 액화 석유 가스 운반차, 방사성 물질 운반차 등)

29 **화물 자동차의 운행상의 안전 기준(높이) 등** ➲ ① 적재 중량 : 110% 이내 ② 길이 : 자동차 길이의 1/10의 길이를 더한 길이 (이륜자동차는 그 승차 장치의 길이 또는 적재 장치의 길이에 30cm를 더한 길이) ③ 너비 : 자동차 후사경으

로 후방을 확인할 수 있는 범위(후사경의 높이보다 화물을 낮게 적재하는 경우에는 그 화물을, 높게 화물을 적재하는 경우에는 후방을 확인할 수 있는 범위)의 너비 ④ 높이 : 지상으로부터 4m(고시한 도로 노선은 4.2m), 소형 3륜차 2.5m, 이륜자동차는 2m

30 **편도 2차로 이상의 일반 도로에서 자동차의 속도** ➡ 최고 속도는 매시 80km 이내며, 최저 속도는 제한 없음(편도 1차로는 최고 속도 매시 60km이내이며, 최저 속도는 제한 없음), 주거 · 상업 · 공업 지역에서는 50km 이내

31 **편도 2차로 이상 모든 고속도로의 속도** ➡ ① 최고 속도 매시 100km와 최저 속도 매시 50km : 승용, 승합, 1.5톤 이하 화물 자동차 ② 최고 속도 매시 80km와 최저 속도 매시 50km : 적재 중량 1.5톤 초과 화물 자동차, 특수자동차, 건설 기계, 위험물 운반차 ③ 편도 1차로 고속도로 : 최고 속도 매시 80km와 최저 속도 매시 50km

32 **중부(제2중부선) 및 서해안, 논산 ~ 천안 간 고속도로 등의 속도** ➡ ① 승용, 승합, 적재 중량 1.5톤 이하 화물 자동차 : 최고 속도 매시 120km와 최저 속도 매시 50km ② 적재 중량 1.5톤 초과 화물 자동차, 특수 자동차, 건설 기계, 위험물 운반 자동차 : 최고 속도 매시 90km, 최저 속도는 매시 50km이다.

33 **자동차 전용 도로의 자동차 등의 속도** ➡ 최고 속도 매시 90km와 최저 속도 매시 30km이다. (차로수와 속도는 관계없음)

34 **서행이란** ➡ 운전자가 차 또는 노면전차를 즉시 정지시킬 수 있는 정도의 느린 속도로 진행하는 것을 의미

※ 이행해야 할 장소 : 교통정리 없는 교차로, 도로가 구부러진 부근, 비탈길의 고갯마루 부근, 가파른 비탈길의 내리막길, 교차로에서 좌 · 우회전할 때 등

35 **정지** ➡ 자동차가 완전히 멈추는 상태, 즉 당시의 속도가 0km/h인 상태로서 완전한 정지 상태의 이행

36 **일시 정지** ➡ 반드시 차가 멈추어야 하되 얼마의 시간 동안 정지 상태를 유지해야 하는 교통 상황의 의미(정지 상황의 일시적 전개) : ① 횡단보도 횡단하기 직전 ② 철길 건널목 통과 직전 ③ 앞을 보지 못하는 사람이 도로 횡단(장애인 보조견을 동반 횡단 시) ④ 어린이가 보호자 없이 도로를 횡단하고 있을 때 ⑤ 지체 장애인이나 노인 등이 지하도 육교 이용 불능으로 도로 횡단 시 ⑥ 적색 등화의 점멸인 경우 정지선, 횡단보도가 있는 때에 그 직전, 교차로 직전에 일시 정지

37 **교통정리가 없는 교차로에서 양보 운전** ➡ 교통정리를 하고 있지 아니하는 교차로에 들어가려고 하는 운전자는 이미 교차로에 들어가 있는 다른 차가 있을 때에는 그 차에게 진로를 양보하여야 한다.

38 **긴급 자동차의 특례** ➡ ① 도로 중앙이나 좌측 부분 통행 ② 정지를 하여야 하는 경우에도 정지하지 않을 수 있다. ③ 자동차의 속도(긴급 자동차에 대한 속도 제한이 있는 경우 속도 제한 규정 적용), 앞지르기 금지 시기 및 장소, 끼어들기 금지의 규정을 적용하지 아니한다. 다만, 긴급하고 부득이한 경우에 한하고, 앞지르기 방법은 제외된다. ④ 긴급 자동차 운전자는 해당 자동차를 그 본래의 긴급한 용도로 운행하지 아니하는 경우에는 경광등이나 사이렌을 작동하여서는 아니 된다. 다만, 범죄 및 화재 예방 등을 위한 순찰 · 훈련 등을 실시하는 경우에는 그러하지 아니한다.

39 **긴급 자동차 접근 시의 피양** ➡ ① 교차로 또는 그 부근 : 모든 차의 운전자는 긴급 자동차가 접근 시 교차로를 피하여 도로의 우측 가장자리에 일시 정지하여야 한다. ② 교차로 또는 그 부근 외의 곳 : 모든 차의 운전자는 긴급 자동차가 접근하는 경우에는 긴급 자동차가 우선 통행할 수 있도록 진로를 양보하여야 한다. ③ 일방통행 도로의 경우 : 도로 우측 가장자리로 피하는 것이 긴급 자동차 통행에 지장을 주는 경우에는 좌측 가장자리로 피하여 정지(양보)할 수 있다.

40 **운송 사업용 자동차 또는 화물 자동차를 운전할 때에 운전자가 하여서는 아니 되는 행위** ➡ ① 운행 기록계 미설치 차량 운전 ② 설치는 되었으나 고장이 난 상태로 운전을 하는 행위 ③ 운행 기록계를 원래의 목적대로 사용치 않고 운전하는 행위

41 **정비 불량에 해당된다고 인정되는 차가 운행되고 있는 경우 정지시켜 그 차의 장치를 점검 할 수 있는 자는** ➡ 국가 경찰 공무원

※ 정비 확인 : 시 · 도 경찰청장(경찰서장)

42 **정비 불량 차의 정비 기간을 정하여 그 차의 사용 정지를 할 수 있는 기간** ➡ 10일의 범위 이내

43 **자동차 운전면허의 응시 대상 연령** ➡ ① 원동기 장치 자전거 면허 : 만 16세 이상

② 제1종 및 제2종 보통 면허 : 만 18세 이상 ③ 제1종 운전면허 중 대형 또는 특수 면허 : 만 19세 이상과 운전 경력 1년 이상(이륜차는 제외)

※ 1종 특수 면허(대형 견인차, 소형 견인차, 구난차)로 운전할 수 있는 자동차 ➡ 피견인 자동차는 제1종 대형 면허, 제1종 보통 면허 또는 제2종 보통 면허를 가지고 있는 사람이 그 면허로 운전할 수 있는 자동차(「자동차 관리법」 제3조에 따른 이륜차는 제외함)로 견인할 수 있다. 이 경우, 총중량 750킬로그램을 초과하는 3톤 이하의 피견인 자동차를 견인하기 위해서는 견인하는 자동차를 운전할 수 있는 면허와 소형 견인차 면허 또는 대형 견인차 면허를 가지고 있어야 하고, 3톤을 초과하는 피견인 자동차를 견인하기 위해서는 견인하는 자동차를 운전할 수 있는 면허와 대형 견인차 면허를 가지고 있어야 한다.

특수 면허	대형 견인차	① 견인형 특수 자동차
		② 제2종 보통 면허로 운전할 수 있는 차량
	소형 견인차	① 총중량 3.5톤 이하의 견인형 특수 자동차
		② 제2종 보통 면허로 운전할 수 있는 차량
	구난차	① 구난형 특수 자동차
		② 제2종 보통 면허로 운전할 수 있는 차량

44 제1종 보통 면허로 운전할 수 있는 차 ➡ ① 적재 중량 12톤 미만의 화물 자동차 ② 승차 정원 15인 이하의 승합자동차 ③ 총중량 10톤 미만의 특수 자동차(구난차 등은 제외) ④ 승용 자동차 ⑤ 원동기 장치 자전거

45 제2종 보통 면허로 운전할 수 있는 차 ➡ ① 적재 중량 4톤 이하의 화물 자동차 ② 승차 정원 10인 이하 승합자동차, 승용 자동차 ③ 총중량 3.5톤 이하의 특수 자동차(구난차 등은 제외) ④ 원동기 장치 자전거

46 위험물 등을 운반하는 적재 중량 3톤 이하 또는 적재 용량 3천 리터 이하의 화물 자동차를 운전할 수 있는 운전면허 ➡ 제1종 보통 면허

※ 적재 중량 3톤 초과 또는 적재 용량 3천 리터 초과의 화물 자동차를 운전할 수 있는 운전면허는 제1종 대형 면허이다.

47 운전면허 응시 결격 기간 3년(벌금 이상의 형이 확정되는 경우) ➡ ① 술에 취한 상태의 운전 ② 술에 취한 상태에서 경찰 공무원의 측정 불응 ③ 운전을 하다가 2회 이상 교통사고를 일으켜 운전면허가 취소된 경우는 그 취소된 날부터 3년 ④ 자동차를 이용하여 범죄 행위를 하거나, 다른 사람의 자동차를 훔치거나 빼앗은 사람이 무면허로 자동차를 운전하여 취소된 경우는 그 위반한 날로부터 각각 3년

48 **운전면허가 취소된 날부터 2년의 결격 기간(벌금 이상의 형이 확정된 경우)** ➲ ① 술에 취한 상태의 운전, 술에 취한 상태에서 경찰 공무원의 측정 불응 2회 이상 위반하여 취소된 경우 ② 술에 취한 상태의 운전, 술에 취한 상태에서 경찰 공무원의 측정 불응하여 교통사고를 일으킨 경우 ③ 공동 위험 행위 금지 2회 이상 위반한 경우 ④ 무자격자 면허 취득 · 거짓이나 부정 면허 취득, 운전면허 효력 정지 기간 중 운전면허증 또는 운전면허증을 갈음하는 증명서를 발급받아 운전을 하다가 취소된 경우

49 **교통사고 야기 후 사망자 1명당 벌점** ➲ 90점(사고 발생 시부터 72시간 내 사망 시 또는 그 시간이 경과 후 사망 시에도 형사 책임을 진다)

참고 ① 중상(3주 이상의 진단) 1명당 : 15점
② 경상(3주 미만 5일 이상의 진단) 1명당 : 5점
③ 부상(5일 미만의 의사 진단) 1명당 2점
※ 교통사고 발생 원인이 불가항력이거나 피해자의 명백한 과실인 때에는 행정 처분을 하지 아니한다.

50 **자동차 등 대 사람 교통사고의 경우 쌍방 과실인 때 벌점 기준** ➲ 그 벌점을 2분의 1로 감경한다.

51 **자동차 등 대 자동차 등 교통사고의 경우 처분 받을(형사 입건 대상자) 운전자는** ➲ 그 사고 원인 중 중한 위반 행위를 한 운전자만 적용한다.(처분 받을 운전자 본인의 피해에 대하여서는 벌점을 산정하지 아니함)

52 **「도로 교통법」상 혈중 알코올 농도 기준** ➲ 0.03% 이상

53 **혈중 알코올 농도 0.03% 이상 0.08% 미만일 때 또는 자동차 등을 이용하여 「형법」상 특수 상해 등(보복 운전)을 하여 입건된 때, 속도위반(100km/h 초과)을 했을 때 벌점** ➲ 100점
※ 속도위반(80km/h 초과 100km/h 이하)을 했을 때에는 80점

54 **속도위반(60km/h 초과 80km/h 이하)을 했을 때 벌점** ➲ 60점

55 **난폭 운전이나 공동 위험 행위로 형사 입건된 때, 출석 기간 60일 경과, 승객의 차내 소란 행위 방치 운전, 정차 · 주차에 대한 조치 불응 및 안전운전 의무 위반(단체, 다수인 시) 벌점** ➲ 40점

56 **난폭 운전이나 보복 운전 또는 공동 위험 행위로 구속된 때** ➲ 운전면허 취소

57 **고속도로 버스 전용(다인승 전용) 차로, 통행 구분 위반(중앙선 침범에 한함), 속**

도위반(40km/h 초과 60km/h 이하), 철길 건널목 통과 방법, 운전면허증 제시 의무 또는 경찰 공무원이 운전자 신원 확인을 위한 질문에 불응, 고속도로 · 자동차 전용 도로 갓길 통행 위반, 어린이 통학 버스 특별 보호 위반, 어린이 통학 버스 운전자의 의무 위반 시 벌점 ➲ 30점

58 신호 · 지시 위반, 운전 중 영상 표시 장치 조작, 속도위반(20km/h 초과~40km/h 이하)위반, 속도위반(어린이 보호 구역 안에서 오전 8시 ~ 오후 8시 사이 제한 속도 20km/h이내 초과), 운행 기록계 미설치 자동차 운전 금지 위반, 적재 제한 위반 또는 적재물 추락 방지 위반 시 벌점 ➲ 15점

59 차로통행 준수의무 위반, 지정차로 통행 위반(진로 변경 금지 장소에서의 진로 변경 포함), 보행자 보호 불이행, 안전운전 의무 위반, 노상 시비 · 다툼 등 차마의 통행 방해, 일반 도로 전용 차로 통행 위반, 앞지르기 방법 위반 시 벌점 ➲ 10점

60 어린이 보호 구역 및 노인 · 장애인 보호 구역 안에서 오전 8시부터 오후 8시까지 사이에 다음의 어느 하나에 해당하는 위반 행위를 한 운전자에 대해서는 정지 처분 개별 기준에 따른 벌점의 2배 또는 120점의 벌점 부과 ➲ ① 속도위반(60km/h 초과~80km/h 이하, 40km/h 초과~60km/h 이하 또는 20km/h 초과~40km/h 이하), 신호 · 지시위반 또는 보행자 보호 불이행(정지선 위반 포함. 단, 어린이 보호구역 내 신호기 없는 횡단보도 앞 일시정지 조항은 제외) 중 어느 하나에 해당하는 위반 행위 : 부과하는 벌점의 2배 ② 속도위반(100km/h 초과 또는 80km/h 초과~100km/h 이하) : 120점

61 4톤 초과 화물 자동차 등 : 신호 · 지시 위반, 중앙선 침범, 철길 건널목 통과 방법 위반, 운전 중 영상 표시 장치 조작, 고속도로 · 자동차 전용 도로 갓길 통행 위반, 긴급 자동차에 대한 양보 · 일시 정지 위반, 긴급한 용도나 그 밖에 허용된 사항 외에 경광등이나 사이렌 사용 위반 시 범칙금 ➲ 7만 원

62 4톤 초과 화물 자동차 : 보행자 통행 방해(보호 불이행), 정차 · 주차 방법 위반, 안전운전 의무 위반, 적재함 승객 탑승 운행 행위 위반, 주차 금지 위반 시 범칙금 ➲ 5만 원

63 어린이 보호 구역 및 노인 · 장애인 보호 구역에서의 신호 · 지시위반, 횡단보도 보행자 횡단방해 위반 시(4톤 초과 화물 자동차 또는 특수 자동차) 범칙 금액 ➲ 13만 원(4톤 이하 화물 자동차 : 12만 원)

64 어린이 보호 구역 및 노인 · 장애인 보호 구역에서의 제한 속도위반 차의 고용

주 등 과태료 60km/h 초과 ➡ 4톤 초과 화물 · 특수 자동차 : 17만 원(20km/h 초과 40km/h 이하 : 11만 원, 20km/h 이하 : 7만 원)

※ 4톤 이하 화물 자동차 : ① 60km/h 초과 ➡ 16만 원 ② 40km/h 초과 60km/h 이하 ➡ 13만 원 ③ 20km/h 초과 40km/h 이하 ➡ 10만 원 ④ 20km/h 이하 ➡ 7만 원

65 **어린이 보호 구역에서의 주차 금지, 정차 · 주차 방법, 정차 · 주차 금지 위반, 정차 · 주차 위반 조치 불응 위반 시 범칙 금액** ➡ ① 4톤 초과 화물 또는 특수 자동차 ➡ 13만 원 ② 4톤 이하 화물 자동차 ➡ 12만 원

66 **「교통사고 처리 특례법」의 특례 적용(공소권 없는 사고)** ➡ 차의 교통으로 업무상 과실 치상죄 또는 중과실 치상죄와 「도로 교통법」 제151조의 다른 사람의 건조물이나 재물 손괴죄를 범한 운전자에 대하여는 피해자의 명시적인 의사에 반하여 공소를 제기할 수 없다.

67 **「교통사고 처리 특례법」의 특례 적용 배제 항목(공소권 있는 사고)** ➡ 신호 · 지시 위반, 중앙선 침범, 시속 20km 초과 속도위반, 철길 건널목 통과 방법, 주취 또는 약물 복용 운전, 앞지르기 금지 시기 · 금지 장소 · 끼어들기 금지, 보행자 보호 의무, 무면허 운전, 보도 침범 · 보도 횡단 방법, 승객 추락 방지 의무, 어린이 보호 구역 내 안전운전 의무 위반으로 어린이의 신체를 상해에 이르게 한 사고, 자동차의 화물이 떨어지지 아니하도록 필요한 조치를 하지 아니하고 운전한 경우

68 **교통사고를 야기하고 도주한 운전자에 적용되는 법률** ➡ 「특정 범죄 가중 처벌 등에 관한 법률」 제5조의 3에 의거 가중 처벌 한다.

69 **무기 또는 5년 이상의 징역** ➡ 사고 운전자가 피해자를 사망에 이르게 하고 도주하거나, 도주 후 피해자가 사망한 경우

70 **사형, 무기 또는 5년 이상의 징역** ➡ 사고 운전자가 피해자를 사고 장소로부터 옮겨 유기하여 사망에 이르게 하고, 도주하거나 도주 후 피해자가 사망한 경우

71 **3년 이상의 유기 징역** ➡ 사고 운전자가 피해자를 상해에 이르게 한 후, 사고 장소로부터 옮겨 유기하고 도주한 때

72 **도주사고 적용사례** ➡ ① 사상 사실을 인식하고도 가버린 경우 ② 사고 현장에 있었어도 사고 사실을 은폐하기 위해 거짓 진술 · 신고한 경우 ③ 피해자를 병

원까지만 후송하고 계속 치료 받을 수 있는 조치 없이 도주한 경우 등

73 **신호 · 지시 위반이란** ➲ ① 신호기 또는 교통정리를 하는 경찰 공무원 등의 신호 위반 ② 통행의 금지 또는 일시 정지를 내용으로 하는 안전표지가 표시하는 지시에 위반하여 운전한 경우(특례 적용 제외)

74 **신호기의 황색 주의 신호의 기본** ➲ 3초(큰 교차로는 6초)

75 **신호기의 적용 범위** ➲ 원칙 : 해당 교차로와 횡단보도에만 적용
※ 확대 적용 : ① 신호기의 직접 영향 지역 ② 신호기의 지주 위치 내의 지역 ③ 유턴 허용 지역 : 신호기 적용 유턴 허용 지점까지

76 **중앙선 침범이 적용되는 사례** ➲ ① 고의 또는 의도적인 중앙선 침범(좌측 도로나 건물 등으로 가기 위해 회전, 오던 길로 되돌아가기 위해 유턴 등) ② 현저한 부주의로 중앙선 침범 이전에 선행된 중대한 과실 사고(커브길 과속 운행, 빗길 과속 등) ③ 고속도로, 자동차 전용 도로에서 횡단, 유턴, 후진 중 발생한 사고로 중앙선 침범(예외 : 도로 보수 유지 작업 차, 긴급 자동차, 사고 응급조치 작업 차)

77 **중앙선 침범 적용 중 공소권 없는 사고로 처리되는 내용** ➲ ① 불가항력적 중앙선 침범 ② 부득이한 중앙선 침범(사고 피양 급제동, 위험 회피, 충격에 의한 침범, 빙판 등으로, 교차로 좌회전 중 일부 중앙선 침범은 공소권 없는 사고로 처리됨)

78 **과속의 개념** ➲ ① 일반적인 과속 : 「도로 교통법」에서 규정된 법정 속도와 지정 속도를 초과한 경우 ② 「교통사고 처리 특례법」상의 과속 : 「도로 교통법」에서 규정된 법정 속도와 지정 속도에서 20km/h을 초과된 경우이다.

79 **최고 속도의 20/100을 줄인 속도로 운행하여야 할 경우** ➲ ① 비가 내려 노면이 젖어 있거나 ② 눈이 내려 20mm 미만 쌓여 있는 때

80 **최고 속도의 50/100을 줄인 속도로 운행하여야 할 경우** ➲ ① 폭우, 폭설, 안개 등으로 가시거리가 100m 이내일 때 ② 노면의 결빙(살짝 얼은 경우 포함) ③ 눈이 20mm 이상 쌓여 있을 때

81 **앞지르기 방법 위반 행위** ➲ ① 우측 앞지르기 ② 2개 차로 사이로 앞지르기 (앞지르기 금지 장소 : ① 교차로 ② 터널 안 ③ 다리 위 ④ 도로의 구부러진 곳 비탈길의 고갯마루 부근 또는 가파른 비탈길의 내리막 등 시 · 도 경찰청장이 안전표지로 지정한 곳)

82 **철길 건널목의 종류** ➲ ① 1종 건널목 : 차단기, 경보기, 철길 건널목 교통안전 표지 설치와 건널목 안내원 주 · 야 근무 ② 2종 건널목 : 경보기와 철길 건널목 교통안전 표지만 설치 ③ 3종 건널목 : 철길 건널목 교통안전 표지만 설치

83 **철길 건널목 통과 방법을 위반한 운전자의 과실 내용** ➲ ① 철길 건널목 직전 일시 정지 불이행 ② 안전 미확인 통행 중 사고 ③ 고장 시 승객 대피, 차량 이동 조치 불이행 (예외 : 건널목 신호기, 경보기 등 고장으로 일어난 사고)
※ 신호기 등이 표시하는 신호에 따르는 때에는 일시정지하지 아니하고 통과할 수 있다.

84 **횡단보도에서 이륜차(자전거, 오토바이)와 사고 발생 시의 결과 조치**

형태	결과	조치
이륜차를 타고 횡단보도 통행 중 사고	이륜차를 보행자로 볼 수 없고 제차로 간주하여 처리	안전 운행 불이행 적용
이륜차를 끌고 횡단보도 보행 중 사고	보행자로 간주	보행자 보호 의무 위반 적용
이륜차를 타고가다 멈추고 한 발은 페달에, 한 발은 노면에 딛고 서 있던 중 사고	보행자로 간주	보행자 보호 의무 위반 적용

85 **무면허 운전에 해당하는 경우** ➲ ① 유효 기간이 지난 운전면허증으로 운전 ② 시험 합격 후 면허증 교부 전에 운전 ③ 면허 종별 외 차량을 운전 ④ 제1종 보통 면허 소지자가 위험물 적재 중량 3톤을 초과함에도 운전 ⑤ 면허 있는 자가 도로에서 무면허자에게 운전 연습을 시키던 중 사고를 야기한 경우 ⑥ 군인(군속)이 군 면허만 취득 · 소지하고 일반 차량을 운전 ⑦ 입국 1년이 지난 국제 운전면허증 또는 상호인정외국면허증으로 운전

86 **무면허 운전 사고의 성립 요건 중 "운전자 과실의 예외 사항"은** ➲ 운전면허가 취소 상태이나 취소 처분(통지) 전 운전

87 **음주(주취) 운전에 해당되는 사례** ➲ ① 도로에서 운전한 때 ② 불특정 다수의 사람 또는 차마의 통행을 위하여 공개된 장소 ③ 공개되지 않은 통행로(공장, 관공서, 학교, 사기업 등 정문과 같이 차단기에 의해 도로와 차단되어 관리되는 장소의 통행로) ④ 술을 마시고 주차장 또는 주차선 안에서 운전하여도 처벌 대상이 된다.

88 **음주운전 사고의 성립 요건 중 운전자 과실** ➲ ① 음주한 상태로 자동차를 운전하여 일정거리를 운행한 때 ② 음주 측정에 불응한 경우

89 **보도 침범, 보도 횡단 방법 위반 사고** ➲ ① 보도가 설치된 도로를 차체의 일부분이라도 보도에 침범한 경우 ② 보도 통행 방법에 위반하여 운전한 경우

90 **승객 추락 방지 의무 위반 사고(개문발차 사고의 성립 요건)**

항목	내용	예외 사항
자동차적 요건	승용, 승합, 화물, 건설 기계 등 자동차에만 적용	이륜, 자전거 등은 제외
피해자적 요건	탑승객이 승하차 중 개문된 상태로 발차하여 승객이 추락 및 인적 피해를 입은 경우	
운전자의 과실	차의 문이 열려 있는 상태로 발차한 경우	차량 정차 중 피해자의 과실사고와 차량 뒤 적재함에서의 추락 사고의 경우

91 **「화물 자동차 운수 사업법」의 목적** ➲ ① 화물 자동차 운수 사업을 효율적으로 관리하고 건전하게 육성 ② 화물의 원활한 운송 도모 ③ 공공복리 증진에 기여

92 **경형 화물 자동차 및 경형 특수 자동차의 배기량은** ➲ 배기량 1,000cc 미만(길이 : 3.6m, 너비 : 1.6m, 높이 : 2.0m 이하인 것) ① 대형 화물 자동차 : 최대 적재량이 5톤 이상이거나, 총중량이 10톤 이상인 것 ② 특수 자동차 대형 : 총중량이 10톤 이상인 것 ③ 소형 화물 자동차 : 최대 적재량이 1톤 이하인 것으로서 총중량이 3.5톤 이하인 것 ④ 특수 자동차 소형 : 총중량이 3.5톤 이하인 것 ⑤ 특수 자동차 중형 : 총중량이 3.5톤 초과 10톤 미만인 것

93 **화물 자동차 운수 사업의 구분** ➲ ① 화물 자동차 운송 사업 ② 화물 자동차 운송 주선 사업 ③ 화물 자동차 운송 가맹 사업을 말한다.

94 **화물 자동차 운송 사업의 정의** ➲ 다른 사람의 요구에 응하여 화물 자동차를 사용하여 화물을 유상으로 운송하는 사업을 말한다.

95 **화물 자동차의 운송 사업의 종류** ➲ ① 일반 화물 자동차 운송 사업 : 20대 이상의 범위에서 20대 이상의 화물 자동차를 사용하여 화물을 운송하는 사업 ② 개인 화물 자동차 운송 사업 : 화물 자동차 1대를 사용하여 화물을 운송하는 사업

96 **화물 자동차 운송 사업의 허가권자** ➲ 국토 교통부 장관

97 **화물 자동차 운송 사업의 허가 결격 사유** ➲ ① 피성년 후견인 또는 피한정 후견인 ② 파산 선고를 받고 복권되지 아니한 자(운송 사업 허가자만 결격자임)

③ 「화물 자동차 운수 사업법」 위반으로 징역 이상 실형을 받고 그 집행이 끝나거나 집행이 면제된 날부터 2년이 지나지 아니한 자 ④ 「화물 자동차 운수 사업법」 위반으로 징역 이상의 형 집행 유예를 선고받고 그 유예 기간 중에 있는 자 ⑤ 다음 각 호의 사항으로 허가가 취소된 후 2년이 지나지 아니한 자 ㉠ 허가를 받은 후 6개월간의 운송 실적이 정하는 기준에 미달한 경우 ㉡ 허가 기준을 충족하지 못하게 된 경우 ㉢ 5년마다 허가 기준에 관한 사항을 신고하지 아니하였거나 거짓으로 신고한 경우 등 ⑥ 다음 각 호의 사항으로 허가가 취소된 후 5년이 지나지 아니한 자 ㉠ 부정한 방법으로 허가를 받은 경우 ㉡ 부정한 방법으로 변경 허가를 받거나 변경 허가를 받지 아니하고 허가 사항을 변경한 경우

98 운송 사업자의 운임 및 요금의 신고와 그 대상자 ➲ ① 국토 교통부 장관에게 신고 ② 신고 대상자 : ㉠ 구난형 특수 자동차를 사용하여 고장 및 사고 차량을 운송하는 운송 사업자 또는 운송 가맹 사업자(화물 자동차를 직접 소유한 운송 가맹 사업자에 한함) ㉡ 밴형 화물 자동차를 사용하여 화주와 화물을 함께 운송하는 운송 사업자 및 화물 자동차를 직접 소유한 운송 가맹 사업자

99 운송 사업자의 운송 약관 신고 ➲ 국토 교통부 장관에 신고

100 화물의 멸실 · 훼손, 인도의 지연(적재물 사고)으로 발생한 운송 사업자의 손해 배상 책임의 관련법 ➲ 「상법」 제135조를 준용함

101 화물의 멸실 등 「상법」 제135조를 적용할 때 화물의 인도 기한을 경과한 후의 기간 ➲ 3개월 이내에 인도되지 않으면 화물은 멸실된 것으로 본다.

102 화물의 멸실 등으로 손해 배상에 관한 분쟁 조정 업무를 위탁할 수 있는 기관 ➲ 「소비자 기본법」에 따른 한국 소비자원 또는 같은 법에 등록한 소비자 단체에 위탁할 수 있다.

103 적재물 배상 보험 등의 의무 가입 대상자 ➲ ① 최대 적재량 5톤 이상이거나 총중량이 10톤 이상인 화물 자동차 중 ㉠ 일반형, 밴형 및 특수 용도형 화물 자동차와 견인형 특수 자동차를 소유하고 있는 운송 사업자 ② 운송 주선 사업자와 운송 가맹 사업자 ※의무 가입 제외 차 : ㉠ 건축 폐기물, 쓰레기, 경제적 가치가 없는 화물을 운송하는 차량으로서 고시하는 화물 자동차 ㉡ 배출 가스 저감 장치를 부착함에 따라 총중량이 10톤 이상이 된 화물차 중 최대 적재량이 5톤 미만인 화물 자동차 ㉢ 특수 용도형 화물 자동차 중 「자동차 관리법」에 따른 피견인 자동차

104 **적재물 배상 책임 보험 등 가입 범위** ➲ 사고 건당 2천만 원(이사 화물 운송 주선 사업자는 500만 원) 이상의 금액을 지급할 책임을 지는 보험에 가입 ① 운송 사업자 : 각 화물 자동차별로 가입 ② 운송 주선 사업자 : 각 사업자별로 가입 ③ 운송 가맹 사업자 : 최대 적재량이 5톤 이상이거나, 총중량이 10톤 이상인 화물 자동차 중 일반형 · 밴형 및 특수 용도형 화물 자동차와 견인형 특수 자동차를 직접 소유한 자는 각 화물 자동차별 및 각 사업자 별로, 그 외의 자는 각 사업자별로 가입

105 **책임 보험 계약 등의 계약 종료일 통지 또는 보고 할 기관** ➲ ① 계약 기간이 종료된다는 사실을 계약 종료일 30일 전에 그 계약이 끝난다는 사실을 알려야 한다. ② 계약 기간 종료 후 적재물 배상 책임 보험 등에 가입하지 않는 경우에는 국토 교통부 장관에게 알려야 한다. ③ 통지할 경우 가입하지 아니하는 경우에는 "500만 원 이하의 과태료"가 부과된다는 사실의 안내가 포함되어야 한다.

106 **적재물 배상 책임 보험 또는 공제에 가입하지 아니한 사업자에 과태료 기준** ➲

① **화물 자동차 운송 사업자** : ㉠ 가입하지 않은 기간이 10일 이내인 경우 : 15,000원 ㉡ 가입하지 않은 기간이 10일 초과한 경우 : 15,000원에 11일째부터 기산하여 1일당 5,000원을 가산한 금액 ㉢ 과태료 총액 : 자동차 1대당 50만 원을 초과하지 못한다.

② **화물 자동차 운송 주선 사업자** : ㉠ 가입하지 않은 기간이 10일 이내인 경우 : 30,000원 ㉡ 가입하지 않은 기간이 10일 초과한 경우 : 30,000원에 11일째부터 기산하여 1일당 10,000원을 가산한 금액 ㉢ 과태료 총액 : 100만 원을 초과하지 못한다.

③ **화물 자동차 운송 가맹 사업자** : ㉠ 가입하지 않은 기간이 10일 이내인 경우 : 150,000원 ㉡ 가입하지 않은 기간이 10일 초과한 경우 : 150,000원에 11일째부터 기산하여 1일당 5만 원을 가산한 금액 ㉢ 과태료 총액 : 자동차 1대당 500만 원 초과하지 못한다.

107 **화물 자동차 운전자의 연령, 운전 경력 등의 요건** ➲ ① 연령 : 20세 이상 ② 운전 경력 : 2년 이상 (여객 또는 화물 자동차 운수 사업용 자동차 운전 경력은 1년 이상)

※ 화물 자동차를 운전하기에 적합한 「도로 교통법」 제80조에 따른 운전면허를 가지고 있을 것

108 **「화물자동차 운수사업법」을 위반하여 행정처분을 할 때 "효력 정지기간"은** ➲ 6개월 이내의 기간을 정하여 자격의 효력을 정지시킬 수 있다.

109 **국토 교통부령으로 정한 "화물의 기준 및 대상 차량"** ➡ ① 중량 : 화주 1명당 20kg이상 ② 화물의 용적 : 화주 1명당 4만 세제곱센티미터 이상 ③ 불결, 악취가 나는 농산물 · 수산물 · 축산물 ④ 혐오감을 주는 동물 또는 식물 ⑤ 기계 · 기구류 등 공산품 ⑥ 합판 · 각목 등 건축기자재 ⑦ 폭발성 · 인화성 또는 부식성 식품

* 대상 차량 : 밴형 화물 자동차이다.

110 **화주가 부당한 운임이나 요금을 지불하였을 때, 환급을 요구할 수 있는 대상자는** ➡ "운송 사업자"에게 환급 요청을 할 수 있다.

111 **운수 종사자의 준수 사항** ➡ ① 정당한 사유 없이 화물을 중도에서 내리게 하는 행위 ② 정당한 사유 없이 화물의 운송을 거부하는 행위 ③ 부당한 운임 및 요금을 요구하거나 받는 행위 ④ 고장 및 사고 차량 등 화물 운송과 관련하여 자동차 관리 사업자와 부정한 금품을 주고받는 행위 ⑤ 화물의 이탈 방지를 위한 덮개, 포장, 고정 장치 등을 하고 운행 ⑥ 운행하기 전에 일상 점검 및 확인을 할 것

112 **업무 개시 명령과 명령권자** ➡ ① 업무 개시 명령 : 운송 사업자나 운송 종사자가 정당한 사유 없이 집단으로 화물 운송을 거부하여 화물 운송에 커다란 지장을 주어 국가 경제에 매우 심각한 위기를 초래하거나 초래할 우려가 있다고 인정할만한 상당한 이유가 있으면 업무 개시를 명할 수 있다. ② 명령권자 : 국토 교통부 장관 ③ 국무회의의 심의를 거쳐서 명한다. ④ 국회 소관 상임위원회에 보고한다.

* 운송 사업자 또는 운송 종사자가 정당한 사유 없이 집단으로 화물 운송을 거부하거나, 업무개시 명령을 위반 시 행정 처분 ➡ ① 1차 위반 : 자격 정지 30일 ② 2차 위반 : 자격 취소

※ 벌칙 : 3년 이하의 징역 또는 3천만 원 이하의 벌금

113 **화물 자동차 운송 사업자에게 사업 정지 처분에 갈음하여 부과하는 과징금의 한도와 용도** ➡ ① 2천만 원 이하 부과 ② 용도 : 화물 터미널이나 공동 차고지의 건설 및 확충, 공영 차고지의 설치 · 운영 산업, 특별(광역)시장 또는 특별 자치 도지사, 시 · 도지사가 설치 · 운영하는 운수 종사자의 교육 시설에 대한 비용 보조 사업, 경영 개선, 화물에 대한 정보 제공 사업 등 화물 자동차 운수 사업의 발전을 위하여 필요한 사항, 사업자 단체가 법에 따라 실시하는 교육 훈련 사업

114 화물 자동차 운전 중 중대한 교통사고의 범위(사상의 정도 : 중상 이상) ➡ ① 사고 야기 후 피해자 유기 및 도주 ② 화물 자동차의 정비 불량 ③ 화물 자동차의 전복 · 추락. 다만, 운수 종사자에게 귀책사유가 있는 경우만 해당함 ④ 법 제19조 제2항에 따른 빈번한 교통사고는 사상자가 발생한 교통사고가 별표1 제12호 나목에 따른 교통사고 지수 또는 교통사고 건수에 이르게 된 경우로 한다. ㉠ 5대 이상의 차량을 소유한 운송 사업자 : 해당 연도의 교통사고 지수가 3 이상인 경우

(교통사고 지수 = $\frac{\text{교통사고의 건수}}{\text{화물자동차의 대수}}$ ×10) ㉡ 5대 미만의 차량을 소유한 운송 사업자 : 해당 사고 이전 최근 1년 동안에 발생한 교통사고가 2건 이상인 경우

115 화물 자동차 운송 주선 사업의 허가권자 ➡ ① 국토 교통부 장관 ② 화물 자동차 운송 가맹 사업의 허가를 받은 자는 허가를 받지 아니한다. ③ 허가를 변경하려면 국토 교통부 장관에 신고한다.

116 화물 자동차 운송 주선 사업의 허가 기준 ➡ ① 국토 교통부 장관이 화물의 운송 주선 수요를 감안하여 고시하는 공급 기준에 맞을 것 ② 사무실 : 영업에 필요한 면적. 다만, 관리사무소 등 부대시설이 설치된 민영 노외주차장을 소유하거나 그 사용 계약을 체결한 경우에는 사무실을 확보한 것으로 본다.

117 운송 주선 사업자의 준수 사항 ➡ ① 자기 명의로 운송 계약을 체결한 화물을 다른 운송 주선 사업자와 재계약하여 운송 금지, 다만 화물 운송을 효율적으로 수행할 수 있도록 위 · 수탁 차주나 개인운송사업자에게 화물운송을 직접 위탁하기 위하여 다른 운송 주선 사업자에게 중개 또는 대리를 의뢰하는 때에는 그러하지 아니하다. ② 화주로부터 중개 또는 대리를 의뢰받은 화물을 다른 운송 주선 사업자에게 수수료나 대가를 받고 중개 또는 대리 의뢰 금지 ③ 운송 주선 사업자는 운송 사업자에게 화물의 종류 · 무게 및 부피 등을 거짓으로 통보하거나 「도로법」 제77조(차량의 운행 제한 및 운행 허가) 또는 「도로 교통법」 제 39조(승차 또는 적재의 방법과 제한)에 따른 기준을 위반하는 화물의 운송을 주선하여서는 아니 된다.

118 화물 자동차 운송 가맹 사업 허가권자 ➡ 국토 교통부 장관(변경 허가도 같음)
※ 화물차 허가 기준 대수 : 50대 이상(8개 시 · 도에 각 5대 이상)

119 운전 적성 정밀 검사 기준 중 특별 검사 ➡ ① 교통사고로 사람을 사망 또는 5주 이상의 치료를 필요로 하는 상해를 입힌 사람 ② 과거 1년간 운전면허 행정

처분 기준에 따라 산출된 누산 점수가 81점 이상인 사람이 수검 대상이다.

※ 종류 : ① 신규 검사 ② 자격 유지 검사 ③ 특별 검사

※ 신규 검사 : 화물 운송 종사 자격증을 취득하려고 하는 사람의 검사. 다만 자격시험 실시 일을 기준으로 최근 3년 이내에 신규 검사의 적합 판정을 받은 사람은 제외한다.

120 **화물 운송 종사 자격시험에 합격한 자의 교통안전 교육 수강시간** ➲ 8시간

121 **화물 운송 종사 자격증(명)의 재발급 사유** ➲ 기재 사항 변경으로 정정, 자격증(명)을 분실 시 헐어 못쓰게 된 경우

122 **화물 운송 종사 자격 증명의 게시 장소** ➲ 화물 자동차 밖에서 쉽게 볼 수 있도록 운전석 앞창의 오른쪽 위에 항상 게시 후 운행한다.

123 **화물 운송 종사 자격증(명)의 반납 기관** ➲ 관할 관청(협회에 통지하여야 함)

124 **화물 자동차 운수 사업 협회의 설립 목적** ➲ ① 화물 자동차 운수 사업의 건전한 발전 ② 운수 사업자의 공동 이익 도모

125 **협회 설립 시의 행정 절차** ➲ 국토 교통부 장관의 인가를 받아 운수 사업의 종류별 또는 특별시, 광역시 · 도, 특별 자치도별로 설립

126 **협회의 사업** ➲ ① 화물 자동차 운수 사업의 건전한 발전과 공동 이익을 도모하는 사업 ② 화물 자동차 운수 사업의 진흥 및 발전에 필요한 통계 작성 및 관리, 외국 자료의 수집 · 조사 및 연구 사업 ③ 경영자와 운수 종사자의 교육 훈련 ④ 경영 개선을 위한 지도 ⑤ 국가나 지방 자치 단체로부터 위탁받은 업무

127 **자가용 화물 자동차의 사용 신고(시 · 도지사) 대상 화물 자동차** ➲ 특수 자동차(경형 및 소형 특수 자동차 중 특별(광역)시 · 도 또는 특별자치도의 조례로 정하는 경우에는 제외) 또는 특수 자동차를 제외한 화물 자동차로서, 최대 적재량이 2.5톤 이상인 화물 자동차가 신고 대상 차이다.

128 **자가용 화물 자동차의 유상 운송의 허가 사유** ➲ ① 천재지변이나 이에 준하는 비상 사태로 인하여 수송력 공급을 긴급히 증가시킬 필요가 있는 경우 ② 사업용 화물 자동차 · 철도 등 화물 운송 수단의 운행이 불가능하여 이를 일시적으로 대체하기 위한 수송력 공급이 긴급히 필요한 경우 ③ 영농 조합 법인이 그 사업을 위하여 화물 자동차를 직접 소유 · 운영하는 경우

129 화물 자동차 운수 사업의 지도, 감독권자 ➲ 국토 교통부 장관은 시 · 도지사의 권한으로 정한 사무를 지도 · 감독한다.

130 과태료 : 50만 원 이하의 과태료 ➲ ① 화물 운송 종사 자격증을 받지 아니하고 운전 업무에 종사한 자 ② 거짓이나 부정한 방법으로 화물 운송 종사 자격을 취득한 자

131 과징금 부과 기준 (단위 : 만 원) ➲ (규칙 별표3)

위반 내용	처분 내용		
	화물 운송 사업		화물 운송 가맹 사업
	일반	개인	
• 최대 적재량 1.5톤 초과 화물 자동차가 차고지와 지방 자치 단체의 조례로 인정하는 시설 및 장소가 아닌 곳에서 밤샘 주차한 경우	20	10	20
• 최대 적재량 1.5톤 이하 화물 자동차가 주차장 · 차고지 또는 지방 자치 단체의 조례로 인정하는 시설 및 장소가 아닌 곳에서 밤샘 주차한 경우 • 화물 운송 종사 자격증명을 차내에 미게시 운행	20	5	20
• 사업용 화물 자동차 바깥쪽에 운송 사업자 명칭 표시를 아니한 때	10	5	10
• 운행 기록계가 설치된 운송 사업용 화물 자동차를 당해 장치 또는 기기가 정상적으로 작동되지 아니하는 상태에서 운행하게 한 때	20	10	20
• 화주로부터 부당한 운임 및 요금의 환급을 요구 받고 환급하지 않은 때	60	30	60
• 신고한 운임, 요금 또는 화주와 합의된 운임 및 요금이 아닌 부당한 운임이나 요금을 받은 때	40	20	40
• 운전자의 취업 및 퇴직 현황을 미보고 및 거짓 보고	20	10	10
• 신고한 운송 약관 및 운송 가맹 약관의 미준수	60	30	60

132 「자동차 관리법」 의 제정 목적 ➲ ① 자동차의 효율적 관리 ② 자동차의 성능 및 안전 확보 ③ 공공복리 증진

133 「자동차 관리법」의 적용이 제외되는 자동차 ➲ ①「건설 기계 관리법」 에 따른 건설 기계 ②「농업기계화촉진법」 에 따른 농업기계 ③「군수품관리법」 에 따른 차량 ④ 궤도 또는 공중선에 의하여 운행되는 차량 ⑤「의료 기기법」 에 따른 의료 기기

134 **자동차의 차령 기산일** ➔ ① 제작 연도에 등록한 자동차 : 최초의 신규 등록일 ② 제작 연도에 등록되지 아니한 자동차 : 제작 연도의 말일

135 **자동차 구분의 세부 기준** ➔ ① 자동차의 크기 ② 구조 ③ 원동기의 종류 ④ 총배기량 또는 정격 출력 등에 따라 국토 교통부령으로 정한다.

136 **번호판을 가리거나 알아보기 곤란하게 하거나, 그러한 자동차를 운행한 경우 과태료** ➔ 1차 50만 원, 2차 150만 원, 3차 250만 원

※ 고의로 번호판을 가리거나 알아보기 곤란하게 한 자는 1년 이하의 징역 또는 1천만 원 이하의 벌금

137 **변경 등록을 하여야 하는 사항** ➔ ① 차대 번호 또는 원동기 형식 ② 자동차 소유자의 성명 및 주민등록 번호 ③ 자동차 사용 본거지 ④ 자동차의 용도

참고 ※ 변경 등록 신청을 하지 않은 경우 과태료
① 신청 기간 만료일부터 90일 이내인 때 : 과태료 2만 원
② 신청 기간 만료일부터 90일 초과 174일 이내인 때 : 2만 원에 91일 째부터 계산하여 3일 초과 시마다 1만 원 추가
③ 지연 기간이 175일 이상인 때 30만 원

138 **이전 등록을 하여야 할 경우** ➔ ① 등록된 자동차를 양수받는 자는 시 · 도지사에게 자동차 소유권의 이전 등록을 신청하여야 한다. ② 자동차를 양수한 자가 다시 제3자에게 양도하려는 경우에는 양도 전에 자기 명의로 이전등록을 하여야 한다. (사유 발생일로부터 15일 이내, 증여 : 20일 이내, 상속 : 3개월 이내). ③ 자동차를 양수한 자가 이전 등록을 신청하지 아니한 경우에는 그 양수인에 갈음하여 양도자(이전 등록의 신청 당시 자동차 등록 원부에 기재된 소유자를 말함)가 신청할 수 있다. ④ 이전 등록을 신청 받은 시 · 도지사는 등록을 수리(受理)하여야 한다.

139 **등록된 자동차에 대한 말소 신청 사유** ➔ ① 자동차 해체 재활용업의 등록을 한 자에게 폐차를 한 경우 ② 자동차 제작 · 판매자 등에 반품한 경우 ③「여객 자동차 운수 사업법」 및「화물 자동차 운수 사업법」 따라 면허 · 등록 · 인가 또는 신고가 실효되거나 취소된 경우 ④ 자동차를 수출하는 경우

참고 ※ 소유주가 말소 등록을 신청하지 않았을 경우 과태료
① 신청 지연 기간이 10일 이내인 때 : 과태료 5만 원
② 신청 지연 기간이 10일 초과 54일 이내인 때 : 5만 원에 11일 째부터 계산하여 1일마다 1만 원 추가
③ 지연 기간이 55일 이상인 때 50만 원

140 **시 · 도지사가 직권으로 말소 등록을 할 수 있는 경우** ➡ ① 말소 등록을 신청하여야 할 자가 이를 신청하지 아니한 경우 ② 자동차의 차대(차대가 없는 경우에는 "차체")가 자동차 등록 원부상의 차대와 다른 경우 ③ 자동차를 폐차한 경우(자동차를 일정한 장소에 고정시켜 운행 외의 용도로 사용하는 행위, 자동차를 도로에 계속하여 방치하는 행위, 정당한 사유 없이 자동차를 타인의 토지에 방치하는 행위) ④ 속임수 그 밖의 부정한 방법으로 등록된 경우

141 **임시 운행 허가 기간** ➡ 10일 이내

※ ① 수출하기 위하여 말소 등록한 자동차를 점검 · 정비하거나 선적하기 위한 운행 : 20일 이내
② 자동차 자기 인증에 필요한 시험 또는 확인을 받기 위하여 운행과 자동차를 제작 · 조립 또는 수입하는 자가 특수한 설비를 설치하기 위하여 다른 제작 또는 조립 장소로 운행하려는 경우 : 40일 이내

142 **자동차의 튜닝 승인권자** ➡ ① 원칙 : 시장, 군수, 구청장 ② 위탁 : 한국 교통안전 공단

143 **자동차의 튜닝 승인 불가 항목** ➡ ① 총중량이 증가되는 튜닝 ② 승차 정원 또는 최대 적재정량의 증가를 가져오는 승차 장치 또는 물품 적재 장치의 튜닝 ③ 자동차의 종류가 변경되는 튜닝 ④ 튜닝 전보다 성능 또는 안전도가 저하될 우려가 있는 경우의 튜닝

※ ① 구조 : 길이 · 너비 및 높이, 총중량 ② 장치 : 원동기, 주행, 조향, 제동, 연료 장치, 차체, 차대, 전조등

※ **자동차의 튜닝** ➡ 자동차의 구조 장치의 일부를 변경하거나 자동차에 부착물을 추가하는 것을 말한다.

144 **자동차 정기 검사 유효 기간**

구분			검사 유효기간
비사업용	승용자동차		2년(최초 4년)
	경형 · 소형 화물자동차	차령 4년 이하	2년
		차령 4년 초과	1년
사업용	승용자동차 및 경형 · 소형 화물자동차		1년(최초 2년)
	대형 화물자동차	차령 2년 이하	1년
		차령 2년 초과	6개월
경형 · 소형 승합자동차		차령 4년 이하	2년
		차령 4년 초과	1년

중형 · 대형 승합자동차	차령 8년 이하	1년(최초 2년)
	차령 8년 초과	6개월
그 밖의 자동차	차령 5년 이하	1년
	차령 5년 초과	6개월

145 자동차검사의 종류 ➲ ① 신규 검사 ② 정기 검사 ③ 튜닝 검사 ④ 임시 검사

146 자동차 종합검사 ➲ ① 정기 검사 ② 배출 가스 정밀 검사 ③ 특정 경유 자동차 검사를 통합하여 받는 검사를 말한다.

147 자동차종합검사의 대상과 유효 기간 ➲ 정기 검사와 배출 가스 정밀 검사 또는 특정 경유 자동차 검사를 통합하여 수검

검사대상		적용 차령	유효기간
승용자동차	비사업용	차령 4년 초과	2년
	사업용	차령 2년 초과	1년
경형 · 소형의 승합자동차	비사업용	차령 4년 초과	1년
	사업용	차령 4년 초과	1년
경형 · 소형의 화물자동차	비사업용	차령 4년 초과	1년
	사업용	차령 2년 초과	1년
중형 · 대형의 승합자동차	비사업용	차령 3년 초과	차령 8년까지는 1년, 이후부터는 6개월
	사업용	차령 2년 초과	차령 8년까지는 1년, 이후부터는 6개월
그 밖의 자동차	비사업용	차령 3년 초과	차령 5년까지는 1년, 이후부터는 6개월
	사업용	차령 2년 초과	차령 5년까지는 1년, 이후부터는 6개월

참고 (1) 종합검사 유효 기간의 계산방법 : ① 종합검사기간 내에 신청하여 적합 판정을 받은 때 – 직전 검사 유효 기간 마지막 날의 다음날부터 계산 ② 종합 검사 전(前) 또는 후(後)에 신청하여 적합 판정을 받은 때 – 종합 검사 받은 날의 다음 날부터 계산 ③ 재검사 결과 적합 판정을 받은 때 – 자동차 종합 검사 결과표 또는 자동차 기능 종합 진단서를 받은 날의 다음날부터 계산 ④ 자동차 종합 검사 기간 – 유효 기간 마지막 날(연장 또는 유예한 경우 그 기간의 마지막 날) 전후 각각 31일 이내로 한다. ⑤ 자동차 소유권 변동 또는 사용 본거지 변동으로 종합

검사의 대상이 된 자동차(정기 검사 기간 중이거나 정기 검사 기간이 지난 자동차)는 – 변경 등록을 한 날로부터 62일 이내에 자동차 종합 검사를 받아야 한다. (2) 재검사(자동차 종합 검사 실시 결과 부적합 판정을 받은 때) ① 자동차 종합 검사 기간 내에 신청한 경우 – 부적합 판정을 받은 날부터 종합 검사 기간 만료 후 10일까지 ② 자동차 종합 검사 기간 전 또는 후에 신청한 경우 – 부적합 판정을 받은 날의 다음 날부터 10일 이내

148 **자동차 정기 검사나 종합 검사를 받지 아니한 때의 벌칙** ➲ ※ 정기 또는 종합 검사를 받지 않았을 때 과태료
① 검사 지연 기간이 30일 이내인 경우 : 4만 원
② 검사 지연 기간이 30일 초과 114일 이내인 경우 : 4만 원에 31일째부터 계산하여 3일 초과 시마다 2만 원 추가
③ 지연 기간이 115일 이상인 경우 : 60만 원

149 **「도로법」의 제정 목적** ➲ ① 도로망의 계획 수립, 도로 노선의 지정, 도로 공사의 시행과 도로의 시설 기준, 도로의 관리 · 보전 및 비용 부담 등에 관한 사항 규정 ② 국민이 안전하고 편리하게 이용할 수 있는 도로의 건설 ③ 공공복리 향상에 이바지

150 **「도로법」상의 도로의 종류와 등급** ➲ 고속 국도(高速國道), 일반 국도(一般國道), 특별시도(特別市道), 광역시도(廣域市道), 지방도(地方道), 시도(市道), 군도(郡道), 구도(區道)

참고 도로의 등급(等級)은 열거한 순위에 의한다.

151 **도로의 시설이나 공작물** ➲ 궤도, 옹벽, 지하 통로, 배수로 및 길도랑, 무넘기 시설, 도선의 교통을 위해 수면에 설치한 시설

152 **"일반 국도"의 의미** ➲ 국토 교통부 장관이 주요 도시, 지정 항만, 주요 공항, 국가 산업단지 또는 관광지를 연결하여, 고속 국도와 함께 국가 간선 도로망을 이루는 도로 노선을 정하여 지정 · 고시한 도로

153 **도로에 관한 금지 행위와 벌칙** ➲ ① 도로를 파손하는 행위 ② 도로에 토석(土石), 입목 · 죽(竹) 등 장애물을 쌓아놓는 행위 ③ 그 밖에 도로의 구조나 교통에 지장을 주는 행위 ④ 벌칙 – 정당한 사유 없이 도로(고속 국도는 제외)를 파손하여 교통을 방해하거나 교통에 위험을 발생하게 한 자 : 10년 이하의 징역이나 1억 원 이하의 벌금

154 **차량의 운행 제한 대상 자동차** ➲ ① 축하중이 10톤을 초과 또는 총중량이 40톤을 초과한 차량 ② 차량 폭 2.5m, 높이가 4.0m(도로 관리청이 인정 고시한 도로 노선은 4.2m), 길이는 16.7m를 초과하는 차량 ③ 도로 관리청이 안전에 지장이 있다고 인정하는 차량

155 **다음의 위반자는 1년 이하의 징역이나 1천만 원 이하의 벌금에 해당** ➲ 정당한 사유 없이 적재량 측정을 위한 도로 관리청의 차량 동승 요구에 따르지 아니한 자.
※ 벌칙 : 500만 원 이하의 과태료 ① 운행 제한을 위반한 차량의 운전자
② 운행 제한 위반의 지시 · 요구 금지를 위반한 자

156 **다음의 위반자는 1년 이하의 징역이나 1천만 원 이하의 벌금** ➲ ① 차량의 적재량 측정을 방해한 자 ② 정당한 사유 없이 도로 관리청의 재측정 요구에 따르지 아니한 자

157 **자동차 전용 도로를 지정하는 때 관계 기관의 의견 청취** ➲ ① 도로 관리청이 국토 교통부 장관 : 경찰청장 ② 도로관리청이 특별(광역)시장, 도지사, 특별자치도지사 : 관할 시 · 도 경찰청장 ③ 도로 관리청이 특별자치시장 · 시장, 군수, 구청장 : 관할 경찰서장.
※ 벌칙 : 차량을 사용하지 아니하고 자동차 전용 도로를 통행 또는 출입한 자
– 1년 이하의 징역이나 일천만 원 이하 벌금

158 **「대기 환경 보전법」의 제정 목적** ➲ ① 대기 오염으로 인한 국민 건강 및 환경상의 위해 예방 ② 대기 환경을 적정하고 지속 가능하게 관리보전 ③ 국민 건강과 쾌적한 환경 조성

159 **「대기 환경 보전법」 상의 용어의 정의 중 "온실 가스"** ➲ 적외선 복사열을 흡수하거나 다시 방출하여 온실 효과를 유발하는 대기 중의 가스 상태 물질로서 이산화탄소, 메탄, 아산화질소, 수소불화탄소, 과불화탄소, 육불화황을 말한다.

160 **터미널, 차고지, 주차장 등에서 자동차의 원동기 가동 제한을 위반한 자동차의 운전자에 대한 벌칙** ➲ 1~2차 과태료 5만 원 ※ 3차 이상 과태료 5만 원
※ 공회전 제한 장치의 부착 대상 차량(대중교통용 자동차)
① 버스 운송 사업에 사용되는 자동차(광역 급행형, 직행 좌석형, 좌석형, 일반형)
② 일반 택시 운송 사업(경형, 소형, 중형, 대형, 모범형, 고급형)
③ 화물 자동차 운송 사업에 사용되는 최대 적재량 1톤 이하인 밴형 화물자동차로서 택배용으로 사용되는 자동차

161 **운행 차의 수시 점검** ➡ ① 시행 점검 기관 : 환경부 장관, 특별(광역)시장, 특별자치시장, 특별자치도지사, 시장, 군수, 구청장 ② 실시 장소 : 도로나, 주차장 등 ③ 자동차 운전자는 당해 점검에 협조하여야 하며 불응, 기피, 방해하여서는 아니 된다. ④ 벌칙 : 200만 원 이하의 과태료에 처한다.
※ 원격 측정기 또는 비디오 카메라를 사용하여 점검 가능

162 **운행 차 수시 점검의 면제 차** ➡ ① 환경부 장관이 정하는 저공해 자동차 ② 「도로 교통법」에 따른 긴급 자동차, ③ 군용, 경호 업무용 국가의 특수한 공용 목적으로 사용되는 자동차

제2편 화물취급요령

01 **적정한 적재량을 초과한 과적을 하였을 때 차량에 미치는 영향** ➡ ① 엔진, 차량 자체 및 운행하는 도로 등에 악영향 ② 자동차의 핸들 조작, 제동 장치 조작, 속도 조절 등을 어렵게 함

02 **화물 자동차에 화물 적재 방법** ➡ ① 적재함 가운데부터 좌 · 우로 적재 ② 앞쪽이나 뒤쪽으로 중량이 치우치지 말 것 ③ 적재함의 위쪽에 무거운 중량 화물 적재 금지

03 **운송장의 기능** ➡ ① 계약서 기능 ② 화물 인수증 기능 ③ 운송 요금 영수증 기능 ④ 정보 처리 기본 자료 ⑤ 배달에 대한 증빙(배송에 대한 증거 서류 기능) ⑥ 수입금 관리 자료 ⑦ 행선지 분류 정보 제공(작업 지시서 기능)
(※ ㉠ 화물을 수탁시켰다는 증빙 ㉡ 상업적 계약서 기능)

04 **운송장의 형태** ➡ ① 기본형 운송장(포켓 타입)(송하인용, 전산 처리용, 수입관리용(최근에는 빠지는 경우도 있음), 배달표용, 수하인용으로 구성) ② 보조 운송장 ③ 스티커형 운송장(배달표형, 바코드 절취형)이 있다.

05 **운송장의 기록과 운영에서 "화물명"을 정확히 기재하여야 되는 사유** ➡ ① 파손, 분실 등 사고 발생시 손해 배상기준이 되고 ② 취급 금지 및 제한 품목 여부를 알기 위해서(알고도 수탁한 경우에는 운송 회사가 책임)이다.

06 **면책사항** ➡ ① 파손 면책 : 포장이 불완전하거나 파손 가능성이 높은 화물 ② 배달 불능 면책(배달 지연 면책) : 수하인의 전화번호가 없는 화물 ③ 부패 면책 : 식품 등 정상적으로 배달해도 부패의 가능성이 있는 화물 등을 조건으로

운송을 수탁함

07 **운송장 기재 시 유의사항** ➲ ① 고객이 직접 운송장 정보를 기입한다. ② 수하인 주소, 전화번호가 맞는지 재차 확인한다. ③ 특약 사항 약관 설명 후 확인란에 서명을 받는다. ④ 파손, 부패, 변질 등 문제의 소지가 있는 물품의 경우에는 면책 확인서를 받는다. ⑤ 고가품에 대하여는 품목과 물품 가격을 정확히 확인 기재하고, 할증료를 청구하여야 하며, 할증료를 거절하는 경우에는 특약 사항을 설명하고 보상 한도에 대해 서명을 받는다. ⑥ 같은 장소로 2개 이상 보내는 물품에 대해서는 보조 운송장을 기재할 수 있다. ⑦ 섬, 산간 오지 등은 지역 특성을 고려하여 배송 예정일을 정한다. ⑧ 운송장은 맨 뒷면까지 잘 복사되도록 한다.

08 **포장의 개념** ➲ ① 개장(個裝) (물품 개개의 포장) ② 내장(內裝) (포장 화물 내부의포장) ③ 외장(外裝) (포장 화물 외부의 포장)
※ 포장 : 물품의 수송, 보관 등 물품의 가치 및 상태 보호

09 **포장의 기능** ➲ ① 보호성 ② 표시성 ③ 상품성 ④ 편리성 ⑤ 효율성 ⑥ 판매 촉진성

10 **포장의 분류** ➲ ① 상업 포장(소비자 포장, 판매 포장) ② 공업 포장(수송 포장) ③ 포장 재료의 특성에 의한 분류(유연, 강성, 반강성 포장) ④ 포장 방법(포장 기법)별 분류(방수, 방습, 방청, 완충, 진공, 압축, 수축 포장)

11 **포장 재료의 특성에 의한 분류 중 "강성 포장"** ➲ 포장된 물품 또는 단위 포장물이 포장 재료나 용기의 경직성으로 형태가 변화되지 않고 고정되는 포장으로 유리제 및 플라스틱제의 병이나 통(桶), 목제(木製)및 금속제의 상자나 통(桶)등 강성을 가진 포장

12  일반 화물의 취급 표지에서 내용물이 깨지 쉬운 것이므로 주의하여 취급할 표시

13  일반 화물의 화물 취급 표시에서 취급되는 최소 단위 화물의 무게 중심을 표시하는 표시

14  일반 운송 포장 화물을 취급할 때 이 표시가 있는 면의 양쪽 면이 클램프의 위치라는 표시

15 **창고 내 및 입·출고 작업 요령** ➲ ① 흡연 금지 ② 화물 적하 장소 무단출입 금지 ③ 창고 내에서 화물을 옮길 때 주의 사항 : ㉠ 작업 안전 통로 충분히

확보 ㉡ 운반 통로의 맨홀이나 홈에 주의 ④ 화물 더미에서 작업할 때 주의 사항 : ㉠ 화물 출하 시에는 화물 더미 위에서부터 순차적으로 층계를 지으면서 헐어낸다. ㉡ 화물 더미의 상층과 하층에서 동시에 작업 금지 또는 위로 오르고 내릴 때에는 승강 시설 이용 ⑤ 컨베이어를 이용하여 화물을 연속적 이동 시 주의 사항 : ㉠ 타이어 등을 상차 시 떨어지거나 떨어질 위험이 있는 곳에서 작업 금지 ㉡ 상차 작업자와 컨베이어를 운전하는 작업자 간에는 상호 간에 신호를 긴밀히 하여야 한다. ⑥ 화물을 운반할 때 주의 사항 : ㉠ 운반하는 물건이 시야를 가리지 않도록 한다. ㉡ 원기둥을 굴릴 때는 앞으로 밀어 굴리고 뒤로 끌어서는 아니 된다. ⑦ 발판을 활용한 작업할 때 주의 사항 : ㉠ 발판을 이용, 오르고 내릴 때에는 2명 이상 동시 통행 삼가 ㉡ 발판이 움직이지 않도록 상 · 하에 고정 조치 철저

16 하역 방법 ➡ ① 종류가 다른 것을 적치할 때는 무거운 것을 밑에 쌓는다. ② 부피가 큰 것을 쌓을 때는 무거운 것을 밑에, 가벼운 것은 위에 쌓는다. ③ 길이가 고르지 못하면 한쪽 끝이 맞도록 한다. ④ 작은 화물 위에 큰 화물을 놓지 말아야 한다. ⑤ 같은 종류 및 동일 가격끼리 적재해야 한다. ⑥ 바닥으로부터 높이가 2m 이상 되는 화물 더미와 인접 화물 더미 사이의 간격은 밑부분을 기준하여 10cm 이상으로 하여야 한다 등

17 제재목을 적치할 때 건너지르는 대목을 놓는 개소 ➡ 3개소

18 트랙터 차량의 캡과 적재물의 간격 ➡ 120cm 이상 유지

19 화물의 운송 요령에서 단독 작업으로 화물을 운반할 때 인력 운반 중량 권장 기준(일시 작업(시간당 2회 이하)) ➡ 성인 남자(25~30kg), 성인 여자(15~20kg)

20 화물의 운송 요령에서 단독 작업으로 화물을 운반할 때 인력 운반 중량 권장 기준(계속 작업(시간당 3회 이상)) ➡ 성인 남자(10~15)kg, 성인 여자(5~10)kg

21 수작업 운반과 기계 작업 운반의 기준 ➡ ① 수작업 운반 기준 : ㉠ 두뇌 작업이 필요한 작업(분류, 판독 검사) ㉡ 얼마동안 간격을 두고 되풀이하는 소량 취급 작업 ㉢ 취급 물품의 형상, 성질, 크기 등이 일정하지 않는 작업 ㉣ 취급 물품이 경량인 작업 ② 기계 작업의 운반기준 : ㉠ 단순하고 반복적인 작업(분류, 판독 검사) ㉡ 표준화 되어 있어 지속적이고 운반 양이 많은 작업 ㉢ 취급 물품의 형상, 성질, 크기 등이 일정한 작업 ㉣ 취급 물품이 중량물인 작업

22 컨테이너 취급에서 "위험물의 수납 방법 및 주의 사항" ➡ ① 위험물의 성질,

성상, 취급방법, 방제 대책을 충분히 조사 ② 개폐문의 방수 상태를 점검 ③ 수납되는 위험물 용기의 포장 및 표찰 완전 여부 점검 ④ 수납된 화물의 일부가 컨테이너 밖으로 튀어 나와서는 아니 된다. ⑤ 품명이 틀린 위험물 또는 위험물과 이외의 화물이 상호 작용으로 발열 등 부식 작용이 일어나거나 물리적 화학 작용이 일어날 염려가 있으므로 동일 컨테이너에 수납해서는 아니 된다.

23 **파렛트(Pallet) 화물의 붕괴 방지 요령** ➲ ① 밴드걸기 방식 ② 주연 어프 방식 ③ 슬립 멈추기 시트 삽입 방식 ④ 풀 붙이기 접착 방식 ⑤ 수평 밴드걸기 풀 붙이기 방식 ⑥ 슈링크 방식 ⑦ 스트레치 방식 ⑧ 박스 테두리 방식

24 **주연 어프 방식** ➲ 파렛트의 가장자리를 높게 하며 포장 화물을 안쪽으로 기울여서 화물이 갈라지는 것을 방지하는 방법으로 부대 화물에는 효과가 있다.(다른 방법과 병용)

25 **슈링크 방식** ➲ 열수축성 플라스틱 필름을 파렛트에 씌우고, 슈링크 터널을 통과시킬 때 가열하여 필름을 수축시켜서 파렛트와 밀착시키는 방식(장점 : 우천 시 하역이나 야적 보관도 가능, 단점 : 통기성이 없다, 상품에 따라 이용불가, 비용이 많이 든다.)

26 **하역 시의 충격에서 가장 큰 것은** ➲ 수하역 시의 낙하 충격이다.

27 **낙하 충격이 화물에 미치는 영향도** ➲ ① 낙하의 높이 ② 낙하면의 상태 ③ 낙하 상황과 포장의 방법에 따라 상이하다.

28 **포장 화물 운송 과정의 하역 시 충격에서 수하역의 경우 낙하의 높이는** ➲ ① 견하역 : 100cm 이상 ② 요하역 : 10cm 정도 ③ 파렛트 쌓기의 수하역 : 40cm 정도

29 **트랙터와 트레일러를 연결할 때 발생하는 충격은** ➲ 수평 충격인데, 낙하 충격에 비하면 적은편이다.

30 **포장 화물은 보관 중(수송 중 포함), 밑에 쌓은 화물이 압축 하중을 받음으로, 적재 높이는** ➲ 창고 : 4m, 트럭 · 화차 : 2m, 주행 중 압축 하중 : 2배 정도, 선적 : 6m, 컨테이너 : 2m

31 **컨테이너 상차 등에 따른 주의 사항 중 "상차 전 확인 사항"** ➲ ① 배차 지시 ② 보세면장 번호(번호 네자리)통보 받음 ③ 화주, 공장 위치, 공장 전화번호, 담당자 이름 ④ 상차지, 도착 시간 ⑤ 컨테이너 중량 등

20 합리화 특장차에서 "합리화"라는 의미에 해당되지 않는 것은?

① 노동력의 절감 ② 여유있는 적재 · 하차
③ 화물의 품질유지 ④ 기계화에 의한 하역코스트 절감

해설 "여유있는 적재 · 하차"가 아닌, "신속한 적재 · 하차"가 맞아 정답은 ②이다.

제8장 화물운송의 책임한계(화물)

1 이사화물 표준약관의 규정에서 인수거절을 할 수 있는 화물이 아닌 것은?

① 현금, 유가증권, 귀금속, 예금통장, 신용카드, 인감 등 고객이 휴대할 수 있는 귀중품
② 위험물, 불결한 물품 등 다른 화물에 손해를 끼칠 염려가 있는 물건
③ 동식물, 미술품, 골동품 등 운송에 특수한 관리를 요하기 때문에 다른 화물과 동시 운송하기에 적합하지 않은 물건
④ 일반이사화물의 종류, 무게, 부피, 운송거리 등에 따라 적합하도록 포장할 것을 사업자가 요청하여 고객이 이를 수용한 물건

해설 ④의 문장 중에 "사업자가 요청하여 고객이 이를 수용한 물건"은 인수를 거절할 수 없고, "사업자가 요청하였으나 고객이 이를 거절한 물건"은 인수를 거절할 수 있으므로 정답은 ④이며, ①, ②, ③, ④에 해당되는 이사화물이라도 사업자는 그 운송을 위한 특별한 조건을 고객과 합의한 경우에는 이를 인수할 수 있다.

2 고객의 책임 있는 사유로 약정된 이사화물의 인수일 1일전까지 사업자에게 계약해제를 통지한 경우 지급할 손해배상액은?

① 계약금 ② 계약금의 배액
③ 계약금의 3배액 ④ 계약금의 4배액

해설 손해배상액은 "계약금"이므로 정답은 ①이다(이미 지급한 경우는 그 금액을 공제한다).

3 고객의 책임 있는 사유로 약정된 이사화물의 인수일 당일에 사업자에게 계약해제를 통지한 경우 지급할 손해배상액은?

① 계약금 ② 계약금의 배액
③ 계약금의 3배액 ④ 계약금의 4배액

4 사업자의 책임 있는 사유로 고객에게 계약을 해제한 경우의 손해배상액으로 맞지 않는 것은?

① 사업자가 약정된 이사화물의 인수일 2일전까지 해제를 통지한 경우 : 계약금의 배액
② 사업자가 약정된 이사화물 인수일 1일전까지 해제를 통지한 경우 : 계약금의 4배액
③ 사업자가 약정된 이사화물의 인수일 당일에 해제를 통지한 경우 : 계약금의 8배액
④ 사업자가 약정된 이사화물의 인수일 당일에도 해제를 통지하지 않은 경우 : 계약금의 10배액

해설 ③의 "계약금의 8배액"이 아니라, "계약금의 6배액"이 맞으므로 정답은 ③이다.

5 이사화물의 인수가 사업자의 귀책사유로 약정된 인수일시로부터 2시간 이상 지연된 경우에 고객이 사업자에게 청구할 수 있는 손해배상 청구금액은?

① 계약금 반환 및 계약금 배액
② 계약금 반환 및 계약금 4배액
③ 계약해제와 계약금 반환 및 계약금 5배액
④ 계약해제와 계약금의 반환 및 계약금 6배액

6 이사화물의 멸실, 훼손 또는 연착이 사업자 또는 그의 사용인 등의 고의 또는 중대한 과실로 인하여 발생한 때 또는 고객이 이사화물의 멸실, 훼손 또는 연착으로 인하여 실제 발생한 손해액을 입증한 경우에 사업자가 손해액을 배상해야 하는데 그 근거 법규는?

① 「민법」 제393조
② 「민사특별법」 제393조
③ 「형법」 제393조
④ 「소비자보호법」 제393조

7 이사화물의 멸실, 훼손 또는 연착이 된 때에 사업자의 면책사유에 해당하지 않는 것은?

① 고객의 책임 없는 사유로 인한 이사화물의 일부 멸실
② 이사화물의 성질에 의한 발화, 폭발, 뭉그러짐, 곰팡이 발생, 부패, 변색 등
③ 법령 또는 공권력의 발동에 의한 운송의 금지, 개봉, 몰수, 압류 또는 제3자에 대한 인도
④ 천재지변 등 불가항력적인 사유

해설 "고객의 책임 없는 사유로 인한 일부 멸실"은 해당이 없으며, "이사화물의 결함, 자연적 소모"가 맞으므로 정답은 ①이다.

8 고객의 귀책사유로 이사화물의 인수가 약정된 일시로부터 2시간 이상 지체된 경우 사업자가 고객에게 손해배상을 청구하는 방법은?

① 사업자는 계약해제하고 계약금의 배액 청구
② 사업자는 계약해제하고 계약금의 3배 청구
③ 사업자는 계약해제하고 계약금의 4배 청구
④ 사업자는 계약해제하고 계약금의 6배 청구

9 이사화물의 '일부' 멸실 또는 훼손에 대한 사업자의 손해배상책임은, 그 '일부' 멸실 또는 훼손의 사실을 고객이 이사화물을 인도받은 날로부터 며칠 이내에 사업자에게 통지하지 않으면 소멸되는가?

① 15일 이내 ② 20일 이내
③ 25일 이내 ④ 30일 이내

10 이사화물의 멸실, 훼손 또는 연착에 대한 사업자의 손해배상책임은 고객이 이사화물을 인도받은 날로부터 몇 년이 지나면 소멸되는가?

① 1년 ② 1년 6월
③ 2년 ④ 2년 6월

11 사업자 또는 그 사용인이 이사화물의 일부 멸실 또는 훼손의 사실을 알면서 이를 숨기고 인도한 경우, 사업자의 손해배상책임 유효기간 존속기간은 인도받은 날로부터 몇 년인가?

① 3년간 ② 4년간
③ 5년간 ④ 6년간

12 이사화물을 운송 중 멸실 · 훼손 · 연착된 경우 고객이 사고증명서를 요청할 때, 그 발행기간은 어떻게 되는가?

① 멸실, 훼손, 연착된 날부터 1년에 한하여 발행한다
② 멸실, 훼손, 연착된 날부터 2년에 한하여 발행한다
③ 멸실, 훼손, 연착된 날부터 3년에 한하여 발행한다
④ 멸실, 훼손, 연착된 날부터 5년에 한하여 발행한다

정답 | 20 ② | 8장 1 ④ 2 ① 3 ② 4 ③ 5 ④ 6 ① 7 ① 8 ① 9 ④ 10 ① 11 ③ 12 ①

13 택배 표준약관의 규정에서 운송장에 "인도예정일의 기재가 없는 경우", 일반 지역의 인도일로 옳은 것은?

① 운송물의 수탁일로부터 1일
② 운송물의 수탁일로부터 2일
③ 운송물의 수탁일로부터 3일
④ 운송물의 수탁일로부터 4일

해설 정답은 ②이다. 도서나 산간벽지인 경우 수탁일로부터 3일이다. 인도예정일이 기재되어 있는 경우, 그 예정일까지 인도한다.

14 택배운송물의 '일부' 멸실 또는 훼손에 대한 사업자의 손해배상책임은 수하인이 운송물을 수령한 날로부터 그 '일부' 멸실 또는 훼손의 사실을 사업자에게 며칠 이내에 통지하지 않으면 소멸되는가?

① 10일 이내 ② 14일 이내
③ 15일 이내 ④ 18일 이내

해설 "14일 이내"가 옳으므로 정답은 ②이다.

15 택배운송물의 일부 멸실, 연착에 대한 사업자의 손해배상책임은 수하인이 운송물을 수령한 날로부터 몇 년이 경과하면 소멸되고, 운송물이 전부 멸실된 경우 기산하는 기준은 무엇인가?

① 1년, 인도예정일로부터 기산
② 2년, 인도일로부터 기산
③ 2년, 인도예정일로부터 기산
④ 3년, 인도예정일로부터 기산

해설 1년이 경과하면 소멸되고, 운송물이 전부 멸실된 경우 기산일은 그 인도예정일로부터 기산한다.

16 사업자 또는 그 사용인이 택배운송물의 일부 멸실 또는 훼손의 사실을 알면서 이를 숨기고 운송물을 인도한 경우의 시효 존속기간은?

① 수하인이 운송물을 수령한 날로부터 3년간 존속한다
② 수하인이 운송물을 수령한 날로부터 4년간 존속한다
③ 수하인이 운송물을 수령한 날로부터 5년간 존속한다
④ 수하인이 운송물을 수령한 날로부터 6년간 존속한다

제2교시(제3편) 안전운행 예상문제

제1장 교통사고의 요인

1 도로교통체계를 구성하는 요소가 아닌 것은?

① 운전자 및 보행자를 비롯한 도로사용자
② 지하철 이용승객
③ 도로 및 교통신호등 등의 환경
④ 차량

해설 "지하철 이용승객"은 구성요소가 아니므로 정답은 ②이다.

2 교통사고의 4대 요인에 해당하지 않는 것은?

① 인적요인 ② 차량요인
③ 도로요인 ④ 안전요인

해설 교통사고의 4대 요인 : 인적요인, 차량요인, 도로요인, 환경요인

3 교통사고 요인의 구체적인 설명으로 틀린 것은?

① 인적요인 : 운전자의 운전습관, 내적 태도, 운전자 또는 보행자의 신체적 · 생리적조건, 위험의 인지와 회피에 대한 판단, 심리적 조건
② 차량요인 : 차량구조장치, 부속품 또는 적하(積荷), 운전자의 책임한계 등
③ 도로요인 : 도로의 구조, 안전시설
④ 환경요인 : 자연환경, 교통환경, 사회환경, 구조환경

해설 ②의 "운전자의 책임한계"는 환경요인 중 구조환경의 내용으로 정답은 ②이다.

4 교통사고 4대 요인 중 환경요인의 설명으로 틀린 것은?

① 자연환경(기상, 일광 등 자연조건에 관한 것)
② 교통환경(차량교통량 등 교통상황에 관한 것)
③ 사회환경(운전자 등 형사처벌에 관한 것)
④ 구조환경(차량교통량, 교통여건변화 등)

해설 ④의 내용 중 "차량교통량"은 교통환경의 내용 중의 하나로 정답은 ④이다.

제2장 운전자 요인과 안전운행(화물)

1 운전자의 인지-판단-조작 과정의 의미에 대한 설명이 틀린 것은?

① 인지 : 교통상황을 알아차리는 것
② 판단 : 어떻게 자동차를 움직여 운전할 것인가를 결정하고
③ 조작 : 그 결정에 따라 자동차를 움직이는 운전행위
④ 교통사고는 인지, 판단, 조작의 과정 중 대게 하나의 결함으로 인해 일어난다

해설 인지, 판단, 조작의 과정 중 어느 하나의 결함으로 일어나기도 하지만, 둘 이상의 연속된 결함으로 인해 발생하는 경우도 많으므로 정답은 ④로 볼 수 있다.

2 운전자 요인(인지 · 판단 · 조작)에 의한 교통사고 중 어느 과정의 결함에 의한 사고가 절반 이상으로 가장 많은가?

① 인지과정의 결함 ② 판단과정의 결함
③ 조작과정의 결함 ④ 체계적인 교육 결함

해설 인지과정 결함이 절반 이상으로 가장 많고, 그 다음이 판단과정 결함, 마지막이 조작과정 결함으로 일어난다.

3 정지시력에 대한 다음 설명 중 옳지 않은 것은?

① 아주 밝은 상태에서 0.85cm 크기의 글자를 20피트(6.1m) 거리에서 읽을 수 있는 사람의 시력
② 정상시력은 20/40으로 나타낸다
③ 5m 거리에서 흰 바탕에 검정으로 그린 란돌프 고리시표(직경 7.5mm, 틈의 폭 1.5mm)의 끊어진 틈을 식별할 수 있는 시력
④ ③의 경우의 정상시력은 1.0으로 나타낸다

해설 정상시력은 20/20으로 나타내므로 정답은 ②이다. 20/40이란 정상시력을 가진 사람이 40피트 거리에서 분명히 볼 수 있는데, 측정 대상자는 20피트 거리에서야 그 글자를 분명히 읽을 수 있는 것을 의미한다.

4 운전과 관련되는 시각의 특성으로 틀린 것은?

① 운전자는 운전에 필요한 정보의 대부분을 청각을 통하여 획득한다
② 속도가 빨라질수록 시력은 떨어진다
③ 속도가 빨라질수록 시야의 범위가 좁아진다
④ 속도가 빨라질수록 전방주시점은 멀어진다

해설 ①에서 "청각을 통하여"가 아닌 "시각을 통하여"가 맞으므로 정답은 ①이다.

정답 | 13 ② 14 ② 15 ① 16 ③ 제2교시(제3편) | 1장 1 ② 2 ④ 3 ② 4 ④ | 2장 1 ④ 2 ① 3 ② 4 ①

5 「도로교통법령」에서 정한 제1종 및 제2종 운전면허 시력기준이 틀린 것은?

① 제1종 운전면허 : 두 눈을 동시에 뜨고 잰 시력이 0.8 이상, 양쪽 눈의 시력이 각각 0.5 이상 이어야 한다
② 제2종 운전면허 : 두눈을 동시에 뜨고 잰 시력이 0.5 이상. 다만, 한쪽 눈을 보지 못하는 사람은 다른 쪽 눈의 시력이 0.6 이상이어야 한다
③ 붉은색, 녹색, 노랑색의 색채식별이 가능하여야 한다
④ 교정시력은 포함하지 않는다

해설 교정시력을 "포함하는 것"이 맞으므로 정답은 ④이다.

6 움직이는 물체 또는 움직이면서 다른 자동차나 사람 등의 물체를 보는 시력을 무엇이라고 하는가?

① 정지시력 ② 동체시력
③ 운전시력 ④ 운동시력

7 동체시력의 특성으로 틀린 것은?

① 물체의 이동속도가 빠를수록 상대적으로 저하된다
② 정지시력이 1.2인 사람이 시속 50km로 운전하면서 고정된 대상물을 볼 때의 시력은 0.7 이하로 떨어진다
③ 장시간 운전과 동체시력의 저하는 관계가 적다
④ 동체시력은 연령이 높을수록 더욱 저하된다

해설 동체시력은 장시간 운전에 의한 피로상태에서도 저하된다. 정답은 ③이다. 참고로 정지시력이 1.2인 사람이 시속 90km로 운전하면서 고정된 대상물을 볼 때의 시력은 0.5 이하로 떨어진다.

8 야간에 하향 전조등만으로 무엇인가 있다는 것을 인지하기 쉬운 색깔의 순서는?

① 흰색 → 엷은 황색 → 흑색이 가장 어렵다
② 흰색 → 적색 → 흑색이 가장 어렵다
③ 적색 → 청색 → 흑색이 가장 쉽다
④ 엷은 황색 → 흑색 → 백색이 가장 쉽다

9 야간에 하향 전조등만으로 무엇인가 사람이라는 것을 확인하기 쉬운 색깔의 순서는?

① 백색 → 적색 순이며, 흑색이 가장 어렵다
② 적색 → 백색 순이며, 흑색이 가장 어렵다
③ 흑색 → 적색 순이며, 백색이 가장 어렵다
④ 백색 → 흑색 순이며, 적색이 가장 어렵다

해설 "적색 · 백색 순이며, 흑색이 가장 어렵다"가 옳은 순서이므로 정답은 ②이다.

10 야간에 하향 전조등만으로 주시대상인 사람이 움직이는 방향을 알아 맞추는 데 가장 쉬운 옷 색깔과 가장 어려운 옷 색깔인 것은?

① 엷은 황색이 가장 쉽고, 흑색이 어렵다
② 흰색이 가장 쉽고, 흑색이 가장 어렵다
③ 적색이 가장 쉽고, 흑색이 가장 어렵다
④ 황색이 가장 쉽고, 흑색이 가장 어렵다

11 암순응에 대한 설명이 틀린 것은?

① 일광 또는 조명이 밝은 조건에서 어두운 조건으로 변할 때 사람의 눈이 그 상황에 적응하여 시력을 회복하는 것을 말한다
② 시력회복이 명순응에 비해 빠르다
③ 상황에 따라 다르지만 대개의 경우 완전한 암순응에는 30분 혹은 그 이상 걸리며 이것은 빛의 강도에 좌우된다.
④ 주간 운전 시 터널에 막 진입하였을 때 더욱 조심스러운 안전운전이 요구되는 이유이기도 하다

해설 암순응의 시력 회복이 명순응에 비해 "매우 느린 것"이 옳다. 정답은 ②이다.

12 전방에 있는 대상물까지의 거리를 목측하는 것과 그 기능을 무엇이라고 하는가?

① 심경각과 심시력 ② 시야와 주변시력
③ 정지시력과 시야 ④ 동체시력과 주변시력

해설 "전방에 있는 대상물까지의 거리를 목측하는 것을"심경각"이라 하고, 그 기능을 "심시력"이라 하므로" 정답은 ①이다.

13 정상적인 시력을 가진 사람의 시야범위는?

① 160°~180° ② 170°~190°
③ 180°~200° ④ 190°~200°

14 시야 범위 안에 있는 대상물이라 하여도 시축에서 벗어나는 시각에 따라 시력이 저하되는데 다음 중 틀린 내용은?

① 3° 벗어나면 - 약 80% ② 6° 벗어나면 - 약 90%
③ 12° 벗어나면 - 약 99% ④ 15° 벗어나면 - 약 100%

15 속도와 시야에 대한 설명으로 잘못된 것은?

① 시야의 범위는 자동차 속도에 비례하여 좁아진다
② 정상시력을 가진 운전자가 정지 시 시야범위는 약 180°~200°이다
③ 정상시력을 가진 운전자가 매시 70km로 운전 중이라면 시야범위는 약 80°이다
④ 매시 100km로 운전중이라면 시야범위는 약 40°이다

해설 ③에서 "80°"가 아닌, "65°"가 옳으므로 정답은 ③이다.

16 주행시공간(走行視空間)의 특성에 대한 설명 중 가장 틀린 것은?

① 속도가 빨라질수록 주시점은 멀어지고 시야는 좁아진다
② 빠른 속도에 대비하여 위험을 그만큼 먼저 파악하고자 사람이 수동적으로 대응하는 과정이며 결과이다
③ 속도가 빨라질수록 가까운 곳의 풍경(근경)은 더욱 흐려지고 작고, 복잡한 대상은 잘 확인되지 않는다
④ 고속주행로 상에 설치하는 표지판을 크고 단순한 모양으로 하는 것은 이런 점을 고려한 것이다

해설 ②에서 "수동적으로 대응하는"이 아닌, "자동적으로 대응하는"이 옳으므로 정답은 ②이다.

17 사고의 심리적 요인에서 착각의 종류와 의미에 대한 설명이 틀린 것은?

① 크기의 착각 : 어두운 곳에서는 가로 폭보다 세로 폭을 보다 넓은 것으로 판단한다
② 원근의 착각 : 작은 것은 멀리 있는 것 같이, 덜 밝은 것은 멀리 있는 것으로 느껴진다
③ 경사의 착각 : 작은 경사는 실제보다 작게, 큰 경사도 실제보다 작게 보인다
④ 속도의 착각 : 주시점이 가까운 좁은 시야에서는 빠르게 느껴진다. 비교 대상이 먼 곳에 있을 때는 느리게 느껴진다

해설 ③에서 "큰 경사는 실제보다 크게 보이는 것"이 옳아 정답은 ③이다.

정답 | 5④ 6② 7③ 8① 9② 10③ 11② 12① 13③ 14④ 15③ 16② 17③

18 교통사고의 원인과 요인 중 직접적 요인으로만 묶인 것은?

① 위험인지의 지연 - 운전조작의 잘못
② 운전자의 성격 - 음주, 과로
③ 무리한 운행계획 - 직장이나 가정에서의 인간관계 불량
④ 운전자의 심신기능 - 불량한 운전태도

해설 ①이 교통사고의 직접적 요인에 해당하며, 나머지 보기는 중간적 요인과 간접적 요인에 해당한다.

19 사고의 심리적 요인에서 "예측의 실수"에 대한 설명이 아닌 것은?

① 감정이 안정된 경우 ② 감정이 격앙된 경우
③ 고민거리가 있는 경우 ④ 시간에 쫓기는 경우

해설 "감정이 안정된 경우"는 사고를 예방할 수 있으므로 해당 없어 정답은 ①이다.

20 운전피로가 발생하여 순환하는 과정에 대한 설명으로 맞는 것은?

① 인지 · 판단 → 조작 → 신체적 피로 → 정신적 피로
② 인지 · 조작 → 판단 → 신체적 피로 → 정신적 피로
③ 판단 · 인지 → 조작 → 정신적 피로 → 신체적 피로
④ 정신적 피로 → 신체적 피로 → 인지 · 판단 → 조작

21 운전피로에 대한 설명 중 틀린 것은?

① 피로의 증상은 전신에 나타나고 이는 대뇌의 피로(나른함, 불쾌감 등)를 불러온다
② 피로는 운전 작업의 생략이나 착오가 발생할 수 있다는 위험신호이다
③ 단순한 피로는 휴식으로 회복된다
④ 정신적, 심리적 피로는 신체적 부담에 의한 일반적 피로보다 회복시간이 짧다

해설 정신적, 심리적 피로는 일반적 피로보다 회복시간이 "긴" 것이 맞으므로 정답은 ④이다.

22 운전피로에 의한 운전착오는 주로 언제 많이 발생하는가?

① 이른 아침부터 정오 무렵까지
② 정오 이후부터 초저녁 무렵까지
③ 저녁 식사 이후부터 자정 무렵까지
④ 심야에서 새벽 무렵까지

해설 운전피로에 의한 운전착오는 심야에서 새벽 사이에 많이 발생한다.

23 보행자 사고의 실태에서 보행중 교통사고가 제일 높은 국가는?

① 한국 ② 미국
③ 프랑스 ④ 일본

해설 ②, ③, ④의 국가보다 한국이 매년 높게 나타나고 있어 정답은 ①이다.

24 교통사고를 당했을 당시의 보행자 요인이 아닌 것은?

① 인지결함 ② 판단착오
③ 동작착오 ④ 시력착오

해설 ④의 "시력착오"는 없어 정답은 ④이다. 참고로 인지결함(58.6%), 판단착오(24.5%), 동작착오 (16.9%)로 일본의 연구사례가 있다.

25 음주운전 교통사고의 특징으로 틀린 것은?

① 주차 중인 자동차와 같은 정지물체 등에 충돌할 가능성이 높다
② 전신주, 가로시설물, 가로수 등과 같은 고정 물체와 충돌할 가능성이 높다
③ 교통사고가 발생하면 치사율이 낮다
④ 차량 단독사고의 가능성이 높다

26 음주량과 체내 알콜 농도가 정점에 도달하는 남 · 여의 시간 차이는?

① 여자는 30분 후, 남자는 60분 후 정점 도달
② 여자는 40분 후, 남자는 70분 후 정점 도달
③ 여자는 50분 후, 남자는 80분 후 정점 도달
④ 여자는 60분 후, 남자는 90분 후 정점 도달

27 고령 운전자의 불안감에 대한 다음 설명 중 틀린 것은?

① 고령에서 오는 운전기능과 반사기능의 저하는 강한 불안감을 준다
② 후방으로부터의 자극에 대한 동작은 연령의 증가에 따라서 크게 상승한다
③ 고령 운전자의 급후진, 대형차의 추종운전은 불안감을 준다
④ 좁은 길에서의 대형차와 교행시 불안감이 높아지는 경향이 있다

해설 ②에서 후방으로부터의 자극에 대한 동작은 연령의 증가에 따라 "상승"이 아닌, "지연"되는 것이 맞으므로 정답은 ②이다.

28 어린이 교통안전에서 어린이의 일반적 특성과 행동능력에 대한 설명이 틀린 것은?

① 감각적 단계(2세 미만) : 교통상황에 대처할 능력도 전혀 없고 전적으로 보호자에게 의존하는 단계이다
② 전 조작 단계(2세~7세) : 2가지 이상을 동시에 생각하고 행동할 능력이 없다
③ 구체적 조작단계(7세~12세) : 추상적 사고의 폭이 넓어지고, 개념의 발달과 그 사용이 증가한다
④ 형식적 조작단계(12세 이상) : 대개 초등학교 4학년 이상에 해당하며, 논리적 사고도 부족하고, 보행자로서 교통에 참여할 수 없다

29 어린이 교통사고의 특징으로 틀린 것은?

① 어릴수록 그리고 학년이 낮을수록 교통사고를 많이 당한다
② 보행 중 교통사고를 당하여 사망하는 비율이 가장 높다
③ 시간대별 어린이 보행 사상자는 오전 9시에서 오후 3시 사이에 가장 많다
④ 보행 중 사상자는 집이나 학교 근처 등 어린이 통행이 잦은 곳에서 가장 많이 발생되고 있다

해설 어린이 보행 사상자는 "오후 4시에서 오후 6시 사이"에 가장 많이 발생하므로 정답은 ③이다.

30 어린이가 승용차에 탑승했을 때 안전사항으로 틀린 것은?

① 여름철에 주차할 때는 어린이를 혼자 차 안에 방치해서는 안 된다
② 어린이는 제일 마지막에 태우고, 제일 먼저 내리도록 한다
③ 3점식 안전띠를 반드시 착용시킨다
④ 어린이는 뒷좌석에 앉도록 한다

해설 어린이는 차에 제일 먼저 태우고, 제일 마지막에 내리도록 한다.

31 위험운전행동에서 과속 및 급가속시 사고유형에 해당되지 않는 것은?

① 화물자동차는 차체 중량이 무겁기 때문에 과속시 사망사고와 같은 대형사고로 이어질 수 있다
② 화물자동차는 장기과속의 위험에 항상 노출되어 있어 운전자의 속도감각 · 거리감각 저하를 가져올 수 있다
③ 화물자동차의 무리한 급가속 행동은 차량고장의 원인이 되나 다른 차량에 위협이 되지 않는다
④ 요금소를 통과 후 대형화물자동차의 급가속 행위는 추돌사고의 원인이 될 수 있다

정답 | 18 ① 19 ① 20 ① 21 ④ 22 ④ 23 ① 24 ④ 25 ③ 26 ① 27 ② 28 ④ 29 ③ 30 ② 31 ③

32 **다음 중 운행기록분석시스템 분석항목에 해당되지 않는 것은?**

① 자동차의 운행경로에 대한 궤적의 표기
② 운전자별 · 시간대별 운행속도 및 주행거리의 비교
③ 진로변경 횟수와 사고위험도 측정, 과속 · 급가속 · 급감속 · 급출발 · 급정지 등 위험운전 행동 분석
④ 해당 경로의 교통정보에 대한 확인

해설 ④는 해당이 없으며, "그밖에 자동차의 운행 및 사고발생 상황의 확인"이 분석항목에 해당하므로 ④가 정답이다.

33 **위험운전행동에서 과속과 장기과속시 사고유형 및 안전운전요령에 대한 설명으로 틀린 것은?**

① 과속은 돌발상황에 대처하기 어려우므로 규정속도를 준수한다
② 야간에는 주간보다 시야가 좁아지며, 과속을 하게 될 경우 시야가 더욱 좁아지므로 항상 좌우를 잘 살펴야 한다
③ 화물자동차는 장기과속의 위험에 노출되기 어렵다
④ 장기과속은 운전자의 속도감각과 거리감 저하를 가져올 수 있다

해설 화물자동차는 장기과속의 위험에 항상 노출되어 있다 . 정답은 ③이다.

34 **교통행정기관이나 한국교통안전공단, 운송사업자가 운행기록의 분석결과를 교통안전 관련 업무에 한정하여 활용할 수 없는 것은?**

① 자동차의 운행관리 ② 운전자에 대한 교육 · 훈련
③ 운전자의 운전습관 교정 ④ 자가용 운전자의 교통사고 예방

해설 ④는 해당 없어 정답은 ④이고, ①, ②, ③ 외에 운송사업자의 교통안전관리 개선, 교통수단 및 운행체계의 개선, 교통행정기관의 운행계통 및 운행경로 개선 등이 있다.

35 **위험운전행동에서 급회전시 사고유형 및 안전운전요령에 대한 설명으로 틀린 것은?**

① 좌회전 시 저속으로 회전을 해야 하며, 좌회전 후 중앙선을 침범하지 않도록 항상 주의해야 한다
② 우회전 시 저속으로 회전을 해야 하며, 다른 차선과 보도를 침범하지 않도록 주의해야 한다
③ 차체가 길기 때문에 U턴 시 대향차로의 많은 공간이 요구되므로 대향차로 상의 과속차량에 유의해야 한다
④ 화물자동차의 급우회전시 횡단보도상의 보행자와의 사고발생율은 적으나 다른 차량과의 충돌이나 이륜차, 자전거와의 사고를 유발할 수 있다

해설 화물자동차의 급우회전은 다른 차량과의 충돌 뿐 아니라 도로를 횡단하고 있는 횡단보도상의 보행자나 이륜차, 자전거와 사고를 유발할 수 있다.

제3장 자동차 요인과 안전운행(화물)

1 **자동차의 주요 안전장치 중 주행하는 자동차를 감속 또는 정지시킴과 동시에 주차상태를 유지하기 위한 필요한 장치는?**

① 주행장치 ② 제동장치
③ 현가장치 ④ 조향장치

2 **엔진에서 발생한 동력이 최종적으로 바퀴에 전달되어 자동차가 노면 위를 달리게 하는 장치는?**

① 주행장치 ② 제동장치
③ 조향장치 ④ 현가장치

3 **자동차 주행장치 중 휠(Wheel)에 대한 설명이 틀린 것은?**

① 타이어와 함께 차량의 중량을 지지한다
② 구동력과 제동력을 지면에 전달하는 역할을 한다
③ 무게가 무겁고 노면의 충격과 측력에 견딜 수 있는 강성이 있어야 한다
④ 타이어에서 발생하는 열을 흡수하여 대기 중으로 잘 방출시켜야 한다

해설 ③에서 휠은 무게가 "가벼워야 하는 것"이 맞으므로 정답은 ③이다.

4 **주행장치 중 타이어의 중요한 역할에 대한 설명으로 잘못된 것은?**

① 휠(Wheel)의 림에 끼워져서 일체로 회전하며 자동차가 달리거나 멈추는 것을 원활히 한다
② 휠에서 발생하는 열을 흡수하여 대기 중으로 방출시킨다
③ 지면으로부터 받은 충격을 흡수해 승차감을 좋게 한다
④ 자동차의 중량을 떠받쳐 주며, 자동차의 진행방향을 전환시킨다

5 **조향장치의 앞바퀴 정렬에서 토우인(Toe-in)의 상태와 역할에 대한 설명이 틀린 것은?**

① 앞바퀴를 위에서 보았을 때 앞쪽이 뒤쪽보다 좁은 상태를 말한다
② 주행 중 타이어가 안쪽으로 좁아지는 것을 방지한다
③ 캠버에 의해 토아웃 되는 것을 방지한다
④ 주행저항 및 구동력의 반력으로 토아웃이 되는 것을 방지하여 타이어의 마모를 방지한다

해설 ②에서 "바깥쪽으로 벌어지는 것을 방지"하는 것이 맞으므로 정답은 ②이다.

6 **조향장치의 앞바퀴 정렬에서 캠버(Camber)의 상태와 역할에 대한 설명이 틀린 것은?**

① 자동차를 앞에서 보았을 때, 위쪽이 아래보다 약간 바깥쪽으로 기울어져 있는 상태를 (+)캠버, 또한 위쪽이 아래보다 약간 안쪽으로 기울어져 있는 것을 (-)캠버라 한다
② 앞바퀴가 하중을 받았을 때 아래로 벌어지는 것을 방지한다
③ 핸들조작을 가볍게 한다
④ 핸들의 복원성을 좋게 하기 위해 필요하다

해설 ④는 캐스터의 역할로 정답은 ④이다. 캠버는 수직방향의 차중에 의한 앞차축의 휨을 방지하는 역할을 한다.

7 **원심력에 대한 설명으로 틀린 것은?**

① 원의 중심으로부터 벗어나려는 이 힘이 원심력이다
② 원심력은 속도의 제곱에 반비례한다
③ 원심력은 속도가 빠를수록 속도에 비례해서 커지고, 커브가 작을수록 커진다
④ 원심력은 중량이 무거울수록 커진다

해설 원심력은 속도의 제곱에 "비례"하는 것이 맞다. 정답은 ②이다.

8 **커브 도로를 매시 50km로 도는 차량은 매시 25km로 도는 차량보다 몇 배의 원심력을 지니는가?**

① 2배의 원심력 ② 4배의 원심력
③ 6배의 원심력 ④ 8배의 원심력

해설 이 경우 속도는 2배에 불과하나 차를 직진시키는 힘은 4배가 되므로 정답은 ②이다.

9 **원심력의 특징에 대한 설명이 잘못된 것은?**

① 커브에 진입하기 전에 속도를 줄여 노면에 대한 타이어의 접지력(grip)이 원심력을 안전하게 극복할 수 있도록 하여야 한다
② 커브가 예각을 이룰수록 원심력은 커지므로 안전하게 회전하려면 이러한 커브에서 보다 감속하여야 한다
③ 타이어의 접지력은 노면의 모양과 상태에 의존한다
④ 노면이 젖어 있거나 얼어 있으면 타이어의 접지력은 증가한다

정답 | 32 ④ 33 ③ 34 ④ 35 ④ | 3장 1 ② 2 ① 3 ③ 4 ② 5 ② 6 ④ 7 ② 8 ② 9 ④

해설 노면이 젖어 있거나 얼어 있으면 타이어의 접지력은 "감소하는 것"이 맞다. 정답은 ④이다.

10 스탠딩 웨이브 현상의 발생 원인과 예방에 대한 설명으로 틀린 것은?

① 일반구조의 승용차용 타이어의 경우 대략 150km/h 전후의 주행속도에서 발생한다
② 보통 타이어의 공기압이 과도한 상태에서 발생한다
③ 스탠딩 웨이브 현상이 계속되면 타이어는 쉽게 과열되고 원심력으로 인해 트레드부가 변형될 뿐 아니라 오래가지 못해 파열된다
④ 속도를 낮추고 공기압을 높여 예방한다

해설 스탠딩 웨이브 현상은 타이어의 공기압이 부족할 때 주로 일어난다. 정답은 ②이다.

11 자동차가 물이 고인 노면을 고속으로 주행할 때 타이어가 물의 저항에 의해 노면으로부터 떠올라 물위를 미끄러지듯이 되는 현상은?

① 스탠딩 웨이브 현상
② 수막 현상
③ 베이퍼 록 현상
④ 워터 페이드 현상

해설 "수막현상"으로 정답은 ②이다. 물의 압력은 자동차 속도의 두 배 그리고 유체 밀도에 비례한다.

12 수막현상이 발생할 때 타이어가 완전히 떠오를 때의 속도를 무엇이라 하는가?

① 법정속도 ② 규정속도
③ 임계속도 ④ 제한속도

해설 정답은 ③이다. 수막현상이 발생하는 최저의 물깊이는 자동차의 속도, 타이어의 마모정도, 노면의 거침 등에 따라 다르지만 2.5mm~10mm 정도이다.

13 비탈길을 내려가거나 할 경우 브레이크를 반복하여 사용하면 마찰열이 라이닝에 축적되어 브레이크의 제동력이 저하되는 현상은?

① 스탠딩 웨이브 현상 ② 베이퍼 록 현상
③ 모닝 록 현상 ④ 페이드 현상

해설 "페이드 현상"으로 정답은 ④이다.

14 브레이크 마찰재가 물에 젖어 마찰계수가 작아져 브레이크의 제동력이 저하되는 현상은?(수중정차, 수중 주행 시 발생)

① 모닝 록 현상 ② 워터 페이드 현상
③ 수막 현상 ④ 스탠딩 웨이브 현상

해설 "워터 페이드 현상"으로 정답은 ②이며, 브레이크 페달을 반복해 밟으면서 천천히 주행하면 열에 의하여 서서히 브레이크가 회복된다.

15 자동차의 현가(완충)장치 관련 현상에서 자동차의 진동에 대한 설명이 잘못된 것은?

① 바운싱(Bouncing : 상하 진동) : 차체가 Z축 방향과 평행 운동을 하는 고유 진동이다
② 피칭(Pitching : 앞뒤 진동) : 차체가 Y축을 중심으로 하여 회전운동을 하는 고유 진동
③ 롤링(Rolling : 좌우 진동) : 차체가 X축을 중심으로 하여 회전운동을 하는 고유 진동
④ 요잉(Yawing : 차체 후부 진동) : 차체가 Z 축을 중심으로 하여 평행운동을 하는 고유 진동

해설 ④에서 "평행운동"이 아닌, "회전운동"이 맞으므로 정답은 ④이다.

16 자동차를 제동할 때 바퀴는 정지하려 하고 차체는 관성에 의해 이동하려는 성질 때문에 앞 범버 부분이 내려가는 현상은?

① 노즈 다운 현상 ② 롤링 현상
③ 노즈 업 현상 ④ 요잉 현상

17 핸들을 우측으로 돌렸을 경우 뒷바퀴의 연장선 상의 한 점을 중심으로 바퀴가 동심원을 그리게 되는데, 이때 내륜차와 외륜차의 관계에 대한 설명이 틀린 것은?

① 내륜차는 앞바퀴 안쪽과 뒷바퀴의 안쪽과의 차이를 말한다
② 외륜차는 바깥 바퀴의 차이를 말하며, 대형차일수록 이 차이는 크다
③ 자동차가 전진 중 회전할 경우에는 외륜차에 의해 교통사고의 위험이 있다
④ 자동차가 후진 중 회전할 경우에는 외륜차에 의한 교통사고 위험이 있다

해설 ③에서 "외륜차"가 아닌, "내륜차"에 의해 교통사고의 위험이 있는 것이 맞으므로 정답은 ③이다.

18 타이어 마모에 영향을 주는 요소에 해당하지 않는 것은?

① 공기압 ② 하중
③ 속도 ④ 변속

해설 ④는 해당이 없어 정답은 ④이다. 그 밖에도 타이어의 마모에 영향을 주는 요소는 커브, 브레이크, 노면 등이 있다.

19 타이어 마모에 영향을 주는 요소에서 "포장된 도로에서 타이어의 수명이 100%"이라면 비포장도로에서의 수명은 몇 %에 해당되는가?

① 40% ② 50%
③ 60% ④ 70%

20 운전자가 위험을 인지하고 자동차를 정지시키려고 시작하는 순간부터 자동차가 완전히 정지할 때까지의 시간과 이때까지 자동차가 진행한 거리를 무엇이라고 하는가?

① 정지시간-정지거리
② 공주시간-공주거리
③ 제동시간-제동거리
④ 정지시간-제동거리

해설 정답은 ①이다.
※정지거리=공주거리+제동거리
※정지시간=공주시간+제동시간

21 자동차 일상점검을 할 때 확인하여야 할 사항으로 틀린 것은?

① 원동기 : 시동이 쉽고 잡음이 없는가?
② 동력전달장치 : 클러치 페달의 유동이 없고 클러치의 유격은 적당한가?
③ 조향장치 : 스티어링 휠의 유동 · 느슨함 · 흔들림은 없는가?
④ 제동장치 : 브레이크 페달을 밟았을 때 밑판과의 간격은 적당한가?

해설 ④에서 "밑판과의 간격"이 아닌, "상판과의 간격"이 맞으므로 정답은 ④이다.

22 다음 중 자동차 이상 징후를 오감으로 판별하려 할 때 가장 활용도가 낮은 것은 무엇인가?

① 시각 ② 청각
③ 촉각 ④ 미각

정답 | 10 ② 11 ② 12 ③ 13 ④ 14 ② 15 ④ 16 ① 17 ③ 18 ④ 19 ③ 20 ① 21 ④ 22 ④

23 다음 중 자동차에서 고장이 자주 일어나는 곳에 대한 설명 중 잘못된 것은?

① 가속 페달 밟는 순간 "끼익"하는 소리는 "팬벨트 또는 기타의 V벨트가 이완되어 풀리(pulley)와의 미끄러짐에 의해 일어난다
② 클러치를 밟고 있을 때 "달달달" 떨리는 소리와 함께 차체가 떨리고 있다면, "클러치 릴리스 베어링"의 고장이다
③ 브레이크 페달을 밟아 차를 세우려고 할 때 바퀴에서 "끼익!"하는 소리가 난 경우는 "브레이크 라이닝의 마모가 심하거나 라이닝의 결함이 있을 때 일어난다
④ 비포장도로의 울퉁불퉁한 험한 노면 상을 달릴 때 "딱각딱각" 하는 소리나 "킁킁" 하는 소리가 날 때에는 현가 장치인 "비틀림 막대 스프링"의 고장으로 볼 수 있다

해설 ④의 증상은 "비틀림 막대 스프링" 고장이 아니라, "쇽 업소버"의 고장으로 볼 수 있으므로 정답은 ④이다.

24 자동차 배출가스의 색으로 구분할 수 있는 엔진의 건강(고장)에 대한 설명이 틀린 것은?

① 완전연소 때 배출되는 가스의 색은 정상상태에서 무색 또는 약간 엷은 청색을 띤다
② 검은색은 농후한 혼합가스가 들어가 불완전 연소되는 경우이다
③ 청색은 엔진 속에서 극소량의 엔진오일이 실린더 위로 올라와 완전 연소되는 경우이다
④ 백색(흰색)은 엔진 안에서 다량의 엔진오일이 실린더 위로 올라와 연소되는 경우이다

해설 ③의 청색가스의 구별방법은 없으므로 정답은 ③이다.

25 화물자동차의 엔진 온도가 과열되었을 때의 점검사항에 해당하지 않는 것은?

① 냉각수 및 엔진오일의 양 확인과 누출여부 확인
② 냉각팬 및 워터펌프의 작동 확인
③ 에어클리너 오염도 확인
④ 라디에이터 손상 상태 및 써머스탯 작동상태 확인

해설 ③의 내용은 엔진오일 과다 소모시 점검사항에 해당하여 정답은 ③이다.

26 화물자동차의 정차 중 엔진 시동이 꺼지고, 재시동이 불가할 때의 조치방법으로 틀린 것은?

① 연료공급 계통의 공기 빼기 작업
② 블로바이 가스 발생 여부 확인
③ 워터 세퍼레이터 공기 유입 부분 확인하여 단품교환
④ 작업 불가시 응급조치하여 공장으로 입고

해설 ②의 문장 내용은 엔진 매연 과다 발생시 조치방법으로 정답은 ②이다.

27 화물자동차의 급제동시 차체 진동이 심하고 브레이크 페달에 떨림이 있을 때의 조치방법으로 옳지 않은 것은?

① 조향핸들 유격 점검
② 허브베어링 교환 또는 허브너트 재조임
③ 공기 빼기 작업
④ 앞 브레이크 드럼 연마 작업 또는 교환

해설 ③의 내용은 주행 제동시 차량 쏠림 현상이 발생할 때의 점검사항에 해당하여 정답은 ③이다.

28 화물자동차의 제동등이 계속 작동할 때의 점검사항으로 틀린 것은?

① 제동등 스위치 접점 고착 점검
② 전원 연결배선 점검
③ 하강 리미트 스위치 작동상태 점검
④ 배선의 차체 접촉 여부 점검

해설 ③은 틸트 캡이 하강 후 계속적으로 캡 경고등이 점등할 때의 점검사항이다. 정답은 ③이다.

29 화물자동차의 비상등 작동시 점멸은 되지만 좌측이 빠르게 점멸하는 경우 점검사항에 해당하지 않는 것은?

① 좌측 비상등 전구 교환 후 동일 현상 발생여부 점검
② 커넥터 점검
③ 턴 시그널 릴레이 점검
④ 프레임과 엔진 배선 중간부위의 과다한 꺾임 확인

해설 ④는 자동차의 수온게이지 작동 불량시 점검사항에 해당하므로 정답은 ④이다.

제4장 도로요인과 안전운행(화물)

1 도로요인에는 도로구조와 안전시설이 있다. 이 중에 "도로구조"에 해당하지 않는 것은?

① 노면표시 ② 도로의 선형
③ 노면, 차로수 ④ 노폭, 구배

해설 도로구조에는 ②, ③, ④의 5가지가 있으며, 안전시설에는 신호기, 노면표시, 방호울타리가 대표적으로 정답은 ①이다.

2 일반적으로 도로가 되기 위한 조건에 해당하지 않는 것은?

① 형태성 ② 이용성
③ 독점성 ④ 공개성

해설 "독점성"이 아닌, "교통경찰권"이 맞으므로 정답은 ③이다.

3 도로가 되기 위한 4가지 조건에 대한 설명이 틀린 것은?

① 형태성 : 차로의 설치, 비포장의 경우에는 노면의 균일성 유지 등으로 자동차 기타 운송 수단의 통행에 용이한 형태를 갖출 것
② 이용성 : 사람의 왕래, 화물의 수송, 자동차 운행 등 공중 교통용역에 이용되고 있는 곳
③ 공개성 : 공중교통을 이용하고 있는 특정한 소수를 위해 이용이 허용되고 있는 곳
④ 교통경찰권 : 공공의 안전과 질서유지를 위하여 교통경찰권이 발동될 수 있는 장소

해설 ③에서 "특정한 소수"가 아닌, "불특정 다수인 및 예상할 수 없을 정도로 바뀌는 숫자의 사람"을 위해 이용이 허용되고 있는 곳이 옳다. 정답은 ③이다.

4 곡선부의 방호울타리의 기능으로 잘못된 것은?

① 자동차가 차도를 이탈하는 것을 방지한다
② 탑승자의 상해 및 자동차의 파손을 감소시킨다
③ 운전자의 졸음운전을 예방한다
④ 운전자의 시선을 유도한다

해설 ③은 해당이 없으므로 정답은 ③이다. 곡선부의 방호울타리는 자동차를 정상적인 진행방향으로 복귀시키는 기능을 하기도 한다.

5 길어깨(갓길)의 역할에 대한 설명으로 틀린 것은?

① 사고 시 교통의 혼잡을 방지하는 역할을 한다
② 측방 여유폭을 가지므로 교통의 안전성과 쾌적성에 기여한다
③ 유지관리 작업장이나 지하 매설물에 대한 장소로 제공된다
④ 교통 정체 시 주행차로의 역할을 하여 정체 해소에 기여한다

해설 길어깨(갓길)은 주행차로의 역할을 할 수 없고, 긴급자동차를 제외한 자동차는 통행해서는 안된다. 정답은 ④이다.

정답 | 23 ④ 24 ③ 25 ③ 26 ② 27 ③ 28 ③ 29 ④ | 4장 1 ① 2 ③ 3 ③ 4 ③ 5 ④

6 **중앙분리대 종류에 대한 설명이 틀린 것은?**

① 방호울타리형 중앙분리대 : 중앙분리대 내에 충분한 설치 폭의 확보가 어려운 곳에서 차량의 대향차로의 이탈을 방지하는 곳에 비중을 두고 설치하는 형이다
② 연석형 중앙분리대 : 좌회전 차로의 제공이나 향후 차로 확장에 쓰일 공간 확보를 하는 장소에 설치하는 형이다
③ 광폭 중앙 분리대 : 도로선형의 양방향 차로가 완전히 분리될 수 있는 충분한 공간 확보로 대향차량의 영향을 받지 않을 정도의 넓이를 제공한다
④ 가로변 분리대 : 도로의 연석선에 설치하는 분리대를 말한다

해설 ④의 가로변 분리대는 존재하지 않으므로 정답은 ④이다.

7 **방호울타리의 기능에 대한 설명이 틀린 것은?**

① 횡단을 방지할 수 있어야 한다
② 차량을 감속시킬 수 있어야 한다
③ 차량이 대향차로로 튕겨나가지 않아야 한다
④ 차량의 손상이 없도록 해야 한다

해설 "차량의 손상이 적도록 해야 한다"가 맞으므로 정답은 ④이다.

8 **일반적인 중앙분리대의 주된 기능에 대한 설명이 틀린 것은?**

① 상하 차도의 교통 통합
② 광폭 분리대의 경우 사고 및 고장차량이 정지할 수 있는 여유 공간을 제공
③ 필요에 따라 유턴 방지
④ 대향차의 현광 방지

해설 ①에서 상하 차도의 교통 "통합"이 아닌, "분리"가 맞으므로 정답은 ①이다.

9 **다음 중 "차로수"에 포함되는 차로는?**

① 앞지르기차로
② 오르막차로
③ 회전차로
④ 변속차로

해설 "앞지르기차로"는 고속도로의 경우 차로의 1차로에 해당되며 차로수에 포함된다. 나머지 보기들은 제외되는 차로다. 그러므로 정답은 ①이다.

10 **「도로법」상의 용어의 정의에 대한 설명으로 틀린 것은?**

① 노상시설 : 보도 · 자전거도로 · 중앙분리대 · 길 어깨 또는 환경시설대 등에 설치하는 표지판 및 방호울타리 등 도로의 부속물을 말한다
② 횡단경사 : 도로의 진행방향에 직각이 아닌, 원만하게 설치하는 경사를 말한다
③ 편경사 : 평면곡선부에서 자동차가 원심력에 저항할 수 있도록 하기 위하여 설치하는 횡단경사를 말한다
④ 종단경사 : 도로의 진행방향 중심선의 길이에 대한 높이의 변화 비율을 말한다

해설 ②의 횡단경사는 도로의 진행방향에 "직각"으로 설치하는 경사를 말한다. 정답은 ②이다.

11 **평면곡선부에서 자동차가 원심력에 저항할 수 있도록 하기 위하여 설치하는 것을 무엇이라고 하는가?**

① 앞지르기 시거　　② 노상시설
③ 편경사　　④ 종단경사

제5장 안전운전(화물)

1 **자동차를 운행하며 운전자 자신이 위험한 운전을 하거나 교통사고를 유발하지 않도록 주의하여 운전하는 것을 무엇이라 하는가?**

① 안전운전　　② 방어운전
③ 횡단운전　　④ 종단운전

2 **방어운전의 개념에 대한 설명으로 틀린 것은?**

① 위험한 상황을 만들지 않고 운전하는 것
② 위험한 상황에 직면했을 때는 이를 효과적으로 회피할 수 있도록 운전하는 것
③ 자기 자신이 사고의 원인을 만들지 않는 운전
④ 타인의 사고 유발에 대처하기 위한 자신감 있고 과감한 운전

해설 ④는 해당이 없어 정답이다. 이외에도 방어운전의 개념에는 "타인의 사고를 유발시키지 않는 운전", "사고에 말려들어가지 않게 운전하는 것" 등이 있다.

3 **방어운전의 기본사항에 해당하지 않는 것은?**

① 능숙한 운전 기술, 정확한 운전지식
② 예측능력과 판단력, 세심한 관찰력
③ 양보와 배려의 실천, 교통상황 정보수집
④ 반성의 자세, 무리한 운행 실행

해설 ④에서 "무리한 운행 실행"이 아닌, "무리한 운행 배제"가 옳아 정답은 ④이다.

4 **실전 방어운전 방법에 대한 설명으로 틀린 것은?**

① 뒤차가 바싹 뒤따라올 때는 가볍게 브레이크 페달을 밟아 제동등을 켠다
② 진로를 바꿀 때는 상대방이 잘 알 수 있도록 여유있게 신호를 보낸다
③ 교통신호가 바뀌면 뒤차의 신속한 진행을 위해 즉시 출발한다
④ 차량이 많을 때 가장 안전한 속도는 다른 차량의 속도와 같을 때이므로 법정한도 내에서 다른 차량과 같은 속도로 운전하고 안전한 차간거리를 유지한다

해설 교통신호가 바뀐다고 해서 무작정 출발하지 말고, 주위 자동차의 움직임을 관찰한 후, 진행하는 것이 올바른 방어운전의 방법이다. 정답은 ③이다.

5 **다음 중 "교차로"에 대한 설명으로 잘못된 것은?**

① 자동차, 사람, 이륜차 등의 엇갈림이 발생하는 장소다
② 교차로 부근은 횡단보도 부근과 더불어 교통사고가 가장 많이 발생한다
③ 무리하게 교차로를 통과하려는 심리가 작용해 추돌사고가 일어나기 쉽다
④ 사방이 개방되어 있어 사각이 없다

해설 교차로는 엇갈림이 많고 사각이 많아 사고가 발생하기 쉽다. 정답은 ④이다.

6 **교차로에서의 사고발생원인이 아닌 것은?**

① 운전 중 휴대전화를 사용 또는 조작하여 집중력 상실
② 앞쪽(또는 옆쪽) 상황에 소홀한 채 진행신호로 바뀌는 순간 급출발
③ 정지신호임에도 불구하고 정지선을 지나 교차로에 진입하거나 무리하게 통과를 시도
④ 교차로 진입 전 이미 황색신호임에도 무리하게 통과시도

해설 ①도 사고발생원인이 될 수는 있지만, 반드시 "교차로"에 국한되어 발생할 수 있는 사고의 원인이라고 볼 수는 없으므로 정답은 ①이다.

정답 | 6④ 7④ 8① 9① 10② 11③ | 5장 1① 2④ 3④ 4③ 5④ 6①

7 운전 상황별 방어운전에 대한 설명으로 틀린 것은?

① 정지할 때 : 운행 전에 비상등이 점등되는지 확인하고, 원활하게 서서히 정지한다
② 주차할 때 : 주차가 허용된 지역이나 안전한 지역에 주차하며, 차가 노상에서 고장을 일으킨 경우에는 적절한 고장표지를 설치한다
③ 차간거리 : 앞 차에 너무 밀착하여 주행하지 않도록 하며, 다른 차가 끼어들기를 하는 경우에는 양보하여 안전하게 진입하도록 한다
④ 감정의 통제 : 타인의 운전 태도에 감정적으로 반응하여 운전하지 않도록 하며, 술이나 약물의 영향이 있는 경우에는 운전을 삼가한다

해설 ①에서 "비상등"이 아닌, "제동등"이 점등되는지 확인하는 것이 옳으므로 정답은 ①이다.

8 교차로 황색신호에 대한 설명이 틀린 것은?

① 교통사고를 방지하고자 하는 목적에서 운영되는 신호이다
② 황색신호는 전신호와 후신호 사이에 부여되는 신호이다
③ 황색신호는 전신호 차량과 후신호 차량이 교차로 상에서 상호 충돌하는 것을 예방한다
④ 교차로 황색신호시간은 통상 6초를 기본으로 한다

해설 황색신호의 시간은 통상 "3초"를 기본으로 하므로 정답은 ④이다.

9 황색신호시간을 연장하는 경우 몇 초를 초과할 수 없는가?

① 통상 3초　　② 통상 4초
③ 통상 5초　　④ 통상 6초

해설 황색신호시간은 지극히 부득이 한 경우가 아니라면 6초를 초과하는 것은 금기로 한다. 정답은 ④이다.

10 이면도로를 안전하게 통행하는 방법에 대한 설명이 틀린 것은?

① 항상 위험을 예상하면서 속도를 낮춰 운전을 한다
② 자동차나 어린이가 갑자기 뛰어들지 모른다는 생각을 가지고 운전한다
③ 언제라도 곧 정지할 수 있는 마음의 준비를 갖춘다
④ 야간에는 보행자 등 통행하는 대상이 비교적 적으므로 속도를 내어 운전해도 안전하다

11 커브길에 대한 설명이 잘못된 것은?

① 커브길 : 도로가 왼쪽 또는 오른쪽으로 굽은 곡선부를 갖는 도로의 구간을 말한다
② 완만한 커브길 : 도로구간 곡선부의 곡선반경이 길어질 수록 완만한 커브길이 된다.
③ 완전한 직선도로 : 곡선반경이 극단적으로 길어져 무한대에 이르는 도로구간을 말한다
④ 급한 커브길 : 곡선반경이 극단적으로 짧아 무한대에 이르는 도로구간을 말한다

해설 ④의 급한 커브길은 "곡선반경이 짧아질수록 급한 커브길을 이르는 도로 구간"을 말한다. 정답은 ④이다.

12 급 커브길의 주행 주의 순서에 대한 설명으로 틀린 것은?

① 커브의 경사도나 도로의 폭을 확인하고 가속 페달에서 발을 떼어 엔진브레이크가 작동되도록 하여 속도를 줄인다
② 엔진 브레이크를 사용하여 충분히 속도를 줄인 다음, 후사경으로 왼쪽 후방의 안전을 확인한다
③ 저단 기어로 변속하여, 커브 내각의 연장선에 차량이 이르렀을 때 핸들을 꺾는다
④ 커브를 돌았을 때 핸들을 되돌리기 시작하여, 차의 속도를 서서히 높인다

해설 ②에서 "엔진 브레이크"가 아닌 "풋 브레이크"로 속도를 줄여야 하며, "왼쪽 후방"이 아닌 "오른쪽 후방"의 안전을 확인하는 것이 맞으므로 정답은 ②이다.

13 커브길에서 핸들조작 방법의 순서에 대한 설명이 틀린 것은?

① 핸들조작은 슬로우 인, 패스트 아웃 원리에 입각한다
② 커브 진입직전에 핸들조작이 자유로울 정도로 속도를 감속한다
③ 커브가 끝나는 조금 앞에서 핸들을 조작하여 차량의 방향을 안정되게 유지한다
④ 커브가 끝나는 조금 앞에서 속도를 감속하여 천천히 통과한다

해설 ④에서 속도를 "감속"하는 것이 아닌, "가속"하여 신속히 통과해야 하므로 정답은 ④이다.

14 "도로의 차선과 차선사이의 최단거리"를 차로폭이라 말하는데 차로폭의 기준으로 틀린 것은?

① 대개 3.0m~3.5m
② 터널 내 : 부득이한 경우 2.75m
③ 유턴차로 : 부득이한 경우 2.75m
④ 교량 위 : 부득이한 경우 3.0m~3.5m

해설 교량 위도 부득이한 경우 2.75m로 할 수 있어 정답은 ④이다.

15 차로폭에 따른 안전운전 및 방어운전에 대한 설명이 틀린 것은?

① 차로폭이 넓은 경우 : 주관적인 판단으로 운행한다
② 차로폭이 넓은 경우 : 계기판의 속도계에 표시되는 객관적인 속도를 준수할 수 있도록 노력한다
③ 차로폭이 좁은 경우 : 보행자, 노약자, 어린이 등에 주의하여야 한다
④ 차로폭이 좁은 경우 : 즉시 정지할 수 있는 안전한 속도로 주행속도를 감속하여 운행한다

해설 ①에서 차로폭이 넓은 경우 운전자는 주관적 판단을 가급적 자제하는 것이 맞으며, 계기판의 속도계에 표시되는 객관적인 속도를 준수하도록 노력해야 한다. 정답은 ①이다.

16 다음 중 자차가 앞지르기할 때의 안전한 운전방법으로 잘못된 것은?

① 앞지르기에 필요한 충분한 거리와 시야가 확보되었을 때 시도한다
② 거리와 시야가 확보되었다면 무리하더라도 과속하여 빠르게 앞지른다
③ 앞차의 오른쪽으로 앞지르기하지 않는다
④ 점선의 중앙선을 넘어 앞지를 때에는 대향차의 움직임에 주의한다

해설 앞지르기할 때에는 과속은 금물이다. 거리가 시야가 확보되었더라도, 도로의 최고속도 범위 이내에서 무리하지 말고 안전하게 시도하도록 한다. 정답은 ②이다.

17 다음 중 언덕길에서의 안전운전 방법에 대한 설명이 잘못된 것은?

① 내리막길을 내려가기 전에는 미리 감속한다
② 내리막길을 천천히 내려가며 엔진 브레이크로 속도를 조절한다
③ 오르막길의 정상 부근은 사각지대이므로 서행하며 위험에 대비한다
④ 정차 시에는 풋 브레이크나 핸드 브레이크 중 하나를 사용한다

해설 오르막길에서 정차할 때는 풋 브레이크와 핸드 브레이크를 함께 사용하도록 한다. 정답은 ④이다.

정답 | 7 ①　8 ④　9 ④　10 ④　11 ④　12 ②　13 ④　14 ④　15 ①　16 ②　17 ④

18 철길 건널목 종류에 대한 설명이 틀린 것은?

① 제1종 건널목 : 차단기, 건널목경보기 및 교통안전표지가 설치되어 있는 경우
② 제2종 건널목 : 경보기와 건널목 교통안전표지만 설치하는 건널목
③ 제3종 건널목 : 건널목 교통안전표지만 설치하는 건널목
④ 제4종 건널목 : 차단기, 경보기, 건널목 교통안전표지가 없는 건널목

해설 ④의 "제4종 건널목"은 규정에 없는 건널목으로 정답은 ④이다.

19 일단 사고가 발생하면 인명피해가 큰 대형사고가 주로 발생하는 장소는?

① 교차로 ② 철길 건널목
③ 오르막길 ④ 내리막길

20 철길 건널목 내 차량 고장 시 대처방법에 대한 설명이 잘못된 것은?

① 즉시 동승자를 대피시킨다
② 운전자와 동승자는 관련기관에 알리기 보다는 먼저 차에서 내려 철길에 있는 고장차를 밀어 대피해야 한다
③ 철도공사 직원에게 알리고 차를 건널목 밖으로 이동시키도록 조치한다
④ 시동이 걸리지 않을 때는 당황하지 말고 기어를 1단 위치에 넣은 후 클러치 페달을 밟지 않은 상태에서 엔진 키를 돌리면 시동 모터의 회전으로 바퀴를 움직여 철길을 빠져 나올 수 있다

해설 ②에서 "관련기관(철도청이나 경찰관서)에 알려야 하는 것"이 맞으므로 정답은 ②이다.

21 야간 안전운전 방법에 대한 설명으로 틀린 것은?

① 해가 저물면 곧바로 전조등을 점등할 것
② 주간보다 속도를 낮추어 주행할 것
③ 실내를 가급적이면 밝게 할 것
④ 자동차가 교행할 때에는 조명장치를 하향 조정할 것

해설 실내를 불필요하게 밝게 해서는 안 되므로 정답은 ③이다.

22 안개길에서 안전운전 방법으로 잘못된 것은?

① 안개로 인해 시야의 장애가 발생하면 우선 차간거리를 충분히 확보한다
② 앞차의 제동이나 방향지시등의 신호를 예의 주시하며 천천히 주행해야 안전하다
③ 운행 중 앞을 분간하지 못할 정도로 짙은 안개가 끼었을 때는 차를 안전한 곳에 세우고 잠시 기다리는 것이 좋다
④ 안개가 짙을 때에는 지나가는 차에게 나의 존재를 알리기 위해 전조등을 점등시켜 충돌사고 등에 미리 예방하는 조치를 취한다

해설 ④에서 "전조등"이 아닌, "미등과 비상경고등"을 점등시키는 것이 옳으므로 정답은 ④이다.

23 빗길 안전운전 요령에 대한 설명으로 틀린 것은?

① 비가 내리기 시작한 직후에는 빗물이 차량에서 나온 오일과 도로 위에서 섞이는데 이것은 도로를 아주 미끄럽게 한다
② 비가 내려 물이 고인 길을 통과할 때는 속도를 높혀 고단기어로 바꾸어 통과한다
③ 브레이크에 물이 들어가면 브레이크가 약해지거나 불균등하게 걸리거나 또는 풀리지 않을 수 있어 차량의 제동력을 감소시킨다
④ 빗물이 고인 곳을 벗어난 후 주행 시 브레이크가 원활히 작동하지 않을 경우에는 브레이크를 여러 번 나누어 밟아 마찰열로 브레이크 패드나 라이닝의 물기를 제거한다

해설 ②에서는 "속도를 줄여 저단기어로 바꾸어 서행하는 것"이 맞으므로 정답은 ②이다.

24 봄철 계절 및 기상의 특성으로 다른 것은?

① 겨우내 잠자던 생물들이 기지개를 켜고 새롭게 생존의 활동을 시작한다
② 겨울 동안 얼어 있던 땅이 녹아 지반이 약해지는 해빙기이다
③ 날씨가 온화해짐에 따라 사람들의 활동이 활발해지는 계절이다
④ 기온이 상승하고 낮과 밤의 일교차가 커지며 강수량은 감소한다

해설 봄철의 강수량은 "증가"하는 것이 맞으므로 정답은 ④이다.

25 봄철 교통사고의 특징으로 다른 것은?

① 도로의 균열이나 낙석의 위험이 크며, 노변의 붕괴 및 함몰로 대형사고 위험이 높다
② 운전자는 기온 상승으로 긴장이 풀리고 몸도 나른해지며, 춘곤증에 의한 졸음운전으로 전방주시태만과 관련된 사고위험이 높다
③ 도로변에 보행자 급증으로 모든 운전자들은 때와 장소 구분 없이 보행자 보호에 많은 주의를 기울어야 한다
④ 추수철 국도 주변에는 경운기와 트랙터 등의 통행이 늘어 교통사고의 발생 위험이 있다

해설 ④는 "가을철의 교통사고의 특징"중 하나로 정답은 ④이다.

26 봄철의 안전운행 및 교통사고 예방에 대한 설명으로 틀린 것은?

① 돌발적인 악천후 및 무더위 속에서 운전하다 보면 시각적 변화와 긴장감 등이 복합적으로 작용해 사고를 일으킬 수 있다
② 신학기가 되어 소풍이나 수학여행 등 교통수요와 통행량이 증가하므로 충분한 휴식을 취하고 운행 중에는 집중력을 갖고 안전운행한다
③ 춘곤증은 피로 · 나른함 및 의욕저하를 수반하여, 운전 중 주의력을 잃게 하고 졸음운전으로 이어져 대형 사고의 원인이 될 수 있다
④ 겨울을 나기 위해 필요했던 월동장비를 잘 정리해 보관한다

해설 ①은 "여름철의 교통사고 특징"으로 정답은 ①이다.

27 시속 60km로 달리는 자동차의 운전자가 1초를 졸았을 경우 무의식 중에 주행하는 거리로 맞는 것은?

① 16.7m ② 19.4m
③ 20.8m ④ 22.2m

해설 ① 60.000m ÷ 3,600초 = 16.7m, ② 70.000m ÷ 3,600초 = 19.4m, ③ 75.000m ÷ 3,600초 = 20.8m, ④ 80.000m ÷ 3,600초 = 22.2m, 정답은 ①이다.

28 여름철 안전운행 및 교통사고 예방에 대한 설명으로 달리볼 수 있는 것은?

① 뜨거운 태양 아래에서 오래 주차했을 때에는 실내의 더운 공기가 빠져나간 다음 운행을 한다
② 주행 중 갑자기 시동이 꺼졌을 때 자동차를 길가장자리 통풍이 잘 되는 그늘진 곳으로 옮긴 다음, 보닛을 열고 10여분 정도 열을 식힌 후 재시동을 건다
③ 비에 젖은 도로를 주행 시 도로의 마찰력이 떨어져 미끄럼에 의한 사고가능성이 있으므로 감속 운행한다
④ 안개 속을 주행할 때 추돌사고가 발생하기 쉬우므로 처음부터 감속운행한다

해설 ④는 "가을철 교통사고 예방 사항"중의 하나로 정답은 ④이다.

29 여름철 타이어 마모 상태를 점검할 때, 타이어 트레드 홈의 깊이가 최저 몇 mm 이상이 되는지를 확인해야 하는가?

① 1.0mm ② 1.6mm
③ 2.2mm ④ 2.5mm

해설 "요철형 무늬의 깊이(트레드 홈 깊이)가 1.6mm 이상 되는지를 확인"해야 하므로 정답은 ②이다.

30 심한 일교차로 일년 중 가장 많이 안개가 집중적으로 발생하는 계절은?

① 봄철의 아침 ② 여름철의 아침
③ 가을철의 아침 ④ 겨울철의 아침

해설 일년 중 안개가 자주 발생하는 계절은 가을이므로 정답은 ③이다.

31 겨울철의 계절특성과 기상특성에 대한 설명이 틀린 것은?

① 대륙성 이동성 고기압의 영향으로 맑은 날씨가 계속되나, 일교차가 심하다
② 교통의 3대 요소인 사람, 자동차, 도로환경 등이 다른 계절에 비해 열악하다
③ 겨울철은 습도가 낮고 공기가 매우 건조하다
④ 이상 현상으로 기온이 올라가면 겨울안개가 생성되기도 한다

해설 ①은 "가을철의 기상특성"에 해당하므로 정답은 ①이다.

32 충전용기 등을 적재한 차량은 제1종 보호시설에서 몇 미터 이상 떨어져 주 · 정차를 하여야 하는가?

① 15m ② 16m
③ 17m ④ 18m

해설 제1종 보호시설에서는 15m 이상 떨어져서 주 · 정차를 해야 하므로 정답은 ①이다.

33 차량에 적재되어 운반 중인 충전용기는 항상 몇 도 이하를 유지해야 하는가?

① 30℃ ② 40℃
③ 45℃ ④ 50℃

34 고속도로 2504 긴급견인 서비스(1588-2504)의 대상이 아닌 차량은?

① 4.5톤 이하 화물차 ② 1.4톤 이하 화물차
③ 승용 자동차 ④ 16인 이하 승합차

해설 ②, ③, ④의 자동차는 긴급견인 대상차량이며, ①의 "4.5톤 이하 화물차"는 대상차량이 아니므로 정답은 ①이다.

35 "도로관리청의 차량 회차, 적재물 분리 운송, 차량 운행중지 명령에 따르지 아니한 자"에 대한 벌칙은?

① 500만 원 이하 과태료
② 1년 이하 징역 또는 1천만 원 이하 벌금
③ 2년 이하 징역 또는 2천만 원 이하 벌금
④ 3년 이하 징역 또는 3천만 원 이하 벌금

36 "임차한 화물적재차량이 운행제한을 위반하지 않도록 관리를 하지 아니한 임차인 또는 운행제한 위반의 지시 · 요구 금지를 위반한 자"에 대한 벌칙은?

① 500만 원 이하 과태료를 부과한다
② 600만 원 이하 과태료를 부과한다
③ 700만 원 이하 과태료를 부과한다
④ 800만 원 이하 과태료를 부과한다

37 다음 중 과적차량을 제한하는 이유에 해당하지 않는 것은?

① 고속도로의 포장에 균열을 일으킴
② 제동장치에 무리를 가함
③ 핸들 조작이 어렵고, 타이어가 파손될 우려가 있음
④ 고속주행으로 교통사고의 위험을 증가시킴

해설 과적차량은 적재된 화물의 무게로 인해 "저속주행"을 하게 되고, 이 때문에 교통 소통에 지장을 줄 수 있다. 정답은 ④이다.

38 고속도로에서 안전운전 방법에 대한 설명으로 가장 거리가 먼 것은?

① 고속도로 교통사고 원인의 대부분은 전방주시의무 태만이다
② 운전자는 앞차의 전방까지 시야를 두면서 운전한다
③ 고속도로에 진입할 때는 방향지시등으로 진입의사를 표시한다
④ 고속도로에 진입한 후에는 감속한다

해설 일단 고속도로에 진입하게 되면 감속하지 말고 빠르게 가속해야 하므로 정답 ④이다.

39 고속도로에서의 후부반사판 부착에 대한 설명으로 틀린 것은?

① 모든 화물자동차가 의무적으로 부착해야 한다
② 특수자동차도 후부반사판을 의무부착 해야 한다
③ 화물자동차나 특수자동차 뒤편에 부착하는 안전표지판이다
④ 야간에 후방 주행차량이 전방을 잘 식별하게 도움을 준다

해설 후부반사판은 "차량 총중량 7.5톤 이상 및 특수자동차"인 경우 의무적으로 부착한다. 정답은 ①이다.

40 고속도로에서 운행 제한 차량의 종류에 해당하지 않는 것은?

① 편중적재, 스페어 타이어 고정 불량 차량
② 차량의 축하중 10톤, 총중량 30톤을 초과한 차량
③ 덮개를 씌우지 않았거나 묶지 않아 결속상태가 불량한 차량
④ 적재물 포함 길이 16.7m, 폭 2.5m, 높이 4m를 초과한 차량

해설 ②의 내용 중 "총중량 30톤"이 아닌, "총중량 40톤"이 맞으므로 정답은 ②이다.

제2교시(제4편) 운송서비스 예상문제

제1장 직업 운전자의 기본자세

1 고객이 거래를 중단하는 가장 큰 이유에 해당되는 것은?

① 종업원의 불친절
② 제품에 대한 불만
③ 경쟁사의 회유
④ 가격이나 기타

해설 "종업원의 불친절(68%)"이 제일 많아 정답은 ①이며, 제품에 대한 불만(14%), 경쟁사의 회유(9%), 가격이나 기타(9%) 순위로 이어진다.

2 고객 서비스의 형태에 대한 설명으로 잘못된 것은?

① 무형성 : 보이지 않는다
② 동시성 : 생산과 소비가 동시에 발생한다
③ 인간주체 : 사람에 의존한다
④ 지속성 : 사라지지 않고 계속 남는다

해설 고객 서비스는 지속성이 아닌 "소멸성"을 가지며, 제공한 즉시 사라져 남아있지 않는 성질이 있다. 정답은 ④이다.

정답 | 29 ② 30 ③ 31 ① 32 ① 33 ② 34 ① 35 ③ 36 ① 37 ④ 38 ④ 39 ① 40 ② 제2교시(제4편) | 1장 1 ① 2 ④

3 고객만족을 위한 서비스 품질의 분류에 해당하지 않는 것은?

① 상품품질(하드웨어 품질) ② 영업품질(소프트웨어 품질)
③ 서비스품질(휴먼웨어 품질) ④ 자재품질(제조원료 양질)

해설 ④는 본 문제에서는 해당 없어 정답은 ④이다.

4 서비스 품질을 평가하는 고객의 기준에 대한 설명으로 틀린 것은?

① 신뢰성 : 정확하고 틀림없다, 약속기일을 확실히 지킨다
② 신속한 대응 : 기다리게 하지 않는다, 재빠른 처리, 적절한 시간 맞추기
③ 불확실성 : 서비스를 행하기 위한 상품 및 서비스에 대한 지식이 충분하고 정확하다
④ 편의성 : 의뢰하기 쉽다, 언제라도 곧 연락이 된다, 곧 전화를 받는다

해설 ③은 "불확실성"이 아니라, "정확성"이 맞으므로 정답은 ③이다.

5 직업 운전자의 기본예절에 대한 설명으로 가장 옳지 못한 것은?

① 상대방을 알아서 사람을 기억한다는 것은 인간관계의 기본조건이다
② 어떤 경우라도 상대의 결점을 지적해서는 안 된다
③ 관심을 가짐으로 인간관계는 더욱 성숙된다
④ 모든 인간관계는 성실을 바탕으로 한다

해설 상대의 결점에 대해 지적할 수도 있으나, 진지한 충고와 격려로서 하는 것이 옳다. 정답은 ②이다.

6 고객만족 행동예절에서 "인사"에 대한 설명이 잘못된 것은?

① 인사는 서비스의 첫 동작이다
② 인사는 서비스의 마지막 동작이다
③ 인사는 서비스의 주요 기법이 될 수 없다
④ 인사는 서로 만나거나 헤어질 때 말 · 태도 등으로 우정을 표현하는 행동 양식이다

7 고객만족 행동예절에서 "인사의 중요성"에 해당되지 않는 것은?

① 인사는 평범하고 대단히 쉬운 행위이지만 습관화되지 않으면 실천에 옮기기 어렵다
② 인사는 애사심, 존경심, 우애, 자신의 교양과 인격의 표현과는 무관하다
③ 인사는 서비스의 주요기법이며, 고객과 만나는 첫걸음이다
④ 인사는 고객에 대한 마음가짐의 표현이며, 고객에 대한 서비스 정신의 표시이다

8 고객만족 행동예절 중 "인사의 마음가짐"에 대한 설명이 틀린 것은?

① 정성과 감사의 마음으로 ② 예절바르고 정중하게
③ 밝고 상냥한 미소로 ④ 무게있고 겸손한 인사말과 함께

해설 ④에서 "무게있고"가 아닌, "경쾌하고"가 맞으므로 정답은 ④이다.

9 고객만족 행동예절 중 "올바른 인사방법에서 머리와 상체를 숙이는 각도"에 대한 설명으로 틀린 것은?

① 가벼운 인사 : 15도 정도 숙여서 인사한다
② 보통 인사 : 30도 정도 숙여서 인사한다
③ 정중한 인사 : 45도 정도 숙여서 인사한다
④ 엎드려 인사 : 양손을 이마에 올려 엎드려 인사한다

해설 ④는 해당이 없어 정답은 ④이다.

10 올바른 인사방법에서 "인사하는 지점의 상대방과의 거리"는?

① 약 2m 내외 ② 약 3m 내외
③ 약 4m 내외 ④ 약 5m 내외

해설 "약 2m 내외"가 적당하여 정답은 ①이다.

11 고객만족 행동예절에서 "올바른 인사방법"이 틀린 것은?

① 머리와 상체를 직선으로 하여 상대방의 발 끝이 보일 때까지 빨리 숙이고 올린다
② 항상 밝고 명랑한 표정의 미소를 짓는다
③ 턱을 지나치게 내밀지 않도록 한다
④ 손을 주머니에 넣거나 의자에 앉아서 하는 일이 없도록 한다

해설 ①에서 "천천히" 숙이는 것이 옳으므로 정답은 ①이다.

12 호감 받는 표정관리에서 "표정의 중요성"에 대한 설명이 틀린 것은?

① 표정은 첫인상을 크게 좌우하며, 대면 직후 결정되는 경우가 많다
② 첫인상이 좋아야 그 이후의 대면이 호감 있게 이루어질 수 있다
③ 밝은 표정은 좋은 인간관계의 기본이다
④ 밝은 표정과 미소는 회사를 위하는 것이라 생각한다

해설 ④에서 "회사"가 아닌, "자신"을 위한 것이 맞으므로 정답은 ④이다.

13 호감 받는 표정관리에서 "시선"에 대한 설명이 아닌 것은?

① 상대방을 위 · 아래로 훑어본다
② 자연스럽고 부드러운 시선으로 상대를 본다
③ 눈동자는 항상 중앙에 위치하도록 한다
④ 가급적 고객의 눈 높이와 맞춘다

해설 ①은 "고객이 싫어하는 시선"의 하나로, 정답은 ①이다.
※ 고객이 싫어하는 시선 : 위로 치켜 뜨는 눈, 곁눈질, 한 곳만 응시하는 눈, 위 · 아래로 훑어보는 눈

14 호감 받는 표정관리에서 "고객 응대 마음가짐 10가지"에 대한 설명이 틀린 것은?

① 사명감을 가지고, 고객 입장에서 생각한다
② 원만하게 대하며, 항상 긍정적으로 생각한다
③ 고객이 호감을 갖도록 하며, 공사를 구분하고 공평하게 대한다
④ 고객이 부담을 느낄 정도로 투철한 서비스 정신을 가진다

15 고객만족 행동예절에서 "음주예절"에 대한 설명이 틀린 것은?

① 상사에 대한 험담을 하되 정도를 지킨다
② 과음하거나 지식을 장황하게 늘어 놓지 않는다
③ 술좌석을 자기자랑이나 평상시 언동의 변명의 자리로 만들지 않는다
④ 상사와 합석한 술좌석은 근무의 연장이라 생각하고 예의바른 모습을 보여주어 더 큰 신뢰를 얻도록 한다

해설 "상사에 대한 험담은 하지 않는 것"이 옳으므로 정답은 ①이다.

16 운전예절에서 "교통질서의 중요성"에 대한 설명으로 적절하지 않은 것은?

① 질서가 지켜질 때 남보다는 우선 내가 편하게 되어 상호 조화와 화합이 이루어진다
② 질서를 지킬 때 나아가 국가와 사회도 발전해 나간다
③ 도로 현장에서도 운전자 스스로 질서를 지킬 때 교통사고로부터 자신과 타인의 생명과 재산을 보호할 수 있다
④ 질서는 반드시 의무적 · 무의식적으로 지켜질 수 있도록 되어야 한다

정답 | 3④ 4③ 5② 6③ 7② 8④ 9④ 10① 11① 12④ 13① 14④ 15① 16①

17 **운전자의 사명에 해당하지 않는 것은?**

① 남의 생명도 내 생명처럼 존중한다
② 사람의 생명은 이 세상의 다른 무엇보다도 존귀하므로 인명을 존중한다
③ 운전자는 안전운전을 이행하고 교통사고를 예방하여야 한다
④ 운전자는 '공인'이라는 자각이 필요 없다

해설 운전자는 '공인'이라는 자각이 필요하므로 정답은 ④이다.

18 **다음 중 운전자가 가져야 할 기본적 자세가 아닌 것은?**

① 교통법규의 이해와 준수
② 여유 있고 양보하는 마음으로 운전
③ 과감하고 자신감 있는 운전
④ 저공해 등 환경보호 실천

해설 ③에서 "과감하고 자신감 있는 운전"보다는 "추측운전을 삼가고, 자신의 운전 기술을 과신하지 않는 것"이 바람직하다. 정답은 ③이다.

19 **운전자가 지켜야 할 운전예절에 해당하지 않는 것은?**

① 횡단보도에서 보행자 보호를 위해 필요하다면 정지선을 지킨다
② 교차로 등에서 마주 오는 차끼리 만나면 전조등은 끄거나 하향으로 한다
③ 고장자동차 발견시 즉시 도와 노견 등 안전한 장소로 유도한다
④ 교차로에서는 자동차의 흐름에 따라 여유를 가지고 서행 통과한다

해설 횡단보도의 정지선은 반드시 지키는 것이 옳다. 정답은 ①이다.

20 **운전자가 삼가야 할 운전행동이 아닌 것은?**

① 도로에서 차량을 세워 둔 채로 시비, 다툼 등의 행위로 다른 차량의 통행을 방해하는 행위
② 신호등이 바뀌기 전에 빨리 출발하라고 전조등을 켰다 껐다 하거나 경음기로 재촉하는 행위
③ 교통 경찰관의 단속 행위에 순응하는 행위
④ 방향지시등을 켜지 않고 갑자기 끼어들거나, 갓길로 주행하는 행위

해설 ③은 문장은 적절한 행동이므로 정답은 ③이다.

21 **화물자동차 운전자의 운전자세로서 틀린 것은?**

① 다른 자동차가 끼어들더라도 안전거리를 확보하는 여유를 가진다
② 운전이 미숙한 자동차의 뒤를 따를 경우, 경음기를 울려 선행 운전자에게 주의를 준다
③ 일반 운전자는 화물차의 뒤를 따라 가는 것을 싫어하고, 화물차의 앞으로 추월하려는 마음이 강하기 때문에 적당한 장소에서 후속 자동차에게 진로를 양보하는 미덕을 갖는다
④ 직업운전자는 다른 차가 끼어들거나 운전이 서툴러도 상대에게 화를 내거나 보복하지 말아야 한다

해설 운전이 미숙한 자동차를 뒤따를 때에는 서두르거나 선행 운전자를 당황케 하지 말고 여유 있는 자세로 운전하는 것이 옳다. 정답은 ②이다.

22 **다음 중 화물운전자의 운행 전 준비해야 할 사항이 아닌 것은?**

① 용모와 복장이 단정한지 확인한다
② 화물의 외부덮개 및 결박상태를 철저히 확인한다
③ 일상점검을 철저히 하고, 이상이 있으면 운행 후 정비관리자에게 보고한다
④ 특별한 안전조치가 필요한 화물에 대해서는 사전 안전장비를 장치하거나 휴대한 후 운행한다

해설 이상을 발견했을 때에는 발견 즉시 정비관리자에게 보고하여 조치해야 한다. 정답은 ③이다.

23 **고객만족 행동예절에서 단정한 용모 · 복장의 중요성으로 틀린 것은?**

① 첫 인상 ② 동료 사원들과의 신뢰형성
③ 일의 성과, 기분 전환 ④ 활기찬 직장 분위기 조성

해설 ②에서 "사원과의 신뢰형성"이 아닌, "고객과의 신뢰형성"이 맞으므로 정답은 ②이다.

24 **운전자의 기본적 주의사항이 잘못된 것은?**

① 법규 및 사내 안전관리 규정준수 : 배차지시 없이 임의운행 금지
② 운행 전 준비 : 용모 및 복장 확인
③ 운행 상 주의 : 보행자 · 이륜차 · 자전거 등과 교행 또는 병진, 추월운행 시 서행하며 안전거리 유지
④ 교통사고 발생 시 조치 : 교통사고 발생 시 임의처리 후 회사에 보고

해설 ④에서 교통사고가 발생했을 때에는 임의대로 처리해서는 안 되고, 사고발생 경위를 육하원칙에 의거해 거짓없이 정확하게 즉시 회사에 보고해야 한다. 정답은 ④이다.

25 **직업의 3가지 태도에 해당하지 않는 것은?**

① 애정(愛情) ② 긍지(矜持)
③ 열정(熱情) ④ 신속(迅速)

해설 ④의 신속(迅速)은 해당 없어 정답은 ④이다.

26 **고객응대예절 중 "배달시 행동방법"에 대한 설명이다. 틀린 것은?**

① 배달은 서비스의 완성이라는 자세로 한다
② 긴급배송을 요하는 화물은 우선 처리하고, 모든 화물은 반드시 기일 내 배송한다
③ 고객이 부재 시에는 "부재 중 방문표"를 반드시 이용한다
④ 인수증 서명은 꼭 정자로 실명 기재를 받을 필요는 없다

제2장 물류의 이해(화물)

1 **다음 중 "공급자로부터 생산자, 유통업자를 거쳐 최종 소비자에 이르는 재화의 흐름"을 의미하는 것은 무엇인가?**

① 유통 ② 조달
③ 물류 ④ 운송

2 **물류의 기능에 해당하지 않는 것은?**

① 운송기능 ② 포장기능
③ 보관기능 ④ 상차기능

해설 ④의 "상차기능"이 아닌, "하역기능"이 옳으므로 정답은 ④이며, 외에 "정보기능"이 있다.

3 **물류시설에 대한 설명이 틀린 것은?**

① 물류에 필요한 화물의 운송 · 보관 · 하역을 위한 시설
② 화물의 운송 · 보관 · 하역 등에 부가되는 가공 · 조립 · 분류 · 수리 · 포장 · 상표부착 · 판매 · 정보통신 등을 위한 시설
③ 물류의 공동화 · 자동화 및 정보화를 위한 시설
④ 물류터미널 또는 물류단지시설은 물류시설에 포함되지 않는다

해설 ④에서 물류터미널, 물류단지시설도 물류시설에 포함되므로, 정답은 ④이다.

4 **물류를 뜻하는 프랑스어 "로지스틱스"는 본래 무엇을 의미하는 용어인가?**

① 병참 ② 자동차
③ 창고 ④ 마차

정답 | 17 ④ 18 ③ 19 ① 20 ③ 21 ② 22 ③ 23 ② 24 ④ 25 ④ 26 ④ 2장 1 ③ 2 ④ 3 ④ 4 ①

5 기업경영의 물류관리시스템 구성 요소에 해당하지 않는 것은?

① 원재료의 조달과 관리, 제품의 재고관리
② 제품능력과 입지적응 능력, 정보관리
③ 물류 기계화에 따른 기능 발전
④ 창고 등의 물류거점, 수송과 배송수단

해설 ③은 해당이 없어 정답은 ③이다. "인간의 기능과 훈련"이 맞다.

6 유통공급망에 참여하는 모든 업체들이 협력하여, 정보기술을 바탕으로 재고를 최적화하고 리드타임을 감축하여, 양질의 상품 및 서비스를 소비자에게 제공하는 전략을 무엇이라 하는가?

① 공급망 관리(SCM) ② 전사적 자원관리(ERP)
③ 경영정보시스템(MIS) ④ 효율적고객대응(ECR)

7 기업활동을 위해 사용되는 기업 내의 모든 인적, 물적 자원을 효율적으로 관리하여 궁극적으로 기업의 경쟁력을 강화시켜주는 역할을 하는 통합정보시스템을 무엇이라고 하는가?

① 공급망 관리(SCM)
② 전사적 자원관리(ERP)
③ 경영정보시스템(MIS)
④ 효율적고객대응(ECR)

8 물류와 공급망 관리의 발전과정을 정렬한 순서로 옳은 것은?

① 경영정보시스템 → 전사적자원관리 → 공급망관리
② 경영정보시스템 → 공급망관리 → 전사적자원관리
③ 공급망관리 → 경영정보시스템 → 전사적자원관리
④ 전사적자원관리 → 경영정보시스템 → 공급망관리

해설 "① 1970년대 : 경영정보 시스템, ② 1980~90년대 : 전사적자원관리, ③ 1990년대 중반이후 : 공급망 관리"로 발전하여 정답은 ①이다.

9 공급망관리의 기능에서 "제조업의 가치사슬 구성"의 순서로 옳은 것은?

① 부품조달 → 조립 · 가공 → 판매유통
② 조립 · 가공 → 판매유통 → 부품조달
③ 판매유통 → 조립 · 가공 → 부품조달
④ 부품조달 → 판매유통 → 조립 · 가공

10 기업경영에 있어서 물류의 역할로 틀린 것은?

① 마케팅의 절반을 차지한다
② 판매기능을 촉진한다
③ 적정재고의 유지로 재고비용 절감에 기여한다
④ 물류(物流)와 상류(商流)의 통합으로 유통합리화에 기여한다

해설 ④에서 "통합"이 아닌, "분리를 통하여" 유통합리화에 기여하는 것이 맞으므로 정답은 ④이다.

11 판매기능 촉진에서 물류관리의 기본 7R 원칙에 해당하지 않는 것은?

① Right Quality(적절한 품질)
② Right Safely(적절한 안전)
③ Right Time(적절한 시간)
④ Right Price(적절한 가격)

해설 ②의 "Right Safely(적절한 안전)"은 해당 없어 정답은 ②이며, 이외에 "Right Quantity(적절한 양), Right Place(적절한 장소), Right Impression(좋은 인상), Right Commodity(적절한 상품)"이 있다.

12 물류관리의 기본원칙 중 "3S 1L 원칙"에서 "3S"가 아닌 것은?

① 신속하게(Speedy)
② 안전하게(Safely)
③ 확실하게(Surely)
④ 느리게(Slowly)

해설 ④의 "느리게(Slowly)"는 "3 S"에 포함되지 않아 정답은 ④이다. "1 L"은 "저렴하게(Low)"이다.

13 기업경영에 있어 제3의 이익원천은 무엇을 의미하는가?

① 매출 증대 ② 최고가 가격
③ 원가 절감 ④ 물류비 절감

해설 기업경영에 있어 매출 증대, 원가 절감에 이은 물류비 절감은 이익을 높일 수 있는 세 번째 방법으로 설명되므로 정답은 ④이다.

14 물류의 6가지 중 포장기능에서 "물품의 수 · 배송, 보관, 하역 등에 있어서 가치 및 상태를 유지하기 위해 적절한 재료, 용기 등을 이용해서 보호하고자 하는 기능"을 무엇이라고 하는가?

① 운송기능 ② 단위개별포장
③ 보관기능 ④ 하역기능

15 물류의 기능에서 "생산과 소비와의 시간적 차이를 조정하여 시간적 효용을 창출하는 기능"을 무엇이라고 하는가?

① 운송기능 ② 포장기능
③ 보관기능 ④ 유통가공기능

16 물류관리의 의의에 대한 설명이 틀린 것은?

① 고도의 물류서비스를 소비자에게 요구하여 기업경영의 경쟁력을 강화(기업외적 물류 관리)
② 물류의 신속, 안전, 정확, 정시, 편리, 경제성을 고려한 고객지향적인 물류서비스를 제공
③ 물류관리의 효율화를 통한 물류비 절감(기업내적 물류 관리)
④ 고객이 원하는 적절한 품질의 상품, 적량을, 적시에, 적절한 장소에, 좋은 인상과 적절한 가격으로 공급

해설 ①에서 물류서비스를 소비자에게 요구하는 것이 아닌, "제공"하는 것이 맞으므로 정답은 ①이다.

17 물류관리의 목표에 대한 설명으로 틀린 것은?

① 재화의 시간적 · 장소적 효용가치의 창조를 통한 시장능력의 강화
② 고객서비스의 수준의 결정은 기업 중심적이어야 한다
③ 고객서비스 수준 향상과 물류비의 감소
④ 특정한 수준의 서비스를 최소의 비용으로 고객에게 제공

해설 ②에서 고객서비스의 수준은 기업 중심이 아니라 "고객지향적"으로 결정되어야 하므로 정답은 ②이다.

18 기업물류의 범위 중 물류활동의 범위에서 "원재료, 부품, 반제품, 중간재를 조달 · 생산하는 과정"을 무엇이라 하는가?

① 물적공급과정 ② 물적유통과정
③ 주활동 ④ 지원활동

19 기업물류의 범위에서 "생산된 재화가 최종고객이나 소비자에게까지 전달되는 과정"을 무엇이라 하는가?

① 물적공급과정 ② 주활동
③ 물적유통과정 ④ 지원활동

정답 | 5 ③ 6 ① 7 ② 8 ① 9 ① 10 ④ 11 ② 12 ④ 13 ④ 14 ② 15 ③ 16 ① 17 ② 18 ① 19 ③

20 **기업물류의 활동은 크게 주활동과 지원활동으로 구분되는데 다음 중 지원활동에 해당하는 것은?**

① 수송　　② 재고관리
③ 주문처리　　④ 포장

해설 ④의 포장이 지원활동에 해당하여 정답이다. 이외의 지원활동에는 보관, 자재관리, 구매, 생산량과 생산일정 조정, 정보관리 등이 있다.

21 **기업의 물류전략에 대한 다음 설명 중 틀린 것은?**

① 비용절감 전략은 운반 및 보관과 관련된 가변비용을 최소화하는 전략이다
② 자본절감 전략은 물류시스템에 대한 투자를 최소화하는 전략이다
③ 서비스개선 전략은 제공되는 서비스수준에 비례하여 수익의 증가 전략이다
④ 프로액티브 물류전략은 뛰어난 통찰력이나 영감에 바탕을 두는 전략이다

해설 뛰어난 통찰력이나 영감에 바탕을 두는 전략은 크래프팅 중심의 물류전략이므로 ④가 정답이고, 프로액티브 물류전략은 사업목표와 소비자 서비스 요구사항에서부터 시작되며, 경쟁업체에 대항하는 공격적인 전략이다.

22 **물류계획수립의 주요 영역에 해당하지 않는 것은?**

① 고객서비스 수준 : 적절한 고객서비스 수준을 설정하는 것
② 물류의사 결정 : 보관지점에 재고를 할당하는 전략 등
③ 설비(보관 및 공급시설)의 입지 결정 : 지리적 위치 선정 등
④ 수송의사 결정 : 수송수단 선택, 적재규모, 일정 계획 등

해설 ②는 주요영역에 해당하지 않아 정답이고, 이외에 재고의사 결정이 있다.

23 **물류계획수립 문제를 해결하는 방법과 관련된 용어에 대한 설명으로 틀린 것은?**

① 링크 : 재고 보관지점들 간에 이루어지는 제품의 이동경로를 나타 낸다
② 노드 : 재고의 흐름이 영구적으로 정지하는 지점이다
③ 정보 네트워크 : 판매수익, 생산비용, 재고수준, 창고의 효용, 예측, 수송요율 등
④ 물류시스템 구성 : 제품 이동 네트워크와 정보 네트워크가 결합되어 구성된다

해설 ②에서 "영구적"이 아닌, "일시적"으로 정지하는 것이 맞으므로 정답은 ②이다.

24 **물류계획수립 시점에서 "물류네트워크의 평가와 감사를 위한 일반적 지침"에 대한 설명이 틀린 것은?**

① 수요 : 소요량, 수요의 지리적 분포
② 고객서비스 : 재고의 이용가능성, 배달속도, 주문처리 속도 및 정확도
③ 제품특성 : 물류비용은 제품의 무게, 부피, 가치, 위험성 등의 특성에 둔감
④ 물류비용 : 물적공급과 물적유통에서 발생하는 비용은 기업의 물류시스템을 얼마나 자주 재구축해야 하는지를 결정함

해설 ③에서 특성에 "둔감"한 것이 아닌, "민감"이 맞으므로 정답은 ③이다.

25 **물류전략수립 지침의 설명이 틀린 것은?**

① 총비용 개념의 관점에서 물류전략을 수립
② 가장 좋은 트레이드 오프는 100% 서비스 수준보다 높은 서비스 수준에서 발생
③ 평균 재고수준은 재고 유지비와 판매손실비가 트레이드 오프관계에 있으므로 이들 두 비용이 균형을 이루는 점에서 결정
④ 제품을 생산하는 가장 좋은 생산순서와 생산시간은 생산 비용과 재고비용의 합이 최소가 되는 곳에서 결정

해설 ②에서 "수준보다 높은 서비스"가 아닌,"수준보다 낮은 서비스"가 맞으므로 정답은 ②이다.

26 **물류관리 전략의 필요성과 중요성에서 "로지스틱스"에 대한 설명이 틀린 것은?**

① 가치창출 중심
② 시장진출 중심
③ 기능의 분리화 수행
④ 전체 최적화 지향

해설 ③의 문장 "기능의 분리화 수행"이 아니라, "기능의 통합화 수행"이 옳으므로 정답은 ③이다.

27 **로지스틱스 전략관리의 기본요건 중 "전문가의 자질"에 해당하지 않는 것은?**

① 행정력 · 기획력
② 창조력 · 판단력
③ 기술력 · 행동력
④ 관리력 · 이해력

해설 ①의 문장 중 "행정력"이 아니고, "분석력"이 옳으므로 정답은 ①이다.

28 **물류계획을 수립함에 있어 시스템 설계시 가장 우선적으로 고려되어야 할 사항은?**

① 설비의 입지 결정
② 적절한 고객서비스 수준 설정
③ 재고의사 결정
④ 수송의사 결정

해설 물류시스템 설계시 가장 우선적으로 고려되어야 할 사항은 ②이다.

29 **물류전략의 실행구조 과정 순환에 대한 순서로 맞는 것은?**

① 구조설계 → 기능정립 → 실행 → 전략수립
② 전략수립 → 구조설계 → 기능정립 →실행
③ 기능정립 → 실행 → 전략수립 → 구조설계
④ 실행 → 기능정립 → 구조설계 → 전략수립

30 **물류의 발전과정에 대한 설명이 틀린 것은?**

① 자사물류 : 기업이 사내에 물류조직을 두고 물류업무를 직접 수행하는 경우
② 제1자 물류 : 화주기업이 직접 물류활동을 처리하는 자사물류
③ 제2자 물류 : 기업이 사내의 물류조직을 별도로 분리하여 타회사로 독립시키는 경우
④ 제3자 물류 : 외부의 전문 물류업체에게 물류업무를 아웃소싱 하는 경우

해설 ③에서 "타회사가"가 아닌, "자회사"로 독립시키는 경우가 맞으므로 정답은 ③이다.

31 **물류의 발전과정 중 화주기업이 고객서비스 향상, 물류비 절감 등 물류활동을 효율화할 수 있도록 공급망상의 기능 전체 혹은 일부를 대행하는 업종은?**

① 제1자 물류업　　② 제2자 물류업
③ 제3자 물류업　　④ 제4자 물류업

정답 | 20 ④　21 ④　22 ②　23 ②　24 ③　25 ②　26 ③　27 ①　28 ②　29 ②　30 ③　31 ③

32 제3자 물류의 화주기업 측면의 기대효과에 대한 설명으로 틀린 것은?

① 제3자 물류업체의 고도화된 물류체계의 활용으로 공급망을 형성하여 공급망 대 공급망간 경쟁에서 유리한 위치를 차지할 수 있다
② 조직 내 물류기능 통합화와 공급망상의 기업간 통합 · 연계화로 경영자원을 효율적으로 활용할 수 있다
③ 물류시설 설비에 대한 투자부담을 제3자 물류업체에게 분산시킴으로써 물류효율화의 한계를 보다 용이하게 해소할 수 있다
④ 고정투자비의 부담은 있으나, 경기변동, 수요계절성 등 물동량 변동과 물류경로 변화에 효과적으로 대응할 수 있다.

해설 ④에서 "고정 투자비 부담은 있으나"는 틀리고, 고정투자비의 부담도 없앨 수 있으므로 정답은 ④이다.

33 화주기업이 제3자 물류를 사용하지 않는 주된 이유가 아닌 것은?

① 물류활동을 직접 통제하기를 원하기 때문이다
② 자사물류이용과 제3자 물류서비스 이용에 따른 비용을 일대일로 직접 비교하기가 곤란하다
③ 운영시스템의 규모와 복잡성으로 인해 자체 운영이 효율적이라 판단하기 때문이다
④ 자사물류 인력에 불만족하기 때문이다

해설 자사물류 인력에 대해 더 만족하기 때문에 제3자 물류를 사용하지 않는 것이 맞다. 정답은 ④이다.

34 제4자 물류의 개념에 대한 설명으로 맞는 것은?

① 물류 자회사에 의해 처리한다
② 다양한 조직들의 효과적인 연결을 목적으로 하는 통합체로서 공급망의 모든 활동과 계획관리를 전담한다
③ 화주기업이 직접 물류활동을 처리한다
④ 화주기업이 고객서비스 향상, 물류비 절감 등 물류활동을 효율화할 수 있도록 공급망상의 기능 전체 혹은 일부를 대행한다

해설 ②의 문장이 맞는 설명으로 정답이다.
※ 제4자 물류(4PL)의 두가지 특징 : ① 제3자 물류 보다 범위가 넓은 공급망의 역할을 담당 ② 전체적인 공급망에 영향을 주는 능력을 통하여 가치를 증식

35 공급망관리에 있어서의 제4자 물류의 4단계가 옳게 나열된 것은?

① 재창조-전환-이행-실행 ② 전환-이행-실행 -재창조
③ 이행-실행-재창조-전환 ④ 실행-재창조-전환- 이행

36 제4자 물류란 제3자 물류의 기능에 ( )업무를 추가 수행하는 것이다. ( )안에 가장 적합한 것은?

① 컨설팅 ② 공급망
③ 수 · 배송 ④ 유통가공

해설 제4자 물류란 컨설팅 기능까지 수행할 수 있는 제3자 물류로 정의내릴 수도 있으므로 ①이 정답이다.

37 운송 관련 용어 중 현상적인 시각에서의 재화의 이동에 해당하는 것은?

① 통운 ② 운송
③ 운수 ④ 교통

해설 운송에 관련된 용어의 의미 ① 통운 : 소화물의 운송 ② 운송 : 서비스 공급측면에서의 재화의 이동 ③ 운수 : 행정상 또는 법률상의 운송

38 물류시스템 구성에서 수 · 배송의 개념 중 "배송"에 대한 설명이 틀린 것은?

① 단거리 소량 화물의 이동
② 고객 ↔ 고객 간 이동
③ 지역 내 화물의 이동
④ 다수의 목적지를 순회하면서 소량 운송

해설 "고객↔고객 간 이동"이 아니고, "기업↔고객 간 이동"이 맞으므로 정답은 ②이다.

39 다음 중 선박 및 철도와 비교한 화물자동차 운송의 특징에 들지 않은 것은?

① 운송단위가 선박 · 철도에 비해 소량
② 다양한 고객의 요구 수용
③ 느리지만 정확한 문전배송
④ 원활한 기동성과 신속한 수 · 배송

해설 ③에서 "신속하고" 정확한 문전배송이 맞아 정답은 ③이다.

40 수요와 공급의 시간적 간격을 조정함으로써 시간 · 가격조정에 관한 기능을 수행하여, 경제활동의 안정과 촉진을 도모하는 것을 무엇이라고 하는가?

① 보관 ② 정보
③ 하역 ④ 유통가공

41 운송 합리화 방안에서 "화물자동차 운송의 효율성 지표"에 대한 설명이 틀린 것은?

① 가동률 : 화물자동차가 일정기간에 걸쳐 실제로 가동한 일수
② 실차율 : 주행거리에 대해 실제로 화물을 싣고 운행한 거리의 비율
③ 적재율 : 최소적재량 대비 적재된 화물의 비율
④ 공차거리율 : 전체 주행거리에서 화물을 싣지 않고 운행한 거리의 비율

해설 ③에서 "최소적재량"이 아닌, "최대적재량 대비"가 맞으므로 정답은 ③이다.

42 화물이 터미널을 경유하여 수송될 때 수반되는 자료 및 정보를 신속하게 수집하여 이를 효율적으로 관리하는 동시에, 화주에게 적기에 정보를 제공해주는 시스템을 무엇이라고 하는가?

① 터미널화물정보시스템 ② 화물통제관리시스템
③ 수 · 배송관리시스템 ④ 화물정보시스템

해설 ※ 화물운송정보시스템
1. 수 · 배송관리시스템 : 수송비용을 절감하려는 체제이며, 대표적인것으로는 "터미널화물정보시스템"이 있다.
2. 화물정보시스템 : 화주에게 적기에 정보를 제공해 주는 것이다.
3. 터미널화물정보시스템 : 수출품이 트럭터미널을 경유해 항만까지 수송되는 경우, 또는 국내 거래 시 터미널에서 다른 터미널로 수송되어 수하인에게 이송될 때까지의 전 과정의 정보를 전산으로 수집, 관리, 공급, 처리하는 종합 정보관리체제이다.

제3장 화물운송서비스의 이해(화물)

1 "총 물류비 절감"에 대한 설명으로 틀린 것은?

① 고빈도 · 소량의 수송체계는 필연적으로 물류 코스트의 상승을 가져온다
② 물류가 기업간 경쟁의 중요한 수단으로 되면, 자연히 물류의 서비스체제에 비중을 두게 된다
③ 물류코스트가 과대하게 되면 코스트면에서 경쟁력을 상승시키는 요인이 된다
④ 물류의 세일즈는 컨설팅 세일즈이다

해설 물류코스트가 과대하게 되면 코스트면에서 경쟁력을 '저하'시키는 것이 맞으므로 정답은 ③이다.

정답 | 32 ④ 33 ④ 34 ② 35 ① 36 ① 37 ④ 38 ② 39 ③ 40 ① 41 ③ 42 ④ | 3장 1 ③

2 물류시장의 경쟁 속에서 "기업존속 결정의 조건"에 대한 설명으로 옳지 않은 것은?

① 사업의 존속을 결정하는 조건 중 한 가지는 매상을 올릴 수 있는가이다
② 사업의 존속을 결정하는 둘째 조건은 코스트를 내릴 수 있는가이다
③ 두 조건 중 어느 쪽도 달성할 수 없다면 살아남기가 힘들다
④ 단순히 코스트만 줄인다고 이익의 원천이 되지 않는다

3 성숙기의 포화된 경제환경 하에서 거시적 시각의 새로운 이익원천에 해당하지 않는 것은?

① 물량의 혁신 ② 인구의 증가
③ 영토의 확대 ④ 기술의 혁신

해설 "물량혁신"은 해당이 없으므로 정답은 ①이다.

4 트럭업계가 원가절감을 노릴 수 있는 항목에 해당하지 않는 것은?

① 연료의 리터당 주행거리나 연료구입단가
② 차량 수리비
③ 타이어가 견딜 수 있는 킬로수
④ 운송종사자의 인건비

해설 ④는 해당이 없다.

5 조직이든 개인이든 변혁을 일으키지 않으면 안 되는 이유에 대한 설명으로 틀린 것은?

① 외부적 요인 : 고객의 욕구행동의 변화에 대응하지 못하는 조직이나 개인은 언젠가는 붕괴하게 된다
② 외부적 요인 : 물류관련조직이나 개인은 어지러운 시장동향에 대해 화주를 거치지 않고도 직접적으로 영향을 받게 되는 경우가 많기 때문에 감도가 둔해지는 경우가 있다
③ 내부적 요인 : 조직이나 개인의 변화를 말한다
④ 내부적 요인 : 조직이든 개인이든 환경에 대한 오픈시스템으로 부단히 변화하는 것이다

해설 물류관련조직이나 개인은 어지러운 시장동향에 대해 "화주를 거쳐, 간접적"으로 영향을 받기 때문에, 시장동향에 대해 그 감도가 둔해지는 경우가 있다. 그러므로 정답은 ②이다.

6 현상의 변혁에 대한 설명으로 틀린 것은?

① 조직이나 개인의 전통, 실적의 연장선상에 존재하는 타성을 버리고 새로운 질서를 이룩하는 것이다
② 유행에 휩쓸리지 않고 독자적이고 창조적인 발상을 가지고, 새로운 체질을 만드는 것이다
③ 형식적인 변혁이 아니라 실제로 생산성 향상에 공헌할 수 있도록 일의 본질에서부터 변혁이 이루어져야 한다
④ 과거의 체질에서 새로운 체질로 바꾸는 것이 목적이라면 변혁에 대한 약간의 관심만으로도 성과가 확실해진다

해설 변혁을 이루기 위해서는 약간의 관심이 아닌, 계속적인 노력을 통해야만 확실한 성과를 얻을 수 있다. 정답은 ④이다.

7 공급망관리(SCM)의 개념에 대한 설명이 잘못된 것은?

① 공급망 내의 각 기업은 상호협력하여 공급망 프로세스를 재구축하고, 업무협약을 맺으며, 공동전략을 구사하게 된다
② 공급망은 상류(商流)와 하류(荷流)를 연결시키는 네트워크를 말한다
③ 공급망관리는 기업간 협력을 기본 배경으로 하는 것이다
④ 수직계열화는 보통 상류의 공급자와 하류의 고객을 소유하는 것을 의미하는데 공급망관리는 이 수직계열화와 같다

해설 ④에서 공급망관리는 수직계열화와 다른 것이 맞으므로 정답은 ④이다.

8 전사적 품질관리(TQC : Total Quaality Control)에 대한 설명이 틀린 것은?

① 제품이나 서비스를 만드는 모든 작업자가 품질에 대한 책임을 나누어 갖는다는 개념이다
② 생산 · 유통기간의 단축, 재고의 감소, 반품손실 감소 등 생산 · 유통의 각 단계에서 효율화를 실현하는 것을 목표로 한다
③ 물류서비스의 문제점을 파악하여 그 데이터를 정량화하는 것이 중요하다
④ 통계적인 기법이 주요 근간을 이루나 조직 부문 또는 개인간 협력, 소비자 만족, 원가 절감, 납기, 보다 나은 개선이라는 "정신"의 문제가 핵이 되고 있다

해설 ②는 "신속대응(QR)"에 대한 설명이므로 정답은 ②이다.

9 제3자 물류에 대한 설명이 틀린 것은?

① 제조업체, 유통업체 등의 화주와 물류서비스 제공업체간의 파트너십이란 형태로 나타난 것이 제3자 물류이다
② 제3자란 물류채널 내의 다른 주체와의 일시적이거나 장기적인 관계를 가지고 있는 물류채널 내의 대행자 또는 매개자를 의미한다
③ 화주와 단일 혹은 복수의 제3자 물류 또는 계약물류이다
④ 제3자 물류는 기업이 사내에서 수행하던 물류기능을 아웃소싱한다는 의미로 사용되었다고 볼 수 있다

해설 ①에서 "파트너십이란 형태로"가 아닌, "제휴라는 형태로"가 맞으므로 정답은 ①이다.
※ 파트너십 : 상호 합의한 일정기간 동안 편익과 부담을 함께 공유하는 물류채널 내의 두 주체간의 관계를 의미
※ 제휴 : 특정 목적과 편익을 달성하기 위한 물류채널 내의 독립적인 두 주체간의 계약적인 관계를 의미

10 신속대응(QR : Quick Response)에 대한 설명으로 옳지 않는 것은?

① 생산 · 유통의 각 단계에서 효율화를 실현하고 그 성과를 생산자, 유통관계자, 소비자에게 골고루 돌아가게 하는 기법을 말한다
② 생산 · 유통관련업자가 전략적으로 제휴하여 시장에 적합한 상품을 적시에, 적소로, 적당한 가격으로 제공하는 것을 원칙으로 한다
③ 소매업자는 유지비용의 절감, 고객서비스 제고, 높은 상품회전율, 매출과 이익증대 등의 혜택을 볼 수 없다
④ 제조업자는 정확한 수요예측, 주문량에 따른 생산의 유연성 확보, 높은 자산회전율 등의 혜택을 볼 수 있다

해설 ③에서 "혜택을 볼 수 없다"가 아닌, "혜택을 볼 수 있다"가 맞으므로 정답은 ③이다. 이 밖에도 신속대응은 "소비자는 상품의 다양화, 낮은 소비자가격, 품질개선, 소비패턴 변화에 대응한 상품구매 등의 혜택을 볼 수 있다"는 특징이 있다.

11 효율적 고객대응(ECR) 전략에 대한 설명이 잘못된 것은?

① 제조업자 만족에 초점을 둔 공급망 관리의 효율성을 극대화하기 위한 모델이다
② 제품의 생산단계에서부터 도매 · 소매에 이르기까지 전 과정을 하나의 프로세스로 보아 관련기업들의 긴밀한 협력을 통해 전체로서의 효율 극대화를 추구하는 효율적 고객대응기법이다
③ 제조업체와 유통업체가 상호 밀접하게 협력하여 기존의 상호기업간에 존재하던 비효율적이고 비생산적인 요소들을 제거하여 보다 효용이 큰 서비스를 소비자에게 제공하자는 것이다
④ 효율적고객대응(ECR)이 단순한 공급망 통합전략과 다른 점은 산업체와 산업체간에도 통합을 통하여 표준화와 최적화를 도모할 수 있다

정답 | 2④ 3① 4④ 5② 6④ 7④ 8② 9① 10③ 11①

해설 ①에서 "제조업자 만족"이 아닌, "소비자 만족"이 맞아 정답은 ①이다.

12 중계국에 할당된 여러 개의 채널을 공동으로 사용하는 무전기시스템으로서 이동차량이나 선박 등 운송수단에 탑재하여 이동간의 정보를 리얼타임으로 송수신할 수 있는 통신서비스를 무엇이라고 하는가?

① 효율적 고객대응(ECR)
② 통합판매 · 물류 · 생산시스템(CALS)
③ 범지구측위시스템(GPS)
④ 주파수 공용통신(TRS)

해설 지문은 주파수 공용통신(TRS) 서비스에 해당하여 ④가 정답이고, ① 효율적 고객대응(ECR) 전략이란 소비자 만족에 초점을 둔 공급망 관리의 효율성을 극대화하기 위한 모델로서, 제품의 생산단계에서부터 도매 · 소매에 이르기까지 전 과정을 하나의 프로세스로 보아 관련기업들의 긴밀한 협력을 통해 전체로서의 효율 극대화를 추구하는 효율적 고객대응기법이다.

13 주파수 공용통신(TRS)의 각 분야별 도입효과에 대한 다음 설명 중 잘못된 것은?

① 자동차운행 측면 : 사전배차계획 수립과 수정이 가능해지며, 자동차의 위치추적 기능의 활용으로 도착시간의 정확한 추정이 가능해진다
② 집배송 측면 : 문서화된 서면 통신을 통한 메시지 전달로 지연사유분석이 가능해져 표준운행시간 작성에 도움을 주게 되었다
③ 자동차 및 운전자관리 측면 : 고장차량에 대응한 차량 재배치나 지연사유 분석이 가능해진다.
④ 기능별 효과 :정보전달이 용이해지고 차량으로 접수한 정보의 실시간 처리가 가능해지며, 화주의 수요에 신속히 대응할 수 있다.

해설 주파수 공용통신은 ② 집배송 측면에서 "음성 혹은 데이터통신을 통한 메시지 전달"로 수작업과 수배송 지연사유 등 원인분석이 곤란했던 점을 체크아웃 포인트의 설치나 화물추적기능의 활용을 통해 지연사유분석이 가능해져 표준운행시간 작성에 도움을 줄 수 있게 되었다.

14 범지구측위시스템(GPS:Global Positoning System)에 대한 설명이 틀린 것은?

① 어두운 밤에도 목적지에 유도하는 측위통신망으로서 물류관리는 가능하나, 차량의 위치추적은 불가능하다
② 인공위성을 이용한 범지구측위시스템은 지구의 어느 곳이든 실시간으로 자기 위치와 타인의 위치를 확인할 수 있다
③ GPS는 미국방성이 관리하는 시스템으로 24개의 위성으로부터 전파를 수신하여 그 소요시간으로 이동체의 거리를 산출한다
④ GPS를 도입하면 각종 자연재해의 사전대비, 토지조성공사에도 작업자가 지반침하와 침하량을 측정하여 신속대응할 수 있다

해설 범지구측위시스템은 주로 차량의 위치추적을 통한 물류관리에 이용되는 통신망이다. 정답은 ①이다.

15 제품의 생산에서 유통 그리고 로지스틱스의 마지막 단계인 폐기까지 전 과정에 대한 정보를 한 곳에 모은다는 의미의 용어는?

① 통합판매 · 물류 · 생산시스템(CALS)
② 신속 대응(QR)
③ 효율적고객대응(ECR)
④ 제3자 물류(3PL)

16 CALS의 도입에서 "급변하는 상황에 민첩하게 대응하기 위한 전략적 기업제휴"를 의미하는 용어는?

① 벤처기업 ② 상장기업
③ 가상기업 ④ 한계기업

제4장 화물운송서비스와 문제점(화물)

1 물류부분 고객서비스의 개념에 대한 설명으로 틀린 것은?

① 기업이 제공하는 고객서비스의 수준은 기존의 고객이 고객으로서 계속 남을 것인가 뿐만 아니라 얼마만큼의 잠재고객이 고객으로 바뀔 것인가를 결정하게 된다
② 어떠한 고객서비스의 주요 목적도 고객 유치를 증대시키지 않으면 안 된다
③ 물류부분의 고객서비스에는 먼저 기존고객과의 계속적인 거래관계를 유지, 확보하는 수단으로서의 의의가 있다
④ 물류부분의 고객서비스란 물류시스템의 투입(in-put)이라고 할 수 있다

해설 ④에서 "물류시스템의 투입"이 아닌, "산출"이 맞으므로 정답은 ④이다.

2 물류고객서비스의 요소에 대한 설명이 잘못된 것은?

① 주문처리 시간 : 주문을 받아서 출하까지 소요되는 시간
② 주문품의 상품구색시간 : 모든 주문품을 준비하여 포장하는데 소용되는 시간
③ 납기 : 상품구색을 갖춘 시점에서 고객의 주문을 접수하는데 소요되는 시간
④ 재고 신뢰성 : 재고품으로 주문품을 공급할 수 있는 정도

해설 납기는 고객에게로의 배송시간, 즉 상품구색을 갖춘 시점에서 고객에게 주문품을 배송하는데 소요되는 시간을 말한다. 정답은 ③이다.

3 물류고객서비스의 요소에서 "거래 전 · 거래 시 · 거래 후 요소"에 대한 설명이 잘못된 것은?

① 거래 전 요소 : 문서화된 고객서비스 정책 및 고객에 대한 제공
② 거래 시 요소 : 재고품절 수준, 발주 정보
③ 거래 시 요소 : 주문사이클, 발주의 편리성
④ 거래 후 요소 : 품절, 주문충족률, 납품률

해설 ④ 거래 후 요소에는 "설치, 보증, 변경, 수리, 부품, 제품의 추적, 고객의 클레임, 고충 및 반품처리, 제품의 일시적 교체, 예비품의 이용가능성" 등이 있다. 정답은 ④이다.

4 택배운송 서비스의 화물취급에 있어 "고객의 불만사항"이 아닌 것은?

① 약속시간을 지키지 않는다
② 불친절하다
③ 화물을 함부로 다룬다
④ 고객의 이름 정자와 사인을 동시에 받는다

5 택배운송에서 "고객의 요구사항"에 해당하지 않는 것은?

① 할인 요구 ② 착불 요구
③ 냉동화물 나중 배달 ④ 규격초과 화물 인수 요구

해설 택배운송에서 일반적으로 고객은 냉동화물은 우선 배달, 판매용화물은 오전 배달해주기를 요구한다. 정답은 ③이다.

6 택배종사자의 서비스 자세로서 틀린 것은?

① 애로사항이 있더라도 극복하고 고객만족을 위하여 최선을 다한다
② 단정한 용모, 반듯한 언행, 대고객 약속을 준수한다
③ 회사가 판매한 상품을 배달하고 있다고 생각하면서 배달한다
④ 자동차의 외관은 항상 청결하게 관리하고 안전운행한다

해설 ③에서 회사가 아닌, 내가 판매한 상품을 배달하고 있다고 생각하는 것이 옳다. 정답은 ③이다.

정답 | 12 ④ 13 ② 14 ① 15 ① 16 ③ | 4장 1 ④ 2 ③ 3 ④ 4 ④ 5 ③ 6 ③

7 택배종사자의 용모와 복장을 설명한 것 중 틀린 것은?

① 복장과 용모, 언행을 통제한다
② 고객은 택배종사자를 복장과 용모에 따라 대하지는 않는다
③ 신분확인을 위해 명찰을 패용한다
④ 항상 웃는 얼굴로 서비스 한다

해설 고객도 복장과 용모에 따라 택배종사자를 대하므로 정답은 ②이다.

8 택배화물의 배달 순서 계획에 대한 설명이 잘못된 것은?

① 관내 상세지도를 비닐 코팅하여 보유한다
② 배달표에 나타난 주소대로 배달할 것을 표시한다
③ 우선적으로 배달해야 할 고객의 위치까지는 표시할 필요없다
④ 배달과 집하 순서를 표시한다

해설 우선적으로 배달해야 할 고객의 위치를 표시하는 것이 좋다. 정답은 ③이다.

9 택배화물의 배달방법에서 "개인고객에 대한 전화"에 대한 설명으로 틀린 것은?

① 전화는 100% 하고 배달할 의무가 있다
② 전화는 해도 불만, 안 해도 불만을 초래할 수 있다. 그러나 전화를 하는 것이 더 좋다
③ 위치 파악, 방문예정 시간 통보, 착불요금 준비를 위해 방문예정 시간은 2시간 정도의 여유를 갖고 약속한다
④ 전화를 안 받는다고 화물을 안 가지고 가면 안 된다

해설 전화를 100% 하고 배달할 의무는 없다. 정답은 ①이다.

10 택배화물의 배달방법에서 "수하인 문전 행동방법"으로 틀린 것은?

① 인사방법 : 초인종을 누른 후 인사한다. 그러나 사람이 안 나온다고 문을 쾅쾅 두드리거나 발로 차지 않는다
② 화물인계방법 : 겉포장 이상 유무를 확인한 후 인계한다
③ 배달표 수령인 날인 확보 : 반드시 정자 이름과 사인의 둘 중 하나만 받는다
④ 불필요한 말과 행동을 하지 말 것 : 배달과 관계없는 말과 행동을 하지 않는다

해설 ③에서 "이름과 사인을 동시에 받는 것"이 맞으므로 정답은 ③이다.

11 택배화물의 배달방법에서 "대리인계 시 방법"이 틀린 것은?

① 인수자 지정 : 전화로 사전에 대리 인수자를 지정받는다
② 인수자 지정 : 대리 인수자의 이름과 서명을 받고 관계를 기록해야 하나, 이를 거부할 때는 인상의 특징만을 기록한다
③ 임의 대리인계 : 수하인이 부재중인 경우 외에는 대리인계를 절대 해서는 안 되고, 불가피하게 대리인계를 할 때는 확실한 곳에 인계해야 한다
④ 대리인계 기피할 인물 : 노인이나 어린이, 가게에는 대리 인계를 피하도록 한다

해설 ②에서 "인상의 특징만"이 아닌, "시간, 상호, 기타 특징"을 기록하는 것이 옳으므로 정답은 ②이다.

12 택배화물의 배달방법에서 "고객부재 시 방법"으로 틀린 것은?

① 부재안내표를 작성하고 투입할 때에는 방문시간, 송하인, 화물명, 연락처 등을 기록하여 문에 부착한다
② 대리인 인수 시는 인수처를 명기하여 찾도록 해야 한다
③ 대리인 인계가 되었을 때는 귀점 중 다시 전화로 확인 및 귀점 후 재확인한다
④ 고객을 밖으로 불러냈을 때에는 반드시 죄송하다는 인사를 하며, 소형화물 외에는 집까지 배달한다

해설 부재안내표는 문에 부착해서는 안 되고 문 안에 투입해야 한다. 정답은 ①이다.

13 택배화물의 배달방법에서 "미배달 화물에 대한 조치"로 옳은 것은?

① 불가피한 경우가 아님에도 불구하고, 옆집에 맡겨 놓고 수하인에게 전화하여 찾아가도록 조치한다
② 미배달 사유를 기록하여 관리자에게 제출하고, 화물은 재입고한다
③ 배달 화물차에 실어 놓았다가 다음날 배달한다
④ 인수자가 장기부재로 계속 싣고 다닌다

14 택배 집하 방법에서 "집하의 중요성"에 대한 설명으로 틀린 것은?

① 집하는 택배사업의 기본이다
② 배달이 집하보다 우선되어야 한다
③ 배달 있는 곳에 집하가 있다
④ 집하를 잘 해야 고객불만이 없다

해설 집하가 배달보다 우선되어야 하는 것이 옳으므로 정답은 ②이다.

15 택배화물 방문 집하 방법에서 "화물에 대해 정확히 기재해야 할 사항"이 아닌 것은?

① 수하인의 전화번호
② 정확한 화물명
③ 화물의 가격
④ 집하인의 성명과 전화번호

해설 집하인의 성명과 전화번호는 해당 없어 정답은 ④이다.

16 철도와 선박과 비교한 트럭 수송의 장 · 단점에서 "트럭 수송의 장점"이 아닌 것은?

① 문전에서 문전으로 배송서비스를 탄력적으로 행할 수 있고 중간 하역이 불필요하다
② 포장의 간소화 · 간략화가 가능할 뿐만 아니라 다른 수송기관과 연동하지 않고서도 일괄된 서비스를 할 수가 있다
③ 화물을 싣고 부리는 횟수가 적어도 된다는 점이 있다
④ 수송 단위가 작고 장거리의 경우 연료비나 인건비 등 수송단가가 높다는 점이 있다

해설 ④의 문장은 단점에 해당되어 정답은 ④이다.

17 사업용(영업용) 트럭운송의 "장점"이 아닌 것은?

① 수송비가 저렴하고, 수송능력이 높다
② 물동량의 변동에 대응한 안정수송이 가능하다
③ 인적투자는 필요하나, 설비투자가 필요 없다
④ 융통성이 높고, 변동비 처리가 가능하다

해설 ③에서 인적투자와 설비투자가 모두 필요 없는 것이 맞으므로 정답은 ③이다.

18 사업용(영업용) 트럭운송의 "단점"으로 맞는 것은?

① 비용이 고정비화되어 있다
② 수송능력에 한계가 있다
③ 사용하는 차종에 한계가 있다
④ 기동성이 부족하다

해설 ④ 기동성이 부족한 것이 사업용(영업용) 트럭운송의 단점에 해당하므로 정답이고, 나머지 보기들은 자가용 트럭운송의 단점에 해당한다.

정답 | 7 ② 8 ③ 9 ① 10 ③ 11 ② 12 ① 13 ② 14 ② 15 ④ 16 ④ 17 ③ 18 ④

19 자가용 트럭운송의 "장점"이 아닌 것은?

① 높은 신뢰성이 확보된다
② 안정적 공급이 가능하다
③ 시스템의 일관성이 유지된다
④ 수송능력에 한계가 없다.

해설 자가용 트럭운송은 수송능력의 한계가 있다는 단점이 있다. 정답은 ④이다.

20 자가용 트럭운송의 "단점"에 대한 설명이 아닌 것은?

① 수송량의 변동에 대응하기가 어렵다
② 설비(인적)투자가 필요하다
③ 사용하는 차종, 차량에 한계가 있다
④ 상거래에 기여하지 못하고, 작업의 기동성이 낮다

해설 자가용 트럭운송은 상거래에 기여하고, 작업의 기동성이 높다는 장점이 있다. 정답은 ④이다.

21 택배운송 등 소형화물운송용의 집배차량은 적재능력, 주행성, 하역의 효율성, 승강의 용이성 등의 각종 요건을 충족시키지 않으면 아니 된다. 이 요청에 응해서 출현한 차량은?

① 트레일러 ② 델리베리카
③ 덤프트럭 ④ 합리화 특장차

22 국내 화주기업 물류의 문제점에 해당되지 않는 것은?

① 각 업체의 협조적 물류기능 보유
② 제3자 물류기능의 약화
③ 시설간 · 업체간 표준화 미약
④ 물류 전문업체의 물류인프라 활용도 미약

해설 "협조적 물류기능 보유"가 아닌, "독자적 물류기능 보유"가 맞으므로 정답은 ①이며, 외에 "제조 · 물류업체간 협조성 미비"가 있다.

23 국내 화주기업 물류의 문제점에서 "제조업체와 물류업체가 상호 협력을 하지 못하는 이유"에 해당하지 않는 것은?

① 신뢰성의 문제 ② 물류에 대한 통제력
③ 비용부분 ④ 물류 아웃소싱 미약

해설 "물류 아웃소싱 미약"은 이유에 들지 아니하므로 정답은 ④이다.

24 트럭운송의 합리화 추진 수송방법 중 중간지점에서 운전자만 교체하는 수송방법을 무엇이라고 하는가?

① 트레일러 수송 ② 도킹 수송
③ 이어타기 수송 ④ 바꿔태우기 수송

해설 지문은 이어타기 수송을 설명한 것으로 정답은 ③이다. ② 도킹 수송 : 중간지점에서 트랙터와 운전자가 양방향으로 되돌아오는 수송, ④ 바꿔태우기 수송 : 트럭의 보디를 바꿔 실음으로써 합리화를 추진하는 수송

정답 | 19 ④ 20 ④ 21 ② 22 ① 23 ④ 24 ③

제1회 화물운송종사 자격시험 출제모의고사

제1교시 교통 및 화물자동차 운수사업 관련법규, 화물취급요령

1 차량 신호등 신호기가 표시하는 신호의 뜻으로 틀린 것은?

① 녹색의 등화 : 비보호좌회전표지 또는 비보호좌회전표시가 있는 곳에서는 좌회전할 수 없다.
② 황색의 등화 : 차마는 우회전을 할 수 있고 우회전하는 경우에는 보행자의 횡단을 방해하지 못한다.
③ 황색 등화의 점멸 : 차마는 다른 교통 또는 안전표지의 표시에 주의하면서 진행할 수 있다.
④ 적색 등화의 점멸 : 차마는 정지선이나 횡단보도가 있는 때에는 그 직전이나 교차로의 직전에 일시정지한 후 다른 교통에 주의하면서 진행할 수 있다.

2 농어촌지역 주민의 교통 편익과 생산 · 유통활동 등에 공용(共用)되는 공로(公路) 중 고시된 도로가 아닌 것은?

① 면도(面道) ② 이도(里道)
③ 농도(農道) ④ 사도(私道)

3 도로교통의 안전을 위하여 각종 제한 · 금지 등의 규제를 하는 경우에 이를 도로사용자에게 알리는 표지는?

① 주의표지 ② 지시표지
③ 규제표지 ④ 노면표시

4 노면표시에 사용되는 각종 "선"의 의미를 나타내는 설명 중 틀린 것은?

① 점선 : 허용
② 실선 : 제한
③ 삼선 : 금지
④ 복선 : 의미의 강조

5 다음 중 화물자동차의 운행 안전상 높이 기준은?

① 지상으로부터 3m
② 지상으로부터 3.5m
③ 지상으로부터 3.8m
④ 지상으로부터 4m

6 자동차 전용도로의 속도로 맞는 것은?

① 최고속도 : 매시 110km, 최저속도 : 매시 50km
② 최고속도 : 매시 100km, 최저속도 : 매시 50km
③ 최고속도 : 매시 90km, 최저속도 : 매시 30km
④ 최고속도 : 매시 80km, 최저속도 : 매시 30km

7 정비상태가 매우 불량하여 위험발생의 우려가 있는 자동차의 등록증을 보관하고, 정비기간을 정하여 그 차의 사용을 정지시킬 수 있는 관청은?

① 국토교통부장관
② 군수
③ 시 · 도 경찰청장
④ 도지사

8 무면허운전 금지 규정을 3회 이상 위반한 경우, 운전면허 응시 제한 기간은?

① 위반한 날부터 1년
② 위반한 날부터 2년
③ 위반한 날부터 3년
④ 위반한 날부터 4년

9 40km/h 초과 60km/h 이하의 속도위반을 한 4톤 이하의 화물자동차가 받는 범칙금액은?

① 13만원 ② 12만원
③ 10만원 ④ 9만원

10 중앙선침범에 의한 사고 사례 중 공소권 있는 사고에 해당되는 것은?

① 불가항력적인 중앙선 침범
② 충격에 의한 중앙선 침범
③ 위험 회피로 인한 중앙선 침범
④ 고의 또는 의도적인 중앙선 침범

11 신호 · 지시 위반사고의 성립요건에 대한 설명이 잘못된 것은?

① 장소적 요건 : 신호기가 설치되어 있는 교차로나 횡단보도에서 발생한 사고
② 피해자적 요건 : 신호 · 지시위반 차량에 충돌되어 인적피해를 입은 경우
③ 운전자 과실 : 만부득이한 과실
④ 시설물의 설치요건 : 특별시장 · 광역시장 또는 시장 · 군수가 설치한 신호기나 안전표지

12 보행자 보호의무에 대한 설명이 틀린 것은?

① 보행자가 횡단보도를 통행하고 있는 때에는 그 횡단보도 앞에서 일시정지 하여야 한다
② 모든 차의 운전자는 정지선이 설치되어 있는 곳에서는 그 정지선에서 일시정지 한다
③ 보행자의 횡단을 방해하거나 위험을 주어서는 아니 된다
④ 횡단 중 신호변경이 되어 미처 건너지 못한 보행자가 있을 때는 경음기를 울리며 주의를 준 다음 먼저 지나간다

13 화물자동차 종류 세부기준에 대한 설명이 틀린 것은?

① 경형(일반형) : 배기량 1,000cc 미만, 길이 3.6m, 너비 1.6m, 높이 2.0m 이하인 것
② 소형 : 최대적재량 1톤 이하인 것, 총중량 3.5톤 이하인 것
③ 중형 : 최대적재량 1톤 초과 5톤 미만, 총중량 3.5톤 초과 10톤 미만인 것
④ 대형 : 최대적재량 5톤 이상, 총중량 10톤 미만인 것

14 화물의 멸실 · 훼손 또는 인도의 지연과 같은 적재물 사고로 발생한 운송사업자의 손해배상 책임에 관하여 적용되는 법은?

① 「민법」 제135조
② 「공정거래법」 제135조
③ 「상법」 제135조
④ 「소비자기본법」 제135조

정답 | 1① 2④ 3③ 4③ 5④ 6③ 7③ 8② 9④ 10④ 11③ 12④ 13④ 14③

15 **다음 중 화물운송사업자가 "적재물배상 책임보험 또는 공제"에 가입하지 않은 경우, 그 기간이 10일 이내일 때의 과태료 금액으로 맞는 것은?**

① 8,000원　② 10,000원
③ 15,000원　④ 20,000원

16 **부당한 운임 또는 요금을 받았을 때 화주가 환급(반환)을 요구할 수 있는 대상자는?**

① 당해 운전자　② 운송사업자
③ 운수종사자　④ 운수사업자

17 **운송사업자가 다음의 어느 하나에 해당하면 6개월 이내의 기간을 정하여 그 사업의 일부 또는 일부의 정지를 명령하거나 감차 조치를 명할 수 있다. 반드시 취소해야 하는 사항은?**

① 화물자동차 운송사업허가를 받은 후 6개월 간의 운송실적이 국토교통부령으로 정하는 기준에 미달한 경우
② 정당한 사유 없이 업무개시 명령을 이행하지 아니한 경우
③ 운송사업자, 운송주선사업자 및 운송가맹사업자가 운송 또는 주선 실적에 따른 신고를 아니하였거나 거짓으로 신고한 경우
④ 부정한 방법으로 화물자동차 운송사업허가를 받은 경우

18 **화물운송 종사자가 국토교통부장관의 업무개시 명령을 정당한 사유 없이 거부한 경우의 효력 정지의 처분기준으로 맞는 것은?**

① 1차 : 자격정지 30일, 2차 : 자격 취소
② 1차 : 자격정지 60일, 2차 : 자격 취소
③ 1차 : 자격정지 20일, 2차 : 자격정지 30일
④ 1차 : 자격정지 30일, 2차 : 자격정지 60일

19 **다음 중 화물자동차 유가보조금 제도에서 화물차주의 준수사항에 대한 설명으로 <u>틀린</u> 것은?**

① 유류구매카드 사용 및 유가보조금 청구 · 수령을 위하여 화물자동차 운수사업법과 화물자동차 유가보조금 관리 규정에서 정하는 사항을 숙지하고 이를 준수하여야 한다.
② 관할관청이 법에 따라 유가보조금의 지급 여부를 확인하는 경우 증거자료를 제출하거나 조사에 응하여야 한다.
③ 주유소에서 유류구매카드를 사용할 때에는 카드에 기재된 자동차 등록번호에 해당하는 차량에 주유하는 용도로 사용하여야 한다.
④ 휴 · 폐업, 양도, 사업 · 운행의 제한 등의 경우에도 카드 사용을 계속할 수 있다.

20 **다음 중 「자동차관리법」이 적용되는 자동차는?**

① 「건설기계관리법」에 따른 건설기계
② 「화물자동차 운수사업법」에 따른 화물자동차
③ 「농업기계화 촉진법」에 따른 농업기계
④ 궤도 또는 공중선에 의하여 운행되는 차량

21 **시 · 도지사가 직권으로 말소등록을 할 수 있는 경우가 <u>아닌</u> 것은?**

① 속임수나 그 밖의 부정한 방법으로 등록된 경우
② 자동차의 차대가 등록원부상의 차대와 다른 경우
③ 운행정지 명령에도 불구하고 해당 자동차를 계속 운행하는 경우
④ 말소등록을 신청하여야 할 자가 신청한 경우

22 **자동차 검사의 구분에 대한 설명으로 <u>틀린</u> 것은?**

① 신규검사 : 신규등록을 하려는 경우 실시하는 검사
② 정기검사 : 신규등록 후 일정기간마다 정기적으로 실시하는 검사로 한국교통안전공단만이 대행하고 있다
③ 튜닝검사 : 자동차를 튜닝한 경우에 실시하는 검사
④ 임시검사 : 자동차관리법 또는 같은 법의 명령이나 자동차 소유자의 신청을 받아 비정기적으로 실시하는 검사

23 **도로에 관한 금지행위에 해당하지 <u>않는</u> 것은?**

① 도로를 파손하는 행위
② 도로에서 소리를 지르는 등 타인에게 불쾌감을 주는 행위
③ 도로에 장애물을 쌓아놓는 행위
④ 도로의 교통에 지장을 주는 행위

24 **다음 중 자동차의 튜닝이 승인되는 경우는?**

① 최대 적재량을 감소시켰던 자동차를 원상회복하는 경우
② 총중량이 증가되는 튜닝
③ 자동차의 종류가 변경되는 튜닝
④ 튜닝 전보다 성능 또는 안전도가 저하될 우려가 있는 경우의 튜닝

25 **「대기환경보전법」의 제정 목적이 <u>아닌</u> 것은?**

① 대기오염으로 인한 국민건강이나 환경에 관한 위해(危害)를 예방
② 대기환경을 적정하게 지속 가능하게 관리 · 보전
③ 모든 국민이 건강하고 쾌적한 환경에서 생활여건조성
④ 자동차 운전자의 건강을 우선적으로 보호

26 **화물자동차가 과적운행을 할 때에 미치는 영향이 <u>아닌</u> 것은?**

① 엔진과 차량 자체에 악영향을 미친다
② 자동차의 등화 점등 조작을 어렵게 한다
③ 자동차의 핸들 조작을 어렵게 한다
④ 자동차의 제동장치에 악영향을 끼치고, 속도조절을 어렵게 한다

27 **운송장 기재 시 유의 사항으로 <u>틀린</u> 것은?**

① 화물 인수 시 적합성 여부를 확인한 후 고객이 직접 운송장 정보를 기입하도록 한다
② 수하인의 주소 및 전화번호가 맞는지 재차 확인한다
③ 운송장이 파손될 수 있기 때문에 꼭꼭 눌러 기재하면 안 된다
④ 특약 사항에 대하여 고객에게 고지한 후 약관설명을 하고 확인필에 서명을 받는다

28 **포장의 기능에 대한 설명으로 <u>틀린</u> 것은?**

① 보호성　② 상품성
③ 효율성　④ 소비촉진성

29 **창고 내 및 입 · 출고 작업요령으로 <u>틀린</u> 것은?**

① 작업 시작 전에 작업장 주위를 정리한다
② 창고 내에서 작업할 때에는 어떠한 경우라도 흡연을 금한다
③ 화물 적하장소에 무단으로 출입하지 않는다
④ 화물의 붕괴를 막기 위하여 적재규정을 준수하고 있는지 확인한다

정답 | 15 ③　16 ②　17 ④　18 ①　19 ④　20 ②　21 ④　22 ②　23 ②　24 ①　25 ④　26 ②　27 ③　28 ④　29 ①

30 일반 화물의 취급 표지의 기본적인 색상으로 옳은 것은?

① 검정색 ② 적색
③ 주황색 ④ 황색

31 물이나 먼지도 막아내기 때문에 우천시의 하역이나 야적 보관도 가능한 파렛트 화물 적재 방식은?

① 스트레치 방식 ② 주연어프 방식
③ 밴드걸기 방식 ④ 슈링크 방식

32 파렛트의 가장자리를 높게 하여 포장화물을 안쪽으로 기울여 화물이 갈라지는 것을 방지하는 방식에 해당되는 것은?

① 밴드걸기 방식
② 주연어프 방식
③ 풀붙이기 접착방식
④ 슈링크 방식

33 트랙터 운행에 따른 주의사항을 설명한 것으로 <u>틀린</u> 것은?

① 중량물 및 활대품을 수송하는 경우에는 바인더 잭으로 화물결박을 철저히 한다
② 운행할 때는 수시로 화물의 결박 상태를 확인한다
③ 고속운행 중 급제동은 잭나이프 현상 등의 위험을 초래하므로 조심한다
④ 장거리를 운행할 때에는 최소한 6시간 주행마다 10분 이상 휴식한다

34 컨테이너에 위험물을 수납할 때의 주의사항으로 <u>틀린</u> 것은?

① 위험물의 수납에 앞서 위험물의 성질, 성상, 취급방법, 방제대책을 충분히 조사한다
② 상호작용하여 물리적 화학작용이 일어날 염려가 있는 위험물들을 동일 컨테이너에 수납할 때에는 특히 주의한다
③ 수납되는 위험물 용기의 포장 및 표찰이 완전한가를 충분히 점검하여 포장 및 용기가 파손되었거나 불완전한 컨테이너는 수납을 금지한다
④ 화물의 이동, 전도, 충격, 마찰, 누설 등에 의한 위험이 생기지 않도록 충분한 깔판 및 각종 고임목 등을 사용하여 화물을 보호하는 동시에 단단히 고정한다

35 고속도로 운행 제한차량의 기준에 대한 설명이 <u>잘못된</u> 것은?

① 축하중 : 차량의 축하중이 10톤을 초과
② 총중량 : 차량 총중량이 40톤을 초과
③ 길이 또는 폭 : 적재물을 포함한 차량의 길이가 15m 초과 또는 폭이 4m 초과
④ 높이 : 적재물을 포함한 차량의 높이가 4m 초과

36 자동차관리법령상 유형별 세부기준 중 특수자동차에 해당되는 것은?

① 특수용도형
② 밴형
③ 특별장비형
④ 덤프형

37 다음 중 트레일러의 장점이 <u>아닌</u> 것은?

① 트랙터의 효율적 이용
② 효과적인 적재량 및 일시보관 기능의 실현
③ 중계지점에서의 탄력적인 작업
④ 운전자와 작업자의 효율적 운영

38 차에 실은 화물의 쌓아 내림용 크레인을 갖춘 특수장비자동차의 명칭은?

① 덤프차
② 트럭 크레인
③ 탱크차
④ 크레인붙이 트럭

39 다음 중 이사화물 운송사업자의 면책사유가 <u>아닌</u> 것은?

① 이사화물의 인위적인 소모
② 이사화물의 성질에 의한 발화, 폭발, 뭉그러짐, 곰팡이 발생, 부패, 변색 등
③ 공권력이나 법령에 의한 운송금지, 개봉, 몰수, 압류, 제3자에 대한 인도
④ 천재지변 등 불가항력적인 사유

40 운송물의 일부 멸실 또는 훼손에 대한 사업자 "책임의 특별소멸 사유와 시효"대한 설명으로 <u>틀린</u> 것은?

① 운송물의 일부 멸실 또는 훼손에 대한 사업자의 손해배상은 수하인이 운송물을 수령한 날로 부터 14일 이내에 그 사실을 통지하지 아니하면 소멸한다.
② 사업자나 그 사용인이 일부멸실, 훼손사실을 알면서 인도한 경우에는 수하인이 운송물을 수령한 날로부터 5년간 존속한다.
③ 운송물이 전부 멸실된 경우에는 그 인도 예정일로부터 기산한다.
④ 운송물의 일부 멸실 또는 훼손, 연착에 대한 사업자의 손해배상 책임은 수하인이 운송물을 수령한 날로부터 2년이 경과하면 소멸한다.

정답 | 30 ① 31 ④ 32 ② 33 ④ 34 ② 35 ③ 36 ① 37 ④ 38 ④ 39 ① 40 ④

제2교시 안전운행, 운송서비스

1 다음 중 도로교통체계의 구성요소가 아닌 것은?

① 운전자 및 보행자를 비롯한 도로 사용자
② 도로 및 교통신호등 등의 환경
③ 차량들
④ 지하철을 이용하는 승객

2 동체시력에 대한 설명에 해당하지 않는 것은?

① 움직이면서 다른 자동차나 물체를 보는 시력을 말한다
② 물체의 이동속도가 빠를수록 상대적으로 저하된다
③ 운전자의 연령 또는 장시간 운전과 동체시력의 저하는 관련이 없다
④ 정지시력이 1.2인 사람이 시속 90km로 운전하면서 고정된 대상물을 볼 때의 시력은 0.5이하로 떨어진다

3 명순응에 대한 설명이 틀린 것은?

① 암순응보다 시력회복이 느리다.
② 일광 또는 조명이 어두운 조건에서 밝은 조건으로 변할 때 사람의 눈이 그 상황에 적응하여 시력을 회복하는 것을 말한다.
③ 암순응과 반대로 어두운 터널을 벗어나 밝은 도로로 주행할 때 발생하는 현상이다.
④ 운전자가 일시적으로 주변의 눈부심으로 인해 물체가 보이지 않는 시각장애를 말한다.

4 동체시력에 대한 설명으로 옳은 것은?

① 움직이는 물체 또는 움직이면서 다른 자동차나 사람 등의 물체를 보는 시력을 말한다
② 물체의 이동속도가 빠를수록 상대적으로 상승된다
③ 연령이 높을수록 더욱 상승된다
④ 장시간 운전에 의한 피로상태에서 더 향상되는 경향이 있다

5 심시력과 관련한 설명으로 맞지 않는 것은?

① 전방에 있는 대상물까지의 거리를 목측하는 기능을 말한다
② 전방에 있는 대상물까지의 거리를 목측하는 것을 심경각이라 한다
③ 어두운 장소에서 밝은 장소로 나온 후 눈이 익숙해져 시력을 회복하는 것을 말한다
④ 심시력의 결함은 입체 공간 측정의 결함으로 인한 교통사고를 초래할 수 있다

6 운전피로의 3대 요인에 해당하지 않는 것은?

① 생활요인 : 수면 · 생활환경 등
② 운전작업 중의 요인 : 차내(외)환경 · 운행조건
③ 운전자 요인 : 신체조건 · 경험조건 · 연령조건 · 성별조건 · 성격 · 질병 등
④ 정신적 요인 : 예민함과 불쾌감

7 제동 시에 바퀴를 록(lock) 시키지 않음으로써 브레이크가 작동하는 동안에도 핸들의 조종이 용이하도록 하는 제동장치는 무엇인가?

① 주차 브레이크 ② 풋 브레이크
③ 엔진 브레이크 ④ ABS 브레이크

8 음주운전 교통사고의 특징으로 틀린 것은?

① 주차 중인 자동차와 같은 정지된 물체에 충돌할 가능성이 높다
② 전신주, 가로시설물, 가로수 등과 같은 고정 물체와 충돌할 가능성이 높다
③ 정상운전 때보다 대향차 전조등에 의한 현혹현상의 영향을 적게 받는다
④ 차량 단독사고의 가능성이 높다(차량단독 도로 이탈사고 등)

9 어린이 교통사고의 특징으로 맞는 것은?

① 도로로 갑자기 뛰어들며 사고를 당하는 경우가 많다
② 학년이 높을 수록 교통사고를 많이 당한다
③ 오전 9시에서 오후 3시 사이에 가장 많이 발생한다
④ 보통 어린이의 부주의가 아닌, 운전자의 부주의로 많은 사고가 발생한다

10 조향장치의 앞바퀴 정렬에서 캠버(Camber)의 상태와 역할에 대한 설명이 틀린 것은?

① 자동차를 앞에서 보았을 때, 위쪽이 아래보다 약간 바깥쪽으로 기울어져 있는 상태를 (+)캠버, 또한 위쪽이 아래보다 약간 안쪽으로 기울어져 있는 것을 (-)캠버라 한다
② 앞바퀴가 하중을 받았을 때 아래로 벌어지는 것을 방지한다
③ 핸들조작을 가볍게 한다
④ 핸들의 복원성을 좋게 하기 위해 필요하다

11 수막현상 발생에 영향을 주는 요인과 가장 관계가 먼 것은?

① 차의 속도 ② 차의 변속
③ 타이어 공기압 ④ 고인 물의 깊이

12 자동차의 현가장치 관련 현상에서 자동차의 진동에 대한 설명이 잘못된 것은?

① 바운싱 : 차체가 Z축 방향과 평행 운동을 하는 고유 진동이다
② 피칭 : 차체가 Y축을 중심으로 하여 회전운동을 하는 고유 진동
③ 롤링 : 차체가 X축을 중심으로 하여 회전운동을 하는 고유 진동
④ 요잉 : 차체가 Z 축을 중심으로 하여 평행운동을 하는 고유 진동

13 운전자가 자동차를 정지하여야 할 상황임을 지각하고 브레이크 페달로 발을 옮겨 브레이크가 작동을 시작하는 순간까지의 시간과 그때 자동차가 진행한 거리의 명칭에 해당하는 것은?

① 정지시간-정지거리
② 공주시간-공주거리
③ 제동시간-제동거리
④ 공주시간-제동시간

14 오감(五感)으로 판별하는 자동차 이상 징후에서 활용도가 제일 낮은 감각(感覺)은?

① 시각(視覺) ② 청각(聽覺)
③ 촉각(觸覺) ④ 미각(味覺)

15 급제동시 차체의 진동이 심하고 브레이크 페달에 떨림이 있을 경우의 조치 방법이 아닌 것은?

① 앞 브레이크 드럼 연마 작업 또는 교환
② 조향핸들 유격 점검
③ 허브베어링 교환 또는 허브너트 재조임
④ 조향핸들 교환

정답 | 1④ 2③ 3① 4① 5③ 6④ 7④ 8③ 9① 10④ 11② 12④ 13② 14④ 15④

16 곡선부의 방호울타리의 기능으로 잘못된 것은?

① 자동차가 차도를 이탈하는 것을 방지한다
② 탑승자의 상해 및 자동차의 파손을 감소시킨다
③ 자동차를 안정적인 진행방향으로 복귀시키는 것이다
④ 운전자의 시선을 유도한다

17 주행 중 긴급상황에서 차량을 정지시키는데 영향을 미치는 요소로 가장 관계가 없는 것은?

① 운전자의 지각시간
② 운전자의 반응시간
③ 브레이크 또는 타이어의 성능
④ 자동차 엔진의 성능

18 방어운전의 기본에 해당하지 않은 것은?

① 교통상황 정보수집
② 양보와 배려의 실천
③ 세심한 관찰력
④ 예측능력과 이해력

19 고속도로에서의 안전운전 방법에 설명이 잘못된 것은?

① 정해진 추월차로를 규정속도로 운행한다
② 주변 교통흐름에 따라 최고 속도 이하에서 적정속도를 유지한다
③ 전 좌석 안전띠 착용이 의무사항이다
④ 운전자는 앞차의 뒷부분만 봐서는 안되며 앞차의 전방까지 시야를 두면서 운전하여야 한다

20 커브길의 교통사고 위험에 대한 설명이 잘못된 것은?

① 도로외 이탈의 위험이 뒤따른다
② 전방주시가 태만하여 앞차와 추돌할 위험이 있다
③ 중앙선을 침범하여 대향차와 충돌할 위험이 있다
④ 시야불량으로 인한 사고의 위험이 있다

21 야간 안전운전요령으로 틀린 것은?

① 주간보다 속도를 낮추어 주행할 것
② 자동차가 교행할 때에는 조명장치를 하향 조정할 것
③ 해가 저물면 곧바로 전조등을 점등할 것
④ 실내등을 켜서 밝게 하고 운행할 것

22 철길 건널목 내 차량고장 시 대처방법에 대한 설명이 잘못된 것은?

① 즉시 동승자를 대피시킨다
② 관련 기관에는 나중에 알리고, 일단 차에서 내려 철길에 있는 고장차를 밀어 대피 작업을 한다
③ 철도공사 직원에게 알리고 차를 건널목 밖으로 이동시키도록 조치한다
④ 시동이 걸리지 않을 때는 당황하지 말고 기어를 1단 위치에 넣은 후 크러치 페달을 밟지 않은 상태에서 엔진 키를 돌리면 시동 모터의 회전으로 바퀴를 움직여 철길을 빠져 나올 수 있다

23 겨울철의 자동차 관리사항으로 가장 거리가 먼 것은?

① 냉각장치 점검
② 월동장비 점검
③ 부동액 점검
④ 정온기 점검

24 위험물 적재방법 중 운반용기와 포장외부에 표시해야 할 사항이 아닌 것은?

① 위험물의 성질
② 화학명
③ 위험물의 품목
④ 수량

25 충전용기 등을 차량에 적재할 때에는 항상 몇 도 이하를 유지하여야 하는가?

① 30℃
② 40℃
③ 45℃
④ 50℃

26 고객 서비스의 형태에 대한 설명으로 잘못된 것은?

① 무형성 : 보이지 않는다
② 동시성 : 생산과 소비가 동시에 발생한다
③ 인간주체 : 사람에 의존한다
④ 재생성 : 다시 수정하여 행한다

27 직업의 4가지 의미 중 "일한다는 인간의 기본적인 리듬을 갖는 곳"에 해당되는 것은?

① 경제적 의미
② 정신적 의미
③ 사회적 의미
④ 철학적 의미

28 고객만족을 위한 서비스 품질의 분류에 대한 설명이 틀린 것은?

① 상품품질 : 성능 및 사용방법을 구현한 하드웨어 품질이다
② 영업품질 : 고객이 현장사원 등과 접하는 환경과 분위기를 고객만족 쪽으로 실현하기 위한 소프트웨어 품질이다
③ 서비스품질 : 고객으로부터 신뢰를 획득하기 위한 휴먼웨어 품질이다
④ 고객만족 품질 : 영업활동을 고객지향적으로 전개하여 고객 만족도 향상에 기여하는 품질이다

29 고객 응대 예절 중 고객 불만 발생시의 행동 방법에 대한 설명이 틀린 것은?

① 책임감을 갖고 전화를 받는 사람의 이름을 밝혀 고객을 안심시키고 확인 후 연락을 할 것을 전해준다
② 고객 불만을 해결하기 어려운 경우 강경하게 대응한다
③ 고객의 불편사항이 더 이상 확대되지 않도록 한다
④ 불만 전화 접수 후 우선적으로 빠른 시간 내에 확인하여 고객에게 알린다

30 두 개의 정책 목표 가운데, 하나를 달성하려고 하면 다른 하나의 목표는 달성이 늦어지거나 희생되는 경우가 있다. 이러한 경우, 양자 간의 관계를 무엇이라 하는가?

① 상호희생적 관계
② 가치대립적 관계
③ 상대적 관계
④ 트레이드 오프 관계

정답 | 16 ③ 17 ④ 18 ④ 19 ① 20 ② 21 ④ 22 ② 23 ① 24 ① 25 ② 26 ④ 27 ④ 28 ④ 29 ② 30 ④

31 **직업 운전자의 기본예절에 대한 설명이 옳지 못한 것은?**

① 상대방을 알아서 사람을 기억한다는 것은 인간관계의 기본조건이다
② 어떤 경우라도 상대의 결점을 지적해서는 안 된다
③ 관심을 가짐으로 인간관계는 더욱 성숙된다
④ 모든 인간관계는 성실을 바탕으로 한다

32 **물류효율을 향상시키기 위하여 가공하는 활동으로 단순가공, 재포장 또는 조립 등 제품이나 상품의 부가가치를 높이기 위한 물류활동의 기능에 해당되는 것은?**

① 보관기능
② 하역기능
③ 정보기능
④ 유통가공기능

33 **물류전략과 계획에서 "물류전략의 목표"에 해당하지 <u>않는</u> 것은?**

① 비용절감 : 운반 및 보관과 관련된 가변비용을 최소화하는 전략
② 자본절감 : 물류시스템에 대한 투자를 최소화하는 전략
③ 서비스개선 전략 : 제공되는 서비스수준에 비례하여 수익이 증가한다는데 근거를 둔다는 전략
④ 구조조정 전략 : 물류활동에 참여하는 인력의 구조조정을 통해 인건비용을 최소화하는 전략

34 **물류전략과 계획에서 "의사결정사항"에 해당하지 <u>않는</u> 것은?**

① 창고의 입지선정 ② 재고정책의 설정
③ 주문접수 ④ 투자수단의 선택

35 **화주기업이 물류활동을 효율화할 수 있도록 공급망 상의 기능 전체 혹은 일부를 대행하는 업종을 무엇이라 하는가?**

① 제1자 물류업 ② 제2자 물류업
③ 제3자 물류업 ④ 제4자 물류업

36 **화물자동차운송의 효율성 지표에서 주행거리에 대해 실제로 화물을 싣고 운행한 거리의 비율을 무엇이라 하는가?**

① 가동율 ② 실차율
③ 적재율 ④ 공차거리율

37 **다음 중 생산 · 유통기간의 단축, 재고의 감소, 반품손실 감소 등 생산 · 유통의 각 단계에서 효율화를 실현하고 그 성과는 생산자, 유통관계자, 소비자에게 골고루 돌아가게 하는 기법에 해당되는 것은?**

① 전사적 품질관리(TQC)
② 효율적 고객대응(ECR)
③ 공급망관리(SCM)
④ 신속대응(QR)

38 **주파수 공용통신(TRS : Trunked Radio System)의 개념에 대한 설명이 <u>틀린</u> 것은?**

① 각각의 중계국에 하나씩 할당된 채널을 단독으로 사용하는 무전기시스템이다
② 이동차량이나 선박 등 운송수단에 탑재하여 이동간의 정보를 리얼타임(real-time)으로 송 · 수신할 수 있는 통신서비스이다
③ 현재 꿈의 로지스틱스의 실현이라고 부를 정도로 혁신적인 화물추적망 시스템으로서 주로 물류관리에 많이 사용한다
④ 음성통화, 공중망 접속통화 등 서비스를 할 수 있다

39 **택배화물의 배달방법에서 "개인고객에 대한 전화"에 대한 설명으로 <u>틀린</u> 것은?**

① 전화를 100% 하고 배달할 의무가 있다
② 전화는 해도 불만, 안 해도 불만을 초래할 수 있으나, 전화를 하는 것이 더 좋다
③ 위치 파악, 방문예정 시간 통보, 착불요금 준비를 위해 방문예정 시간은 2시간 정도의 여유를 갖고 약속한다
④ 전화를 안 받는다고 화물을 안 가지고 가면 안 된다

40 **택배화물의 배달방법에서 "미배달 화물에 대한 조치"로 옳은 것은?**

① 불가피한 경우가 아님에도 불구하고, 옆집에 맡겨 놓고 수하인에게 전화하여 찾아가도록 조치한다
② 미배달 사유를 기록하여 관리자에게 제출하고, 화물은 재입고 한다
③ 배달화물차에 실어 놓았다가 다음날 배달한다
④ 인수자가 장기부재로 계속 싣고 다닌다

정답 | 31 ② 32 ④ 33 ④ 34 ④ 35 ③ 36 ② 37 ④ 38 ① 39 ① 40 ②

제2회 화물운송종사 자격시험 출제모의고사

제1교시 교통 및 화물자동차 운수사업 관련법규, 화물취급요령

1 "차도와 보도를 구분하는 돌 등으로 이어진 선"의 「도로교통법」상의 용어는?

① 차선(車線) ② 차로(車路)
③ 차도(車道) ④ 연석선(連石線)

2 사람이 끌고가는 손수레에 대한 설명이 틀린 것은?

① 사람의 힘으로 운전되는 것이므로 차이다
② 손수레에 아무것도 적재되어 있지 않을 때에는 차로 보지 않는다
③ 손수레 운전자를 다른 차량이 충격하였을 때에는 보행자로 본다
④ 사람이 끌고가는 손수레가 보행자를 충격하였을 때에는 차에 해당한다

3 다음의 안전표지 중 "주의표지"가 아닌 것은?

① 철길 건널목

② 도로폭이 좁아짐

③ 중앙분리대 시작

④ 서행

4 노면표시의 기본색상에 대한 설명이 틀린 것은?

① 황색 : 주차금지표시 · 안전지대표시
② 적색 : 어린이보호구역 속도제한표시의 테두리선
③ 청색 : 교통방향의 교통류 분리표시(버스전용차로)
④ 백색 : 동일방향의 교통류 및 경계표시

5 안전지대에 대한 설명이 옳은 것은?

① 도로를 횡단하는 보행자나 통행하는 차마의 안전을 위하여 안전표지나 그와 비슷한 인공구조물로 표시한 도로의 부분
② 보행자가 도로를 횡단할 수 있도록 안전표지로써 표시한 도로의 부분
③ 교통안전에 필요한 주의 · 규제 · 지시 등을 표시하는 표지판 또는 도로의 바닥에 표시하는 기호나 문자 또는 선 등
④ 차로와 차로를 구분하기 위하여 그 경계지점을 안전표지로 표시한 선

6 「도로교통법」에서 정한 운전이 금지되는 술에 취한 상태의 기준으로 맞는 것은?

① 혈중알코올농도 0.03% 이상
② 혈중알코올농도 0.08% 이상
③ 혈중알코올농도 0.10% 이상
④ 혈중알코올농도 0.12% 이상

7 다음 중 제1종 대형운전면허가 있어야만 운전할 수 있는 차는?

① 250cc 이륜자동차 ② 덤프트럭
③ 대형견인차 ④ 구난차

8 자동차 등을 이용하여 범죄행위를 한 때 운전면허가 취소되는 경우가 아닌 것은?

① 공동위험행위로 형사입건된 때
② 국가보안법을 위반한 범죄에 이용된 때
③ 형법상 살인, 사체유기 등 범죄에 이용된 때
④ 자동차를 이용하여 상습절도 및 교통방해 행위를 한 때

9 교차로 또는 그 부근을 운행 중에 긴급자동차가 접근하는 경우 운전자가 취해야 할 행동으로 옳은 것은?

① 교차로 앞에서 정지한다
② 긴급자동차가 신속히 앞지르기 할 수 있도록 서행한다
③ 교차로를 피하여 도로의 우측 가장자리에 일시정지한다
④ 그 자리에 일단정지한다

10 다음 중 「교통사고처리특례법」상 특례가 적용되는 경우는?

① 신호 · 지시위반사고
② 보행자보호의무 위반사고
③ 속도위반 (제한속도 20km/h 초과) 과속사고
④ 교차로 통행방법 위반사고

11 중앙선침범이 적용되는 사례에서 "고의 또는 의도적인 중앙선침범 사고 사례"에 해당하지 않는 것은?

① 좌측도로나 건물 등으로 가기 위해 회전하며 중앙선을 침범한 경우
② 오던 길로 되돌아 가기 위해 유턴하며 중앙선을 침범한 경우
③ 앞지르기 위해 중앙선을 넘어 진행하다 다시 진행차로로 들어오는 경우
④ 제한속력 내 운행 중 미끄러지며 중앙선을 침범한 경우

12 무면허 운전에 해당하는 경우가 아닌 것은?

① 유효기간이 지난 면허증으로 운전한 경우
② 면허 취소처분을 받은 자가 운전하는 경우
③ 국제운전면허증을 소지하고 운전하는 경우
④ 면허종별 외의 차량을 운전하는 경우

13 "다른 사람의 요구에 의하여 화물자동차를 사용하여 화물을 유상으로 운송하는 사업"을 무엇이라 하는가?

① 화물자동차 운송사업
② 화물자동차 운수사업
③ 화물자동차 운송주선사업
④ 화물자동차 운송가맹사업

14 운송사업자는 운임 및 요금, 운송약관을 정하여 미리 국토교통부장관에게 신고하여야 하는데 이때 필요한 사항이 아닌 것은?

① 운임 및 요금신고서 ② 원가계산서
③ 운임 및 요금표 ④ 운임 및 요금의 신, 구 대비표

정답 | 1④ 2② 3④ 4③ 5① 6① 7② 8① 9③ 10④ 11④ 12③ 13① 14④

15 화물자동차 운송사업의 허가권자는?

① 시 · 도지사 ② 한국교통안전공단 이사장
③ 기획재정부장관 ④ 국토교통부장관

16 국토교통부장관이 운송사업자의 사업정지처분에 갈음하여 부과할 수 있는 과징금의 용도가 아닌 것은?

① 공영차고지의 설치 및 운영사업
② 운수종사자 교육시설에 대한 비용보조사업
③ 사업자단체가 실시하는 교육훈련사업
④ 고속도로 등 도로망 확충 및 시설개선사업

17 화물자동차 운전 중 중대한 교통사고의 범위에 해당하지 않는 것은?

① 사고야기 후 피해자 유기 및 도주
② 화물자동차의 정비불량으로 인해 발생한 사고
③ 운수종사자의 귀책 유무와 상관 없는 화물자동차의 전복 또는 추락이 발생한 사고
④ 5대 미만의 차량을 소유한 운송사업자가 사고 이전 최근 1년 동안 발생한 교통사고가 2건 이상인 경우

18 운수사업자가 설립한 협회의 연합회 허가관청에 해당하는 것은?

① 국토교통부장관 ② 시 · 도지사
③ 산업통상자원부장관 ④ 행정안전부장관

19 최대적재량 1.5톤 초과 화물자동차가 차고지와 지방자치단체의 조례로 정하는 시설 및 장소가 아닌 곳에서 밤샘주차한 경우, 일반화물자동차 운송사업자에게 부과되는 과징금은?

① 5만 원 ② 10만 원
③ 20만 원 ④ 25만 원

20 자동차 종류의 세부적인 설명이 틀린 것은?

① 승용자동차 : 10인 이하를 운송하기에 적합하게 제작된 자동차
② 승합자동차 : 11인 이상을 운송하기에 적합하게 제작된 자동차
③ 화물자동차 : 화물을 운송하기에 적합한 화물적재공간을 갖춘 자동차로 바닥 면적이 최소 2제곱미터 이상인 화물적재공간을 갖춘 자동차 포함
④ 특수자동차 : 총배기량 또는 정격출력의 크기와 관계없이 1인 또는 2인의 사람을 운송하기에 적합하게 제작된 이륜의 자동차 및 그와 유사한 구조로 되어 있는 자동차

21 자동차의 변경등록 사유가 발생한 날부터 며칠 이내에 변경등록 신청을 하여야 하는가?

① 10일 이내 ② 15일 이내
③ 20일 이내 ④ 30일 이내

22 자동차 소유자가 국토교통부령으로 정하는 항목에 대하여 튜닝을 하려는 경우, 누구에게 승인을 받아야 하는가?

① 시장 · 군수 · 구청장 ② 시 · 도지사
③ 도로교통공단 ④ 행정안전부장관

23 도로교통망의 중요한 축을 이루며 주요 도시를 연결하는 도로로서 자동차 전용의 고속운행에 사용되는 도로를 무엇이라 하는가?

① 고속국도 ② 일반국도
③ 광역시도 ④ 지방도

24 승차인원, 적재중량 및 용량에 대해 운행상의 안전기준을 넘어 운전하고자 할 때, 누구에게 허가를 받아야 하는가?

① 경유지를 관할하는 시 · 도 경찰청장
② 출발지를 관할하는 경찰서장
③ 출발지를 관할하는 시 · 도 경찰청장
④ 도착지를 관할하는 경찰서장

25 「대기환경보전법」상 용어의 뜻에 대한 설명으로 틀린 것은?

① 검댕 : 연소할 때에 생기는 유리 탄소가 응결하여 입자의 지름이 1미크론 이상이 되는 입자상물질을 말한다
② 저공해 자동차 : 대기오염물질의 배출이 없는 자동차 또는 제작차의 배출허용기준보다 오염물질을 적게 배출하는 자동차를 말한다
③ 온실가스 : 적외선 복사열을 흡수하거나 다시 방출하여 온실효과를 유발하는 대기 중의 가스상태 물질이다
④ 공회전 제한장치 : 자동차에서 배출되는 대기오염 물질을 줄이기 위해 부착하는 장치로서 환경부령으로 정하는 저감효율에 적합한 장치를 말한다

26 화물자동차 운전자가 불안전하게 화물을 취급할 경우의 예상되는 문제점이 아닌 것은?

① 다른 사람보다 우선 운전자 본인의 안전이 위협 받는다
② 다른 사람을 다치게 하거나 사망하게 하는 사고의 요인이 된다
③ 적재물이 낙하하는 등의 돌발상황이 발생할 수 있다
④ 결박 상태가 느슨한 화물은 다른 운전자의 긴장감을 고조시키고 차로 변경 또는 서행 등의 행동을 유발한다

27 동일 수하인에게 다수의 화물이 배달될 때 운송장비용를 절약하기 위하여 사용하는 운송장으로서 간단한 기본적인 내용과 원 운송장을 연결시키는 내용만 기록하는 운송장의 명칭은?

① 기본형 운송장
② 보조 운송장
③ 배달표 운송장
④ 스티커 운송장

28 일반 화물의 취급 표지의 크기가 아닌 것은?

① 100mm ② 150mm
③ 200mm ④ 250mm

29 다음 중 포장된 물품 또는 단위포장물이 포장재료나 용기의경직성으로 형태가 변화되지 않고 고정되는 포장을 무엇이라 하는가?

① 유연포장 ② 수축포장
③ 강성포장 ④ 반강성포장

30 화물을 연속적으로 이동시키기 위해 컨베이어(conveyor)를 사용할 때의 주의사항으로 다른 것은?

① 상차용 컨베이어를 이용하여 타이어 등을 상차할 때는 타이어 등이 떨어지거나 떨어질 위험이 있는 곳에서 작업을 해선 안 된다
② 컨베이어 위에는 올라가지 않도록 한다
③ 부득이하게 컨베이어 위로 올라가는 경우, 안전담당자를 반드시 배치하도록 한다
④ 상차 작업자와 컨베이어를 운전하는 작업자는 상호간에 신호를 긴밀히 하여야 한다

정답 | 15 ④ 16 ④ 17 ③ 18 ① 19 ③ 20 ④ 21 ④ 22 ① 23 ① 24 ② 25 ④ 26 ① 27 ② 28 ④ 29 ③ 30 ③

31 바닥으로부터 높이가 2미터 이상 되는 화물더미와 인접 화물더미 사이의 간격은 화물더미의 밑부분을 기준으로 얼마 이상으로 하여야 하는가?

① 3cm 이상 ② 6cm 이상
③ 8cm 이상 ④ 10cm 이상

32 포장과 포장 사이에 미끄럼을 멈추는 시트를 넣음으로써 안전을 도모하는 방식은?

① 풀붙이기 접착 방식
② 밴드걸기 방식
③ 슬립멈추기 시트삽입 방식
④ 스트레치 방식

33 운행허가기관의 장은 제한차량의 운행을 허가하고자 할 때에는 차량의 안전운행을 위하여 고속도로순찰대와 협조하여 차량호송을 실시토록 하고 있다. 그 대상차량이 아닌 것은?

① 적재물을 포함하여 차폭 3.6m 또는 길이 20m 초과하는 차량으로서 운행상 호송이 필요하다고 인정되는 경우
② 구조물 통과 하중 계산서를 필요로 하는 중량 제한차량
③ 주행속도 50km/h 미만인 차량의 경우
④ 안전운전에 지장이 없다고 판단되는 경우 제한차량 후면 좌우측에 자동점멸신호등을 부착한 차량

34 고속도로에서 호송대상 차량에 대한 설명으로 틀린 것은?

① 안전운행에 지장이 있다고 판단되는 경우에는 "자동점멸신호등"을 제한차량 후면 좌 · 우측에 부착 조치함으로써 호송을 대신할 수 있다
② 적재물 포함 차폭 3.6m, 길이 20m 초과 차량으로 필요시 호송한다
③ 운행자가 호송할 능력이 없거나 호송을 공사에 위탁하는 경우에는 공사가 이를 대행할 수 있다
④ 구조물 통과 하중 계산서를 필요로 하는 중량제한 차량 및 주행속도가 50km/h 미만인 차량의 경우 호송한다

35 전용특장차에 대한 설명으로 틀린 것은?

① 벌크차량 : 시멘트, 사료, 곡물, 화학제품 등 분립체를 자루에 담지 않고, 실물상태로 운반하는 차량이다
② 믹서차량 : 적재함 위에 회전하는 드럼을 싣고 이 속에 생 콘크리트를 뒤섞으면서 토목건설 현장 등으로 운행하는 차량이다
③ 덤프트럭 : 하대에 간단히 접는 형식의 문짝을 단 차량으로 일반적으로 트럭 또는 카고 트럭이라고 부른다
④ 기타차(특정화물수송차) : 승용차 수송운반차, 목재운반차, 가축운반차, 행거차 등이 있다

36 「자동차관리법령」상 화물자동차 유형에 해당하지 않는 것은?

① 일반형 : 보통의 화물운송용인 것
② 덤프형 : 적재함을 원동기의 힘으로 기울여 적재물을 중력에 의하여 쉽게 미끄러뜨리는 구조의 화물운송용인 것
③ 밴형 : 지붕 구조의 덮개가 있는 화물운송용인 것
④ 특수작업형 : 일반형, 덤프형, 밴형 중 어느 형에도 속하지 아니하는 화물운송용인 것

37 트레일러의 종류에 대한 설명이 틀린 것은?

① 세미 트레일러 : 세미 트레일러용 트랙터에 연결하여, 총 하중의 일부분이 견인하는 자동차에 의해서 지탱되도록 설계된 트레일러이다
② 풀 트레일러 : 트렉터와 트레일러가 완전히 분리되어 있고 트렉터 자체는 적재함을 가지고 있지 않다
③ 폴 트레일러 : 파이프나 H형강 등 장척물의 수송을 목적으로 한 트레일러이다
④ 돌리 : 세미 트레일러와 조합해서 풀 트레일러로 하기 위한 견인구를 갖춘 대차를 말한다

38 다음 중 전용 특장차가 아닌 것은?

① 덤프차, 탱크차, 레커차
② 시스템 차량, 측방개방차
③ 믹서자동차, 위생자동차, 소방차
④ 액체 수송차량, 크레인붙이트럭

39 사업자의 책임 있는 사유로 고객에게 계약을 해제한 경우의 손해배상액에 대한 설명으로 틀린 것은?

① 사업자가 약정된 이사화물의 인수일 2일전까지 해제를 통지한 경우 : 계약금의 배액
② 사업자가 약정된 이사화물 인수일 1일전까지 해제를 통지한 경우 : 계약금의 4배액
③ 사업자가 약정된 이사화물의 인수일 당일에 해제를 통지한 경우 : 계약금의 8배액
④ 사업자가 약정된 이사화물의 인수일 당일에도 해제를 통지하지 않은 경우 : 계약금의 10배액

40 이사화물의 멸실, 훼손 또는 연착에 대한 사업자의 손해배상책임은 수하인이 이사화물을 인도받은 날로부터 몇 년이 되면 소멸되는가?

① 1년 ② 1년 6월
③ 2년 ④ 2년 6월

정답 | 31 ④ 32 ③ 33 ④ 34 ① 35 ③ 36 ④ 37 ② 38 ② 39 ③ 40 ①

제2교시 안전운행, 운송서비스

1 도로교통체계를 구성하는 요소와 가장 거리가 먼 것은?

① 운전자 및 보행자를 비롯한 도로 사용자
② 「도로교통법」, 「도로법」 등 교통관련 법규
③ 도로 및 교통신호등 등의 환경
④ 차량들

2 운전행위로 연결되는 운전과정에 영향을 미치는 운전자의 심리적 조건이 아닌 것은?

① 흥미 ② 욕구
③ 피로 ④ 정서

3 야간에 하향 전조등만으로 무엇인가 사람이라는 것을 확인하기 가장 쉬운 옷 색깔은?

① 백색 ② 적색
③ 흑색 ④ 엷은 황색

4 전방에 있는 대상물까지의 거리를 목측하는 것과 그 기능을 무엇이라고 하는가?

① 심경각과 심시력
② 시야와 주변시력
③ 정지시력과 시야
④ 동체시력과 주변시력

5 다음 중 주행시공간에 대한 설명으로 맞는 것은?

① 속도가 빨라질수록 시야가 좁아진다
② 속도가 빨라질수록 주시점이 가까워진다
③ 속도가 빨라질수록 가까운 곳의 풍경이 명확해진다
④ 표지판을 크고 단순한 모양으로 만든 것은 주행시공간과 관련이 없다

6 혈중알코올농도 0.03% 이상 0.08% 미만일 때 운전했을 시 받는 벌칙은?

① 2년 이하의 징역이나 1000만원 이상의 벌금
② 1년 이상의 징역이나 1000만원 이하의 벌금
③ 1년 이하의 징역이나 500만원 이하의 벌금
④ 6개월 이하의 징역이나 300만원 이하의 벌금

7 보행 중 교통사고에 대한 설명이 잘못된 것은?

① 미국, 프랑스, 일본 등에 비해 우리나라의 보행 중 교통사고 사망자 비율이 높다
② 횡단보도 횡단 중이나 횡단보도 부근에서 많이 일어난다
③ 야외 활동이 많은 20~30대의 젊은 층에서 많이 발생한다
④ 교통상황 정보를 제대로 인지하지 못해 많이 발생한다

8 어린이 교통사고의 특징으로 틀린 것은?

① 나이가 많고 학년이 높을수록 교통사고를 많이 당한다
② 보행 중 교통사고를 당하여 사망하는 비율이 가장 높다
③ 시간대별 어린이 보행 사상자는 오후 4시에서 오후 6시 사이에 가장 많다
④ 보행 중 사상자는 집이나 학교 근처 등 어린이 통행이 잦은 곳에서 가장 많이 발생되고 있다

9 사업용 자동차의 "운행기록장치의 보관기간"에 대한 설명이다. 맞는 것은?

① 4개월 동안 보관 ② 5개월 동안 보관
③ 6개월 동안 보관 ④ 7개월 동안 보관

10 다음 중 쇽 업소버에 대한 설명으로 틀린 것은?

① 차체가 직접 차축에 얹히도록 유지한다
② 승차감을 향상시킨다
③ 스프링의 피로를 감소시킨다
④ 타이어와 노면의 접착성을 향상시켜 커브길이나 빗길에 차가 튀거나 미끄러지는 현상을 방지한다

11 차의 속도와 관계가 없는 현상은?

① 원심력 현상 ② 스탠딩 웨이브 현상
③ 워터 페이드 현상 ④ 수막현상

12 자동차를 제동할 때 바퀴는 정지하려 하고 차체는 관성에 의해 이동하려는 성질 때문에 앞 범퍼 부분이 내려가는 현상은?

① 노즈 다운 현상 ② 롤링 현상
③ 노즈 업 현상 ④ 요잉 현상

13 운전자가 브레이크에 발을 올려 브레이크가 막 작동을 시작하는 순간부터 자동차가 완전히 정지할 때까지의 시간의 명칭과 이때까지 자동차가 진행한 거리의 명칭은?

① 정지시간-정지거리 ② 공주시간-공주거리
③ 제동시간-제동거리 ④ 공주시간-제동거리

14 타이어의 마모에 영향을 주는 요소에 대한 설명으로 틀린 것은?

① 공기압이 규정 압력보다 낮으면 트레드 접지면에서의 운동이 커져서 마모가 빨라진다
② 하중이 커지면 트레드의 미끄러짐 정도가 커져서 마모를 촉진하게 된다
③ 커브가 마모에 미치는 영향은 매우 커서 활각이 크면 마모는 많아진다
④ 속도가 증가하면 타이어의 온도가 낮아져 트레드 고무가 잘 마모되지 않는다

15 다음 중 자동차를 제동했을 때 차체가 진동하는 현상이 발생하면 어떤 조치를 취해야 하는가?

① 턴 시그널 릴레이를 교환한다
② 엔진의 피스톤링을 교환한다
③ 조향 핸들의 유격을 점검한다
④ 에어클리너가 오염되었는지 확인한다

16 도로요인 중 "안전시설"에 해당하지 않는 것은?

① 신호기 ② 노면표시
③ 방호울타리 ④ 차로

17 교량의 폭, 교량 접근부 등과 교통사고와의 관계를 잘못 설명한 것은?

① 교량의 폭, 교량 접근부 등은 교통사고와 밀접한 관계가 있다
② 교량 접근로보다 교량의 폭이 넓으면 사고가 더 많이 발생한다
③ 교량의 접근로 폭과 교량의 폭이 같을 때 사고율이 가장 낮다
④ 두 폭이 서로 다른 경우에도 교통통제시설을 효과적으로 설치함으로써 사고율을 현저히 감소시킬 수 있다

정답 | 1② 2③ 3② 4① 5① 6③ 7③ 8① 9③ 10① 11③ 12① 13③ 14④ 15③ 16④ 17②

18 방어운전의 기본사항에 해당되지 않는 것은?

① 능숙한 운전 기술, 정확한 운전지식
② 예측능력과 판단력, 세심한 관찰력
③ 양보와 배려의 실천, 교통상황 정보수집
④ 자신감 넘치는 자세, 무리한 운행 실행

19 교차로 황색신호의 개요에 대한 설명이 틀린 것은?

① 교통사고를 방지하고자 하는 목적에서 운영되는 신호이다
② 황색신호는 전신호와 후신호 사이에 부여되는 신호이다
③ 황색신호는 전신호 차량과 후신호 차량이 교차로 상에서 상충하는 것을 예방한다
④ 교차로 황색신호시간은 통상 6초를 기본으로 한다

20 다음 중 승합자동차에 해당하지 않는 것은?

① 11인 이상을 운송하기에 적합하게 제작된 자동차
② 내부의 특수한 설비로 인하여 승차인원이 10인 이하로 된 자동차
③ 캠핑용 자동차 또는 캠핑용 트레일러
④ 경형자동차로서 승차정원이 10인 이하인 전방조종자동차

21 다음 중 자차가 앞지르기할 때의 안전한 운전방법으로 잘못된 것은?

① 앞지르기에 필요한 충분한 거리와 시야가 확보되었을 때 시도한다
② 거리와 시야가 확보되었다면 무리하더라도 과속하여 빠르게 앞지른다
③ 앞차의 오른쪽으로 앞지르기하지 않는다
④ 점선의 중앙선을 넘어 앞지를 때에는 대향차의 움직임에 주의한다

22 고령운전자의 시각적 특성으로 맞는 것은?

① 사물과 사물을 구별하는 대비능력의 증가
② 조도 순응 및 색채 지각 능력의 증가
③ 시각적 주의력 범위 증가
④ 광선 혹은 섬광에 대한 민감성 증가

23 여름철 계절의 특성과 기상 특성에 대한 설명으로 틀린 것은?

① 기온이 상승하고 낮과 밤의 일교차가 커지며 강수량은 감소한다
② 장마 이후에는 무더운 날이 지속되며, 저녁 늦게까지 기온이 내려가지 않는 열대야 현상이 나타난다
③ 태풍을 동반한 집중 호우 및 돌발적인 악천 후, 본격적인 무더위에 의해 기온이 높고 습기가 많아진다
④ 열대야 현상이 나타나며 운전자들이 짜증을 느끼게 되고 쉽게 피로해지며 주의 집중이 어려워진다

24 가을철 교통사고의 특징과 거리가 먼 것은?

① 도로조건은 다른 계절에 비해 좋은 편이다
② 운전자는 형형색색의 단풍구경으로 집중력이 떨어져 교통사고의 위험이 있다
③ 보행자는 곱게 물든 단풍 등 들뜬 마음에 의해 주의력이 저하될 가능성이 높다
④ 안개에 의한 교통사고 위험은 상대적으로 적다

25 고속도로 운행제한차량 통행이 도로포장에 미치는 영향으로 틀린 것은?

① 축하중 10톤 : 승용차 7만대 통행과 같은 도로파손
② 축하중 11톤 : 승용차 11만대 통행과 같은 도로파손
③ 축하중 13톤 : 승용차 21만대 통행과 같은 도로파손
④ 축하중 15톤 : 승용차 42만대 통행과 같은 도로파손

26 다음 중 고객서비스에 대한 설명으로 틀린 것은?

① 서비스는 형태가 없는 무형의 상품으로서 누구나 느낄 수 있다
② 서비스는 공급자에 의하여 제공됨과 동시에 고객에 의하여 소비되는 성격을 갖는다
③ 서비스는 오래도록 남아있는 것이 아니고 제공한 즉시 사라져서 남아있지 않는다
④ 서비스는 누릴 수는 없으나 소유할 수는 있다

27 고객만족 행동예절에서 "인사의 중요성"에 대한 설명 중 다른 것은?

① 인사는 평범하고 대단히 쉬운 행위이지만 습관화되지 않으면 실천에 옮기기 어렵다
② 인사는 애사심, 존경심, 우애, 자신의 교양과 인격의 표현과는 무관하다
③ 인사는 서비스의 주요기법이며, 고객과 만나는 첫걸음이다
④ 인사는 고객에 대한 마음가짐의 표현이며, 고객에 대한 서비스 정신의 표시이다

28 운전자가 가져야 할 기본적인 자세로 옳지 않은 것은?

① 어느 정도의 운전기술 과신은 안전운전에 도움이 된다
② 추측운전은 삼가야 한다
③ 저공해, 환경보호, 소음공해 최소화 등을 위한 마음으로 운전한다
④ 교통법규의 이해와 준수는 중요하다

29 직업의 3가지 태도에 들지 않는 것은?

① 애정(愛情)　　② 긍지(矜持)
③ 열정(熱情)　　④ 태만(怠慢)

30 다음 중 "고객을 직접 대하는 직원이 바로 회사를 대표하는 중요한 사람"이라는 것의 의미에 해당되는 것은?

① 접점제일주의　　② 친절제일주의
③ 고객제일주의　　④ 품질제일주의

31 물류의 역할은 국민경제적 관점, 사회경제적 관점, 개별기업적 관점으로 설명할 수 있다. 다음 중 물류의 역할을 국민경제적 관점으로 본 것은?

① 생산, 소비, 금융, 정보 등 우리 인간이 주체가 되어 수행하는 경제활동의 일부분으로 운송, 통신, 상업활동을 주체로 하며 이들을 지원하는 제반활동을 포함한다
② 최소의 비용으로 소비자를 만족시켜서 서비스 질의 향상을 촉진시켜 매출신장을 도모한다
③ 제품의 제조, 판매를 위한 원재료의 구입과 판매와 관련된 업무를 총괄관리하는 시스템 운영이다
④ 기업의 유통효율 향상으로 물류비를 절감하며 소비자물가와 도매물가의 상승을 억제하고 정시배송의 실현을 통한 수요자 서비스 향상에 이바지한다

정답 | 18 ④　19 ④　20 ③　21 ②　22 ④　23 ①　24 ④　25 ④　26 ④　27 ②　28 ①　29 ④　30 ①　31 ④

32 다음 중 제조공장과 물류거점 간의 장거리 수송으로서, 컨테이너 또는 파렛트를 이용해 유닛화되어 일정단위로 취합되어 수송함을 뜻하는 운송관련용어는 무엇인가?

① 운수　　② 통운
③ 배송　　④ 간선수송

33 기업경영에 있어 매출증대, 원가절감에 이은 제3의 이익원천에 해당되는 것은?

① 원가　　② 인건비 절감
③ 물류비 절감　　④ 광고비 절감

34 물류관리 전략의 필요성과 중요성에서 "전략적 물류"에 대한 설명이 틀린 것은?

① 코스트 중심　　② 제품효과 중심
③ 기능별 독립 수행　　④ 전체 최적화 지향

35 물류시스템의 구성에서 운송 관련 용어의 의미를 설명한 것 중 틀린 것은?

① 교통 : 현상적인 시각에서의 재화의 이동
② 운송 : 서비스 공급측면에서의 재화의 이동
③ 운수 : 교통상 또는 법률상의 운송
④ 운반 : 한정된 공간과 범위 내에서의 재화의 이동

36 다음 중 물류전략의 목표에 해당하지 않는 것은?

① 물류 산업에 따른 환경 오염의 최소화
② 비용의 절감
③ 자본의 절감
④ 서비스의 개선

37 유통공급망에 참여하는 모든 업체들이 협력하여, 정보기술을 바탕으로 재고를 최적화하고 리드타임을 감축하여, 양질의 상품 및 서비스를 소비자에게 제공하는 전략을 무엇이라 하는가?

① 공급망 관리(SCM)　　② 전사적 자원관리(ERP)
③ 경영정보시스템(MIS)　　④ 효율적고객대응(ECR)

38 범지구측위시스템(GPS:Global PositoningSystem)에 대한 설명이 틀린 것은?

① 자동차 위치추적을 통한 차량관리에 이용되는 통신망이다
② 인공위성을 이용한 범지구측위시스템은 지구의 어느 곳이든 실시간으로 자기위치와 타인의 위치를 확인할 수 있다
③ GPS는 미국방성이 관리하는 새로운 시스템으로 고도 2만km 또는 24개의 위성으로부터 전파를 수신하여 그 소요시간으로 이동체의 거리를 산출한다
④ 미국의 페덱스사는 항공화물서비스로 국내 30분, 해외 72시간 내에 도달하는 것을 서비스 포인트로 삼고 있다

39 트럭운송의 장점에 해당하는 것은?

① 화물의 수송단위가 적다
② 연료비나 인건비 등 수송 단가가 높다
③ 문전에서 문전으로 배송 서비스를 탄력적으로 행할 수 있다
④ 진동 또는 소음 및 광학 스모그 등의 공해문제가 발생한다

40 택배운송 등 소형화물운송용의 집배차량은 적재능력, 주행성, 하역의 효율성, 승강의 용이성 등 각종 요건을 충족시켜야 한다. 이 요청에 응해서 출현한 차량은?

① 트레일러
② 워크트럭차
③ 덤프트럭
④ 합리화 특장차

정답 | 32 ④　33 ③　34 ④　35 ③　36 ①　37 ①　38 ①　39 ③　40 ②

제3회 화물운송종사 자격시험 출제모의고사

제1교시 교통 및 화물자동차 운수사업 관련법규, 화물취급요령

1 다음 중 「도로법」에 따른 도로가 아닌 것은?

① 고속국도, 일반국도
② 특별시도, 광역시도
③ 군도, 구도
④ 이도, 농도

2 차량신호등(원형등화)중 "황색의 등화"에 대한 설명이 잘못된 것은?

① 차마는 정지선이 있을 때에는 그 직전에 정지하여야 한다
② 차마는 횡단보도가 있을 때에는 그 직전이나 교차로의 직전에 정지하여야 한다
③ 이미 교차로에 차마의 일부라도 진입한 경우에는 그 곳에서 정지하여야 한다
④ 차마는 우회전할 수 있고 우회전하는 경우에는 보행자의 횡단을 방해하지 못한다

3 다음 중 「도로교통법」에 따른 차에 해당되지 않는 것은?

① 자동차 ② 건설기계
③ 기차 ④ 손수레

4 비 · 안개 · 눈 등으로 인한 악천후 시 최고속도의 100분의 50을 줄인 속도로 운행하여야 하는 경우가 아닌 것은?

① 폭우, 폭설, 안개 등으로 가시거리가 100m 이내인 경우
② 비가 내려 노면이 젖어 있는 경우
③ 노면이 얼어붙은 경우
④ 눈이 20mm 이상 쌓인 경우

5 운행상의 안전기준으로 화물자동차의 적재중량은 구조 및 성능에 따르는 적재중량의 몇%에 해당하는가?

① 적재중량의 100% 이내
② 적재중량의 110% 이내
③ 적재중량의 115% 이내
④ 적재중량의 120% 이내

6 차로가 설치되지 아니한 좁은 도로에서 보행자의 옆을 지나는 경우의 안전운전 방법은?

① 운행 속도대로 운행을 계속한다
② 안전거리를 두고 서행한다
③ 시속 30km로 주행한다
④ 일시정지 후 운행을 한다

7 다음 중 모든 차의 운전자가 일시 정지할 장소가 아닌 것은?

① 가파른 비탈길의 내리막
② 보도를 횡단하기 직전
③ 교통이 빈번한 교차로
④ 적색등화가 점멸하는 곳이나 그 직전

8 인적피해 교통사고 결과에 따른 벌점기준에 대한 설명이 잘못된 것은?

① 사망 1명마다 : 90점
② 중상 1명마다 : 20점
③ 경상 1명마다 : 5점
④ 부상신고 1명마다 : 2점

9 "적재중량 3톤 초과 또는 적재용량 3천 리터를 초과하는 화물자동차"를 운전하기 위해서는 다음 중 어떤 면허가 필요한가?

① 제1종 특수면허 ② 제1종 보통면허
③ 제1종 대형면허 ④ 제2종 보통면허

10 술에 취한 상태에서 운전하다가 사람을 사망에 이르게 하여 취소된 경우, 운전면허 응시 제한 기간은?

① 취소된 날부터 2년 ② 취소된 날부터 3년
③ 취소된 날부터 5년 ④ 취소된 날부터 6년

11 다음 중 중앙선침범 사고에 해당하는 사례는?

① 뒤차의 추돌로 밀리면서 중앙선을 침범해 사고가 난 경우
② 내리막길 주행 중 브레이크 파열로 중앙선을 침범해 사고가 난 경우
③ 빗길에서 제한속력 내로 운행하던 중 미끄러지며 중앙선을 침범해 사고가 난 경우
④ 좌측도로나 건물 등으로 가기 위해 회전하며 중앙선을 침범해 사고가 난 경우

12 「교통사고처리특례법」상 노인보호구역에서 자동차에 싣고 가던 화물이 떨어져 노인을 다치게 하여 2주 진단의 상해를 입힌 경우 운전자의 처벌로 맞는 것은?

① 피해자의 처벌의사에 따라 달라진다
② 피해자와 합의하면 처벌되지 않는다
③ 손해를 전액 보상받을 수 있는 보험에 가입되어 있으면 처벌되지 않는다
④ 피해자의 처벌의사에 관계없이 형사처벌 된다

13 「화물자동차 운수사업법」의 목적이 아닌 것은?

① 공공복리 증진
② 화물자동차 운수사업의 효율적 관리
③ 화물의 원활한 운송
④ 자동차의 성능 및 안전 확보

14 운송사업자는 운임 및 요금과 운송약관을 정하여 누구에게 신고하여야 하는가?

① 시 · 도지사 ② 화물운송협회장
③ 공정거래위원장 ④ 국토교통부장관

15 다음 중 "적재물 사고"로 인한 손해배상에 대하여 분쟁을 조정하기 위해, 화주는 누구에게 분쟁조정신청서를 제출하는가?

① 시 · 도지사 ② 화물운송협회장
③ 공정거래위원장 ④ 국토교통부장관

정답 | 1④ 2③ 3③ 4② 5② 6② 7① 8② 9③ 10③ 11④ 12④ 13④ 14④ 15④

16 **국토교통부장관이 운송사업자의 사업정지처분에 갈음하여 부과할 수 있는 과징금의 용도가 아닌 것은?**

① 공영차고지의 설치 및 운영사업
② 운수종사자 교육시설에 대한 비용보조사업
③ 사업자단체가 실시하는 교육훈련사업
④ 고속도로 등 도로망 확충 및 시설개선사업

17 **다음 중 화물자동차 운송사업자의 준수사항에 해당하지 않는 것은?**

① 어떤 경우에도 화물을 중도에 내리게 해서는 안 된다
② 최대적재량 1.5톤 이하의 화물자동차의 경우에는 주차장, 차고지 또는 지방자치단체의 조례로 정하는 시설 및 장소에서만 밤샘 주차할 것
③ 화주로부터 부당한 운임 및 요금의 환급을 받았을 때에는 환급할 것
④ 신고한 운송약관을 준수할 것

18 **화물자동차 운송사업의 허가결격사유가 아닌 것은?**

① 피성년후견인 또는 피한정후견인
② 「화물자동차 운수사업법」 위반으로 징역 이상 실형을 받고 그 집행이 끝나거나 집행이 면제된 날부터 2년이 지난 자
③ 파산선고를 받고 복권되지 아니한 자
④ 「화물자동차 운수사업법」 위반으로 징역 이상의 형 집행유예를 선고 받고 그 유예기간 중에 있는 자

19 **다음 중 화물자동차 유가보조금 지급 일반원칙에 대한 설명으로 틀린 것은?**

① 적법한 절차에 따라 화물자동차 운송사업자, 화물자동차 운송가맹사업자 또는 화물자동차 운송사업을 위탁받은 자가 구매한 유류에 대하여 지급할 것
② 경유 또는 LPG를 연료로 사용하는 사업용 화물자동차로서 사업 또는 운행의 제한을 받는 차량이 지급받을 것
③ 주유소 또는 자가주유시설의 고정된 설비에서 차량의 연료와 일치하는 유종을 차량에 직접 주유받을 것
④ 화물자동차 운전업무 종사자격 요건을 갖춘 자가 사업의 허가범위 내에서 당해 용도로 차량을 운행할 것

20 **다음 중 승합자동차에 해당하지 않는 것은?**

① 11인 이상을 운송하기에 적합하게 제작된 자동차
② 내부의 특수한 설비로 인하여 승차인원이 10인 이하로 된 자동차
③ 캠핑용 자동차 또는 캠핑용 트레일러
④ 경형자동차로서 승차정원이 10인 이하인 전방조종자동차

21 **자동차 소유자가 변경등록 사유가 발생한 날부터 30일 이내에 변경등록신청을 하지 아니한 경우 벌칙이 틀린 것은?**

① 신청기간만료일부터 90일 이내인 때 : 과태료 2만 원
② 신청기간만료일부터 90일 초과 174일 이내인 때 : 2만 원에 91일째부터 계산하여 3일 초과 시마다 1만 원 추가
③ 지연기간이 175일 이상인 때 : 30만 원
④ 과태료 최고한도액 : 50만 원

22 **시 · 도지사가 직권으로 자동차의 말소등록을 할 수 있는 경우가 아닌 것은?**

① 말소등록을 신청하여야 할 자가 신청하지 아니한 경우
② 자동차의 차대가 등록원부상의 차대와 다른 경우
③ 자동차를 수출하는 경우
④ 속임수나 그 밖의 부정한 방법으로 등록된 경우

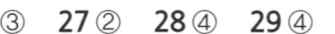

23 **도로교통망의 중요한 축을 이루며 주요 도시를 연결하는 도로로서, 자동차 전용의 고속교통에 사용되는 도로 노선을 정하여 지정 · 고시한 도로의 명칭은?**

① 고속도로
② 자동차 전용도로
③ 일반국도
④ 특별 및 광역시도

24 **운전자가 차량의 적재량 측정을 방해하거나, 정당한 사유 없이 도로관리청의 재측정 요구에 따르지 아니한 경우에 대한 벌칙은?**

① 4년 이하의 징역이나 1천만 원 이상의 벌금
② 3년 이하의 징역이나 1천만 원 이하의 벌금
③ 2년 이하의 징역이나 1천만 원 이하의 벌금
④ 1년 이하의 징역이나 1천만 원 이하의 벌금

25 **차령이 2년 초과된 사업용 소형 화물자동차의 종합검사 유효기간은 어떻게 되는가?**

① 3개월 ② 6개월
③ 1년 ④ 2년

26 **화물자동차 운전자가 화물을 적재할 때의 방법이 틀린 것은?**

① 차량의 적재함 가운데부터 좌우로 적재한다
② 앞쪽이나 뒤쪽으로 중량이 치우치지 않도록 한다
③ 적재함 위쪽에 비하여 아래쪽에 무거운 중량의 화물을 적재하지 않도록 한다
④ 화물을 모두 적재한 후에는 먼저 화물이 차량 밖으로 낙하되지 않도록 앞 · 뒤 · 좌 · 우로 차단하며, 화물의 이동을 방지하기 위하여 윗부분부터 아래 바닥까지 팽팽히 고정시킨다

27 **운송장 제작비와 전산 입력비용을 절약하기 위해 기업고객과 완벽한 EDI(전자문서)시스템이 구축될 수 있는 경우에 이용되는 운송장의 형태는?**

① 포켓타입 운송장 ② 스티커형 운송장
③ 보조 운송장 ④ 기본형 운송장

28 **다음 중 운송화물 포장의 기능이 아닌 것은?**

① 보호성 ② 표시성
③ 상품성 ④ 보관성

29 **다음 일반 화물의 취급 표지의 호칭과 표시하는 수와 표시위치에 대한 설명이 틀린 것은?**

① 호칭은 깨지기 쉬움, 취급주의
② 표지는 4개의 수직면에 모두 표시
③ 위치는 각 변의 왼쪽 윗부분에 부착
④ 위치는 각 변의 우측 윗부분에 부착

30 **화물을 운반할 때의 주의사항으로 틀린 것은?**

① 운반하는 물건이 시야를 가리지 않도록 한다
② 뒷걸음질로 화물을 운반해도 된다
③ 작업장 주변의 화물상태, 차량통행 등을 항상 살핀다
④ 원기둥을 굴릴 때는 앞으로 밀어 굴리고 뒤로 끌어서는 안 된다

정답 | 16 ④ 17 ① 18 ② 19 ② 20 ③ 21 ④ 22 ③ 23 ① 24 ④ 25 ③ 26 ③ 27 ② 28 ④ 29 ④ 30 ②

31 화물의 입고 및 출고 작업 요령에 대한 설명으로 **틀린** 것은?

① 상차용 컨베이어를 이용하여 타이어를 상차할 때는 타이어가 떨어지거나 떨어질 위험이 있는 곳에서 작업을 해서는 안된다
② 화물더미의 화물을 출하할 때는 화물더미 위에서부터 순차적으로 층계를 지으면서 헐어낸다
③ 화물더미 한쪽 가장자리에서 작업시에는 화물더미의 불안전한 상태를 수시로 확인하여 붕괴 등의 위험을 예방한다
④ 화물더미의 상층과 하층에서 동시에 작업을 진행한다

32 슈링크 방식에 대한 설명이 잘못된 것은?

① 열수축성 플라스틱 필름을 파렛트 화물에 씌우고 슈링크 터널을 통과시킬 때 가열하여 필름을 수축시켜 파렛트와 밀착시키는 방식이다
② 물이나 먼지도 막아내기 때문에 우천 시의 하역이나 야적보관도 가능하게 된다
③ 통기성이 없고, 비용이 적게 든다
④ 고열의 터널을 통과하므로 상품에 따라서는 이용할 수 없다

33 고속도로 운행제한차량의 기준으로 잘못된 것은?

① 차량의 축하중이 40톤을 초과
② 차량의 총중량이 40톤을 초과
③ 적재물을 포함한 차량의 길이가 16.7m 초과
④ 적재물을 포함한 차량의 높이가 4m 초과

34 화물의 운반방법에 대한 설명이 틀린 것은?

① 몸의 균형 유지를 위해 발은 어깨넓이 만큼 벌린다
② 공동작업을 할 때에는 상호간에 신호를 정확히 하고 진행속도를 맞춘다
③ 물건을 들 때에는 허리를 굽혀 펴는 힘으로 든다
④ 가능한 한 물건을 신체에 붙여서 단단히 잡고 운반한다

35 다음 중 화물운송 시 고객 유의사항을 사용(명시)할 물품에 해당하지 않는 것은?

① 수리를 목적으로 운송을 의뢰하는 물품
② 포장이 불량하여 운송에 부적합하다고 판단되는 물품
③ 통상적으로 물품의 안전을 보장하기 어렵다고 판단되는 물품
④ 물품 사고 시 다른 물품에 영향을 미치지 않는 물품

36 화물자동차의 유형별 세부기준에 대한 설명이 **틀린** 것은?

① 일반형 : 보통의 화물운송용인 것
② 덤프형 : 적재함을 원동기의 힘으로 기울여 적재물을 중력에 의하여 쉽게 미끄러뜨리는 구조의 화물운송용인 것
③ 특수작업형 : 견인형, 구난형 중 어느 형에도 속하지 아니하는 특수작업용인 것
④ 특수용도형 : 특정한 용도를 위하여 특수한 구조로 하거나, 기구를 장치한 것으로서 일반형, 덤프형, 밴형 중 어느 형에도 속하지 아니하는 화물운송용인 것

37 다음 중 트레일러의 구조 형상에 따른 종류에 대한 설명이 틀린 것은?

① 평상식 : 적재할 때 전고가 낮은 하대를 가진 트레일러이다
② 중저상식 : 프레임 중앙 하대부가 오목하게 낮은 트레일러이다
③ 밴 트레일러 : 하대 부분에 밴형의 보데가 장치된 트레일러이다
④ 오픈탑 트레일러 : 천장에 개구부가 있어 채광이 들어가도록 한 트레일러이다

38 다음 중 냉동차를 적재함 냉각방식으로 분류했을 때, 그 종류에 해당되지 않는 것은?

① 기계식 ② 축냉식
③ 액체질소식 ④ 콜드체인식

39 한국산업표준(KS)에 의한 화물자동차의 종류 중 "크레인 등을 갖추고, 고장차의 앞 또는 뒤를 매달아 올려서 수송하는 특수장비자동차"는?

① 탱크차 ② 픽업
③ 레커차 ④ 덤프차

40 택배 표준약관의 규정에서 운송물의 수탁을 거절할 수 있는 사유가 아닌 것은?

① 고객이 운송장에 필요사항을 기재하지 않은 경우
② 화물운송이 천재지변 등으로 불가능한 경우
③ 운송물이 파손될 위험이 있는 경우
④ 운송물이 밀수품이나 살아있는 동물 또는 동물 사체인 경우

정답 | 31 ④ 32 ③ 33 ① 34 ③ 35 ④ 36 ③ 37 ① 38 ④ 39 ③ 40 ③

제2교시 안전운행, 운송서비스

1 운전과정에 대한 설명으로 옳지 않은 것은?

① 운전과정은 인지→판단→조작의 과정을 수없이 반복하는 것이다
② 운전과정 중 조작과정은 판단결정에 따라 자동차를 움직이는 운전행위이다
③ 운전과정 중 판단과정은 어떻게 자동차를 움직여 운전할 것인가를 결정하는 것이다
④ 운전자 요인에 의한 교통사고는 조작과정의 결함으로 인한 사고가 절반 이상으로 가장 많다

2 운전과 관련되는 시각의 특성으로 틀린 것은?

① 운전자는 운전에 필요한 정보의 대부분을 시각을 통하여 획득한다
② 속도가 빨라질수록 시력은 떨어진다
③ 속도가 빨라질수록 시야의 범위가 넓어진다
④ 속도가 빨라질수록 전방주시점은 멀어진다

3 야간운행 중 운전자가 무엇인가 있다는 것을 가장 인지하기 쉬운 색깔은?

① 흰색 ② 적색
③ 엷은 황색 ④ 흑색

4 정상시력을 가진 운전자가 시속 70km로 운전할 때 시야의 범위는?

① 약 100도 ② 약 65도
③ 약 40도 ④ 약 30도

5 교통사고의 직접적 요인에 해당하는 것은?

① 차량의 운전 전 점검 습관의 결여
② 안전운전을 위한 안전지식의 결여
③ 직장 또는 가정에서의 인간관계 불량
④ 사고 직전 과속과 같은 교통법규위반

6 운전자의 피로와 교통사고에 대한 설명이 잘못된 것은?

① 피로는 운전자의 운전기능과는 관련이 없다
② 피로의 정도가 지나치면 과로가 된다
③ 장시간 연속운전은 심신의 기능을 현저히 저하시킨다
④ 적정 시간 수면을 취하지 못한 운전자는 교통사고를 유발할 가능성이 높다

7 음주량과 체내 알코올농도의 관계에 있어 습관성 음주자의 경우 그 농도가 정점에 도달하는 시간은?

① 30분 ② 50분
③ 90분 ④ 110분

8 자동차의 제동장치 중 엔진 브레이크에 대한 설명이 틀린 것은?

① 가속 페달을 놓거나 저단기어로 바꾸게 되면 엔진 브레이크가 작용하여 속도가 떨어지게 된다
② 차를 주차 또는 정차시킬 때 사용하는 제동장치이다
③ 구동바퀴에 의해 엔진이 역으로 회전하는 것과 같이 되어 그 회전 저항으로 제동력이 발생한다
④ 내리막길에서 풋브레이크만 사용하면 라이닝의 마찰에 의해 제동력이 떨어지므로 엔진 브레이크를 사용하는 것이 안전하다

9 자동차 앞바퀴 정렬의 요소 중 앞바퀴에 직진성을 부여하여 차의 롤링을 방지하고 핸들의 복원성을 좋게 하는 것은?

① 캠버 ② 캐스터
③ 토인 ④ 토아웃

10 커브길에서 자동차를 운전할 때 받는 원심력에 관한 설명으로 옳지 않은 것은?

① 타이어의 접지력은 노면의 상태나 모양에 의존한다
② 노면이 젖어 있거나 얼어 있으면 접지력이 증가하므로 가속한다
③ 커브에 진입하기 전에 감속하여 타이어의 접지력이 원심력을 안전하게 극복할 수 있도록 하여야 한다
④ 커브가 예각을 이룰수록 원심력이 커지므로 더욱 감속하여야 한다

11 수막현상을 예방하기 위해서 필요한 주의사항으로 틀린 것은?

① 고속으로 주행하지 않는다
② 마모된 타이어를 사용하지 않는다
③ 타이어 공기압을 조금 낮게 한다
④ 배수효과가 좋은 타이어를 사용한다

12 핸들을 우측으로 돌렸을 경우 뒷바퀴의 연장선상의 한 점을 중심으로 바퀴가 동심원을 그리게 된다. 이때 내륜차와 외륜차의 관계를 설명한 것 중 틀린 것은?

① 내륜차란 앞바퀴 안쪽과 뒷바퀴의 안쪽과의 차이를 말한다
② 외륜차란 바깥쪽 앞바퀴와 바깥쪽 뒷바퀴의 차이를 말한다
③ 자동차가 전진 중 회전할 경우에는 내륜차에 의해 교통사고의 위험이 있다
④ 대형차일수록 내륜차와 외륜차의 차이가 작다

13 운전자가 위험을 인지하고 자동차를 정지시키려고 시작하는 순간부터 자동차가 완전히 정지할 때까지 진행한 거리를 무엇이라고 하는가?

① 정지거리 ② 공주거리
③ 제동거리 ④ 이동거리

14 엔진 안에서 다량의 엔진오일이 실린더 위로 올라와 연소되는 경우 배출 가스의 색은?

① 무색 ② 청색
③ 흰색 ④ 검은색

15 자동차의 고장 유형 중 "제동등 계속 작동" 시 조치방법으로 틀린 것은?

① 제동등 스위치 교환 ② 전원 연결배선 교환
③ 턴 시그널 릴레이 교환 ④ 배선의 절연상태 보완

16 일반적으로 도로가 되기 위한 4가지 조건에 해당하지 않는 것은?

① 형태성 ② 이용성
③ 사법경찰권 ④ 공개성

17 중앙분리대의 주된 기능이 아닌 것은?

① 좌 · 우 차도의 교통분리 : 치명적인 정면충돌사고 방지
② 광폭 분리대의 경우 사고 및 고장차량이 정지할 수 있는 여유 공간을 제공 : 탑승자의 안전확보
③ 필요에 따라 유턴 방지 : 교통혼잡으로 안전성 높임
④ 대향차의 현광을 방지 : 야간주행시 전조등의 불빛 방지

정답 | 1④ 2③ 3① 4② 5④ 6① 7① 8② 9② 10② 11③ 12④ 13① 14③ 15③ 16③ 17①

18 **다음 중 실전 방어운전 방법으로 옳지 않은 것은?**

① 눈 · 비가 올 때는 가시거리 단축, 수막현상 등 위험요소를 염두에 두고 운전한다
② 밤에 산모퉁이길 통행시 전조등으로 자신의 존재를 알린다
③ 뒤차가 앞지르기를 하려고 하면 양보해 준다
④ 대형차를 뒤따라 갈 때는 가능한 앞지르기를 한다

19 **이면도로 운전의 위험성에 대한 설명으로 틀린 것은?**

① 도로의 폭이 좁고, 보도 등의 안전시설이 없다
② 좁은 도로가 많이 교차하고 있다
③ 주변에 점포와 주택 등이 밀집되어 있으므로, 보행자 등이 아무 곳에서나 횡단이나 통행을 한다
④ 길가에서 어린이들이 뛰어 노는 경우가 적으므로 어린이들과의 사고가 일어나지 않는다

20 **차로폭을 2.75m로 할 수 있는 부득이한 경우에 해당하지 않는 곳은?**

① 이면도로
② 터널 내
③ 유턴차로
④ 교량 위

21 **철도와 「도로법」에서 정한 도로가 평면교차하는 곳을 무엇이라고 하는가?**

① 철길 건널목
② 철길 교차로
③ 철길 이면도로
④ 건널목 교차로

22 **내리막길에서 기어를 변속할 때의 방법이 잘못된 것은?**

① 변속 시에는 머리를 숙이는 등의 행동을 해서는 안 된다
② 변속할 때 클러치 및 변속 레버의 작동은 안전을 위해 천천히 한다
③ 왼손은 핸들을 조정하며 오른손과 양발은 신속히 움직인다
④ 변속 시에는 다른 곳에 주의를 빼앗기지 말고 교통상황을 주시한다

23 **충전용기 등을 적재한 차량의 주 · 정차에 관한 설명 중 틀린 것은?**

① 주 · 정차 장소의 선정은 지형을 충분히 고려하여 평탄하고 교통량이 적은 안전한 장소를 택한다
② 제2종 보호시설이 밀착되어 있는 지역은 가능한 한 피한다
③ 운전자와 운반책임자는 식사 등 부득이한 경우 외에는 동시 이탈을 금지한다
④ 제1종 보호시설에 주 · 정차할 때에는 5미터 이상 떨어진 곳에서 한다

24 **자동차로 터널을 통과 중 화재가 발생했을 때 운전자의 행동으로 옳은 것은?**

① 화재로 인해 터널 안이 연기로 가득 차므로 차 안에 대기한다
② 엔진을 끈 후 키를 꽂아둔 채 신속히 하차한다
③ 차 방향을 돌려 출구 반대방향으로 되돌아간다
④ 터널에 비치된 소화기나 소화전은 함부로 사용하지 않는다

25 **"도로관리청의 차량 회차, 적재물 분리 운송, 차량 운행중지 명령에 따르지 아니한 자"에 대한 벌칙은?**

① 500만 원 이하 과태료
② 1년 이하 징역 또는 1천만 원 이하 벌금
③ 2년 이하 징역 또는 2천만 원 이하 벌금
④ 3년 이하 징역이나 5천만 원 이하의 벌금

26 **고객 서비스의 형태에 대한 설명으로 잘못된 것은?**

① 무형성 : 보이지 않는다
② 동시성 : 생산과 소비가 동시에 발생한다
③ 소멸성 : 즉시 사라진다
④ 기계주체 : 기계나 인공지능에 의존한다

27 **고객만족 행동예절 중 "올바른 인사방법에서 머리와 상체를 숙이는 각도"에 대한 설명이 맞지 않는 것은?**

① 가벼운 인사 : 15도 정도 숙여서 인사한다
② 보통 인사 : 30도 정도 숙여서 인사한다
③ 정중한 인사 : 45도 정도 숙여서 인사한다
④ 엎드려 인사 : 양손을 이마에 올려 엎드려 인사한다

28 **다음 중 운전자가 가져야 할 기본적인 자세가 아닌 것은?**

① 환경을 보호하며 소음공해를 최소화한다
② 여유있고 양보하는 마음으로 운전한다
③ 주의력을 집중하여 운전한다
④ 교통 흐름상 융통성을 갖고 추측운전을 한다

29 **고객과 대화할 때의 유의사항으로 올바른 것은?**

① 남이 이야기하는 도중 분별하여 차단하는 것은 괜찮다
② 부하 직원들과는 부담없이 농담을 하는 것이 좋다
③ 쉽게 흥분하거나, 감정에 치우치지 않는다
④ 상사나 회사에 대한 불평불만은 정도를 지키면 괜찮다

30 **다음 중 인터넷 유통에서의 물류 원칙에 해당되지 않는 것은?**

① 적정 수요 예측
② 배송기간의 최소화
③ 최소 이윤의 확보
④ 반송과 환불 시스템

31 **판매기능 촉진에서 물류관리의 기본 7R 원칙에 해당하지 않는 것은?**

① Right Quantity(적절한 양)
② Right Safely(적절한 안전)
③ Right Impression(좋은 인상)
④ Right Price(적절한 가격)

32 **기업물류의 활동 중 "대고객서비스 수준, 수송, 재고관리, 주문처리" 등은 어떤 활동에 해당하는가?**

① 주활동
② 지원활동
③ 물적 공급활동
④ 물적 유통활동

정답 | 18 ④ 19 ④ 20 ① 21 ① 22 ② 23 ④ 24 ② 25 ③ 26 ④ 27 ④ 28 ④ 29 ③ 30 ③ 31 ② 32 ①

33 물류계획 수립의 주요 영역에 해당하지 <u>않는</u> 것은?

① 수송의사 결정 : 수송수단 선택, 적재규모
② 상품가격 결정 : 상품규격, 상품 명칭
③ 고객서비스 수준 : 적절한 고객서비스 수준 설정
④ 재고의사 결정 : 재고 할당 전략, 재고 인출 전략

34 화주기업이 사내에서 수행하던 물류기능을 아웃소싱한다는 의미로 사용되는 용어는?

① 제3자 물류(3PL)
② 전략적 물류관리(SLM)
③ 전사적 품질관리(TQC)
④ 신속대응(QR)

35 제4자 물류란 제3자 물류의 기능에 (　　)업무를 추가 수행하는 것이다. (　　)안에 가장 적합한 것은?

① 컨설팅　　② 공급망
③ 수배송　　④ 유통가공

36 다음 중 "급변하는 상황에 민첩하게 대응키 위한 전략적 기업제휴를 의미하는 가상기업의 출현"과 관계가 있는 물류서비스는?

① 신속 대응(QR)
② 통합판매 · 물류 · 생산시스템(CALS)
③ 범지구측위시스템(GPS)
④ 주파수 공동통신(TRS)

37 소비자의 손에 넘기기 위하여 행해지는 포장으로 상품가치를 높여 판매 촉진의 기능을 목적으로 한 포장을 무엇이라고 하는가?

① 공업포장　　② 판매포장
③ 운송포장　　④ 상업포장

38 관성항법과 더불어 어두운 밤에도 목적지에 유도하는 측위통신망으로서 인공위성을 이용하는 것을 무엇이라고 하는가?

① GPS 통신망
② TRS 통신망
③ ECR
④ CALS

39 물류고객 서비스의 요소 중 거래 시 요소에 해당하지 <u>않는</u> 것은?

① 주문 싸이클
② 문서화된 고객서비스 정책
③ 배송촉진
④ 주문상황 정보

40 자가용 트럭운송의 장점이 <u>아닌</u> 것은?

① 신뢰도가 높다
② 작업의 기동성이 높다
③ 인적 교육이 가능하다
④ 수송능력의 한계가 없다

정답 | 33 ② 34 ① 35 ① 36 ② 37 ④ 38 ① 39 ② 40 ④

제4회 화물운송종사 자격시험 출제모의고사

제1교시 교통 및 화물자동차 운수사업 관련법규, 화물취급요령

1 "자동차, 건설기계, 원동기장치자전거, 자전거, 사람 또는 가축의 힘이나 그 밖의 동력(動力)으로 운전되는 것"을 뜻하는 용어는?

① 차(車)
② 자동차(自動車)
③ 우마차(牛馬車)
④ 기계(機械)

2 차마가 정지선이나 횡단보도가 있을 때, 그 직진이나 교차로의 직전에 일시정지 후 다른 교통에 주의하면서 진행할 수 있는 차량신호등(원형등화)에 해당하는 것은?

① 황색등화의 점멸
② 황색화살표등화의 점멸
③ 적색등화의 점멸
④ 적색화살표등화의 점멸

3 교통정리가 없는 교차로에서 동시진입 시 통행우선권에 따른 통행 순서의 설명으로 <u>틀린</u> 것은?

① 우회전하려는 차가 좌회전하려는 차보다 우선한다
② 넓은 도로에서 진입하는 차가 좁은 도로에서 진입하는 차보다 우선한다
③ 우측도로에서 진입하는 차가 좌측도로에서 진입하는 차보다 우선한다
④ 좌회전하는 차가 직진하려는 차보다 우선한다

4 다음 중 자동차 전용도로에서의 최고속도와 최저속도로 옳은 것은?

① 최고속도 : 시속 70km, 최저속도 : 시속 20km
② 최고속도 : 시속 80km, 최저속도 : 시속 30km
③ 최고속도 : 시속 90km, 최저속도 : 시속 30km
④ 최고속도 : 시속 100km, 최저속도 : 시속 40km

5 다음 중 도로구조의 보전과 통행의 안전에 지장이 없다고 인정하여 고시한 도로노선의 경우, 운행하는 화물자동차의 높이는 어디까지 허용되는가?

① 3.8m　② 4.0m
③ 4.2m　④ 4.5m

6 다음 중 긴급자동차의 특례적용이 되지 <u>않는</u> 것은?

① 자동차 등의 속도 제한
② 앞지르기의 금지
③ 앞지르기 방법
④ 끼어들기의 금지

7 술에 만취한 상태(혈중알코올농도 0.08% 이상)에서 운전했을 때 받는 벌칙은 무엇인가?

① 벌점 30점　② 벌점 60점
③ 벌점 100점　④ 면허 취소

8 교통법규 위반 시 "벌점 40점"에 해당하는 것으로 옳은 것은?

① 60km/h 초과 속도위반
② 난폭운전 또는 공동위험행위로 형사입건된 때
③ 철길건널목 통과방법을 위반한 때
④ 혈중알코올농도 0.03% 이상 0.08% 미만 시 운전한 때

9 승용자동차 등(승용자동차 및 4톤 이하 화물자동차)의 범칙금이 9만원에 해당되지 <u>않는</u> 것은?

① 40km/h 초과 60km/h 미만 속도위반
② 승객의 차 안 소란행위 방치 운전
③ 어린이통학버스 특별보호 위반
④ 고속도로 지정차로 통행위반

10 「교통사고처리특례법」상 특례 적용을 받는 사고는?

① 도로 부속물 파손사고
② 신호, 지시 위반사고
③ 승객추락방지의무 위반사고
④ 무면허운전사고

11 앞지르기 금지, 방법 위반 사고의 성립요건 중 "장소적 요건"에 해당하는 것은?

① 터널 안이나 다리 위에서 앞지르기
② 병진 시 앞지르기
③ 위험방지를 위한 정지 · 서행 시 앞지르기
④ 앞차의 좌회전 시 앞지르기

12 다음 중 도주사고가 적용되는 경우는?

① 피해자가 부상사실이 없어 구호조치가 필요치 않은 경우
② 가해자 및 피해자 일행이 환자를 후송 조치하는 것을 보고 연락처를 주지 않고 가버린 경우
③ 사고장소가 혼잡하여 도저히 정지할 수 없어 일부 진행한 후 정지하고 되돌아와 조치한 경우
④ 가해자가 심한 부상을 입어 타인에게 의뢰하여 피해자를 후송조치한 경우

13 다음 중 일반화물자동차 운송사업은 몇 대 이상의 화물자동차를 이용하여 화물을 운송하는 사업인가?

① 10대 이상　② 20대 이상
③ 30대 이상　④ 40대 이상

14 화물자동차 운송가맹사업의 화물차 허가기준 대수는?

① 30대 이상　② 40대 이상
③ 50대 이상　④ 60대 이상

15 운송사업자는 운송사업을 허가받은 날부터 (　　)마다 허가기준에 관한 사항을 (　　)에게 신고하여야 한다. 다음 중 괄호 안에 들어갈 말로 적절한 것은?

① 3년, 행정안전부장관
② 3년, 국토교통부장관
③ 5년, 행정안전부장관
④ 5년, 국토교통부장관

정답 | 1 ①　2 ③　3 ④　4 ③　5 ③　6 ③　7 ④　8 ②　9 ④　10 ①　11 ①　12 ②　13 ②　14 ③　15 ④

16 **국토교통부장관이 명할 수 있는 업무개시에 대한 설명이 <u>잘못된</u> 것은?**

① 운송사업자나 운수종사자에게 명할 수 있다
② 정당한 사유로 화물운송을 거부하는 경우에도 업무개시를 명할 수 있다
③ 업무개시를 명하려면 "국무회의의 심의"를 거쳐야 한다
④ 운송사업자 또는 종사자는 정당한 사유 없이는 업무개시명령을 거부할 수 없다

17 **다음 중 적재물배상 보험의 의무가입자가 <u>아닌</u> 사람은?**

① 최대적재량이 5톤 이상인 화물자동차를 소유한 운송사업자
② 건축폐기물을 운송하는 화물자동차를 소유한 운송사업자
③ 국토교통부령으로 정하는 화물을 취급하는 운송주선사업자
④ 운송가맹사업자

18 **화물운송종사자격의 취소 사유가 <u>아닌</u> 것은?**

① 화물운송 중에 과실로 교통사고를 일으켜 1명의 사망자를 발생시킨 경우
② 거짓이나 그 밖의 부정한 방법으로 화물 운송종사자격을 취득한 경우
③ 화물자동차 교통사고와 관련하여 거짓이나 그 밖의 부정한 방법으로 보험금을 청구하여 금고 이상의 형을 선고받고 그 형이 확정된 경우
④ 화물운송종사자격 정지기간에 화물자동차운수사업의 운전업무에 종사한 경우

19 **개인화물운송사업자가 "부당한 운임 및 요금"을 받은 경우의 과징금으로 맞는 것은?**

① 10만 원　② 15만 원
③ 20만 원　④ 25만 원

20 **화물자동차운송사업에 종사하는 운수종사자의 준수사항이 <u>아닌</u> 것은?**

① 휴게시간 없이 2시간 연속운전한 후에는 15분 이상의 휴게시간을 가져야 한다
② 정당한 사유 없이 화물의 운송을 거부해서는 안 된다
③ 문을 완전히 닫지 아니한 상태에서 자동차를 출발시키거나 운행해서는 안 된다
④ 일정한 장소에 오랜 시간 정차하여 화주를 호객하도록 한다

21 **자동차 이전등록에 대한 설명으로 <u>틀린</u> 것은?**

① 자동차를 양수한 자가 다시 제3자에게 양도하려는 경우 제3자에게 직접 이전등록을 해도 된다
② 등록된 자동차를 양수받은 자는 시 · 도지사에게 자동차 소유권의 이전등록을 하여야 한다
③ 자동차를 양수한 자가 이전등록을 신청하지 아니한 경우에는 양수인을 갈음하여 양도자가 신청할 수 있다
④ 양도자가 이전등록을 신청을 한 경우 시 · 도지사는 등록을 수리하여야 한다

22 **「자동차관리법」상 자동차의 점검 · 정비 등의 명령권자는?**

① 시장 · 군수 또는 구청장
② 도지사
③ 도로교통공단 이사장
④ 한국교통안전공단 이사장

23 **도로에 관한 금지행위가 <u>아닌</u> 것은?**

① 도로를 파손하는 행위
② 도로에서 소리를 지르는 등 불쾌감을 주는 행위
③ 도로에 토석(土石), 입목 · 죽(竹) 등 장애물을 쌓아놓는 행위
④ 그 밖에 도로의 구조나 교통에 지장을 주는 행위

24 **자동차전용도로를 지정할 때에는 도로관리청이 관계기관의 의견을 청취해야 한다. 다음 중 도로관리청이 국토교통부장관인 경우 누구에게 의견을 들어야 하는가?**

① 관할 시 · 도 경찰청장
② 관할 경찰서장
③ 경찰청장
④ 시장, 군수, 구청장

25 **운행차 수시점검을 면제 받을 수 있는 자동차가 <u>아닌</u> 것은?**

① 「도로교통법」에 따른 긴급자동차
② 환경부장관이 정하는 저공해자동차
③ 「도로교통법」에 따른 어린이통학버스
④ 군용 및 경호업무용 등 특수한 공용 목적으로 사용되는 자동차

26 **다음 중 운행차의 배출가스 허용기준에 대한 수시점검에 불응한 자에 대한 과태료로 맞는 것은?**

① 200만 원　② 300만 원
③ 400만 원　④ 500만 원

27 **다음 중 운송장의 기능이 <u>아닌</u> 것은?**

① 계약서 기능
② 화물인수증 기능
③ 지출금관리자료 기능
④ 운송요금 영수증 기능

28 **다음 중 포장의 방법(기법)별 분류가 <u>아닌</u> 것은?**

① 방수포장, 방습포장
② 방청포장, 완충포장
③ 진공포장, 압축포장
④ 유연포장, 이완포장

29 **다음 취급 표지의 호칭으로 맞는 것은?**

① 무게 중심 위치
② 온도 제한
③ 굴림 방지
④ 깨지기 쉬움, 취급주의

30 **창고 내 화물 이동 시 주의사항으로 <u>잘못된</u> 것은?**

① 창고의 통로 등에 장애물이 없도록 하고, 작업안전통로를 충분히 확보한 후 화물을 적재한다
② 운반통로에 있는 홈은 이동에 방해가 되지 않도록 메운다
③ 바닥에 물건 등이 놓여 있으면 즉시 치운다
④ 바닥의 기름이나 물기는 즉시 제거하여 미끄럼 사고를 예방한다

정답 | 16 ② 17 ② 18 ① 19 ③ 20 ④ 21 ① 22 ① 23 ② 24 ③ 25 ③ 26 ① 27 ③ 28 ④ 29 ④ 30 ②

31 물품을 들어올릴 때의 올바른 자세 및 방법이 아닌 것은?

① 허리의 힘으로 물품을 든다
② 물품과 몸의 거리는 물품의 크기에 따라 다르나 물품을 수직으로 들어 올릴 수 있는 위치에 몸을 준비한다.
③ 물품을 들 때는 허리를 똑바로 펴야 하고, 다리와 어깨의 근육에 힘을 넣고 팔꿈치를 바로 펴서 서서히 물품을 들어올린다.
④ 몸의 균형을 유지하기 위해서 발은 어깨넓이만큼 벌리고 물품으로 향한다.

32 발판을 활용한 작업을 할 때에 주의사항에 대한 설명이 틀린 것은?

① 발판은 경사를 완만하게 하여 사용한다
② 2명 이상이 발판을 이용하여 오르내릴 때에는 특히 주의한다
③ 발판의 넓이와 길이는 작업에 적합한 것이며 자체에 결함이 없는지 확인한다
④ 발판 설치는 안전하게 되어 있는지 확인한다

33 다음 중 과적의 폐해에 해당하지 않는 것은?

① 타이어의 내구 수명이 감소해 사고 위험이 증가한다
② 과적에 의해 차량이 무거워지면 제동거리도 짧아진다
③ 무게중심이 상승해 차량이 균형을 잃어 전도될 가능성이 높아진다
④ 과적으로 인해 차량 중량이 무거워지면 충돌 시의 충격력도 함께 높아진다

34 다음 중 과적을 하도록 지시하거나 요구한 자에 대한 벌칙은 무엇인가?

① 100만 원 이하의 과태료 ② 200만 원 이하의 과태료
③ 300만 원 이하의 과태료 ④ 500만 원 이하의 과태료

35 화물 파손 사고의 방지요령이 아닌 것은?

① 가벼운 화물이라도 절대 함부로 취급하지 않는다
② 집하할 때 고객에게 내용물에 관한 정보를 충분히 듣는다
③ 충격에 약한 화물은 포장을 보강한다
④ 사고 위험이 있는 물품은 다른 화물들과 함께 적재한다

36 합리화 특장차에 해당되지 않는 것은?

① 실내하역기기 장비차
② 냉동차
③ 쌓기 · 부리기 합리화차
④ 측방 개폐차

37 벌크차라고도 하며 시멘트, 사료, 곡물, 화학제품, 식품 등을 자루에 담지 않고 실물상태로 운반하는 차량은?

① 액체수송차 ② 믹서차량
③ 냉동차 ④ 분립체 수송차

38 세미 트레일러에 대한 설명으로 틀린 것은?

① 도착지에서의 탈착은 용이하나, 공간을 많이 차지하며 후진하는 운전을 하기가 어렵다
② 잡화수송용에는 밴형, 중량용 중저상식 트레일러 등이 사용되고 있다
③ 가동 중인 트레일러 중에는 가장 많고 일반적이다.
④ 세미 트레일러용 트랙터에 연결하여 총 하중의 일부분이 견인하는 자동차에 의해 지탱되도록 설계된 트레일러이다

39 이사화물의 계약해제에 따른 손해배상액에 대한 설명으로 틀린 것은?

① 고객이 약정된 이사화물의 인수일 1일 전까지 해제를 통지한 경우에는 계약금의 2분의 1을 사업자에게 지급한다
② 고객이 약정된 이사화물의 인수일 당일에 해제를 통지한 경우에는 계약금의 배액을 사업자에게 지급한다. 이미 지급한 계약금이 있는 경우에는 그 금액을 공제할 수 있다
③ 사업자가 약정된 이사화물의 인수일 2일 전까지 해제를 통지한 경우에는 고객에게 계약금의 배액을 고객에게 지급한다. 이미 지급한 계약금이 있는 경우에는 손해배상액과는 별도로 그 금액도 반환한다
④ 이사화물의 인수가 사업자의 귀책사유로 약정된 인수일시로부터 2시간 이상 지연된 경우에는 고객은 계약을 해제하고, 이미 지급한 계약금의 반환 및 계약금 6배액의 손해배상을 청구할 수 있다

40 택배사업자가 운송물의 일부 멸실 또는 훼손의 사실을 알면서 이를 숨기고 운송물을 인도한 경우의 손해배상 시효존속기간으로 맞는 것은?

① 수하인이 운송물을 수령한 날로부터 3년간 존속한다
② 수하인이 운송물을 수령한 날로부터 4년간 존속한다
③ 수하인이 운송물을 수령한 날로부터 5년간 존속한다
④ 수하인이 운송물을 수령한 날로부터 6년간 존속한다

정답 | 31 ① 32 ② 33 ② 34 ④ 35 ④ 36 ② 37 ④ 38 ① 39 ① 40 ③

1 운전자의 인지 · 판단, 조작의 의미에 대한 설명이 틀린 것은?

① 인지 : 교통상황을 알아차리는 것
② 판단 : 어떻게 자동차를 움직여 운전할 것인가를 결정하는 것
③ 조작 : 결정에 따라 자동차를 움직이는 운전행위
④ 운전자 요인에 의한 교통사고는 인지 · 판단 · 조작과정의 어느 특정한 과정에서만 비롯된다

2 운전행위로 연결되는 운전과정에 영향을 미치는 운전자의 신체 · 생리적 조건이 아닌 것은?

① 피로 ② 지능
③ 약물 ④ 질병

3 야간에 전조등 불빛만으로 무엇인가가 있다는 것을 인지하기 가장 쉬운 색깔은?

① 엷은 황색 ② 적색
③ 흰색 ④ 흑색

4 야간운전 주의사항에 대한 설명이 아닌 것은?

① 운전자가 눈으로 확인할 수 있는 시야의 범위가 넓어진다
② 술에 취한 사람이 차도에 뛰어드는 경우에 주의해야 한다
③ 전방이나 좌우 확인이 어려운 신호등 없는 교차로나 커브길 진입 직전에는 전조등으로 자기 차가 진입하고 있음을 알려 사고를 방지한다
④ 보행자와 자동차의 통행이 빈번한 도로에서는 항상 전조등의 방향을 하향으로 하여 운행하여야 한다

5 주행 중에 급정거를 했을 때 마치 반대방향으로 움직이는 것처럼 보이는 것은 무슨 착각인가?

① 경사의 착각 ② 원근의 착각
③ 상반의 착각 ④ 속도의 착각

6 교통사고의 실태에서 보행 중 교통사고가 제일 높은 국가는?

① 한국 ② 미국
③ 프랑스 ④ 일본

7 고령자가 교통 안전에 장애가 되는 요인으로 틀린 것은?

① 노환으로 청각 기능이 약화되지만, 시력 자체는 저하되지 않는다
② 이면도로에서 노면표시가 없으면 도로의 중앙부를 걷는 경향이 있다
③ 교통상황을 인지하고 반응하는 시간이 길다
④ 원근의 구별 능력이 약화되어 부족하다

8 어린이 교통안전에서 어린이의 일반적 특성과 행동능력에 대한 설명이 틀린 것은?

① 감각적 단계(2세 미만) : 교통상황에 대처할 능력도 전혀 없고 전적으로 보호자에게 의존하는 단계이다
② 전 조작 단계(2세~7세) : 2가지 이상을 동시에 생각하고 행동할 능력이 없다
③ 구체적 조작단계(7세~12세) : 추상적 사고의 폭이 넓어지고, 개념의 발달과 그 사용이 증가한다
④ 형식적 조작단계(12세 이상) : 대개 초등학교 4학년 이상에 해당하며, 논리적 사고도 부족하고, 보행자로서 교통에 참여할 수 없다

9 운전석에 있는 핸들에 의해 앞바퀴의 방향을 틀어서 자동차의 진행방향을 바꾸는 장치는?

① 제동장치 ② 주행장치
③ 조향장치 ④ 현가장치

10 커브길 주행시 곡선 바깥쪽으로 진행하려는 힘인 원심력과 가장 관련 없는 것은?

① 자동차의 속도 및 중량
② 평면 곡선 반지름
③ 타이어와 노면의 횡방향 마찰력
④ 종단경사

11 비탈길을 내려가는 경우 브레이크를 반복하여 사용하면 마찰열이 라이닝에 축적되어 브레이크의 제동력이 저하되는 현상을 무엇이라고 하는가?

① 스탠딩 웨이브 현상
② 베이퍼 록 현상
③ 모닝 록 현상
④ 페이드 현상

12 타이어 마모에 영향을 주는 요소와 가장 거리가 먼 것은?

① 공기압, 하중
② 속도, 커브
③ 브레이크, 노면
④ 운전 방법

13 다음 중 자동차 이상 징후를 오감으로 판별하려 할 때 가장 활용도가 낮은 것은 무엇인가?

① 시각 ② 청각
③ 촉각 ④ 미각

14 다음 중 엔진의 온도가 과열되었을 때의 조치 방법으로 맞는 것은?

① 엔진 피스톤 링을 교환한다
② 냉각수를 보충하거나 팬벨트의 장력을 조정한다
③ 로커암 캡을 열고 푸쉬로드의 휨 상태를 확인한다
④ 에어 클리너 오염을 확인 후 청소한다

15 자동차 비상등의 작동이 불량할 때 조치방법으로 옳은 것은?

① 엔진 피스톤링 교환
② 덕트 내부 확인
③ 허브베어링 교환
④ 턴 시그널 릴레이 교환

16 길어깨(갓길)의 역할에 대한 설명으로 **틀린** 것은?

① 사고 시 교통의 혼잡을 방지하는 역할을 한다
② 측방 여유폭을 가지므로 교통의 안전성과 쾌적성에 기여한다
③ 유지관리 작업장이나 지하 매설물에 대한 장소로 제공된다
④ 교통 정체 시 주행차로의 역할을 하여 정체 해소에 기여한다

17 운전자가 같은 차로상의 장애물을 인지하고 안전하게 정지하기 위하여 필요한 거리를 무엇이라 하는가?

① 앞지르기시거 ② 노상시설
③ 정지시거 ④ 종단경사

정답 | 1④ 2② 3③ 4① 5③ 6① 7① 8④ 9③ 10④ 11④ 12④ 13④ 14② 15④ 16④ 17③

18 **운전 상황별 방어운전에 대한 설명이 틀린 것은?**

① 정지할 때 : 운행 전에 신호등이 점등되는지 확인하고, 될 수 있는 한 신속하게 정지한다
② 주차할 때 : 주차가 허용된 지역이나 안전한 지역에 주차하며, 차가 노상에서 고장을 일으킨 경우에는 적절한 고장표지를 설치한다
③ 차간거리 : 앞차에 너무 밀착하여 주행하지 않도록 하며, 다른 차가 끼어들기를 하는 경우에는 양보하여 안전하게 진입하도록 한다
④ 감정의 통제 : 타인의 운전 태도에 감정적으로 반응하여 운전하지 않도록 하며, 술이나 약물의 영향이 있는 경우에는 운전을 삼가한다

19 **황색신호 시 사고유형 중 가장 맞지 않는 것은?**

① 교차로 상에서 전신호 차량과 후신호 차량의 충돌
② 횡단보도 전 앞차 정지 시 뒤차 추돌
③ 횡단보도 통과 시 보행자, 자전거 또는 이륜차 충돌
④ 유턴 차량과의 충돌

20 **자동차 현가장치의 역할로 볼 수 없는 것은?**

① 차량의 무게 지탱
② 도로 충격을 흡수
③ 운전자와 화물에 더욱 유연한 승차감 제공
④ 자동차의 진행방향을 전환

21 **자동차를 운전하여 터널을 통과할 때 운전자의 안전운전수칙으로 가장 부적절한 것은?**

① 터널 진입 전, 입구에 표시된 도로안내정보를 확인한다
② 터널 진입 전, 감속하지 않고 밤에 준하는 등화를 켠다
③ 터널 안 차선이 백색실선인 경우 차로를 변경하지 않고 터널을 통과한다
④ 앞차와의 안전거리를 유지하면서 급제동에 대비한다

22 **고속도로에서의 운행요령 중 가장 옳지 않은 것은?**

① 속도의 흐름과 날씨 등에 따라 안전거리를 충분히 확보한다
② 고속도로에 진입할 때는 빠르게, 가속할 때는 천천히 한다
③ 주행 중 수시로 속도계를 확인 후 법정속도를 준수한다
④ 주행차로를 준수하고 2시간마다 휴식한다

23 **봄철 자동차 관리사항에 해당하지 않은 것은?**

① 부동액 점검 ② 월동장비 정리
③ 배선상태 점검 ④ 엔진오일 점검

24 **겨울철의 계절특성과 기상특성에 대한 설명으로 틀린 것은?**

① 대륙성 이동성 고기압의 영향으로 맑은 날씨가 계속되나, 일교차가 심하다
② 교통의 3대 요소인 사람, 자동차, 도로환경 등이 다른 계절에 비해 열악하다
③ 습도가 낮고 공기가 매우 건조하다
④ 이상 현상으로 기온이 올라가면 안개가 생성되기도 한다

25 차량에 고정된 탱크차의 안전운송기준으로 옳지 않은 것은?

① 「고압가스안전관리법」 등 법규, 기준 등을 준수한다
② 운송화물의 특성상 장거리 운행이라도 가급적 휴식 없이 운송한다
③ 운행 경로의 변경시 소속사업소, 회사 등에 연락한다
④ 터널 내를 통과할 때에는 전방의 이상사태 발생유무를 확인한 후 진입한다

26 **서비스 품질을 평가하는 고객의 기준에 해당하지 않는 것은?**

① 신뢰성
② 신속한 대응
③ 근면성
④ 편의성

27 **화물차량 운전의 직업상 어려운 항목에 대한 설명이 틀린 것은?**

① 주 · 야간 운행으로 인한 규칙적인 생활리듬
② 차량의 장시간 운전으로 작업공간이 제한됨
③ 화물의 특수수송에 따른 운임에 대한 불안감
④ 공로운행에 따른 타 차량과의 교통사고에 대한 위기의식 잠재

28 **운전자가 가져야 할 기본적인 자세로 잘못된 것은?**

① 교통법규를 준수하지 못할지라도, 일단은 알고 있는 것이 중요하다
② 여유 있고 양보하는 마음으로 운전한다
③ 심신 상태를 조절하여 냉정하고 침착한 자세로 운전한다
④ 자신의 운전기술을 과신하지 않는다

29 **화물자동차 운전자의 용모복장 기본원칙으로 맞지 않는 것은?**

① 깨끗하고 단정하게 한다
② 품위 있고 규정에 맞게 한다
③ 통일감 있고 계절에 맞게 한다
④ 샌들이나 슬리퍼 등 편한 신발을 신는다

30 **기업경영에서 의사결정의 효율성을 높이기 위해 경영내외의 관련정보를 필요에 따라 즉각적으로 그리고 대량으로 수집, 전달, 처리, 저장, 이용할 수 있도록 편성한 인간과 컴퓨터와의 결합시스템을 무엇이라고 하는가?**

① 공급망 관리(SCM) ② 경영정보시스템(MIS)
③ 전사적 자원관리(ERP) ④ 효율적 고객대응(ECR)

31 **기업물류에 대한 설명으로 틀린 것은?**

① 물류체계 또는 물류시스템의 개선은 기업이든 국가든 부가가치의 증대를 통해 부를 증가시킨다
② 일반적으로 물류활동의 범위는 물적공급과정과 물적유통과정에 국한된다
③ 기업물류의 활동은 주활동과 지원활동으로 크게 구분한다
④ 주활동에는 보관, 자재관리, 구매, 포장, 정보관리가 포함된다

32 **기업물류의 범위에서 "생산된 재화가 최종고객이나 소비자에게까지 전달되는 과정"을 무엇이라고 하는가?**

① 물적공급과정 ② 주활동
③ 물적유통과정 ④ 지원활동

정답 | 18 ① 19 ② 20 ④ 21 ② 22 ② 23 ① 24 ① 25 ② 26 ③ 27 ① 28 ① 29 ④ 30 ② 31 ④ 32 ③

33 **물류전략 중 사업목표와 소비자 서비스 요구사항에서부터 시작되며, 경쟁업체에 대항하는 공격적인 전략을 무엇이라고 하는가?**

① 프로액티브 물류전략
② 활동적 물류전략
③ 크래프팅 물류전략
④ 공격적 물류전략

34 **다음 물류의 분류에 대한 설명 중 <u>틀린</u> 것은?**

① 자사물류 : 기업이 사내에 물류조직을 두고 물류업무를 직접 수행하는 경우
② 제1자 물류 : 화주기업이 직접 물류활동을 처리하는 자사물류
③ 제2자 물류 : 기업이 사내의 물류조직을 별도로 분리하여 타 회사로 독립시키는 경우
④ 제3자 물류 : 외부의 전문물류업체에게 물류업무를 아웃소싱 하는 경우

35 **운송관련 용어 중 "한정된 공간과 범위 내에서의 재화의 이동"을 무엇이라고 하는가?**

① 간선수송　　② 배송
③ 운반　　④ 운송

36 **다음 중 배송의 개념에 해당되지 <u>않는</u> 것은?**

① 단거리 소량화물의 이동
② 기업과 고객간의 이동
③ 지역내 화물의 이동
④ 1개소의 목적지에 1회에 직송

37 **포장이란 물품의 운송, 보관 등에 있어서 물품의 가치와 상태를 보호하는 것인데 "기능면에서 품질유지를 위한 포장"을 무엇이라고 하는가?**

① 운송포장　　② 공업포장
③ 상업포장　　④ 판매포장

38 **통합판매 · 물류 · 생산시스템(CALS)의 중요성과 도입효과에 대한 설명으로 맞지 <u>않는</u> 것은?**

① 기업분할과 가상기업을 실현
② 업무처리절차 축소, 소요시간의 단축으로 비용절감의 효과
③ 정보화시대의 기업경영에 필수적인 산업정보화 전략
④ 시장의 개방화와 정보의 글로벌화와 함께 21세기 정보화사회의 핵심전략

39 **택배화물 방문집하시 작성하는 운송장 기록에 정확히 기재해야 할 사항에 해당하지 <u>않은</u> 것은?**

① 수하인 전화번호
② 정확한 화물명
③ 화물제조회사명
④ 화물 가격

40 **사업용 트럭운송의 단점에 해당하는 것은?**

① 운임의 안정화가 곤란하다
② 설비투자가 필요 없다
③ 변동비 처리가 가능하다
④ 물동량 변동에 대응한 안정수송이 가능하다

정답 | 33 ① 34 ③ 35 ③ 36 ④ 37 ② 38 ① 39 ③ 40 ①

제5회 화물운송종사 자격시험 출제모의고사

제1교시 교통 및 화물자동차 운수사업 관련법규, 화물취급요령

1 다음 중 긴급자동차에 해당하지 않는 것은?

① 소방차 ② 구난차
③ 구급차 ④ 혈액공급차량

2 다음 중 도로에 해당하지 않는 것은?

① 일반국도
② 통행료를 받는 유료도로
③ 해수욕장 모래길
④ 면도, 이도, 농도

3 다음 중 보행자 신호등에 대한 설명으로 틀린 것은?

① 녹색의 등화 : 보행자는 횡단보도를 횡단할 수 있다
② 녹색등화의 점멸 : 보행자는 횡단을 시작하여서는 아니된다
③ 적색의 등화 : 보행자는 횡단보도를 횡단하여서는 아니된다
④ 녹색등화의 점멸 : 횡단하고 있는 보행자는 신속하게 횡단을 완료해야 하며 횡단을 중지하고 보도로 되돌아와서는 안 된다

4 도로교통의 안전을 위하여 각종 주의 · 규제 · 지시 등의 내용을 노면에 기호 · 문자 또는 선으로 도로사용자에게 알리는 표지는?

① 노면표시 ② 보조표지
③ 규제표지 ④ 지시표지

5 다음 중 모든 차의 운전자가 일시정지할 장소가 아닌 것은?

① 가파른 비탈길의 내리막
② 보도를 횡단하기 직전
③ 교통이 빈번한 교차로
④ 적색등화가 점멸하는 곳이나 그 직전

6 편도 2차로 이상의 고속도로에서 적재중량 1.5톤을 초과하는 화물자동차의 최고 · 최저속도로 맞는 것은?

① 최고속도 : 80km/h, 최저속도 : 50km/h
② 최고속도 : 80km/h, 최저속도 : 40km/h
③ 최고속도 : 90km/h, 최저속도 : 50km/h
④ 최고속도 : 90km/h, 최저속도 : 40km/h

7 다음 중 정비불량 자동차를 정지시켜 점검할 수 있는 공무원에 해당하는 사람은?

① 구청 단속공무원 ② 경찰공무원
③ 정비책임자 ④ 정비사 자격증소지자

8 운전면허 효력 정지 기간 중에 운전해서 면허가 취소된 경우, 운전면허 응시 제한 기간은?

① 취소된 날부터 1년
② 취소된 날부터 2년
③ 취소된 날부터 3년
④ 취소된 날부터 4년

9 다음 중 운전면허 취소처분을 받는 경우가 아닌 것은?

① 교통사고를 일으키고 구호조치를 하지 아니한 때
② 술에 취한 상태의 측정에 불응한 때
③ 난폭운전으로 구속된 때
④ 공동위험행위로 형사입건 때

10 도주차량 운전자의 도주사고 적용 사례가 아닌 것은?

① 피해자를 방치한 채 사고현장을 이탈 도주한 경우
② 교통사고 가해 운전자가 심한 부상을 입어 타인에게 의뢰하여 피해자를 후송 조치한 경우
③ 사고현장에 있었어도 사고사실을 은폐하기 위해 거짓진술 · 신고한 경우
④ 피해자가 이미 사망했다고 하더라도 사체 안치 · 후송 등 조치 없이 가버린 경우

11 다음 중 중앙선침범 사고의 성립요건이 될 수 없는 것은?

① 장소적 요건 : 황색 실선이나 점선의 중앙선이 설치되어 있는 도로에서 횡단, 유턴, 후진한 경우
② 피해자적 요건 : 중앙선침범 차량에 충돌되어 인적피해를 입은 경우
③ 시설물의 설치 요건 : 「도로교통법」에 따라 시 · 도경찰청장이 설치한 중앙선을 침범한 경우
④ 운전자 과실 : 불가항력적 과실 또는 만부득이한 과실로 침범한 경우

12 보도침범 사고의 성립요건에 대한 설명이 잘못된 것은?

① 장소적 요건 : 보 · 차도가 구분된 도로의 보도 내에서 사고가 발생한 경우
② 피해자적 요건 : 보도에서 보행 중 제차에 충돌되어 인적피해를 입은 경우
③ 운전자 과실 : 고의적 · 의도적 · 현저한 부주의에 의한 과실로 사고가 발생한 경우
④ 시설물의 설치 요건 : 학교, 아파트단지 등 특정구역 내부에 자체적으로 설치된 보도에서 사고가 난 경우

13 다음 중 「화물자동차 운수사업법」의 제정 목적이 아닌 것은?

① 화물자동차 운수사업을 효율적 관리하고 건전하게 육성
② 화물의 원활한 운송을 도모
③ 화물자동차의 효율적 관리
④ 공공복리의 증진에 기여

14 화물자동차 운송사업 허가의 결격 사유가 아닌 것은?

① 피성년후견인 또는 피한정후견인
② 파산선고를 받고 복권되지 않은 자
③ 허가 기준에 충족하지 못하게 되어 허가가 취소된 후 2년이 지나지 않은 자
④ 부정한 방법으로 허가를 받아 허가가 취소된 후 10년이 지나지 않은 자

정답 | 1② 2③ 3④ 4① 5① 6① 7② 8① 9④ 10② 11④ 12④ 13③ 14④

15 다음 중 화물자동차 운송사업의 허가사항 변경신고 대상이 아닌 것은?

① 관할관청의 행정구역 외에서 주사무소 이전
② 화물취급소의 설치 또는 폐지
③ 법인의 경우 대표자의 변경
④ 화물자동차의 대폐차

16 화물운송종사자격의 취소 사유에 해당되지 않는 것은?

① 거짓이나 그 밖의 부정한 방법으로 화물운송종사자격을 취득한 경우
② 부당한 운임 또는 요금을 요구하거나 받는 행위를 1차로 저지른 경우
③ 화물운송종사자격증을 타인에게 대여한 경우
④ 화물운송종사자격 정지 기간에 운전업무에 종사한 경우

17 시 · 도지사가 화물자동차 운송사업의 허가를 반드시 취소하여야 하는 위반사항이 아닌 것은?

① 부정한 방법으로 화물자동차 운송사업허가를 받은 경우
② 화물자동차 운수사업법을 위반하여 징역 이상의 형의 집행유예를 선고받고 그 유예기간 중에 있는 자의 경우
③ 화물자동차 소유 대수가 2대 이상인 운송사업자가 영업소 설치 허가를 받지 아니하고 주사무소 외의 장소에서 상주하여 영업한 경우
④ 화물자동차 교통사고와 관련하여 거짓이나 그 밖의 부정한 방법으로 보험금을 청구하여 금고 이상의 형을 선고받고 그 형이 확정된 경우

18 화물자동차 운전자는 화물운송종사자격증명을 항상 게시하고 운전을 해야 하는데 그 위치는?

① 화물자동차 안 앞면 왼쪽 위에 게시하고 운행
② 화물자동차 안 앞면 중간 위에 게시하고 운행
③ 화물자동차 운전석 앞 창의 오른쪽 위에 게시하고 운행
④ 화물자동차 안 앞면 오른쪽 밑에 게시하고 운행

19 국토교통부장관은 운송사업자 또는 운수종사자가 정당한 사유 없이 집단으로 화물운송을 거부하였을 때 업무개시를 명령할 수 있다. 이를 위반 시 벌칙은 무엇인가?

① 1년 이하의 징역 또는 1천만 원 이하의 벌금
② 2년 이하의 징역 또는 2천만 원 이하의 벌금
③ 3년 이하의 징역 또는 3천만 원 이하의 벌금
④ 4년 이하의 징역 또는 2천만 원 이하의 벌금

20 「자동차관리법」의 제정 목적이 아닌 것은?

① 자동차를 효율적으로 관리함에 있다
② 자동차의 등록, 안전기준 등을 정하여 성능 및 안전을 확보함에 있다
③ 공공복리를 증진함에 있다
④ 도로교통의 안전을 확보함에 있다

21 「자동차관리법」의 적용을 받는 자동차는?

① 「건설기계관리법」에 따른 건설기계
② 「여객자동차운수사업법」에 따른 승합자동차
③ 「농업기계화촉진법」에 따른 농업기계
④ 「의료기기법」에 따른 의료기기

22 자동차 소유자의 종합검사기간은 어떻게 되는가? (단, 검사를 연장했거나 유예한 자동차 소유자의 경우도 포함한다)

① 검사 유효 마지막 날 전후 각각 31일 이내
② 검사 유효 마지막 날 전후 각각 30일 이내
③ 검사 유효 마지막 날 전 각각 31일 이내
④ 검사 유효 마지막 날 후 각각 31일 이내

23 「도로법」의 제정 목적이 아닌 것은?

① 도로노선을 지정하고 도로공사를 시행
② 도로의 시설 기준에 관한 사항을 규정
③ 공공복리의 향상
④ 도로 이용자들의 편리를 우선함

24 도로관리청이 운행을 제한할 수 있는 차량이 아닌 것은?

① 축하중이 10톤을 초과하거나 총중량이 40톤을 초과하는 차량
② 차량의 폭이 2.5m, 높이가 4.0m, 길이가 16.7m를 초과하는 차량
③ 도로구조의 보전과 통행의 안전에 지장이 없다고 도로관리청이 인정하여 고시한 도로의 경우는 높이 3.5m를 초과하는 차량
④ 도로관리청이 특히 도로구조의 보전과 통행의 안전에 지장이 있다고 인정하는 차량

25 다음 중 연소할 때 생기는 유리탄소가 주가 되는 미세한 입자상의 물질을 무엇이라 하는가?

① 유독가스
② 온실가스
③ 매연
④ 입자상물질

26 화물자동차 운전자가 책임지고 확인하여야 할 사항으로 잘못된 것은?

① 화물의 검사
② 과적의 식별
③ 적재화물의 균형 유지
④ 적재화물의 용도와 사용 목적

27 화물운송장의 기능에 대한 설명으로 틀린 것은?

① 인사관리자료 기능
② 계약서 기능
③ 화물인수증 기능
④ 운송요금 영수증 기능

28 다음 중 포장재료의 특성에 따른 분류에 해당되지 않는 것은?

① 유연포장
② 강성포장
③ 공업포장
④ 반강성포장

29 일반 화물 표지 중 "굴림 방지" 표지는?

① 
② 
③ 
④ 

30 화물을 취급하기 전에 준비 · 확인할 사항으로 틀린 것은?

① 위험물, 유해물을 취급할 때에는 반드시 보호구를 착용하고, 안전모는 턱끈을 매어 착용한다
② 보호구의 자체결함은 없는지 또는 사용방법은 알고 있는지 확인한다
③ 화물의 포장이 거칠거나 미끄러움, 뾰쪽함 등은 없는지 확인한 후 작업에 착수한다
④ 작업도구는 항상 새로운 물품으로 넉넉하게 준비한다

31 트랙터 차량의 캡과 적재물의 간격은 몇 센티미터 이상으로 유지해야 하는가?

① 100센티미터 ② 110센티미터
③ 120센티미터 ④ 130센티미터

32 파렛트 화물의 붕괴 방지요령 중 "파렛트의 가장자리를 높게 하고 포장화물을 기울여 화물이 갈라지는 것을 방지하는 방법"은 무엇인가?

① 주연어프 방식
② 밴드걸기 방식
③ 스트레치 방식
④ 슈링크 방식

33 화물자동차 운행에 따른 일반적인 주의사항이 틀린 것은?

① 비포장도로나 위험한 도로에서는 반드시 서행한다
② 화물을 편중되게 적재하지 않으며, 부득이한 경우가 아니라면 정량초과적재는 삼간다
③ 후진할 때에는 반드시 뒤를 확인 후 후진 경고를 하면서 서서히 후진하며, 가능한 한 경사진 곳에 주차시키지 않는다
④ 화물을 적재하고 운행할 때에는 수시로 화물적재 상태를 확인하며, 운전은 절대 서두르지 말고 침착하게 해야 한다

34 화물자동차의 종류 중 "화물실의 지붕이 없고, 옆판이 운전대와 일체로 되어 있는 소형트럭"에 해당되는 것은?

① 픽업
② 캡 오버 엔진 트럭
③ 밴
④ 트럭 크레인

35 화물의 인수요령으로 틀린 것은?

① 수하인의 주소 및 수하인이 맞는지 확인한 후에 인계한다
② 집하 자제품목 및 집하 금지품목의 경우는 그 취지를 알리고 양해를 구한 후 정중히 거절한다
③ 포장 및 운송장 기재요령을 반드시 숙지하고 인수에 임한다
④ 운송인의 책임은 물품을 인수하고 운송장을 교부한 시점부터 발생함을 명심한다

36 다음 중 특수자동차 유형별 세부기준에 대한 설명이 잘못된 것은?

① 견인형 : 피견인차의 견인을 전용으로 하는 구조인 것
② 구난형 : 고장, 사고 등으로 운행이 곤란한 자동차를 구난 · 견인할 수 있는 구조인 것
③ 특수용도형 : 견인형, 구난형 어느 형에도 속하지 아니하는 특수용도용인 것
④ 특수장비차(특정차) : 기계를 갖추고, 그것을 자동차의 원동기로 구등할 수 있도록 되어있는 특수자동차

37 트레일러(Trailer)의 장점이 아닌 것은?

① 트랙터의 효율적 이용
② 효과적인 적재량
③ 트랙터와 운전자의 효율적 운영
④ 장기적 보관 기능의 실현

38 합리화 특장차에 대한 설명으로 틀린 것은?

① 실내 하역기기 장비차 : 적재함 바닥면에 롤러컨베이어, 로더용 레일, 파렛트 이동용의 파렛트 슬라이더 또는 컨베이어 등을 장치하여 적재함 하역의 합리화를 도모한 차
② 측방 개폐차 : 화물에 시트를 치거나 포크리프트에 의해 짐부리기를 간이화할 목적으로 개발된 차
③ 시스템 차량 : 트레일러 방식의 대형트럭을 가리키며, CB차 또는 탈착보디차를 말한다
④ 쌓기 · 부리기 합리화차 : 리프트게이트, 크레인 등을 장비하고 작업의 합리화를 위한 차

39 이사화물 표준약관의 규정에서 인수거절을 할 수 있는 화물이 아닌 것은?

① 현금, 유가증권, 귀금속, 예금통장, 신용카드, 인감 등 고객이 휴대할 수 있는 귀중품
② 위험물, 불결한 물품 등 다른 화물에 손해를 끼칠 염려가 있는 물건
③ 동식물, 미술품, 골동품 등 운송에 특수한 관리를 요하기 때문에 다른 화물과 동시 운송하기에 적합하지 않은 물건
④ 일반이사화물의 종류, 무게, 부피, 운송거리 등에 따라 적합하게 포장할 것을 사업자가 요청하여 고객이 이를 수용한 물건

40 사업자의 책임 있는 사유로 고객에게 계약을 해제한 경우의 손해배상액이 맞지 않는 것은?

① 사업자가 약정된 이사화물의 인수일 2일 전까지 해제를 통지한 경우 : 계약금의 배액
② 사업자가 약정된 이사화물 인수일 1일 전까지 해제를 통지한 경우 : 계약금의 4배액
③ 사업자가 약정된 이사화물의 인수일 당일에 해제를 통지한 경우 : 계약금의 8배액
④ 사업자가 약정된 이사화물의 인수일 당일에도 해제를 통지하지 않은 경우 : 계약금의 10배액

정답 | 30 ④ 31 ③ 32 ① 33 ② 34 ① 35 ① 36 ④ 37 ④ 38 ③ 39 ④ 40 ③

제2교시 안전운행, 운송서비스

1 교통사고 요인 중 환경요인 구성에 대한 설명이다. 틀린 것은?

① 자연환경 : 기상, 일광 등 자연조건
② 교통환경 : 차량교통량, 차량교통단속, 운행차 구성, 보행자교통량, 교통상황
③ 사회환경 : 일반국민, 운전자, 보행자 등의 교통도덕, 정부의 교통정책, 교통단속과 형사처벌
④ 구조환경 : 교통여건 변화, 차량점검 및 정비관리자와 운전자의 책임 한계 등

2 동체시력은 물체의 이동속도가 빠를수록 상대적으로 저하된다. 정지시력이 1.2인 사람이 시속 50km로 운전하면서 고정된 물체를 볼 때의 시력은?

① 0.1 이하로 저하된다
② 0.3 이하로 저하된다
③ 0.5 이하로 저하된다
④ 0.7 이하로 저하된다

3 야간운전과 관련하여 주의사항 등을 설명한 다음 중 옳지 않은 것은?

① 운전자가 눈으로 확인할 수 있는 시야의 범위가 좁아진다
② 자동차 등의 통행이 빈번한 도로에서는 항상 전조등의 방향을 상향으로 운행한다
③ 마주 오는 차의 전조등 불빛에 현혹되는 경우 물체식별이 어려워진다
④ 술에 취한 사람이 차도에 뛰어드는 경우에 주의해야 한다

4 제2종 운전면허에 필요한 시력은 두 눈을 뜨고 잰 시력이 0.5 이상이다. 그렇다면 한쪽 눈을 보지 못하는 사람의 시력은 얼마 이상이어야 하는가?

① 1.2 ② 1.0
③ 0.8 ④ 0.6

5 교통사고의 원인과 요인에 대한 설명 중 틀린 것은?

① 교통사고에는 반드시 원인과 요인이 있다
② 교통사고의 원인이란 반드시 사고라는 결과를 초래한 그 어떤 것을 말한다
③ 사고의 요인이란 교통사고 원인을 초래한 인자를 말한다
④ 사고 요인만 있다면 원인이 없어도 반드시 교통사고로 연결된다

6 운전피로와 운전착오에 대한 설명 중 옳은 것은?

① 운전작업의 착오는 운전업무 개시 후 · 종료시에 많아진다
② 운전시간이 경과하면 운전피로가 감소한다
③ 운전착오는 심야에서 새벽 사이에 적게 발생한다
④ 피로가 쌓여도 차 내외의 정보는 효과적으로 입수할 수 있다

7 시야의 범위에 관한 다음 설명 중 잘못된 것은?

① 시야의 범위는 속도에 정비례한다
② 정상적인 사람의 시야는 180 ~ 200° 정도이다
③ 한쪽 눈의 시야는 좌우 각각 160° 정도이다
④ 색채를 식별할 수 있는 범위는 약 70°이다

8 고령보행자의 보행행동 특성과 가장 거리가 먼 것은?

① 고착화된 자기 경직성이 있다
② 보행시 상점이나 포스터를 보며 걷는 경향이 있다
③ 보행궤적이 흔들거리며, 보행 중에 사선횡단을 하기도 한다
④ 정면에서 오는 차량 등에 대해서는 곧잘 회피한다

9 자동차의 안전장치 중 차량의 무게를 지탱하고, 도로 충격을 흡수하여 운전자와 화물에 더욱 유연한 승차를 제공해 주는 장치는?

① 주행장치 ② 제동장치
③ 현가장치 ④ 조향장치

10 앞바퀴 정렬에서 토우인(Toe-in)에 대한 설명으로 틀린 것은?

① 주행중 타이어가 바깥쪽으로 벌어지는 것을 방지한다
② 캠버에 의해 토아웃 되는 것을 방지한다
③ 핸들 조작을 어렵게 만들 수 있다
④ 타이어의 마모를 방지한다

11 타이어의 회전속도가 빨라지면 접지부에서 받은 타이어의 변형(주름)이 다음 접지 시점까지도 복원되지 않고 접지의 뒤쪽에 진동의 물결을 일으킬 수 있다. 이 현상은 무엇인가?

① 스탠딩 웨이브 현상 ② 수막 현상
③ 페이드 현상 ④ 모닝 록 현상

12 비가 자주 오거나 습도가 높은 날 또는 오랜 시간 주차한 후에 브레이크 드럼에 미세한 녹이 발생하여 평소보다 급제동이 되는 자동차의 물리적 현상은?

① 베이퍼록 현상 ② 스탠딩 웨이브 현상
③ 페이드 현상 ④ 모닝록 현상

13 자동차의 속도와 상관 없이, 운전자가 긴급상황에서 차량을 정지시키는 데 영향을 미치는 요소에 대한 설명으로 가장 거리가 먼 것은?

① 운전자가 긴급 상황을 지각하는 시간
② 동승자의 유무
③ 브레이크 혹은 타이어의 성능
④ 도로의 조건

14 선회 특성과 방향 안전성에 대한 설명이다. 올바른 것이 아닌 것은?

① 오바 스티어링은 앞바퀴의 사이드슬립 각도가 뒷바퀴의 사이드슬립 각도보다 작을 때의 경우
② 1의 경우 자동차는 0을 중심으로 하여 OY쪽으로 진행방향을 바꾸게 된다
③ 언더 스티어링은 앞바퀴의 사이드슬립 각도가 뒷바퀴의 사이드슬립 각도보다 클 때일 경우
④ 3의 경우 자동차는 OX쪽으로 진행 방향을 바꾸지 않는다

15 자동차 주행 중 "간헐적으로 ABS 경고등이 점등되다가, 요철 부위 통과 후에도 경고등이 계속 점등"되는 현상이 발생할 때 점검해야 할 사항이 아닌 것은?

① 자기 진단 점검
② 캡 밀착상태 점검
③ 휠 스피드 센서 단선 단락
④ 휠 센서 단품 점검 이상 발견

정답 | 1② 2④ 3② 4④ 5④ 6① 7① 8④ 9③ 10③ 11① 12④ 13② 14④ 15②

16 **도로요인에는 도로구조와 안전시설이 있다. 이 중에 "도로구조"에 해당하지 않는 것은?**

① 노면표시
② 도로의 선형
③ 노면, 차로수
④ 노폭, 구배

17 **도로의 길어깨가 넓을 때의 장점이 아닌 것은?**

① 차량의 이동 공간이 넓다
② 시계가 넓다
③ 고장차량의 이동이 쉽다
④ 추돌사고를 예방할 수 있다

18 **다음 중 횡단면과 교통사고에 대한 설명으로 틀린 것은?**

① 횡단면의 차로폭이 넓을수록 교통사고 예방의 효과가 적다
② 길어깨가 토사나 자갈 또는 잔디보다는 포장된 노면인 경우 더 안전하다
③ 교통량이 많고 사고율이 높은 구간의 차도폭을 규정범위 이내로 넓히면 그 효과는 더욱 크다
④ 길어깨가 넓으면 이동공간이 넓고, 시계가 넓으며, 고장차량을 주행차로 밖으로 이동시킬 수 있기 때문에 안전성이 큰 것은 확실하다

19 **다음 중 교차로에 대한 설명으로 잘못된 것은?**

① 운전자의 입장에서는 사각이 상대적으로 적다
② 교통사고가 많이 발생하는 지점이다
③ 황색신호일 때 무리하게 통과하려다 사고가 많이 일어난다
④ 자동차와 사람, 이륜차 등의 엇갈림이 발생하는 장소이다

20 **다음 중 언덕길에서의 안전운전 방법에 대한 설명이 잘못된 것은?**

① 내리막길을 내려가기 전에는 미리 감속한다
② 내리막길을 천천히 내려가며 엔진 브레이크로 속도를 조절한다
③ 오르막길의 정상 부근은 사각지대이므로 서행하며 위험에 대비한다
④ 정차 시에는 풋 브레이크나 핸드 브레이크 중 하나를 사용한다

21 **다음 중 일단 사고가 발생하면 인명피해가 큰 대형사고가 주로 발생하는 장소는?**

① 철길 건널목　　② 교차로
③ 오르막길　　④ 내리막길

22 **고속도로의 운행방법에 대한 설명이 틀린 것은?**

① 속도의 흐름과 도로사정, 날씨 등에 따라 안전거리를 충분히 확보한다
② 주행 중 속도계를 수시로 확인하여 법정속도를 준수한다
③ 차로 변경 시는 최소한 100m 전방으로부터 방향지시등을 켜고, 전방 주시점은 속도가 빠를수록 멀리 둔다
④ 고속도로에 들어갈 때에는 감속하여 주행차로로 천천히 진입하도록 한다

23 **다음 중 고압가스를 적재하여 운반하는 차량을 운전할 때 주의할 사항이 아닌 것은?**

① 부득이한 경우를 제외하고는 장시간 정차하지 말 것
② 운반책임자와 운전자가 동시에 차량에서 이탈하지 않을 것
③ 노면이 나쁜 도로에서는 가능한 한 운행하지 말 것
④ 200km 이상의 장거리를 운행할 경우에도 가급적 휴식 없이 운행할 것

24 **다음 중 도로의 균열이나 낙석의 위험이 크고 바람과 황사현상에 의한 시야 장애가 사고의 원인으로 작용하는 계절은?**

① 봄　　② 여름
③ 가을　　④ 겨울

25 **고속도로 2504 긴급견인 서비스(1588-2504)의 대상이 아닌 차량은?**

① 4.5톤 이하 화물차
② 1.4톤 이하 화물차
③ 승용자동차
④ 16인 이하 승합차

26 **다음 고객서비스 형태 중 "고객서비스는 사람에 의존한다"는 표현과 관련있는 것은?**

① 인간주체(이질성)
② 무형성(보이지 않는다)
③ 동시성(생산과 소비가 동시에 발생한다)
④ 소멸성(즉시 사라진다)

27 **고객만족 행동예절에서 올바른 악수방법에 대한 설명이 틀린 것은?**

① 상대와 적당한 거리에서 손을 잡는다
② 손이 더러울 땐 양해를 구한다
③ 손은 반드시 왼손을 내민다
④ 계속 손을 잡은 채로 말하지 않는다

28 **호감 받는 표정관리에서 "고객 응대 마음가짐 10가지"에 대한 설명이 틀린 것은?**

① 사명감을 가지고, 고객 입장에서 생각한다
② 원만하게 대하며, 항상 긍정적으로 생각한다
③ 고객이 호감을 갖도록 하며, 공사를 구분하고 공평하게 대한다
④ 적당한 서비스 정신을 가지며, 예의를 지켜 겸손하게 대한다

29 **물류전략의 실행구조 및 핵심영역과 관련하여 공급망 설계 및 로지스틱스 네트워크 전략에 구축되는 단계는?**

① 구조설계단계　　② 전략수립단계
③ 실행단계　　④ 기능정립단계

30 **다음 중 제3자 물류에 대한 설명으로 틀린 것은?**

① 도입방법은 경쟁계약에 의해 이루어진다
② 화주와의 관계는 계약기반, 전략적 제휴의 관계에 있다
③ 기능별 개별 서비스를 제공한다
④ 정보공유가 반드시 필요하다

31 **다음 중 운송합리화 방안과 거리가 먼 것은?**

① 공차율 향상을 위한 실차율의 최소화
② 적기 운송과 운송비 부담의 완화
③ 최단 운송경로의 개발 및 최적 운송수단의 선택
④ 물류기기의 개선과 정보시스템의 정비

정답 | 16 ① 17 ④ 18 ① 19 ① 20 ④ 21 ① 22 ④ 23 ④ 24 ① 25 ① 26 ① 27 ③ 28 ④ 29 ① 30 ③ 31 ①

32 **물류의 기능에서 "생산과 소비와의 시간적 차이를 조정하여 시간적 효용을 창출하는 기능"의 명칭은?**

① 운송기능 ② 포장기능
③ 보관기능 ④ 유통가공기능

33 **다음 중 "재고 보관지점들 간에 이루어지는 제품의 이동경로"를 뜻하는 용어는?**

① 링크(link) ② 노드(node)
③ 피킹(picking) ④ 모드(mode)

34 **물류 시스템의 목적에 해당하지 <u>않는</u> 것은?**

① 고객에게 적절한 납기에 정확히 상품을 배달하는 것
② 상품의 품절을 가능한 한 적게 하는 것
③ 기존 재고의 신속한 소모와 동시에 신상품의 개발을 촉구하는 것
④ 물류 비용을 적절화하고 최소화하는 것

35 **다음 중 생산 · 유통의 각 단계에서 효율화를 실현하고 그 성과는 생산자, 유통관계자, 소비자에게 골고루 돌아가게 하는 기법을 무슨 전략이라 하는가?**

① 통합적 대응 ② 통합 지향적 대응
③ 효율적 대응 ④ 신속 대응

36 **공급망관리에 있어서 제4자 물류의 4단계 배열로 옳은 것은?**

① 재창조, 전환, 이행, 실행
② 전환, 이행, 실행, 재창조
③ 이행, 실행, 재창조, 전환
④ 실행, 재창조, 전환, 이행

37 **물류관리의 목표에 해당하지 <u>않는</u> 것은?**

① 시장능력의 강화
② 고객서비스 수준의 향상
③ 물류비의 증가
④ 특정한 수준의 고객서비스를 최소의 비용으로 제공

38 **급변하는 상황에 민첩하게 대응키 위한 전략적 기업제휴를 의미하는 가상기업의 출현과 관련이 깊은 물류서비스는?**

① 범지구측위시스템(GPS)
② 효율적 고객대응(ECR)
③ 주파수 공동통신(TRS)
④ 통합판매 · 물류 · 생산시스템(CALS)

39 **다음 중 트럭 운송의 전망으로 <u>잘못된</u> 것은?**

① 고효율화
② 왕복실차율의 저하
③ 트레일러를 활용한 대규모 수송
④ 컨테이너 및 파렛트 수송의 강화

40 **택배종사자의 서비스 자세에 대한 설명 중 <u>틀린</u> 것은?**

① 고객만족을 위하여 최선을 다한다
② 상품을 판매하고 있다고 생각한다
③ 전화를 받지 않으면 화물을 가지고 가지 않는다
④ 복장과 용모, 언행을 통제한다

정답 | 32 ③ 33 ① 34 ③ 35 ④ 36 ① 37 ③ 38 ④ 39 ② 40 ③

1일이면 합격! 끝내주는!
화물운송종사 자격시험문제

발 행 일 2026년 1월 10일 개정23판 1쇄 발행
2026년 4월 20일 개정23판 2쇄 발행

판권 본사 소유

저 자 대한교통안전연구회

발 행 처 크라운출판사 http://www.crownbook.com

발 행 인 李尙原
신고번호 제 300-2007-143호
주 소 서울시 종로구 율곡로13길 21
공급처전화 080) 850~5937, 02) 765-4787
대표전화 02) 745-0311~3
팩 스 02) 743-2688
홈페이지 www.crownbook.com
I S B N 978-89-406-4989-3 / 13550

특별판매정가 13,000원

이 도서의 문의를 편집부(02-6430-7007)로 연락주시면
친절하게 응답해 드립니다.